TECHNIK
IM TÄGLICHEN
LEBEN

Gegenstände mit einer Federwaage wiegen

Die Tragfähigkeit verschiedener Brücken bestimmen

Einen Feuerlöscher im Miniformat nachbauen

Eure Stimme mit einem nachgebauten Mikrofon aufnehmen

Die Tragfähigkeit eines Tonnendachs aus Papier nachweisen

FREIZEIT

HAUSHALTS-GERÄTE

KOMMUNIKATIONS-TECHNIK UND DATEN-VERARBEITUNG

VERKEHR

EINLEITUNG

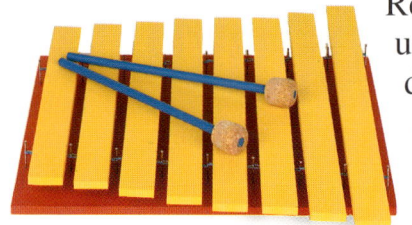

Reibt einen Luftballon an einem Wollhandschuh, und drückt ihn leicht gegen eine Wand. Wußtet ihr, daß ihr dabei das gleiche wissenschaftliche Prinzip anwendet, nach dem auch ein Kopiergerät funktioniert? In den 30er Jahren bemerkte ein Erfinder, daß man mittels der statischen Elektrizität, die den Ballon an der Wand haften läßt, auch Sofortkopien von Schriftstücken und Dokumenten anfertigen kann. Heute sind Kopiergeräte aus Büros und Schulen kaum mehr wegzudenken.

Viele solcher Maschinen und Geräte leisten nützliche Arbeit für uns, und dazu setzen sie Naturgesetze im alltäglichen Leben um. Obwohl das Grundkonzept einer Maschine oft ziemlich einfach ist – etwa der an der Wand haftende Ballon –, ist es oft schwierig nachzuvollziehen, wie Maschinen tatsächlich funktionieren. Wie beim Kopiergerät ist ihr Innerstes unter einem Gehäuse versteckt, und selbst wenn man das Gehäuse abnimmt, stößt man auf ein Gewirr aus Bauteilen, die kaum erahnen lassen, wie die Maschine funktioniert. Dieses Buch führt durch das Innenleben vieler Maschinen. Es zeigt nämlich mit Hilfe von schrittweise aufgebauten Anleitungen, übersichtlichen Fotos und Diagrammen, wie die Maschinen funktionieren. Ihr könnt Maschinen und Geräte nachbauen, die dann tatsächlich funktionieren. Dazu gehören eine Batterie für einen Wecker, ein Mikrofon, mit dem ihr eure Stimme auf Band aufnehmen könnt, ein Einwegventil, ein Metalldetektor, eine Kiste

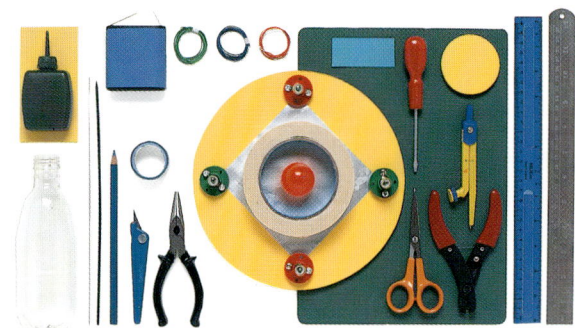

mit einem Kombinationsschloß, eine Einbruchsicherung, ein Elektromotor, ein einfacher Computer, Musikinstrumente, die richtige Töne hervorbringen, und ein Flugdrachen.

Dazu kommen Arbeitsmodelle, die die Grundsätze, auf denen eine Maschine aufbaut, verstehen helfen: Zum Beispiel ein Rolltreppenmodell mit beweglichen Stufen. Ein Autopilotmodell, das die Bewegungsrichtung bestimmen kann. Ein Strichkodeleser, der wie ein echtes Gerät Strichkodes erkennt. Ein Tauchgerät im Modell, das genauso mit Luft versorgt wie ein echtes Tauchgerät, mit dem Taucher unter Wasser atmen können. Eine Modellrakete, die abhebt. Und ein Laufwerk im Modell, das wie ein echtes Disketten-Laufwerk Daten speichert.

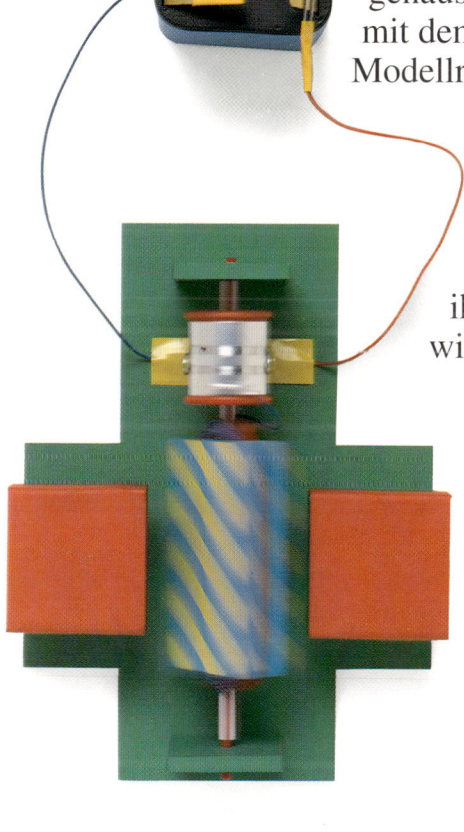

Das sind nur einige Beispiele aus den vielen weiteren Experimenten und Modellen, die dieses Buch enthält. Einige sind so einfach, daß ihr sie alleine durchführen könnt, für andere wiederum benötigt ihr die Hilfe eines Erwachsenen. Geht dabei immer sorgfältig vor, und beachtet die Anleitung genau. So lernt ihr mehr über Technik im Alltag – vom Auto bis zum Computer, vom Toaster bis zum Fernsehgerät, von einem einfachen Hebel bis zur Gangschaltung und von einfachen Häusern bis zu riesigen Wolkenkratzern.

Das Heimlabor

Die Materialien und Werkzeuge für die meisten Experimente in diesem Buch findet ihr zu Hause oder könnt ihr leicht besorgen. Auf diesen beiden Seiten seht ihr die Grundausrüstung. Manches läßt sich auch ohne weiteres ersetzen. Geht genau nach den Anweisungen bei den Experimenten vor, und lernt so, wie Maschinen aus allen Bereichen des täglichen Lebens funktionieren.

Werkzeuge

Zum Schneiden, Bohren oder Kleben braucht man das richtige Werkzeug. Ein Werkstück klemmt ihr am besten in einen Schraubstock ein. Bei einigen Experimenten müßt ihr unbedingt eine Schutzbrille aufsetzen. Einen Draht dürft ihr nur mit einer Abisolierzange abschneiden und abisolieren. Eine Handbohrmaschine ist leichter und sicherer als ein Elektrobohrer. Mit einem Zirkel kann man nicht nur einen Kreis ziehen, sondern auch ein kleines Loch ausstechen.

Crea-Fix-Platte

Als Basis vieler Modelle dienen Crea-Fix-Platten. Diese gibt es in Bastelläden und Bau- und Heimwerkermärkten unter diesem Namen; in Dekorationsfachgeschäften unter dem Namen Kapa-Line-Platte. Crea-Fix-Platten sind gut zu schneiden, vertragen auch Alleskleber und splittern nicht.

Bohrer

Handbohrmaschine

Messer

Zange

Schere

Schraubstock

Zirkel

Kreuzschlitzschraubenzieher

Schutzbrille

Abisolierzange

Schraubenzieher

Laubsäge

Feile

Behälter

Ihr braucht Kunststoff- oder Glasgefäße in verschiedenen Größen. Plastikbecher, Töpfe und Schüsseln sind oft gut geeignet. Einige Behälter müssen wasser- oder luftdicht sein. Sie dürfen also keine Risse haben, die Deckel müssen fest schließen.

Feinsäge

Hammer

Draht

Plastikflaschen

Summer

Glühbirne mit Fassung

Trichter

Schüssel

Krokodilklemmen

Batterie (4,5 V)

Batterie (9 V)

Stromversorgung

Viele Experimente beruhen auf elektrischem Strom aus einer Batterie. Schließt alle Drähte sorgfältig an. Funktioniert ein Experiment mal nicht, denkt daran, daß sich vielleicht ein Draht gelöst hat oder die Batterie leer ist.

Krug

Plastikbehälter

Glasbehälter

Werkstoffe

Schneidet eure Werkstoffe immer auf einer Unterlage zurecht, damit ihr den Tisch nicht zerkratzt. Beim Kleben müßt ihr ein bißchen warten, damit der Kleber anziehen kann. Scharfe Kanten schleift man mit Sandpapier ab. Maßangaben müßt ihr genau beachten, wie sie angegeben sind; gegebenenfalls auch im Millimeterbereich.

Nützliches

Viele der hier gezeigten Gegenstände werdet ihr zu Hause finden. Mit einem Stahllineal und einem Messer könnt ihr gerade Schnitte direkt am Lineal entlang machen. Alufolie gibt es in jedem Haushalt in der Küche. Knickbare Trinkhalme kann man für vieles gebrauchen. Einige der Modelle haben wir angemalt (nicht abgebildet) – das könnt ihr auch!

Crea-Fix

Sandpapier

Schneidunterlage

Stab (Holz oder Plastik)

Holzspieße

Modelliermasse

Klebstoff

Klebeband

doppelseitiges Klebeband

Holzplatten

Farbiger Karton

Tesakrepp

Ösen *Nägel* *Schrauben*

Paneel-stifte *Bolzen mit Muttern*

Luftballons

Alufolie

Garnspulen

Bleistift

Stift

Taschenlampe

Schnur

Trinkhalme

Magnete *Vaseline* *Gummibänder*

Korken

Zündhölzer *Büroklammern*

Lineal

Stahllineal

Stricknadel

Kunststoff-schlauch

Schreibtischlampe

Luftpumpe

Schaltkreise

Schaltkreise – Kernstück zahlreicher Maschinen – bestehen aus elektronischen Bauelementen wie etwa Transistoren und Mikrochips. Bei mehreren Experimenten in diesem Buch müßt ihr einen Schaltkreis bauen. Dazu steckt ihr die Bauelemente direkt auf ein Steckbord, ohne sie anzulöten. Ein Schaltplan zeigt die Anschlüsse genau an.

Schaltkreismodell

Auf diesem Steckbord stecken die Bauelemente und Drähte, die in dem Schaltplan auf der Seite gegenüber zu sehen sind. Dieser Schaltkreis dient lediglich Demonstrationszwecken.

Steckbord
Elektronische Bauelemente und Drähte steckt ihr einfach in das Lochraster eines Steckbords. Dieses ist mit Kontaktfedern ausgerüstet und muß mindestens 47 Löcher pro Reihe haben und aus zwei Bereichen mit je fünf Reihen (B bis K) sowie zwei Stromschienen (A und L) bestehen.

Oberseite des Steckbords — *mit Lochreihen und -spalten*

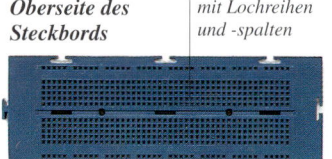

Unterseite des Steckbords — *mit Metallstreifen zwischen den Reihen*

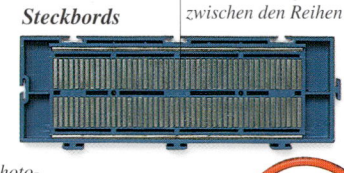

Drähte
In ein Steckbord paßt isolierter Draht mit massivem Leiter (0,6 mm Durchmesser). Meßt ab, wie lange der Draht sein muß, und biegt diesen in die gewünschte Form. Zieht die Isolierung an jedem Drahtende etwa 0,5 cm ab. Biegt die abisolierten Enden in einem Winkel von 90°, und steckt sie in das Steckbord.

Draht mit abisolierten und gebogenen Enden

Drähte

A5–B5	E18–F6	H36–H38
A14–B14	E20–G23	J1–J7
A31–B31	E36–E37	K6–K17
A44–B44	E38–E39	K20–L20
C38–H8	F5–G5	K25–L25
D19–D28	F28–G28	K29–L39
D36–J19	F44–I38	

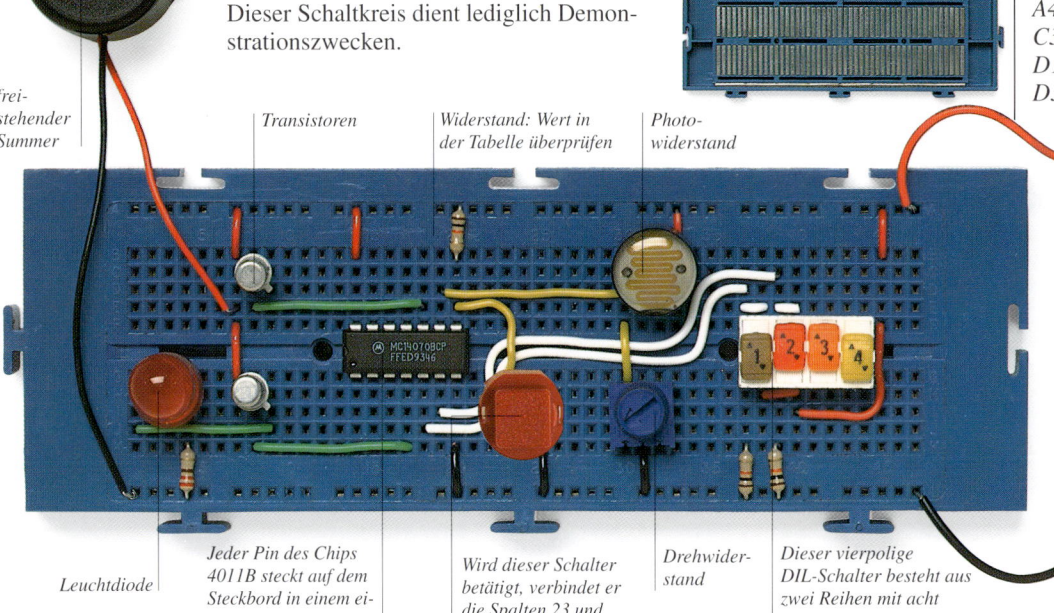

frei-stehender Summer

Transistoren

Widerstand: Wert in der Tabelle überprüfen

Photo-widerstand

Leuchtdiode

Jeder Pin des Chips 4011B steckt auf dem Steckbord in einem eigenen Loch; die Kerbe zeigt nach links.

Wird dieser Schalter betätigt, verbindet er die Spalten 23 und 25 miteinander.

Dreh-wider-stand

Dieser vierpolige DIL-Schalter besteht aus zwei Reihen mit acht Pins, von denen jeder in einem Loch steckt.

Die Batterie (9 V) ist normalerweise über den positiven Pol (rot) mit Reihe A und über den negativen Pol (schwarz) mit Reihe L verbunden.

Schaltkreise

Anhand des Schaltplans baut ihr einen Schaltkreis. Jedem Bauelement ist ein Symbol mit

Buchstaben und Nummern zugeordnet. Der Buchstabe steht für eine bestimmte Reihe, die

Zahl für die jeweilige Spalte. Steckt die Pins der Bauelemente an die angegebene Position.

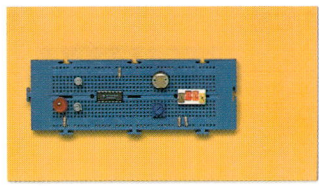

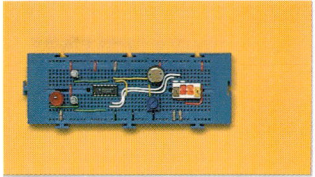

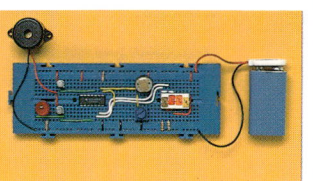

1 Steckt die Bauelemente mit ihren Pins auf das Steckbord wie im Schaltplan vorgegeben. Achtet darauf, daß ihr die richtigen Bauelemente an die richtige Stelle steckt.

2 Steckt die Drähte in das Steckbord zu den Bauelementen. Die abisolierten Enden passen genau; die obige Tabelle gibt an, in welche Löcher die Drahtenden gesteckt werden müssen.

3 Zum Schluß schließt ihr die übrigen Bauelemente und die Batterie an. Achtet darauf, daß die blanken Drähte sich weder gegenseitig noch die Pins der Bauelemente berühren.

Weitere Bauelemente
sind indirekt an das Bord angeschlossen. Magnetschalter und Summer werden bereits mit einem Anschlußdraht geliefert, bei Leucht- und Photodioden muß man erst einen Draht zwischen ihren Pins und dem Bord anschließen.

Negativer Pol

Positiver Pol

E7 *L1*

+ *−*

Freistehender Summer

Summer-symbol

Widerstände

Ihr braucht Widerstände (0,25 W) des Typs 220R, 1K, 10K. Schneidet die Drähte an den Widerständen in der benötigten Länge ab, und biegt jedes Ende, bevor ihr es auf das Steckbord steckt. In der Tabelle ist die richtige Position der Widerstände angegeben. Achtet darauf, daß ihr die Widerstände mit dem richtigen Wert an die richtige Position steckt.

Drehwiderstände

Auch Potentiometer genannt. Dieser Widerstand kann durch Drehen an einer Scheibe eingestellt werden. Ihr braucht den Typ 5 K. Drehwiderstände haben drei Pins: einen Schleifkontakt in der Mitte sowie einen Pin auf jeder Seite. Sie müssen in einer bestimmten Position auf das Steckbord gesteckt werden.

Photodiode

Ihre Kathode muß zum positiven Pol der Spannungsquelle gerichtet sein, die Anode zum negativen! Ihr Widerstand hängt von der Menge des einfallenden Lichts ab: Im Dunkeln ist er groß, bei hellem Licht gering. Ihr braucht die Type BPW43 oder BPX63.

Transistoren

Diese Bauelemente mit drei Pins dienen zum Verstärken und Schalten von Strom. Ihr braucht NPN-Transistoren des Typs BC108 oder BC441. Mit Hilfe des Diagramms auf der Packung und der Nase am Transistor selbst könnt ihr die einzelnen Pins bestimmen: Kollektor (K), Basis (B) und Steuerelektrode (E für Emitter). Transistoren können nur wie im Schaltplan angegeben angeschlossen werden.

Seitenansicht   **Symbol**

Abgeschnittene und gebogene Drahtenden

Widerstände 10K
A20–B20
K37–L37
K39–L39

Widerstände 220R
K4–L4

Seitenansicht   **Draufsicht**

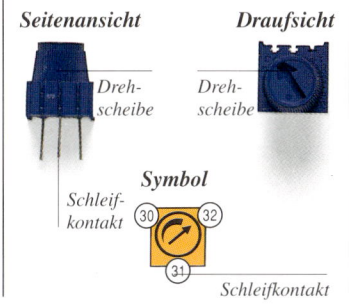

Drehscheibe

Drehscheibe

Schleifkontakt

Symbol

Schleifkontakt

Seitenansicht   **Draufsicht**

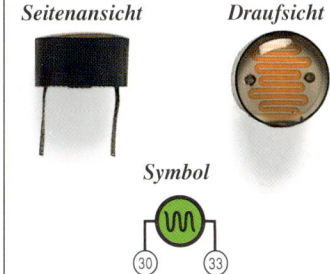

Symbol

Seitenansicht   **Draufsicht**

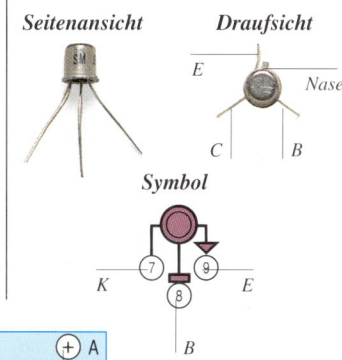

E

Nase

C   B

Symbol

K   7   9   E

8

B

E7   L1

Bei Bauelementen neben dem Bord wird jeweils bei den dazugehörigen Drähten – manchmal auch mit + und – Zeichen – angezeigt, wo diese in dem Bord einzustecken sind.

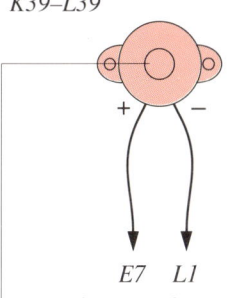

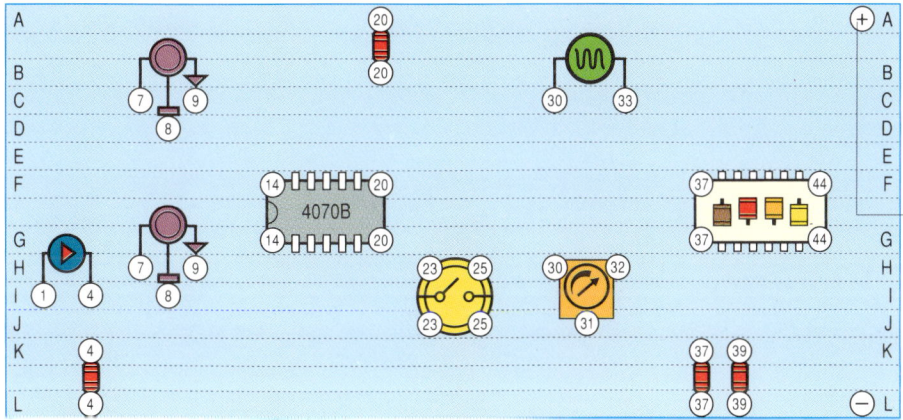

An den Plus- und Minuszeichen in den Kreisen könnt ihr erkennen, an welchen Polen die Drähte angeschlossen sind.

Schalter

Für die Experimente braucht ihr einpolige Momentausschalter als Arbeitskontakt mit zwei oder vier Pins. Auf der Verpackung muß stehen, welche Pins miteinander verbunden werden, sobald der Schalter umgelegt wird. Bei dem hier gezeigten Schalter werden zwei Pinpaare miteinander verbunden.

DIL-Schalter

DIL-Schalter steckt man wie Chips auf das Steckbord. Ein einpoliger DIL-Umschalter besteht aus einem Schieber und vier Pins, ein vierpoliger DIL-Umschalter aus vier Schaltern und 16 in zwei Reihen angeordneten Pins. Im Symbol stehen die Positionen der vier Eckpins.

Leuchtdioden

LEDs weisen zwei Pins auf, die in einer bestimmten Position eingesteckt werden müssen. Der kürzere Pin ist gewöhnlich die Kathode, zur Sicherheit solltet ihr aber auf der Verpackung nachsehen. Das Symbol enthält einen zur Kathode zeigenden Pfeil. LEDs gibt es in verschiedenen Farben.

Mikrochips

Wir arbeiten mit Chips des Typs TL071 und CMOS, die über 8, 14, 16 oder 24 in zwei Reihen angeordnete Pins verfügen. Der Chip läßt sich längs auf das Steckbord stecken. Der Chip CMOS ist gegen statische Aufladung empfindlich: Erst zum Einbau aus der Verpackung nehmen!

Seitenansicht   **Draufsicht**

Symbol

Pinpaar A   Pinpaar B

Seitenansicht   **Draufsicht**

Symbol

Seitenansicht   **Draufsicht**

Symbol

Anode   1   4   Kathode

Seitenansicht   **Draufsicht**

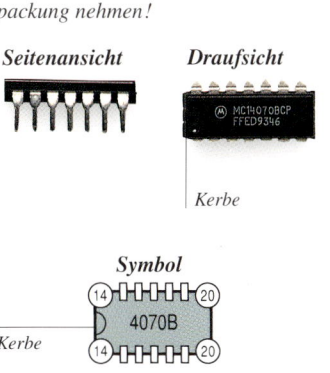

Kerbe

Symbol

Kerbe   4070B

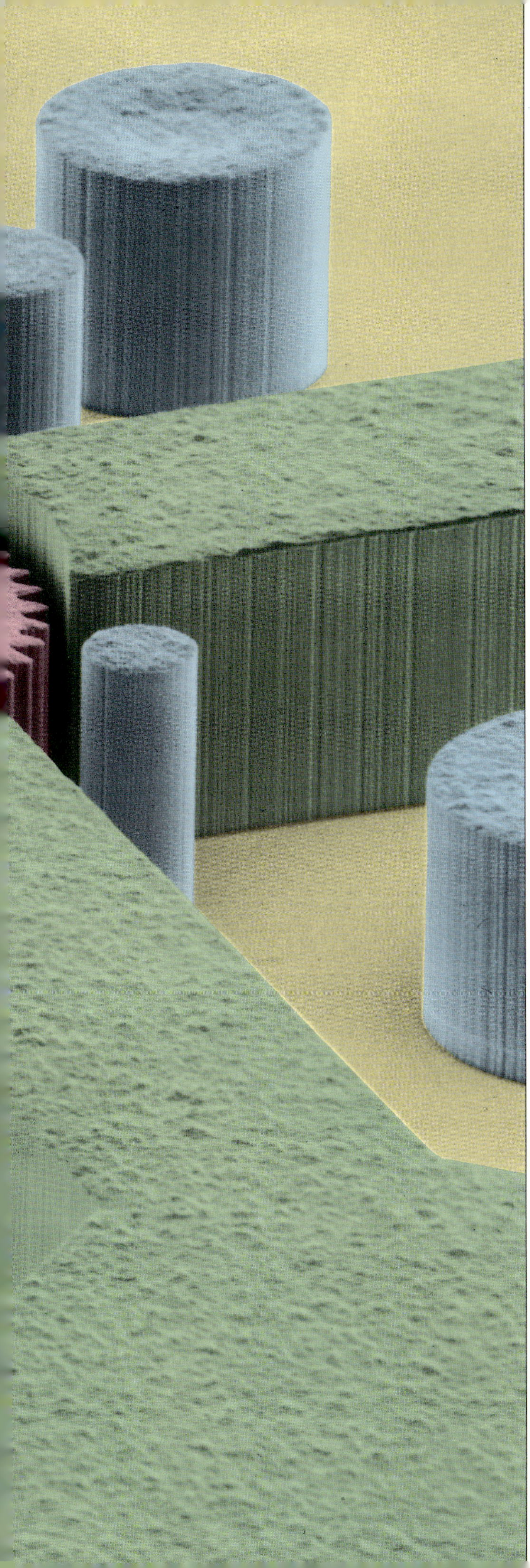

KRAFT- UND ARBEITSMASCHINEN

Einsatz von Energie

Ohne Energie kann keine Maschine laufen. In einem Automotor wird durch Verbrennung von Benzin Wärme erzeugt, die in Bewegung umgesetzt wird. Das Minigetriebe links, bei dem kein Zahnrad einen größeren Durchmesser hat als ein menschliches Haar, überträgt die Bewegungsenergie an einen winzigen Sensor, der selbst bei extrem hoher Beschleunigung exakt arbeitet, da er so klein ist.

In unserem Alltag spielen zahlreiche Maschinen eine Rolle – sei es zu Hause, bei der Arbeit, in der Schule, in der Freizeit oder auf Reisen. Da Maschinen für unterschiedliche Zwecke gebaut werden, gibt es sie in allen möglichen Größen und Formen. Welche Aufgabe sie auch erledigen oder wie sie auch aussehen, sie funktionieren doch alle nach denselben Grundprinzipien. Kennt man diese Prinzipien, versteht man auch, wie die Maschinen funktionieren.

WAS TREIBT EINE MASCHINE AN?

Selbst vollautomatische Maschinen laufen nicht von selbst. Zu jedem Arbeitsschritt braucht eine Maschine Energie, die von Muskeln, Motoren, Batterien und Kraftwerken erzeugt wird. Mit der zugeführten Energie erledigt die Maschine eine bestimmte Aufgabe – dreht zum Beispiel ein Rad, oder die Maschine wandelt die zugeführte Energie in eine andere Energieform um. Dies geschieht etwa bei einem Mikrofon. Hier werden Schallwellen in elektrische Energie umgewandelt, welche in Lautsprechern wieder in Schallwellen zurückverwandelt wird.

Windkraftanlagen sind die moderne Version der guten alten Windmühle. Diese Windräder nutzen die Windenergie zur Stromerzeugung, bei den alten Windmühlen wurde die Windkraft dagegen direkt umgesetzt.

In einem Kraftwerk treiben Dampfturbinen große Stromgeneratoren an. Diese Generatoren erzeugen Strom für Haushalte, Schulen, Büros und Fabriken.

Die erste Energiequelle war die Muskelkraft: das Ziehen und Drücken unter Einsatz von Armen und Beinen. Auch heute noch nutzt man überall auf der Welt die Muskelkraft von Mensch und Tier. Es ist oft einfacher, einen Dosenöffner oder Korkenzieher per Hand zu betätigen, selbst wenn elektrischer Strom zur Verfügung steht. Menschen und Tiere ermüden jedoch und können nicht für eine konstante Energiezufuhr sorgen. Vor 2 000 Jahren nutzte man daher bereits Wasserkraft zum Antrieb von Rädern, die wiederum andere Maschinen in Bewegung setzten. Später begann man auch mit der Nutzung der Windkraft. Auch heute treiben Wind und Wasser Generatoren an, die Strom erzeugen.

Neue Kraft

Obwohl Flüsse mächtig und Winde stark sein können, sind sie doch nicht immer eine konstante oder bequeme Energiequelle. Nicht überall gibt es einen mächtigen Fluß, nicht immer weht ein starker Wind. Maschinen brauchen jedoch eine stetige Energiequelle, die auch Teil der Maschine sein kann. Im 18. Jahrhundert wurde die Dampfmaschine erfunden, die als Energiequelle alle diese Anforderungen erfüllte. Heutzutage treibt Dampfkraft hauptsächlich Generatoren in Kraftwerken an; sonst wurde sie durch Benzin- und Dieselmotoren ersetzt. Elektrischen Strom nutzte man im 19. Jahrhundert zum ersten Mal. Mittlerweile wird Strom entweder in Kraftwerken erzeugt und dann über Hochspannungsleitungen zum Verbraucher geleitet oder direkt an Ort und Stelle von Batterien geliefert. Alle möglichen Maschinen laufen mit Elektromotoren, und auch Nachrichtentechnik und Computer sind ohne Strom nicht denkbar.

Energieumwandlung

Jede Maschine erfüllt unter Verbrauch von Energie eine Aufgabe. Die Energie wird in die an Ort und Stelle erforderliche Form umgewandelt. Manchmal legt die Energie dabei keinen weiten Weg zurück – so wird die von eurer Hand gelieferte Energie über den Schraubenzieher auf den Kopf der Schraube übertragen. Energie

Der erste Elektromotor wurde 1821 von dem britischen Wissenschaftler Michael Faraday erfunden: Ein stromführender Draht drehte sich um einen Magnet.

kann aber auch den ganzen Globus umrunden, beispielsweise mittels Radio oder Telefon. Zuweilen wandelt die Maschine auch eine Energieform in eine andere um. Ein Schraubenzieher überträgt die Muskelbewegung (kinetische Energie) auf eine Schraube, ändert dabei aber nicht die Energieform. In einem Automotor hingegen wird durch Verbrennung von Kraftstoff Wärmeenergie gewonnen, die in kinetische Energie umgewandelt wird, da der Motor ja über Wellen die Räder in Bewegung setzt. In einem Wasserkraftwerk treibt die kinetische Energie des Fallwassers eine Turbine und damit einen Generator an, der die Bewegungsenergie in Strom umwandelt.

Wunder der Mechanik

Eine Maschine mit hohem Wirkungsgrad überträgt die richtige Menge Energie an die richtige Stelle in der richtigen Energieform. Bei vielen Maschinen läuft dieser Prozeß mit Hilfe von mechanischen Bauteilen wie Hebeln, Zahnrädern oder Riemen ab. Diese Maschinen laufen oft schneller oder mit mehr Kraft als die Energiequelle, von der sie angetrieben werden. Auf einem Fahrrad seid ihr beispielsweise viel schneller als zu Fuß, da die Kette und die Zahnräder das Hinterrad schneller antreiben, als ihr in die Pedale tretet. Mit Maschinen gelingt vieles, was mit bloßer Muskelkraft nicht möglich wäre. Manchmal sieht es so aus, als würde eine Maschine, die Kraft oder Geschwindigkeit verstärkt, zusätzlich Energie gewinnen – das stimmt aber nicht: Man kann nur soviel Energie aus einer Maschine holen, wie man hineinsteckt. Wird ein Gegenstand in Bewegung versetzt, hängt seine Energiemenge von der wirkenden Kraft und der zurückgelegten Strecke ab. Wenn eine Maschine die wirksame Kraft verstärkt, muß der Weg kürzer werden. Gleiches gilt umgekehrt. Die Gesamtmenge der übertragenen Energie ändert sich daher nie.

An einem Motorzylinder könnt ihr sehen, wie die Wärmeenergie des verbrennenden Kraftstoffs in die zum Antrieb des Autos erforderliche Bewegungsenergie umgewandelt wird.

Flüssigkeiten und Strom

Viele Maschinen übertragen Energie nicht mit Hilfe fester Bestandteile, sondern durch Flüssigkeiten oder Strom. Bei einem Bagger wird die Energie durch Schläuche vom Motor auf die Schaufel übertragen, die sich langsam mit großer Kraft durch das Erdreich frißt. Ein Zahnarztbohrer funktioniert mit Druckluft, dreht sich jedoch eher mit großer Geschwindigkeit als mit großer Kraft. Elektrische Maschinen sehen zwar ganz anders aus als mechanische Maschinen und erfüllen auch einen anderen Zweck, funktionieren aber nach den gleichen Prinzipien. Der von einem Generator oder einer Batterie erzeugte Strom wird zum Motor einer Waschmaschine geleitet

oder läßt eine Glühbirne hell aufleuchten, die dabei Lichtenergie abgibt. Elektrische Maschinen haben keine Zahnräder. Statt dessen sorgen Steuerelemente für eine höhere Geschwindigkeit, indem sie mehr Energie von der Energiequelle abnehmen. Auch die Elektronik ist ohne Strom nicht vorstellbar: Strom ist hier sowohl Energiequelle (in der Form elektrischer Signale) und Mittel zur Übertragung von Text, Musik und Bild. Elektronische Geräte übertragen zudem Energie. Bild und Ton werden als elektrische Energie über Leitungen oder als Strahlenenergie über die Atmosphäre hinweg an Telefone, Radios und Fernsehgeräte übermittelt. In einem Computer werden elektrische Kodesignale von der Eingabeeinheit wie der Tastatur zur Verarbeitung an den Prozessor geleitet und dann über Ausgabegeräte ausgegeben.

Energieverschwendung

Ein Teil der Energie, die eine Maschine antreibt, wird unweigerlich

Vier unterschiedliche Getriebe zeigen, wie mechanische Teile in einer Maschine Energie umsetzen und nutzen. Dabei wird oft die Kraft oder die Geschwindigkeit verändert, mit der die Maschine angetrieben wird.

abgeleitet, also in eine Form umgewandelt, die die Maschine nicht nutzen kann. Bei sämtlichen Maschinen mit beweglichen Teilen ist Reibung ein Problem: Die beweglichen Maschinenteile scheuern nämlich aneinander oder reiben gegen eine andere Fläche. Ein Teil der Energie wird in

Wärme und Lärm umgewandelt, so daß Maschinenteile heiß werden und Lärm machen. Sobald Reibung bewegliche Teile verschleißt, verschlechtert sich die Maschinenleistung. Elektronische Geräte haben zwar keine beweglichen Teile, aber der durch die Schaltkreise fließende Strom erwärmt diese, so daß die Energie teilweise in Form von Wärme abgegeben wird. Eine gut konzipierte und gut gewartete Maschine reduziert Energieverluste auf ein Minimum und läuft daher mit einem höheren Wirkungsgrad als eine minderwertige Maschine.

Messen und Regeln

Viele komplizierte Maschinen sind schwierig zu bedienen. Automaten nehmen uns jedoch diese Arbeit ab. An einer Kamera muß man zum Beispiel zahlreiche Einstellungen vornehmen, um ein gutes Bild zu schießen, bei den meisten Modellen drückt man jedoch nur auf einen Knopf, und die Kamera erledigt den Rest. Verkaufsautomaten und Waschmaschinen führen eine bestimmte Reihe an Arbeitsschritten aus, sobald man sie einschaltet. Andere Maschinen erfühlen mit Hilfe von Sensoren ihre Umgebung und stellen ihre Arbeitsleistung automatisch ein. Automatische Türen öffnen sich von selbst, sobald man sich ihnen nähert. Der Autopilot in einem Flugzeug überprüft beständig Flughöhe und -richtung, so daß das Flugzeug nicht vom Kurs abkommt. Alle elektronisch gesteuerten Geräte nennt man allgemein auch Roboter. Sie sind der Inbegriff der scheinbar »selbstdenkenden«, von Menschen unabhängigen Maschinen.

Unter hohem Druck stehende Flüssigkeiten und Gase, etwa Öl oder Luft, treiben viele Maschinen an. Ventile regulieren ihren Druck.

Eine automatische Lampe verfügt über einen Lichtsensor, der die Glühbirne leuchten läßt, sobald es dunkel wird.

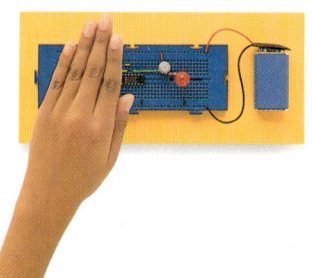

Turbinen

Turbinen treiben alle möglichen Maschinen an. Sie bestehen im Prinzip aus einer Welle, auf der mehrere Turbinenschaufeln kreisförmig angeordnet sind. Auf diese Schaufeln trifft dann ein Gasstrom, wie zum Beispiel Luft, oder Wasser und dreht die Welle, die wiederum die Maschine antreibt. Turbinen treiben auch Stromgeneratoren in Kraftwerken an. In einigen Kraftwerken wird durch die Verbrennung von Kohle, Öl oder Gas Wasser zu Dampf erhitzt. Dieser Dampf setzt die Turbinen in Bewegung, die schließlich die Stromgeneratoren antreiben. In Wasserkraftwerken werden die Turbinen durch das nach unten stürzende Wasser angetrieben. Auf Windfarmen erzeugt man Strom, indem der Wind windmühlenartige Turbinen antreibt. Auch in vielen kleineren Maschinen sind Turbinen die Kraftquelle. Flugzeugtriebwerke (S. 20) bestehen aus Turbinen, die durch heiße Gase angetrieben werden. Leistungsstarke Kraftfahrzeugmotoren sind häufig mit einem Turbolader ausgerüstet, bei dem eine durch die Abgase angetriebene Turbine bewirkt, daß mehr Luft angesaugt wird und der Motor somit mehr leistet. Selbst der Bohrer beim Zahnarzt enthält eine durch Luft angetriebene Turbine, die wie eine Miniwindmühle funktioniert.

Flugzeugtriebwerke (S. 20)

EXPERIMENT

Wasserturbine

 Bei diesem Experiment sollte ein Erwachsener helfen.

Wir bauen eine Turbine, die – wie in einem echten Wasserkraftwerk – durch Fallwasser angetrieben wird. Die Drehgeschwindigkeit der Turbine hängt von der Menge und Fallhöhe des Wassers ab, bevor es auf die Turbinenschaufeln trifft.

IHR BRAUCHT: ● Stab (30 cm) ● Rundfeile ● Tesakrepp ● etwas Modelliermasse ● Lineal ● Trichter ● Messer ● Klebeband ● Krug Wasser ● bemalte Scheibe aus Pappe (Durchmesser ca. 12 cm) ● Garnspule (durch die der Stab passen muß) ● Korken mit Bohrloch für den Stab ● zwei Plastikflaschen (3 l)

Wasserkraftwerk

Flüsse werden aufgestaut, um mit dem Wasser des Stausees Kraftwerke zu betreiben. Durch ein großes Rohr fällt das Wasser auf die Turbine im Kraftwerk. Das Fallwasser versetzt die Turbinenräder in Bewegung, die wiederum einen oberhalb montierten Generator antreiben. Bei einigen Wasserkraftwerken wird das Wasser vom sogenannten Tiefbecken, also einem Fluß oder See unterhalb der Staumauer, wieder in das Hochbecken zurückgepumpt. Mit von anderen Kraftwerken erzeugtem Strom wird eine Pumpe neben der Turbine angetrieben, die das Wasser wieder in das Hochbecken pumpt. Das geschieht zu einer Zeit, in der der Energiebedarf gering ist. Bei Spitzenbedarf steht dem Kraftwerk dann wieder mehr Wasserkraft zur Verfügung. Ein Kraftwerk dieses Typs heißt Pumpspeicherwerk.

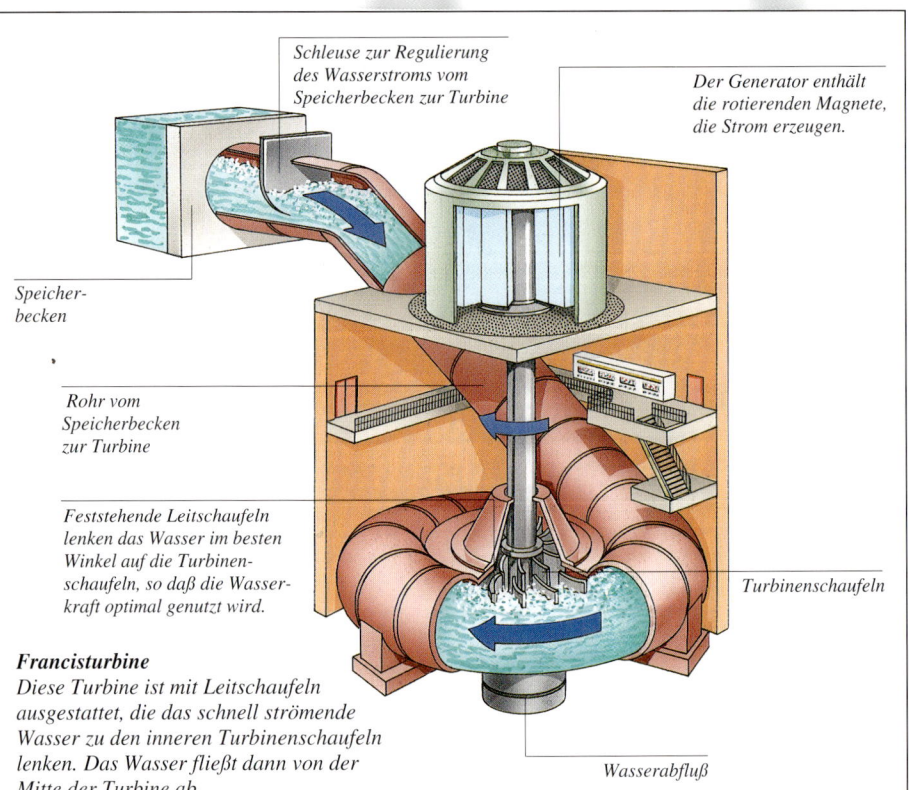

Schleuse zur Regulierung des Wasserstroms vom Speicherbecken zur Turbine

Der Generator enthält die rotierenden Magnete, die Strom erzeugen.

Speicherbecken

Rohr vom Speicherbecken zur Turbine

Feststehende Leitschaufeln lenken das Wasser im besten Winkel auf die Turbinenschaufeln, so daß die Wasserkraft optimal genutzt wird.

Turbinenschaufeln

Francisturbine
Diese Turbine ist mit Leitschaufeln ausgestattet, die das schnell strömende Wasser zu den inneren Turbinenschaufeln lenken. Das Wasser fließt dann von der Mitte der Turbine ab.

Wasserabfluß

1 Schneidet vier Schaufeln mit einem flachen Ansatzstück (siehe obige Abbildung) aus dem Boden einer Plastikflasche aus.

2 Schneidet in den Korken vier Schlitze, die gleichmäßig auf die Längsseiten des Korkens verteilt sind. Steckt in jeden Schlitz eine Schaufel.

3 Schneidet in die zweite Flasche ein Loch von etwa 15 x 8 cm. Haltet die Turbine so in der Flasche, daß eine Schaufel direkt unter dem Flaschenhals liegt. Schneidet noch zwei kleine Schlitze, die am Loch im Korken ausgerichtet sind, sowie einen dritten 10 cm unterhalb. Die Schlitze zu Löchern ausfeilen, bis der Stab paßt.

4 Streicht etwas Kleber in das Loch im Korken. Haltet die Turbine in die Flasche, richtet den Korken zwischen den beiden Löchern aus, und schiebt den Stab durch. Umwickelt den Stab außerhalb der Flasche mit Tesakrepp, damit er nicht seitlich wegrutscht.

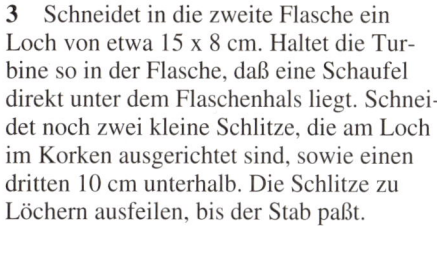

5 Streicht auch in das Loch der Garnspule etwas Kleber, und bringt die Spule dann an einem Ende des Stabs an. Schneidet in die Mitte der bemalten Pappscheibe ein Loch, durch das der Stab paßt, und klebt alles zusammen.

6 Stellt die gesamte Konstruktion auf eine flache Schale, damit das aus dem unteren Loch laufende Wasser aufgefangen wird. Setzt den Trichter auf den Flaschenhals, und befestigt ihn mit etwas Modelliermasse. Gießt Wasser durch den Trichter, so daß es auf die nach oben gewölbte Seite der Turbinenschaufeln trifft.

GROSSE ENTDECKUNGEN
Kraftmaschinen

Die Turbine war eine der ersten Maschinen, die bis dahin von Menschen geleistete Arbeit übernahm. Der römische Architekt Vitruvius beschrieb bereits im zweiten Jahrhundert vor Christus ein Wasserrad, welches als Antrieb für die Mahlsteine in Getreidemühlen benutzt wurde. Obwohl Segelschiffe bereits im Altertum gang und gäbe waren, dauerte es doch bis ins siebte Jahrhundert, bis Windmühlen erfunden wurden. Erst ab diesem Zeitpunkt wurden nicht nur Schiffe, sondern auch Maschinen von der Windkraft angetrieben.

Römische Wasserräder in Syrien

Verbrennungsmotor

Verbrennungsmotoren erzeugen Wärme und wandeln diese Wärmeenergie in Bewegung (kinetische Energie) um. Der verbrennende Kraftstoff bildet nämlich heiße Gase, die sich ausbreiten und den Motor antreiben. Bei Kraftmaschinen mit äußerer Verbrennung wird der Kraftstoff außerhalb des Motors verbrannt. Eine Dampfmaschine erzeugt den Dampf, der an die Motorturbinen (S. 187) weitergeleitet wird, in einem separaten Heizkessel. Bei Verbrennungsmotoren wird der Kraftstoff im Motor selbst verbrannt, bei Benzin- oder Dieselmotoren zum Beispiel in den Zylindern des Motors. Diese kompakten, leistungsstarken Motoren treiben viele Maschinen an, auch Autos, Rennboote und Kettensägen.

Viertaktmotor

Unten seht ihr ein Modell eines typischen (Benzin-)Viertaktmotors. Der im Zylinder verbrennende Kraftstoff erzeugt heiße Gase, die sich ausbreiten und den Kolben nach unten drücken. In einem Viertaktmotor führt der Kolben einen Zyklus aus vier Bewegungen (auf und ab) aus. Der Kolben ist an einer Pleuelstange und einer Kurbelwelle angebracht, die die gerade Kolbenbewegung in eine Drehbewegung umwandeln, die von größerem Nutzen ist. Ein Dieselmotor arbeitet genauso, aber mit dem Unterschied, daß sich bei ihm das Gemisch bei Verdichtung selbst entzündet.

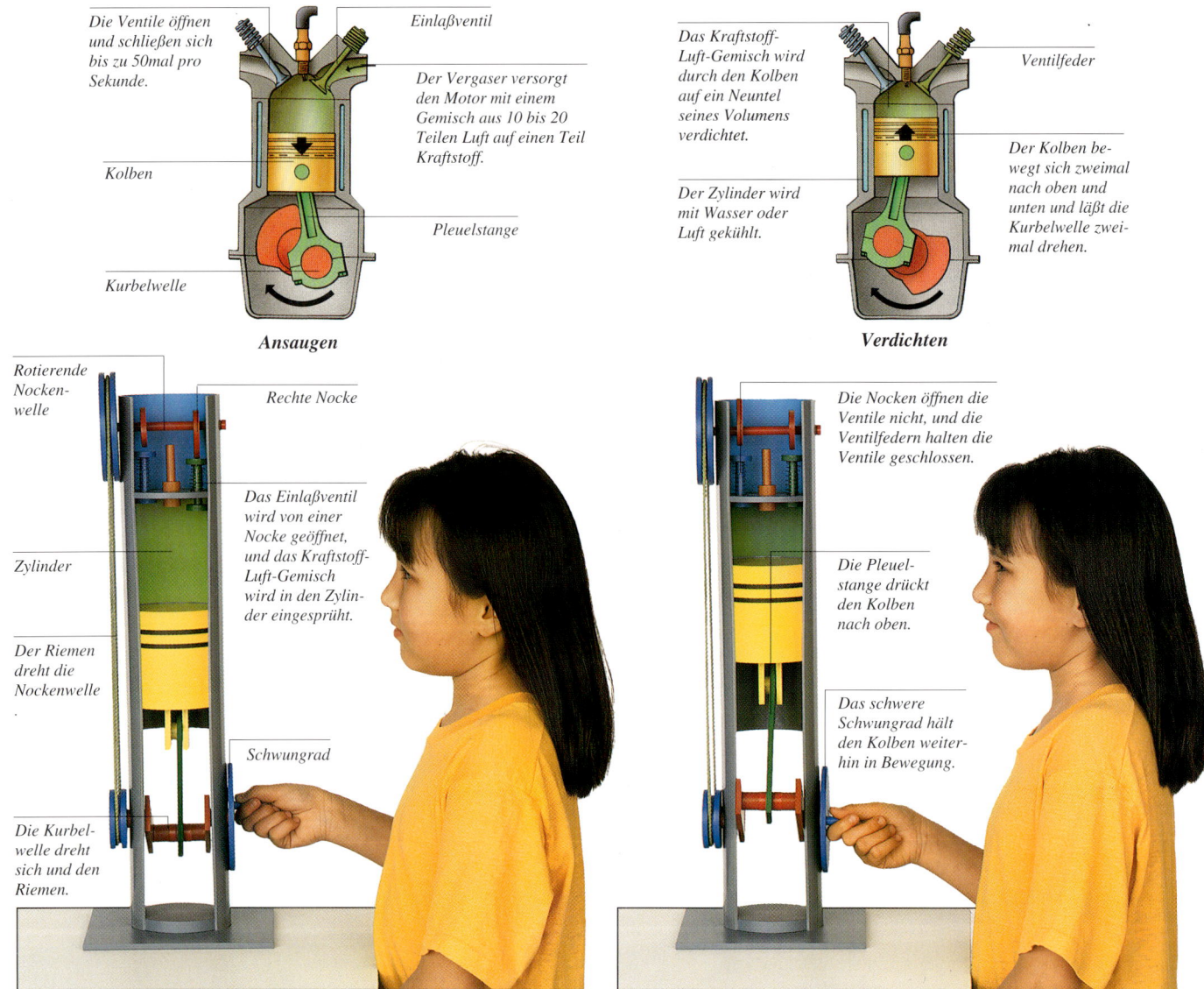

Die Ventile öffnen und schließen sich bis zu 50mal pro Sekunde.

Einlaßventil

Der Vergaser versorgt den Motor mit einem Gemisch aus 10 bis 20 Teilen Luft auf einen Teil Kraftstoff.

Kolben

Pleuelstange

Kurbelwelle

Ansaugen

Das Kraftstoff-Luft-Gemisch wird durch den Kolben auf ein Neuntel seines Volumens verdichtet.

Ventilfeder

Der Kolben bewegt sich zweimal nach oben und unten und läßt die Kurbelwelle zweimal drehen.

Der Zylinder wird mit Wasser oder Luft gekühlt.

Verdichten

Rotierende Nockenwelle

Rechte Nocke

Das Einlaßventil wird von einer Nocke geöffnet, und das Kraftstoff-Luft-Gemisch wird in den Zylinder eingesprüht.

Zylinder

Der Riemen dreht die Nockenwelle

Schwungrad

Die Kurbelwelle dreht sich und den Riemen.

Die Nocken öffnen die Ventile nicht, und die Ventilfedern halten die Ventile geschlossen.

Die Pleuelstange drückt den Kolben nach oben.

Das schwere Schwungrad hält den Kolben weiterhin in Bewegung.

Erster Takt (Ansaugen)
Das Schwungrad, das sich aufgrund des letzten Arbeitstaktes noch dreht, bewegt die Nockenwelle über eine Kurbelwelle und einen Riemen. Die rechte Nocke drückt das Einlaßventil nach unten, so daß der Zylinder das Kraftstoff-Luft-Gemisch ansaugt.

Zweiter Takt (Verdichten)
Das Schwungrad dreht sich weiter. Der Kolben, der mit dem Schwungrad über Pleuelstange und Kurbelwelle verbunden ist, steigt im Zylinder nach oben. Beide Ventile sind geschlossen, das Kraftstoff-Luft-Gemisch wird durch den nach oben steigenden Kolben verdichtet.

Rüttelfrei

Jeder Arbeitstakt setzt den Kolben, die Kurbelwelle und andere Motorteile mit großer Kraft in Bewegung. In einem Motor mit nur einem Zylinder fängt der Motor aufgrund dieser Wucht bei jedem Takt zu vibrieren an. Die meisten Automotoren verfügen daher über vier oder gar mehr Zylinder, deren Arbeitstakt zu unterschiedlichen Zeiten ausgeführt wird. So wird weniger Erschütterung verursacht. Außerdem sind die Kolbenhübe so aufeinander abgestimmt, daß der Motor rund läuft.

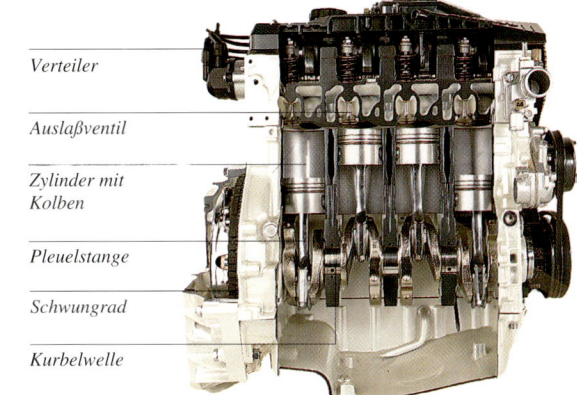

Verteiler

Auslaßventil

Zylinder mit Kolben

Pleuelstange

Schwungrad

Kurbelwelle

Viertaktmotor
In jedem Zylinder wird ein anderer Takt des vier Takte dauernden Zyklus ausgeführt. Der erste Zylinder (links) steht kurz vor dem Verdichten. Im zweiten Zylinder wird gerade der Arbeitstakt ausgeführt, im dritten der Ansaugtakt und im vierten das Abgas ausgestoßen.

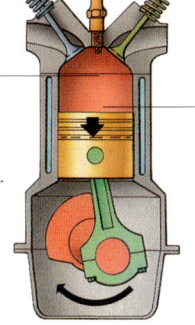

Nur ein Drittel der Energie des verbrennenden Kraftstoffs wird tatsächlich zum Antrieb des Kolbens genutzt. Der Rest geht als Abwärme über die Kühlung sowie mit dem Abgas verloren.

Die Zündkerze gibt bis zu 50mal pro Sekunde einen Zündfunken ab.

In der Brennkammer werden Temperaturen von über 1650 °C erreicht.

Knall

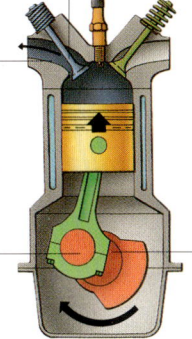

Auslaßventil

Das Auspuffgas besteht aus giftigem Kohlenmonoxid und Stickoxiden sowie unverbranntem Kraftstoff.

In einem normalen Motor dreht sich die Kurbelwelle bis zu 6 000mal pro Minute.

Das Motoröl säubert und schmiert die beweglichen Motorteile.

Ausstoßen

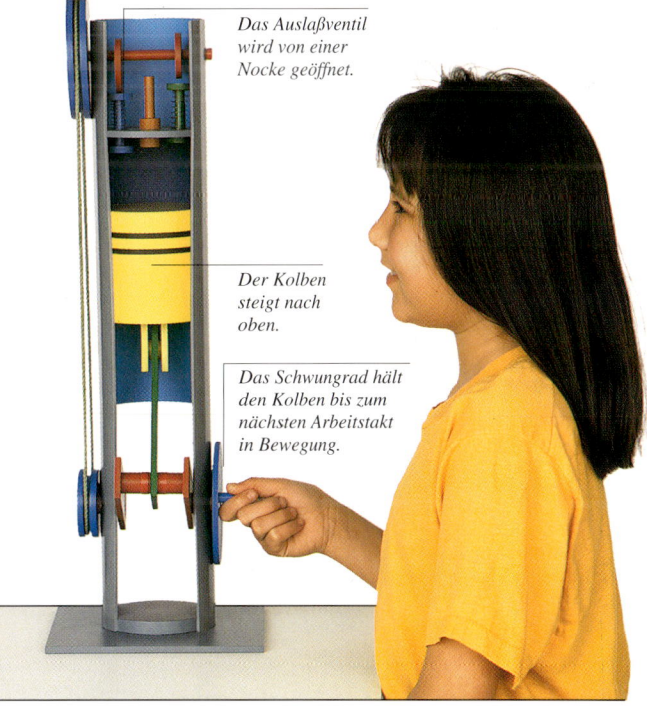

Die Zündkerze entzündet das stark verdichtete Kraftstoff-Luft-Gemisch.

Die Ventile bleiben geschlossen.

Die sich ausbreitenden Gase der Explosion des Kraftstoff-Luft-Gemisches treiben den Kolben nach unten.

Das Auslaßventil wird von einer Nocke geöffnet.

Der Kolben steigt nach oben.

Das Schwungrad hält den Kolben bis zum nächsten Arbeitstakt in Bewegung.

Dritter Takt (Arbeiten)
Wenn der Kolben am oberen Ende des Zylinders angelangt und dadurch das Kraftstoff-Luft-Gemisch stark verdichtet ist, zündet ein Zündfunke das Gemisch. Dieses explodiert, treibt den Kolben nach unten und hält so das Schwungrad in Bewegung.

Vierter Takt (Ausstoßen)
Das Schwungrad schiebt den Kolben wieder nach oben. Die linke Nocke betätigt das Auslaßventil, so daß der nach oben steigende Kolben das Abgas aus dem Zylinder drängt. Und dann beginnt der vier Takte dauernde Zyklus von vorne.

Propeller- und Düsentriebwerke

Schiffe und Flugzeuge werden durch Verbrennungsmotoren angetrieben, die Unmengen an Treibstoff verbrennen, um den nötigen Antrieb zu erzeugen. Düsentriebwerke oder Propeller, die durch einen Verbrennungsmotor in Gang gebracht werden, sorgen in der
Luft und im Wasser für den erforderlichen Antrieb.

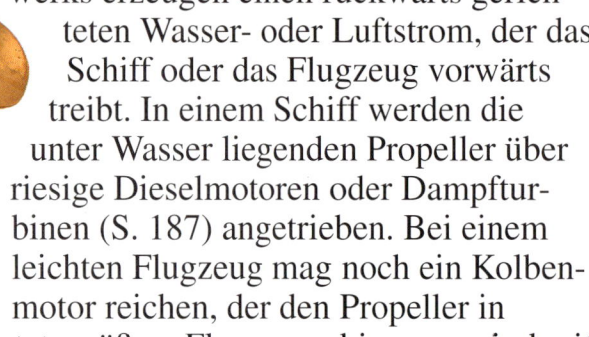

Der rotierende Propeller und die Düsen eines Trieb-
werks erzeugen einen rückwärts gerichteten Wasser- oder Luftstrom, der das
Schiff oder das Flugzeug vorwärts
treibt. In einem Schiff werden die
unter Wasser liegenden Propeller über
riesige Dieselmotoren oder Dampfturbinen (S. 187) angetrieben. Bei einem
leichten Flugzeug mag noch ein Kolben-
motor reichen, der den Propeller in
Bewegung setzt; größere Flugzeuge hingegen sind mit
Düsentriebwerken ausgerüstet.

*Schiffsschraube
mit drei Blättern*

So funktioniert ein Propeller

Die Blätter eines Propellers stehen in einem Winkel
zur Achse und sind in sich verdreht. Während sich
ein Flugzeugpropeller oder die Schiffsschraube
dreht, drängt jedes Blatt etwas Luft oder Wasser
nach hinten. Da das Blatt zudem gebogen ist, fließen
Luft oder Wasser noch schneller über die Oberfläche. Das Blatt ähnelt in seiner Funktionsweise
einer Tragfläche (S. 108), da es mit seiner Vorderkante ebenfalls den Druck der Luft oder des Wassers, die es durchpflügt, verringert. Dieser Druck-
rückgang auf der Vorderseite und der rückwärts
gerichtete Luft- oder Wasserstrom auf der
anderen Seite führen dazu, daß
der Propeller vorwärts
gestoßen wird.

*Flugzeugpropeller
aus den 20er Jahren*

EXPERIMENT
Luftantrieb

*Bei diesem Experiment sollte
ein Erwachsener helfen.*

Einen Handventilator verwandelt ihr in
einen Flugzeugmotor. Er veranschaulicht,
wie ein rückwärts gerichteter Luftstrom ein
Flugzeug durch die Luft bewegen kann.

*Vorsicht: Berührt auf keinen Fall die
Rotorblätter
des Ventilators,
während ihr
ihn ein- oder
ausschaltet.*

IHR BRAUCHT
● 2 Marmeladen-
glasdeckel, einer
etwas größer als
der andere ● Mur-
meln ● Handven-
tilator ● Lineal
● Schutzbrille
● Schere ● dop-
pelseitiges Klebe-
band ● etwa
250 g Modellier-
masse ● Stütz-
block

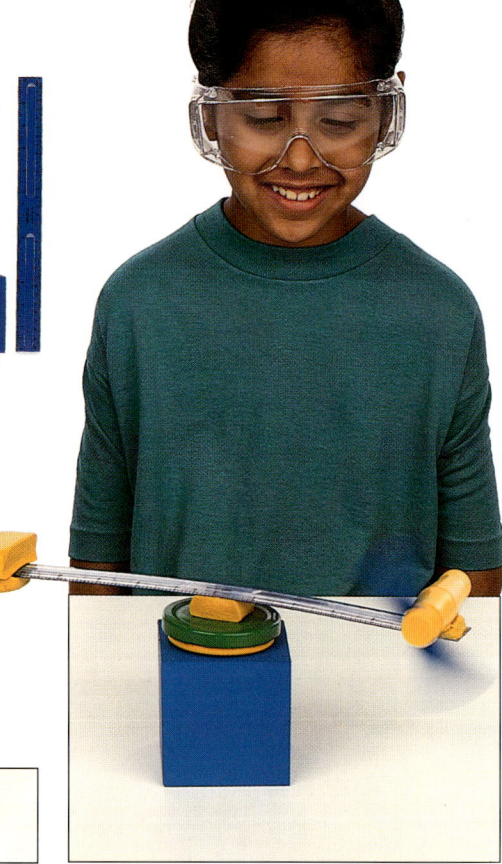

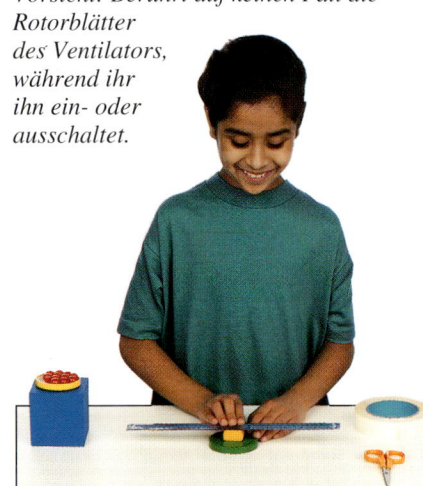

1 Legt die Murmeln in den kleineren
Deckel, und klebt diesen mit dem Klebe-
band am Stützblock fest. Befestigt das
Lineal mit Modelliermasse auf dem großen
Deckel.

2 Befestigt den Ventilator mit Modelliermasse an einem Ende des Lineals, und
gleicht diese Belastung am anderen Ende
mit Modelliermasse aus. Setzt den größeren Deckel auf die Murmeln.

3 Haltet den Ventilator fest, schaltet
ihn ein, und laßt ihn dann los. Während die
Blätter des Ventilators die Luft in eine
Richtung drängen, dreht sich das Lineal in
die entgegengesetzte Richtung.

Ein großer Sprung nach vorne

Das erste funktionsfähige Düsentriebwerk kam 1939 am Anfang des Zweiten Weltkriegs in einem deutschen Kampfflugzeug zum Einsatz. Zwei Jahre später flog auch ein englisches Kampfflugzeug mit Hilfe eines von Frank Whittle (geb. 1907) erfundenen Düsentriebwerks. Whittle war kein Wissenschaftler, sondern ein Flugzeugbauer. 1929 hatte er die Idee, daß man mit hoher Geschwindigkeit fliegen könnte, wenn die Flugzeuge mit einem Motor angetrieben würden, der einen starken, rückwärts gerichteten Luftstrom ausstößt. Zuerst wurde er nicht sehr ernst genommen, da man allgemein der Meinung war, daß ein Düsentriebwerk für ein Flugzeug viel zu schwer sei. Whittle ließ aber nicht locker – und leitete so das Zeitalter des schnellen Reisens um die ganze Welt ein, da Düsenflugzeuge ihren mit Propeller angetriebenen Vorgängern rasch auf und davon flogen.

So funktioniert ein Düsentriebwerk

Dieses Düsentriebwerk ist ein sogenanntes Mantelstromtriebwerk, wie es bei Linienflugzeugen zum Einsatz kommt. Ein großes Gebläse vor dem eigentlichen Triebwerk saugt Luft an. Ein Teil davon tritt in die Verdichter ein, wo der Luftdruck erhöht wird. Diese verdichtete Luft wird in die Brennkammern weitergeleitet, wo sie mit

Kerosin vermischt und entzündet wird. Das Treibstoff-Luft-Gemisch verbrennt und erzeugt heiße, unter hohem Druck stehende Gase. Diese Gase werden dann durch die Turbinen geleitet, die mit ihrer Drehung sowohl das Gebläse als auch die Verdichter in Bewegung halten. Danach werden sie durch die Schubdüse geleitet. Der von

diesem Gasstrom erzeugte Schub wird durch die übrige Luft, die vom Gebläse angesaugt wird und am Triebwerk vorbeiströmt, noch weiter verstärkt. Die Luft aus diesem Nebenstrom treibt zusammen mit den Abgasen aus der Schubdüse das Flugzeug mit enormer Kraft nach vorne und hält es dabei in der Luft (S. 108).

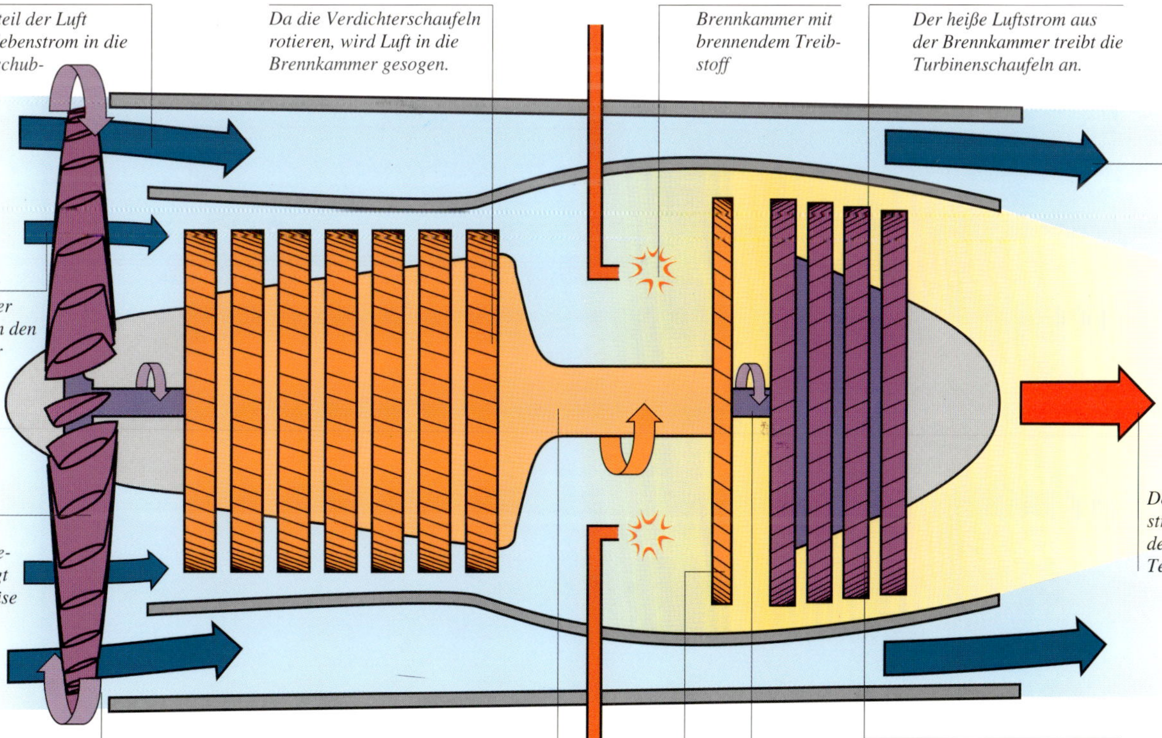

Der Großteil der Luft geht als Nebenstrom in die Sekundärschubdüse.

Da die Verdichterschaufeln rotieren, wird Luft in die Brennkammer gesogen.

Brennkammer mit brennendem Treibstoff

Der heiße Luftstrom aus der Brennkammer treibt die Turbinenschaufeln an.

Der Hauptschub kommt aus der kühlen Luft des Nebenstroms.

Ein Teil der Luft tritt in den Verdichter ein.

Aufgrund seiner Drehung saugt das Gebläse Luft an.

Der heiße Gasstrom sorgt für den kleineren Teil des Schubs.

Drehrichtung des Gebläses

Äußere Antriebswelle

Innere Antriebswelle

Die zweite Turbine treibt das Gebläse über die innere Antriebswelle an.

Die erste Turbine treibt den Verdichter über die äußere Antriebswelle an.

Treibstoffleitung

Raketen

Normale Silvesterraketen funktionieren im Grunde genauso wie Raketen, die Satelliten und Raumschiffe auf ihre Umlaufbahn um die Erde oder Sonden zu anderen Planeten bringen. Alle Raketen enthalten Brennstoff, der ohne Luft verbrennt, weshalb sie auch im luftleeren Raum vorankommen. Der verbrennende Treibstoff erzeugt Gase, die aus der Schubdüse strömen und die Rakete vorwärts treiben. Man unterscheidet Feststoff- und Flüssigkeitsraketen. Feststoffraketen enthalten Treibstoffpulver, das rasch verbrennt. Zu diesem Typus gehören Feuerwerkskörper und die Trägerraketen der Raumfähren. Die Triebwerke einer Flüssigkeitsrakete werden mit flüssigem Treibstoff und Oxidationsmittel versorgt, die zusammen verbrennen. Im Gegensatz zu Feststoffraketen kann dieser Raketentyp ein- und ausgeschaltet werden.

GROSSE ENTDECKER
Robert Goddard

Die ersten Raketen waren Feuerwerkskörper, die bereits vor 800 Jahren in China gebaut wurden. Flüssigkeitsraketen wurden erst 1926 von Robert Goddard (1882–1945) erfunden, der einen kleinen Prototyp seiner Rakete auf einer Farm in Massachusetts abfeuerte. Seine Rakete wurde mit Benzin und flüssigem Sauerstoff angetrieben und erreichte eine Geschwindigkeit von etwa 100 km/h sowie eine Höhe von 12,5 Metern. Sie war nur 2,5 Sekunden lang in der Luft. Die ersten Weltraumraketen wurden durch flüssigen Treibstoff angetrieben – genauso wie die Rakete von Goddard.

Flaschenrakete

 Bei diesem Experiment sollte ein Erwachsener helfen.

Ihr baut eine einfache Rakete, die mit großer Geschwindigkeit abhebt. Dabei wird kein Treibstoff verbrannt, sondern ein Wasserstrahl treibt die Rakete nach oben. Dieser hat den gleichen Effekt wie sonst die ausströmenden Verbrennungsgase.

IHR BRAUCHT
• Fahrradpumpe mit Verbindungsschlauch und Adapter • Klebeband • Plastikflasche • Korken für die Flasche • Schnur • Vaseline • Strohhalm • Schutzbrille • Zirkel • Schere • Nadel einer Fußballpumpe

1 Drückt den Strohhalm der Länge nach leicht gegen die Flasche, und klebt ihn mit dem Klebeband fest an die Flasche. Der Strohhalm darf sich nicht biegen können.

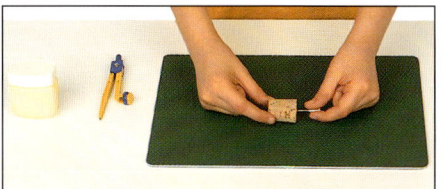

2 Mit einem Zirkel stecht ihr oben in den Korken ein Loch. Drückt die Nadel der Fußballpumpe durch dieses Loch in den Korken hinein.

3 Füllt die Flasche mit Wasser (etwa 5 cm über dem Boden). Streicht den Korken mit Vaseline ein, und drückt ihn fest in den Flaschenhals, so daß die Pumpennadel noch hervorsteht.

4 Bindet das eine Ende der Schnur oben an einen Baum oder Pfahl. Dann fädelt ihr das andere Ende durch den Strohhalm, wobei ihr am Boden der Flasche beginnt. Dieses Ende verankert ihr fest am Boden.

Die Raumfähre

Die Raumfähre besteht aus einer Hybridrakete, die festen und flüssigen Treibstoff verbrennt. Beides ist erforderlich, um die Erdumlaufbahn zu erreichen. Die Rauchwolken beim Start kommen von den beiden seitlich angebrachten Trägerraketen. Sie werden, nachdem sie ausgebrannt sind, abgestoßen und gleiten an einem Fallschirm zurück zur Erde und werden wieder verwendet. An der Raumfähre befindet sich ein großer Treibstofftank, der flüssigen Wasserstoff und flüssigen Sauerstoff enthält. Diese Flüssigkeiten werden den drei Triebwerken im Heck getrennt voneinander zugeleitet, wo sie vermischt werden und für die nötige Schubkraft sorgen. Hat die Raumfähre den luftleeren Raum erreicht, wird der Außentank abgestoßen; er verbrennt beim Eintritt in die Erdatmosphäre. Kleinere Flüssigkeitsraketen dienen dazu, die erwünschte Umlaufbahn zu erreichen und im Weltraum zu manövrieren. Die Raumfähre tritt nach Erfüllung ihrer Mission wieder in die Erdatmosphäre ein und kann dank ihres Tragwerks wieder auf der Erde landen. Dann wird sie für die nächste Mission im Weltall vorbereitet.

Raketen im Weltall

In einer Flüssigkeitsrakete wird die Brennkammer im Triebwerk über Pumpen mit flüssigem Treibstoff und dem Oxidationsmittel aus den Tanks beschickt. Bei deren Verbrennung entstehen Gase, die gegen die Brennkammerwand drücken und durch die Schubdüse ausgestoßen werden. Durch diesen Effekt bewegt sich die Rakete vorwärts. Viele Raketen haben mehrere Zündstufen, die aus eigenen Tanks und Triebwerken bestehen. Die Stufen brennen nacheinander aus, wobei die ausgebrannte Stufe abgestoßen und die nächste Stufe gezündet wird. Nur die letzte Zündstufe und die Nutzlast, zum Beispiel ein Satellit, erreichen das Weltall.

5 Der Boden der Flasche sollte in einem Winkel von etwa 45° nach oben zeigen. Bringt die Luftpumpe an der Pumpennadel an. Der Flaschenhals sollte mit Wasser gefüllt sein, ansonsten müßtet ihr den Korken noch einmal herausnehmen, etwas Wasser nachgießen und den Korken wieder in den Flaschenhals drücken. Fangt mit dem Pumpen an, und macht euch darauf gefaßt, daß etwas Wasser aus der Flasche spritzt, wenn die Rakete abhebt.

Beim Pumpen wird die Luft in der Flasche immer weiter verdichtet. Der Luftdruck steigt an, bis die Luft den Korken und damit auch das Wasser aus der Flasche drückt.

Schützt eure Augen mit einer Schutzbrille.

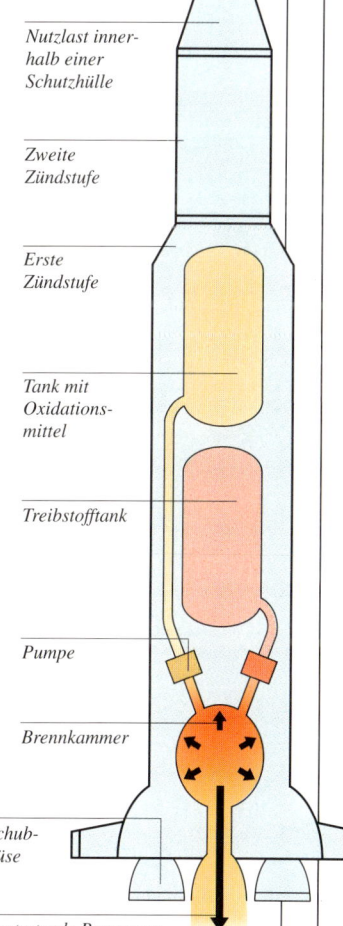

Nutzlast innerhalb einer Schutzhülle
Zweite Zündstufe
Erste Zündstufe
Tank mit Oxidationsmittel
Treibstofftank
Pumpe
Brennkammer
Schubdüse
Austretende Brenngase

Batterien

Batterien sind eine sehr praktische Energiequelle. Sie sind leicht, sauber und sicher, zudem liefern sie überall und jederzeit Strom.
Ohne Batterien gäbe es viele nützliche Geräte
nicht, wie etwa Taschenlampe, Hörgerät oder
Walkman. Ist ein Computer oder Faxgerät
ausgeschaltet, sorgt eine Batterie für Strom –
das Gerät »vergißt« daher weder Uhrzeit noch
Datum, selbst wenn es ausgesteckt ist. Eine
Batterie enthält Chemikalien, die durch ihre
Reaktion Strom erzeugen, sobald das an die
Batterie angeschlossene Gerät eingeschaltet
wird. Sind diese Chemikalien aufgebraucht,
ist die Batterie leer. Einige Batterien – eine
Autobatterie etwa – können wieder aufgeladen
werden, indem man sie an eine Stromquelle
anschließt. Dabei findet der gleiche Prozeß in
umgekehrter Richtung statt, das heißt, die
ursprünglichen Chemikalien werden wieder-
hergestellt. Je nach Spannung bestehen
Batterien aus einer oder mehreren Zellen.
Eine normale Zelle erzeugt etwa 1,5 Volt.
Eine Autobatterie mit 12 Volt besteht
aus sechs 2-Volt-Zellen.

GROSSE ENTDECKUNGEN
Voltasche Säule

Der italienische Wissenschaftler Alessandro Volta erfand die Batterie im
Jahre 1800. Er errichtete eine Säule aus
Kupfer- und Zinkscheiben, die er durch
Scheiben aus mit Salzlösung oder einer
schwachen Säure wie Essig getränk-
tem Karton voneinander trennte. Drei
Scheiben bildeten eine elektrische
Zelle, in der Kupfer und Zink mit der
Salzlösung oder Säure reagierten
und dadurch Strom erzeugten. Sta-
pelte man einzelne Zellen aufeinander, wurden sie miteinander verbunden – aus einzelnen Zellen mit niedriger Spannung entstand eine Batterie
mit hoher Spannung. Der elektrische
Strom wurde über Drähte abgenommen, die oben und unten angebracht
waren. Diese Batterie nannte man
Voltasche Säule. Volta kam zu seiner
Erfindung durch eine seltsame Beob-
achtung, die Luigi Galvani ein paar
Jahre zuvor gemacht hatte. Dieser hatte
bemerkt, daß die Schenkel eines toten
Frosches zuckten, wenn man sie
gleichzeitig mit zwei verschiedenen
Metallen berührte. Volta erkannte, daß
die Metalle und die salzhaltige
Flüssigkeit im Froschkörper
miteinander reagierten
und dabei elektri-
schen Strom erzeug-
ten, der die Muskeln des
Frosches zum Zucken brachte.

EXPERIMENT
Selbst gebastelte Batterie

Diese Batterie erzeugt genügend Strom für
einen Wecker. Sie besteht aus mehreren
Zellen, die miteinander verbunden sind.
Jede Zelle erzeugt eine Spannung von etwa
0,6 Volt (V). Wie viele Zellen für euren
Wecker notwendig sind, müßt ihr erst herausfinden. Auf der Batterie des Weckers
steht, wieviel Spannung erforderlich ist.
Sind dort 1,5 V angegeben, müßt ihr eine
Batterie mit zwei oder drei Zellen basteln.
Bei 3 V braucht ihr eine Batterie mit vier
oder fünf Zellen. Achtet darauf, daß alle
Drähte in der Batterie fest mit den Quadraten aus Alufolie sowie den Batterieklem-
men im Wecker verbunden sind, da sonst
die Batterie nicht funktioniert.

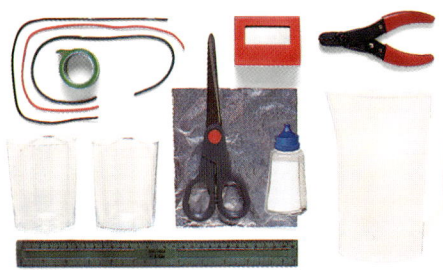

IHR BRAUCHT
● 3 isolierte Kupferdrähte mit einer
Länge von jeweils 45 cm ● Klebeband
● 2 Glasbecher ● Schere ● 2 aus Alufolie
geschnittene Quadrate mit einer Seitenlänge von 8 cm ● Reisewecker mit heraus-
genommener Batterie ● Abisolierzange
● Lineal ● Salz ● Krug

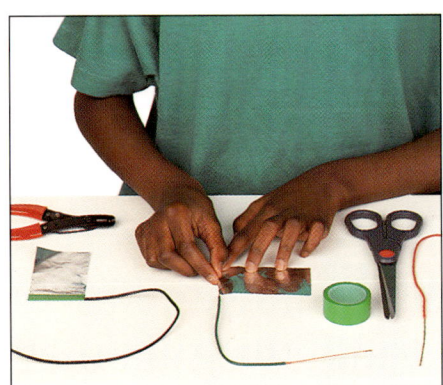

1 Mit Hilfe der Abisolierzange legt ihr
die Enden jedes Drahts frei. Um zwei
Drahtenden faltet ihr nun Alufolie und
klebt diese mit dem Klebeband an. Drückt
die Folie fest um den Draht, damit der
Kontakt gut ist.

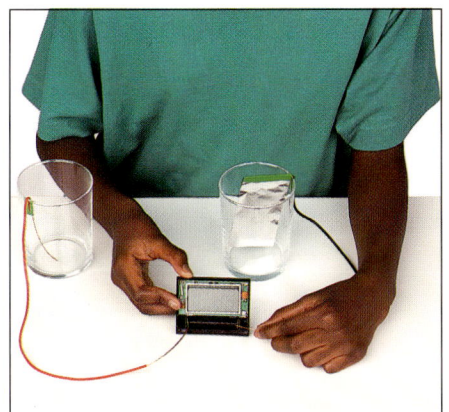

2 Befestigt den Draht ohne Alufolie und einen Draht mit Alufolie – wie in der Abbildung unten rechts zu sehen – an den Polen des Weckers. Klebt die anderen Drahtenden mit Klebeband in den Glasbechern fest.

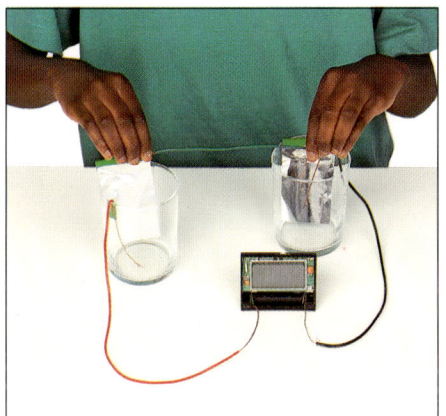

3 Befestigt auch den dritten Draht zwischen den Glasbechern oder Zellen wie oben rechts zu sehen. Jede Zelle müßte nun einen Kontakt zur Alufolie und einen Kontakt zu einem Draht haben.

Das Salzwasser reagiert mit dem Kupfer des Drahts und dem Aluminium der Folie; dabei entsteht elektrischer Strom, der durch den Stromkreis fließt.

4 Löst zwei Teelöffel Salz in warmem Wasser auf, und gießt diese Salzlösung in beide Glasbecher. Achtet darauf, daß das Wasser alle vier Kontakte bedeckt, aber keinen Kontakt zu dem mit Alufolie umwickelten Draht hat.

Batterie mit langer Lebensdauer

Eine Batterie mit langer Lebensdauer besteht aus einer Zelle mit einer Stahlhülle und einem Metallstab in der Mitte. Zwischen der Hülle und dem Metallstab befinden sich Elektroden aus Zinkpulver und mit Kohlenstoff gemischtem Manganoxid. Diesen Zelltyp bezeichnet man als Alkalizelle, da Kaliumhydroxid, eine alkalische Substanz, mit beiden Elektroden vermischt wird. Dadurch können das Zink und das Mangan in den Elektroden Strom erzeugen. Der Metallstab und die innere Stahlhülle leiten den Strom von den Elektroden zu einem positiven Pol an der Batterieoberseite und zu einem negativen Pol gegenüber.

Äußere Stahlhülle

Alkalizelle mit Mangan
Dank der kompakten Elektrode besitzt diese Batterie eine längere Lebensdauer.

Innere Stahlhülle

Manganoxid und Kohlenstoffelektrode

Metallstab

Trennwand zwischen den Elektroden

Elektrode aus Zinkpulver

Erste Zelle   ***Zweite Zelle***

Kontakt mit blankem Draht

Kontakt mit der Alufolie

Positiver Pol   *Negativer Pol*

Eure Batterie müßte nun funktionieren. Sie dürfte für den Betrieb der Uhr und vielleicht sogar für die Weckerfunktion ausreichen.

Elektromotoren und Generatoren

Elektrischer Strom ist die wichtigste Energiequelle für Haushaltsgeräte und in der Industrie eingesetzte Maschinen. Küchenmaschinen, Nähmaschinen, Aufzüge und Elektroloks enthalten allesamt Motoren, die von Strom in Bewegung gesetzt werden und so die beweglichen Teile dieser Geräte antreiben. Der Anlasser in einem Auto ist ein Elektromotor. Die meisten elektrischen Geräte werden über das öffentliche Stromnetz versorgt. Der erforderliche Strom wird von Generatoren in Kraftwerken erzeugt und über Stromleitungen zum Verbraucher befördert. Ein Generator wird von einem Verbrennungsmotor oder einer Wasserturbine betrieben. Er funktioniert wie ein umgekehrter Elektromotor: Er wandelt nämlich Bewegung in Strom um.

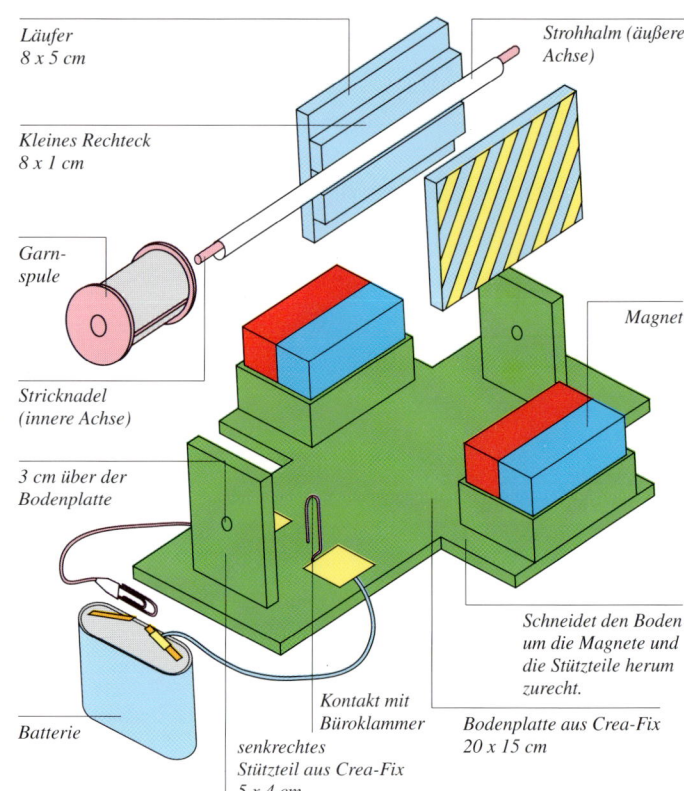

Läufer
8 x 5 cm

Strohhalm (äußere Achse)

Kleines Rechteck
8 x 1 cm

Garnspule

Stricknadel
(innere Achse)

Magnet

3 cm über der Bodenplatte

Schneidet den Boden um die Magnete und die Stützteile herum zurecht.

Batterie

Kontakt mit Büroklammer

senkrechtes Stützteil aus Crea-Fix
5 x 4 cm

Bodenplatte aus Crea-Fix
20 x 15 cm

EXPERIMENT
Wir basteln einen Motor

 Bei diesem Experiment sollte ein Erwachsener helfen.

Dieser Elektromotor wird über eine Batterie angetrieben und hat eine zwischen zwei Magneten aufgehängte Drahtspule. Durch den von der Batterie gelieferten Strom dreht sich die Spule. Alle Elektromotoren funktionieren nach diesem Grundprinzip.

IHR BRAUCHT

• eine 5 mm dicke Crea-Fix-Platte ● dünnen, isolierten Draht ● 2 gleich starke Magnete ● Alufolie • Batterie mit 4,5 V
• Garnspule ● 3 Büroklammern aus Metall
● Strohhalm ● Stricknadel oder Spieß, in den Strohhalm passend ● Klebeband
● doppelseitiges Klebeband ● Klebstoff
● Messer ● Lineal aus Stahl ● Abisolierzange

1   Schneidet aus der Crea-Fix-Platte den Boden und die Stützteile aus. Mit Hilfe der Stricknadel bohrt ihr ein Loch in die zwei senkrechten Stützen. Klebt die Seitenteile in einem Abstand von 15,5 cm auf den Boden.

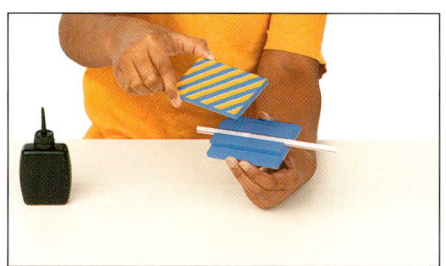

2   Schneidet den Strohhalm als Außenachse auf 15 cm zu. Klebt ihn und die beiden kleineren Rechtecke zwischen die beiden Läuferteile. Der Strohhalm muß in der Mitte des Läufers liegen und an einem Ende 5 cm herausragen.

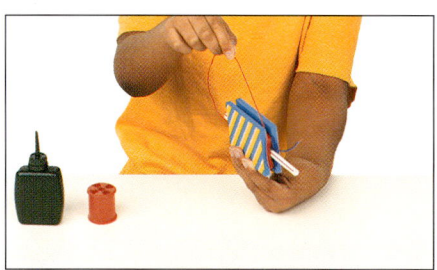

3   Wickelt den Draht etwa 30mal um den Schlitz im Läufer. Am Anfang und am Ende des gewickelten Drahtes müssen jeweils 5 cm frei bleiben. Wickelt den Draht auf beiden Seiten um die Achse, so daß der Läufer nicht rutscht. Klebt das lange Achsenende in der Garnspule fest.

4   Klebt zwei Stücke doppelseitiges Klebeband an die Garnspule. Laßt dazwischen zwei winzige Lücken frei (unten und oben, wenn der Läufer waagerecht liegt). Befestigt ein abisoliertes Drahtende von der Spule an jedem Stückchen, und legt Alufolie drauf.

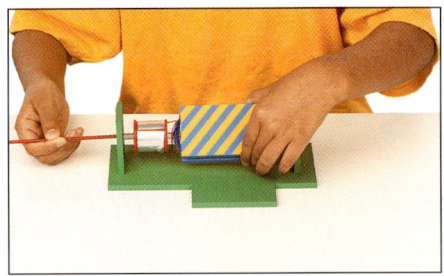  

5 Achtet darauf, daß die Folie und der Draht jeweils Kontakt haben, die Lücken müssen frei bleiben. Montiert den Läufer, indem ihr die Stricknadel (innere Achse) durch die senkrecht stehenden Stützteile und die äußere Achse schiebt.

6 Montiert die Magnete auf den Crea-Fix-Stützblöcken so nah wie möglich an beide Läufer, achtet aber darauf, daß sich dieser ungehindert drehen kann. Entgegengesetzte Pole müssen sich gegenüber stehen (siehe auch Skizze links im Kasten).

7 Biegt beide Büroklammern zu einem L, und bringt an beide ein 20 cm langes Stück Draht an. Ein Drahtende befestigt ihr an einem Batteriepol. Klemmt die Klammern an der Bodenplatte an jeder Seite der Garnspule so fest, daß sie nur mit der Alufolie Kontakt haben.

So funktionieren Motoren und Generatoren

Sobald elektrischer Strom durch eine Drahtspule fließt, baut sich um diese Drahtspule herum ein Magnetfeld auf. Die Magnete umgeben die Spule jeweils mit ihrem eigenen Magnetfeld. Diese beiden Magnetfelder stoßen sich entweder ab oder ziehen sich an – genauso wie Magnete – und bringen dadurch die Spule zum Drehen. Die rotierende Drahtspule setzt auch die Motorwelle in Bewegung, die wiederum eine Maschine antreibt.

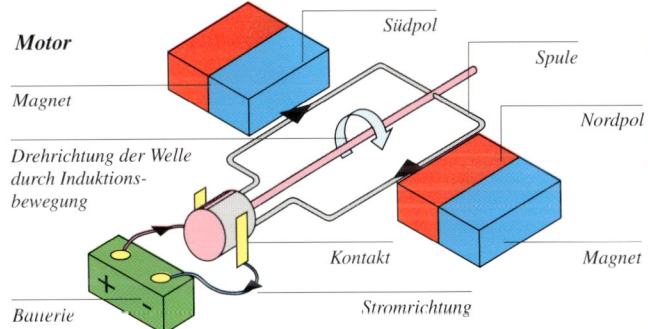

Motor
Südpol
Spule
Magnet
Nordpol
Drehrichtung der Welle durch Induktionsbewegung
Kontakt
Magnet
Batterie
Stromrichtung

Ein Stromgenerator gleicht einem Motor, nur wird die Spule von einem außenliegenden Motor oder einer Turbine gedreht. Wenn der Draht der Spule das Magnetfeld durchwandert, fließt elektrischer Strom. Dieser Strom fließt dann über die Kontakte weiter und läßt Glühbirnen aufleuchten oder treibt Maschinen an.

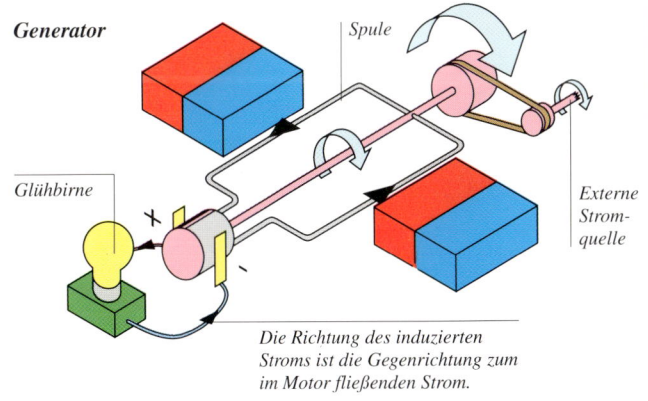

Generator
Spule
Glühbirne
Externe Stromquelle
Die Richtung des induzierten Stroms ist die Gegenrichtung zum im Motor fließenden Strom.

8 Achtet darauf, daß der Läufer frei drehen kann. Verbindet den übrigen Draht mit einer dritten Büroklammer. Der Läufer bleibt waagerecht stehen. Sobald ihr diese Klammer an die Batterie klemmt, startet der Motor. Ihr müßt den Läufer zuerst in Drehung versetzen, dann geht's aber von alleine weiter.

Hebel

Zum Öffnen einer Dose braucht man einen Dosenöffner. Er besteht aus zwei Hebeln, die man zusammendrückt und dabei die Kraft der Hand verstärkt. Hebel sind starre Stäbe oder Stangen, die sich um einen Punkt drehen. Sie kommen bei vielen Maschinen zur Verstärkung der Kraft zum Einsatz. Sobald man am Kraftarm ansetzt, dreht er sich um den Drehpunkt. Gleichzeitig hebt der Lastarm die Last. Ist der Lastarm kürzer als der Kraftarm, muß man zum Heben der Last weniger Kraft aufbringen.

Riesenhebel

Greift eine Kraft an einem Hebel an, dreht er sich um den Drehpunkt und hebt ein Gewicht oder überwindet ein Hindernis – beides bezeichnet man als Last. Es gibt drei verschiedene Hebel, die sich hinsichtlich Kraft- und Lastarm sowie Drehpunkt unterscheiden. Einige Hebel verstärken die aufgebrachte Kraft, andere wiederum verlängern den zurückzulegenden Weg, wie das folgende Experiment zeigt.

IHR BRAUCHT

● Schnur ● langen Besenstiel oder Holzstock ● robustes Einkaufsnetz ● Orangen oder anderes Obst als Gewichte ● Nudelholz ● Klebeband ● großen Kunststoffcontainer ● Schere

Praktisch

Diese aus dem Alltag gegriffenen Gegenstände veranschaulichen die drei Hebelarten. Schere und Nußknacker verstärken die Kraft eurer Finger, so daß ihr etwas schneiden oder eine Nuß knacken könnt. Wertvolle Briefmarken sollte man nur mit einer Pinzette anfassen – sie verringert nämlich die aufgebrachte Kraft.

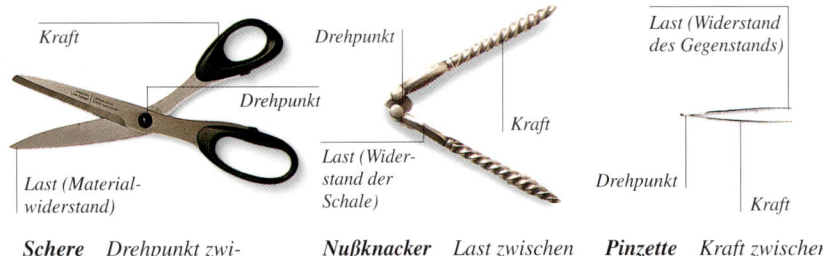

Kraft

Drehpunkt

Last (Materialwiderstand)

Schere Drehpunkt zwischen Kraft und Last

Drehpunkt

Kraft

Last (Widerstand der Schale)

Nußknacker Last zwischen Kraft und Drehpunkt

Last (Widerstand des Gegenstands)

Drehpunkt

Kraft

Pinzette Kraft zwischen Last und Drehpunkt

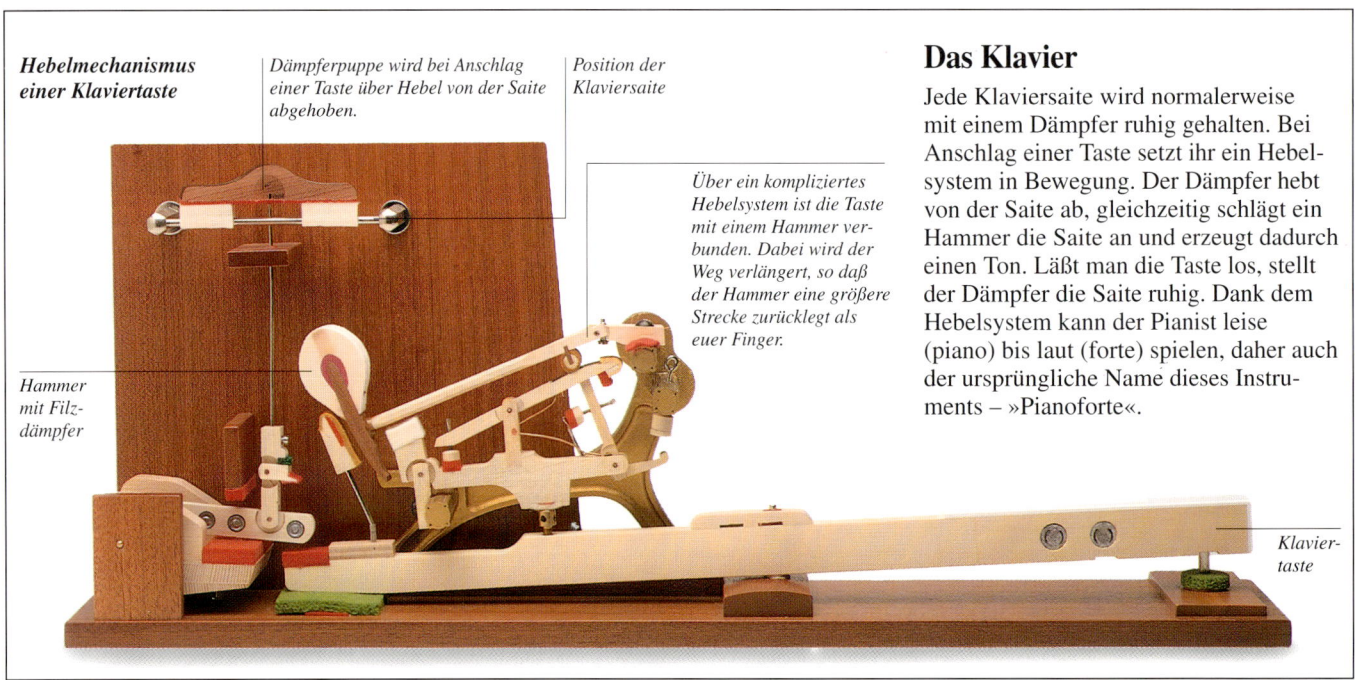

Hebelmechanismus einer Klaviertaste

Dämpferpuppe wird bei Anschlag einer Taste über Hebel von der Saite abgehoben.

Position der Klaviersaite

Über ein kompliziertes Hebelsystem ist die Taste mit einem Hammer verbunden. Dabei wird der Weg verlängert, so daß der Hammer eine größere Strecke zurücklegt als euer Finger.

Hammer mit Filzdämpfer

Klaviertaste

Das Klavier

Jede Klaviersaite wird normalerweise mit einem Dämpfer ruhig gehalten. Bei Anschlag einer Taste setzt ihr ein Hebelsystem in Bewegung. Der Dämpfer hebt von der Saite ab, gleichzeitig schlägt ein Hammer die Saite an und erzeugt dadurch einen Ton. Läßt man die Taste los, stellt der Dämpfer die Saite ruhig. Dank dem Hebelsystem kann der Pianist leise (piano) bis laut (forte) spielen, daher auch der ursprüngliche Name dieses Instruments – »Pianoforte«.

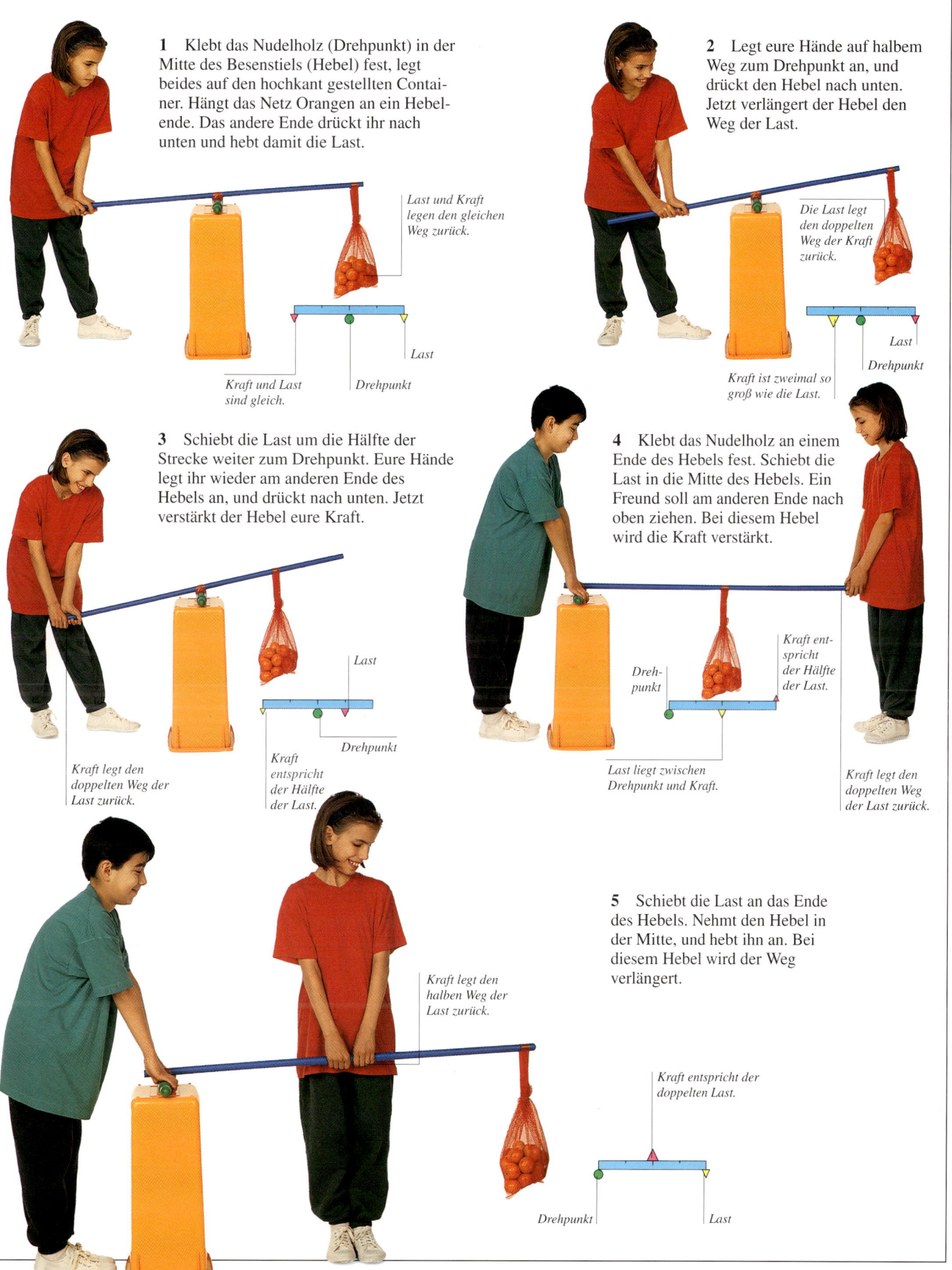

1 Klebt das Nudelholz (Drehpunkt) in der Mitte des Besenstiels (Hebel) fest, legt beides auf den hochkant gestellten Container. Hängt das Netz Orangen an ein Hebelende. Das andere Ende drückt ihr nach unten und hebt damit die Last.

Last und Kraft legen den gleichen Weg zurück.

Last

Kraft und Last sind gleich.

Drehpunkt

2 Legt eure Hände auf halbem Weg zum Drehpunkt an, und drückt den Hebel nach unten. Jetzt verlängert der Hebel den Weg der Last.

Die Last legt den doppelten Weg der Kraft zurück.

Last

Drehpunkt

Kraft ist zweimal so groß wie die Last.

3 Schiebt die Last um die Hälfte der Strecke weiter zum Drehpunkt. Eure Hände legt ihr wieder am anderen Ende des Hebels an, und drückt nach unten. Jetzt verstärkt der Hebel eure Kraft.

Last

Drehpunkt

Kraft legt den doppelten Weg der Last zurück.

Kraft entspricht der Hälfte der Last.

4 Klebt das Nudelholz an einem Ende des Hebels fest. Schiebt die Last in die Mitte des Hebels. Ein Freund soll am anderen Ende nach oben ziehen. Bei diesem Hebel wird die Kraft verstärkt.

Dreh-punkt

Kraft ent-spricht der Hälfte der Last.

Last liegt zwischen Drehpunkt und Kraft.

Kraft legt den doppelten Weg der Last zurück.

Kraft legt den halben Weg der Last zurück.

5 Schiebt die Last an das Ende des Hebels. Nehmt den Hebel in der Mitte, und hebt ihn an. Bei diesem Hebel wird der Weg verlängert.

Kraft entspricht der doppelten Last.

Drehpunkt

Last

Zahnräder und Schrauben

Motoren, die Maschinen antreiben, arbeiten oft nur mit einer bestimmten Geschwindigkeit, obwohl höhere Geschwindigkeiten nötig sind. Mit Hilfe von Zahnrädern kann man höhere Geschwindigkeiten erreichen. Auf zwei Wellen montierte Zahnräder greifen so ineinander, daß eine Welle zu drehen beginnt, sobald die andere vom Motor angetrieben wird. Sind die Zahnräder auch noch verschieden groß, drehen sich die Wellen in verschiedener Geschwindigkeit und Drehkraft. Durch Zahnräder kann man auch die Richtung der Bewegung ändern, die vom Motor kommt. Auch Schrauben können Kraft verstärken. Sobald eine Schraube gedreht wird, bewegt sie sich dank ihres Gewindes nach vorne oder zurück, und zwar mit mehr Kraft, als zur Drehung des Gewindes aufgebracht wird.

Getriebe

Sind mehrere Zahnräder hintereinander geschaltet, spricht man von einem Getriebe. Die erste Welle, deren Zahnräder die Verbindung zu anderen Wellen herstellt, wird angetrieben. Die im folgenden vorgestellten vier Getriebe können Geschwindigkeit, Kraft oder die von der angetriebenen Welle übertragene Bewegungsrichtung ändern. Ein Stirnradgetriebe besteht aus Zahnrädern, die parallel gelagerte Wellen miteinander verbinden. Ein Kegelradgetriebe wiederum besitzt Zahnräder mit nach vorne abgeschrägter Stirnfläche, die winklig ineinandergreifen. Ein Schneckenradgetriebe verfügt über eine Welle mit einem Schraubengewinde (Schnecke), das in ein Stirnradgetriebe eingreift. Die Welle mit dem Stirnrad liegt in einem Winkel von 90° zu der Welle mit der Schnecke. Bei einem Zahnstangengetriebe greift ein Stirnrad in eine Zahnstange ein.

Wagenheber

Ein Wagenheber verstärkt die Kraft, die ein Mensch einsetzt, und hebt einen Wagen. Er funktioniert nach dem Prinzip, daß eine geringe Kraft, die über eine lange Strecke übertragen wird, in eine größere Kraft, die über eine kurze Strecke übertragen wird, umgewandelt werden kann. Dreht man die Kurbel des Wagenhebers, versetzt man eine Welle mit einem Schraubengewinde in Drehung. Die Welle greift in einen Gewindebalken, der am Auto angebracht ist. Wird die Welle gedreht, schiebt sie den Balken nach oben, und der Wagen wird angehoben. Dreht man die Kurbel einmal ganz herum, dreht sich auch die Welle – und der Gewindebalken bewegt sich um die Strecke zwischen den beiden Gewindedrehungen des Schraubengewindes nach oben. Die geringe Kraft, mit der man die Kurbel und damit die Schraube über eine lange Strecke dreht, wird in eine größere Kraft umgewandelt, die auf den Gewindebalken wirkt und den Wagen um ein kurzes Stück anhebt.

Stirnradgetriebe (rot)
Dieses Stirnradgetriebe besteht aus zwei Zahnrädern, die zwei parallel angeordnete Wellen miteinander verbinden. Die erste Welle wird (in diesem Fall von Hand) angetrieben; auf ihr sitzt das kleinere Zahnrad. Die zweite Welle verfügt über ein größeres Zahnrad und dreht sich daher mit einer geringeren Geschwindigkeit, aber mit größerer Kraft als die erste Welle. Autogetriebe bestehen aus mehreren Stirnradgetrieben, die den Geschwindigkeitsbereich des Motors in einen größeren Geschwindigkeitsbereich für die Räder umsetzen.

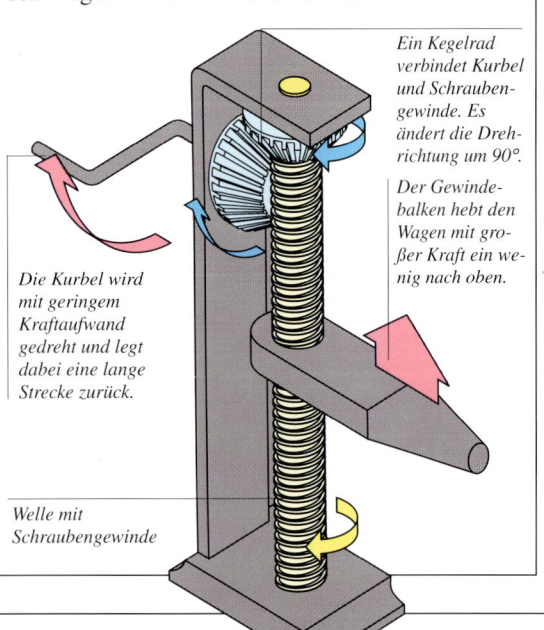

Ein Kegelrad verbindet Kurbel und Schraubengewinde. Es ändert die Drehrichtung um 90°.

Der Gewindebalken hebt den Wagen mit großer Kraft ein wenig nach oben.

Die Kurbel wird mit geringem Kraftaufwand gedreht und legt dabei eine lange Strecke zurück.

Welle mit Schraubengewinde

EXPERIMENT
Gangschaltung

Dank der Gangschaltung kann sich das Hinterrad bei gleicher Pedaldrehung verschieden schnell drehen. Der Radfahrer hat so die Wahl.

IHR BRAUCHT
- Schere ● Klebeband ● Handschuhe
- Fahrrad mit Kettenschaltung

1 Zieht die Handschuhe an, und stellt das Fahrrad verkehrt herum auf. Ein Freund hält das Fahrrad fest. Dreht die Pedale so weit, daß ein Pedalarm nach oben zeigt. Mit einem Stück Klebeband kennzeichnet ihr einen Punkt am Hinterreifen.

2 Legt einen niedrigen Gang ein, so daß die Fahrradkette vorne auf einem kleinen Kettenblatt (wenn mehrere vorhanden sind) und hinten auf einem großen Ritzel aufliegt. Dreht die Kurbel einmal, und zählt mit, wie oft sich das Rad dreht.

3 Jetzt legt ihr einen hohen Gang ein – die Kette liegt jetzt vorn auf einem großen Kettenblatt und hinten auf einem kleinen Ritzel. Auch dieses Mal dreht ihr die Tretkurbel einmal und schaut, wie oft sich das Rad dreht.

Übersetzungsverhältnis

So rechnet man ein Übersetzungsverhältnis aus. Paßt auf, über welches hintere Ritzel und welches vordere Kettenblatt die Fahrradkette läuft. Zählt die Anzahl der Zähne beider Zahnräder und dividiert. Hat das Ritzel 10 Zähne und das Kettenblatt 40, so beträgt das Übersetzungsverhältnis 10 : 40 oder 1 : 4. Hierbei handelt es sich um ein hohes Übersetzungsverhältnis, da das hintere Rad sich viermal so schnell dreht, wie ihr in die Pedale tretet, aber nur mit einem Viertel der aufgebrachten Drehkraft. Ein hoher Gang eignet sich zum Radfahren auf ebener Strecke mit hoher Geschwindigkeit. In einem niedrigeren Gang (zum Beispiel mit einem Übersetzungsverhältnis von 1 : 2) dreht sich das Rad bei jeder Pedalumdrehung weniger, aber dafür mit größerer Kraft. Niedrige Gänge braucht man, wenn man bergauf radelt.

Kettenblatt | Ritzel

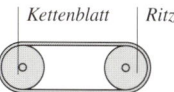 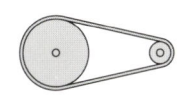

Niedriger Gang, 1:1
Das Kettenblatt ist genauso groß wie das Ritzel.

Hoher Gang, 1:4
Das Kettenblatt ist viermal so groß wie das Ritzel.

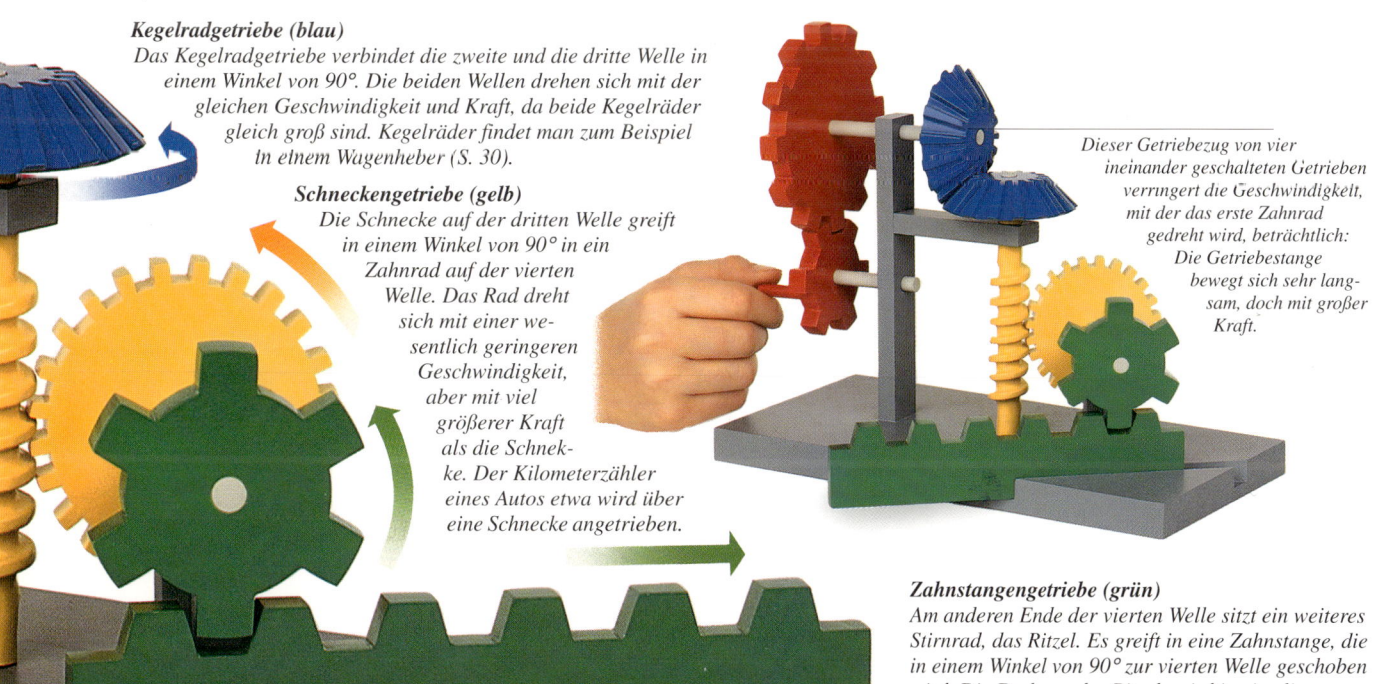

Kegelradgetriebe (blau)
Das Kegelradgetriebe verbindet die zweite und die dritte Welle in einem Winkel von 90°. Die beiden Wellen drehen sich mit der gleichen Geschwindigkeit und Kraft, da beide Kegelräder gleich groß sind. Kegelräder findet man zum Beispiel in einem Wagenheber (S. 30).

Schneckengetriebe (gelb)
Die Schnecke auf der dritten Welle greift in einem Winkel von 90° in ein Zahnrad auf der vierten Welle. Das Rad dreht sich mit einer wesentlich geringeren Geschwindigkeit, aber mit viel größerer Kraft als die Schnecke. Der Kilometerzähler eines Autos etwa wird über eine Schnecke angetrieben.

Dieser Getriebezug von vier ineinander geschalteten Getrieben verringert die Geschwindigkeit, mit der das erste Zahnrad gedreht wird, beträchtlich: Die Getriebestange bewegt sich sehr langsam, doch mit großer Kraft.

Zahnstangengetriebe (grün)
Am anderen Ende der vierten Welle sitzt ein weiteres Stirnrad, das Ritzel. Es greift in eine Zahnstange, die in einem Winkel von 90° zur vierten Welle geschoben wird. Die Drehung des Ritzels wird in eine lineare Bewegung umgesetzt, mittels derer sich die Zahnstange nach hinten oder vorne bewegt. Auch in der Lenkung eines Autos (S. 102) befindet sich meist ein Zahnstangengetriebe.

Rolle und Flaschenzug

Eine schwere Last läßt sich viel leichter heben, wenn man sie an ein Seil bindet und dieses über eine an einem hohen Balken befestigte Rolle führt. Diese Anordnung heißt feste Rolle; bei ihr entspricht der Kraftaufwand dem Gewicht der Last. Führt man das Seil um weitere lose Rollen, muß man weniger Kraft aufbringen – bei jeweils einer losen Rolle nur noch die Hälfte. Ein System aus mehreren festen und gleich vielen losen Rollen heißt Flaschenzug. Kräne sind mit Flaschenzügen ausgerüstet, und auch bei Segelbooten findet man Seile und Rollen, die das Aufziehen der Segel erleichtern.

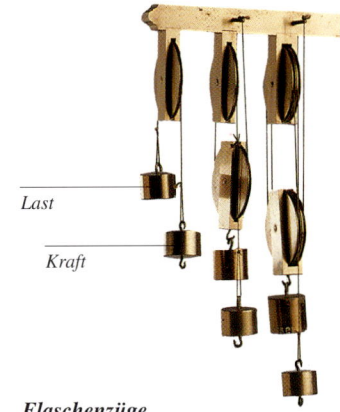

Last

Kraft

Flaschenzüge
Die drei Flaschenzüge heben bei gleicher Kraft unterschiedliche Lasten. Je mehr Rollen, um so mehr wird die Kraft verstärkt.

EXPERIMENT

Flaschenzug

 Bei diesem Experiment sollte ein Erwachsener helfen.

Ein Flaschenzug besteht aus einem Block von fest montierten und einem von losen Rollen. Zwischen diesen wird ein Seil durchgeführt. Der obere Block ist an einer Aufhängung montiert, der untere hängt mit dem Seil am oberen Block. Die Last hängt am unteren Block. Mit geringer Kraft kann man so eine schwere Last heben.

IHR BRAUCHT

- Lineal • Stahllineal • 16 große Murmeln als Gewichte • Stift • 10 m Schnur
- Schraubzwinge • Holzplatte, 4,1 m x 3,5 cm x 1 cm • Säge • Handbohrer und Bohreinsatz (5 mm) • Bohrunterlage
- 12 Kartonscheiben mit 6,5 cm Durchmesser • sechs 5 mm dicke Crea-Fix-Scheiben mit 5 cm Durchmesser
- Schraubhaken • Holzleim • Messer
- Schneidunterlage • Kerze • zwei Kunststoffnetze • Zirkel
- Holzlatte, 12 x 1 x 1 cm • 3 runde Holzstäbe (14 cm und 2 à 7 cm, 5 mm ∅ • Holzbrett als Unterlage 12 x 12 x 1 cm • neun viereckige Abstandhalter aus Crea-Fix (2 cm lang, 3 mm dick und einem Loch in der Mitte von 5 mm ∅)

1 Schneidet die Teile A – L (siehe gegenüber) aus den Holzlatten aus. In die Teile A und B bohrt ihr jeweils zwei Löcher und in die Teile J und L für den Stift je eines in die Mitte.

2 Mit Holzleim klebt ihr die Teile A – I an die Bodenplatte, so daß ein Rahmen für den Flaschenzug entsteht. Achtet darauf, daß die Löcher in A und B aneinander ausgerichtet sind.

3 Mit dem Zirkel stecht ihr Löcher in die Mitte der Crea-Fix- und Kartonscheiben. Weitet die Löcher mit einem Stift aus, so daß die Scheiben auf dem Stab drehbar sind. Klebt zwischen je zwei Kartonscheiben eine Crea-Fix-Scheibe – so habt ihr sechs Rollen.

4 Reibt die Holzstäbe mit Kerzenwachs ein. Auf einen langen Stab steckt ihr zwei Rollen und drei Abstandhalter, auf den anderen eine Scheibe und zwei Abstandhalter. Die langen Stäbe klebt ihr oben am Rahmen an.

5 Zur Herstellung des unteren Blocks klebt ihr die Teile J, K und L zusammen. Schraubt den Haken in die Mitte von Teil K. In das Loch in J klebt ihr ein Ende des kurzen Stabs.

6 Steckt drei Rollen und vier Crea-Fix-Abstandhalter auf den kurzen Stab. Klebt Teil M auf das andere Ende des kurzen Stabs und dann an die Teile L und K. Damit ist der untere Block fertig.

7 Bindet ein Ende der Schnur an dem oberen Stab mit den zwei Rollen fest. Wickelt die Schnur wie unten gezeigt um die Rollen herum. Das lose Schnurende hängt an der festen Rolle.

Rahmen und oberer Block

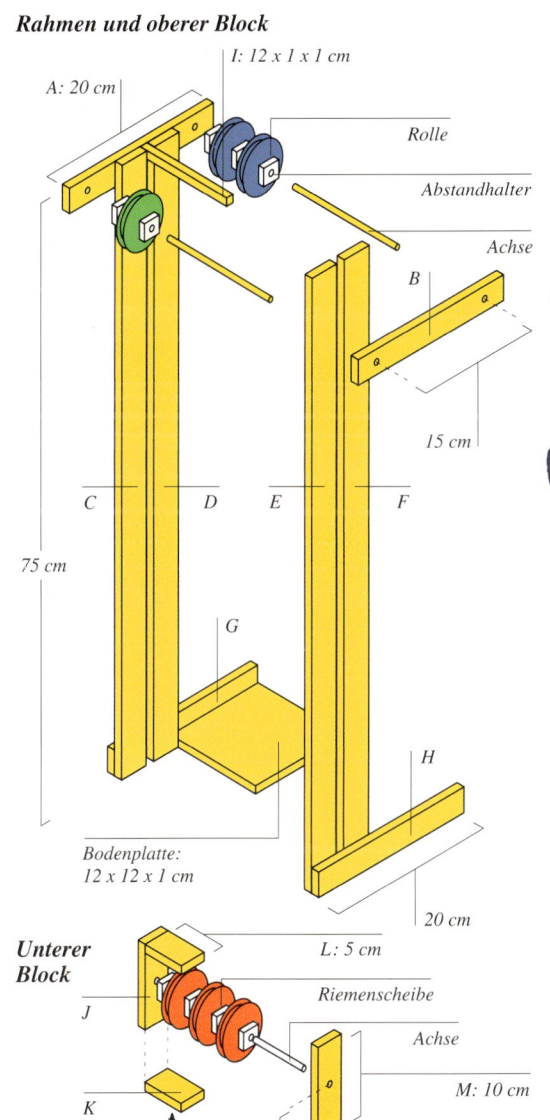

I: 12 x 1 x 1 cm

A: 20 cm

Rolle

Abstandhalter

Achse

B

15 cm

C D E F

75 cm

G

H

Bodenplatte:
12 x 12 x 1 cm

20 cm

Unterer Block

L: 5 cm

Riemenscheibe

J

Achse

K

M: 10 cm

Haken

5 cm

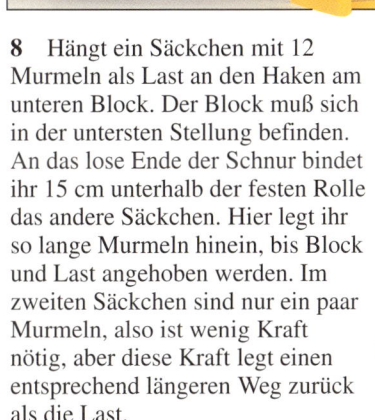

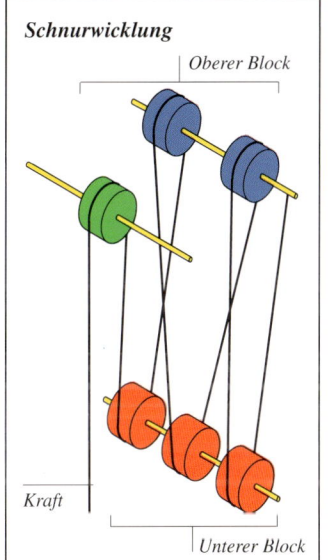

Schnurwicklung

Oberer Block

Kraft

Unterer Block

8 Hängt ein Säckchen mit 12 Murmeln als Last an den Haken am unteren Block. Der Block muß sich in der untersten Stellung befinden. An das lose Ende der Schnur bindet ihr 15 cm unterhalb der festen Rolle das andere Säckchen. Hier legt ihr so lange Murmeln hinein, bis Block und Last angehoben werden. Im zweiten Säckchen sind nur ein paar Murmeln, also ist wenig Kraft nötig, aber diese Kraft legt einen entsprechend längeren Weg zurück als die Last.

Lager und Schmierung

Eine Maschine hat einen hohen Wirkungsgrad, wenn sie so wenig wie möglich von der aufgewandten Energie verschwendet, aber selbst bei gut funktionierenden Maschinen ist ein gewisser Energieverlust unvermeidlich. Diese Reibungsverluste entstehen, wenn die beweglichen Teile aneinander oder an ihrer Auflage reiben. Ein Teil der Energie verwandelt sich in Wärme und Lärm, statt die Maschine anzutreiben. Durch Verringerung der Reibung kann eine Maschine ruhig und mit hohem Wirkungsgrad laufen und verbraucht dazu weniger Energie. Lager reduzieren Reibung, da in ihnen bewegliche Teile rollen und nicht reiben. Dank Schmierstoffen wie Öl gleiten Maschinenteile ohne Reibung übereinander.

EXPERIMENT
Kugellager

Bewegliche Teile findet man überall in Autos, Waschmaschinen und vielen anderen Maschinen. Das sich drehende Teil, etwa das Rad eines Fahrrads, dreht sich um eine Aufhängung – die Achse, die den beweglichen Teil mit dem Rest der Maschine verbindet. Ein dazwischen angebrachtes Kugellager verringert die Reibung, da das Rad über die kleinen Metallkugeln des Lagers rollt und nicht mehr an der Aufhängung scheuert. In diesem Experiment baut ihr ein einfaches Kugellager.

EXPERIMENT
Gleiten

Auf Eis rutscht man leicht aus, da es sehr glatt ist und damit wenig Reibung bietet. Ein Schmierstoff wie Öl verringert Reibung, da er über einer Fläche einen glatten Film bildet und bewegliche Teile übereinander gleiten läßt. Daher ölt man auch die Kette am Fahrrad und den Motor eines Autos. Die Schmiereigenschaften von Öl lernt ihr beim folgenden Experiment kennen – ihr baut nämlich ein Instrument, das die Reibung auf unterschiedlichen Flächen mißt.

IHR BRAUCHT
● Holzbrett, 1 m x 30 cm x 2 cm
● doppelseitiges Klebeband ● Stift
● Salatöl ● schwere Dose ● Kartonstreifen als Meßskala
● Lineal ● Küchenfolie ● Schere
● Gummibänder
● flachen, runden Holzuntersatz für Dose

1 Klebt den Kartonstreifen auf die Längsseite des Bretts, und zeichnet eine Meßskala ein. Den Holzuntersatz klebt ihr an die Dose.

2 Setzt die Dose an die Nullmarkierung auf der Skala, und schlingt ein Gummiband um sie herum. Zieht das Band langsam an der Skala entlang. Knotet so viele Bänder aneinander, daß sich die Dose erst bewegt, wenn ihr am Ende der Skala mit dem Ziehen beginnt.

3 Markiert die Stelle an der Skala, an der sich die Dose in Bewegung setzt. Überzieht das Brett mit der Folie, und stellt die Dose wieder auf Null. Zieht wie zuvor vorsichtig am Ende des Gummibands. Wie weit müßt ihr bei dieser Unterlage ziehen, damit sich die Dose bewegt?

4 Gießt auf das mit der Folie überzogene Brett eine dünne Schicht Salatöl. Stellt erneut die Dose an die Nullmarkierung, und zieht wieder leicht am Gummiband. Welchen Wert zeigt die Skala diesmal an, wenn sich die Dose zu bewegen anfängt?

IHR BRAUCHT

- zwei Schraubdeckel, einer etwas größer als der andere
- Murmeln • Bleistift • Schere
- etwa 50 g Modelliermasse
- Holzklotz • doppelseitiges Klebeband

1 Klebt den kleineren Deckel verkehrt rum auf den Klotz. Belastet die Enden des Bleistifts gleichmäßig mit Modelliermasse, und klebt ihn mit der Masse auf die Oberseite des größeren Deckels.

2 Setzt den größeren Deckel auf den kleineren. Haltet den Klotz mit einer Hand fest. Faßt den Stift in der Mitte an, und dreht ihn schnell. Zählt die Umdrehungen des Stifts.

3 Nehmt den größeren Deckel ab. Legt so viele Murmeln in den kleineren Deckel, daß sie zusammen einen Ring ergeben, aber immer noch umherrollen können.

4 Setzt den größeren Deckel wieder auf den kleineren – jetzt habt ihr ein Kugellager. Haltet den Klotz mit einer Hand fest, und dreht erneut am Stift. Zählt die Umdrehungen. Dieses Mal dreht er sich schneller, da die Murmeln zwischen den Deckeln diese trennen und selbst rollen, wenn der obere Deckel sich dreht. So wird die Reibung zwischen beiden Deckeln stark vermindert.

GROSSE ENTDECKUNGEN

Kampf gegen die Reibung

Schon vor langer Zeit kam man darauf, daß es sich bei weniger Reibung leichter arbeiten läßt. Vor der Erfindung des Rads vor etwa 5 500 Jahren beförderte man schwere Lasten oft, indem man sie über Baumstämme rollen ließ. Diese einfachen Walzlager verringerten die Reibung und waren die Vorläufer der modernen Kugellager. Fest montierte Räder erleichterten den Transport von schweren Lasten. Die Radachsen wurden wahrscheinlich mit tierischen oder pflanzlichen Fetten geschmiert. Etwa 100 vor Christus erfand man das Radlager.

Fest montierte Achse

Lager aus Leder

Radnabe

Holzwalze

Radnabe

Fest montierte Achse

Die ersten Lager
Etwa 100 vor Christus bauten die Kelten in Frankreich und Deutschland Radlager (siehe oben) mit einer Ledermanschette, die zwischen der fest montierten Achse und der Radnabe eingezogen wurde. Gleichzeitig erfanden dänische Wagenbauer zwischen Nabe und Achse montierte Walzenlager für ihre Räder (links).

Ventile

Ein Ventil reguliert den Strom einer Flüssigkeit oder eines Gases, oft als Einwegventil, das den Durchfluß nur in eine Richtung zuläßt. Das Ventil an einem Autoreifen etwa ist so konstruiert, daß Luft in den Reifen gefüllt werden kann, aber nicht entweichen kann. Eine Flüssigkeit strömt oft nur unter Druck durch ein Ventil, das heißt, man muß mittels einer Pumpe erst einmal den Druck erhöhen. Zahlreiche Maschinen laufen ohne Ventile nicht effizient und sicher. Ventile, die über Thermostat geregelt werden, steuern zum Beispiel den Gasfluß so, daß die Heizungstemperatur konstant bleibt. Die Sicherheitsventile an einem Heizkessel wiederum verhindern eine Explosion, da sie Dampf entweichen lassen, sobald der Druck steigt.

Reifenfüllventil

Im Schlauch einer Luftpumpe drückt eine Nase den Stift in einem Reifenfüllventil nach unten. Dadurch wird gleichzeitig der Ventileinsatz nach unten geschoben und das Ventil geöffnet, so daß Luft in den Reifen gepumpt werden kann. Sobald man den Luftschlauch abnimmt, schnappt das Ventil dank einer Feder wieder zu, so daß keine Luft entweichen kann.

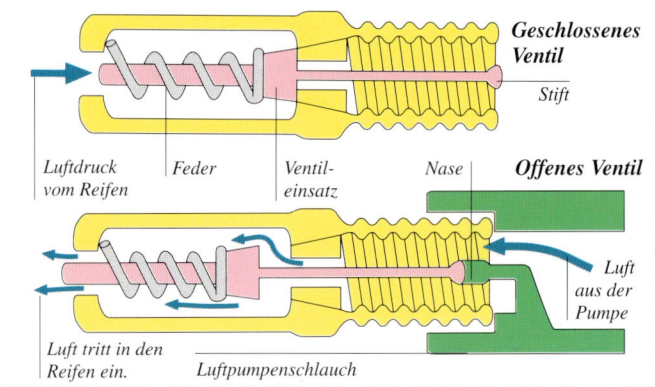

Geschlossenes Ventil
Stift

Luftdruck vom Reifen
Feder
Ventileinsatz
Nase
Offenes Ventil

Luft tritt in den Reifen ein.
Luftpumpenschlauch
Luft aus der Pumpe

Sicher in der Luft

Im Korb eines Heißluftballons befinden sich mehrere Zylinder mit unter hohem Druck stehendem Propan sowie eine Reihe von Brennern, die diesen Kraftstoff verbrennen. Die aus den Brennern schießenden Flammen erwärmen die Luft im Ballon, so daß sich dieser erhebt, da wärmere Luft leichter ist und daher nach oben steigt. Mehrere Ventile ermöglichen eine sichere Ballonfahrt. Die Sicherheitsventile an den Zylindern verhindern, daß der Druck in den Propanflaschen zu hoch wird. Auch die Zufuhr von flüssigem Propan zu den Brennern wird über ein Ventil gesteuert. Der Ballonfahrer öffnet das Hauptventil an den Brennern, so daß der Brennstoff den erhitzten Drahtspulen zugeführt wird, wo er vor der Verbrennung verdunstet. Auch die Zündflamme selbst wird über ein eigenes Ventil geregelt.

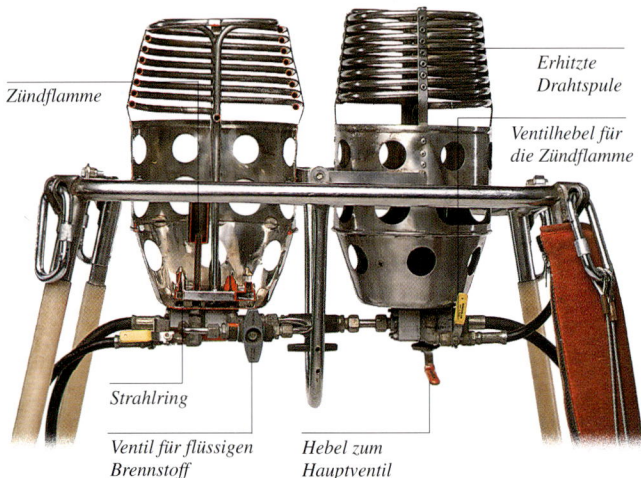

Zündflamme

Erhitzte Drahtspule

Ventilhebel für die Zündflamme

Strahlring

Ventil für flüssigen Brennstoff

Hebel zum Hauptventil

Die Brenner des Heißluftballons
Das flüssige Propan strömt zuerst um die erhitzten Spulen, wo es verdunstet, und dann durch den Strahlring, wo es sich entzündet.

EXPERIMENT
Einfaches Ballonventil

 Bei diesem Experiment sollte ein Erwachsener helfen.

Einen Ballon aufzublasen kann mühsam sein, ob man es nun selbst tut oder mit einer Pumpe. Die Luft entwischt gleich wieder, wenn man einen Moment nicht aufpaßt. Ihr bastelt im folgenden ein einfaches Ballonventil, das man in die Ballonöffnung einführen kann. Auf diese Weise bleibt die Luft, die ihr in den Ballon pumpt oder blast, drinnen und entweicht nicht mehr.

IHR BRAUCHT

● zwei 10 cm lange elastische Plastikschläuche, von denen einer in den anderen passen muß ● Kugel, die im dicken Schlauch locker rollt, aber nicht in den dünnen Schlauch paßt ● Klebeband ● Ballon ● Schneidbrett ● Zange ● Schere ● Vaseline ● Lineal ● Ballon- oder Fahrradpumpe mit Anschlußschlauch

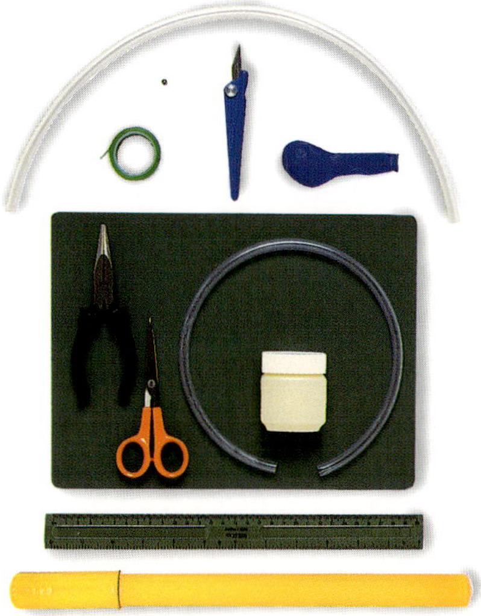

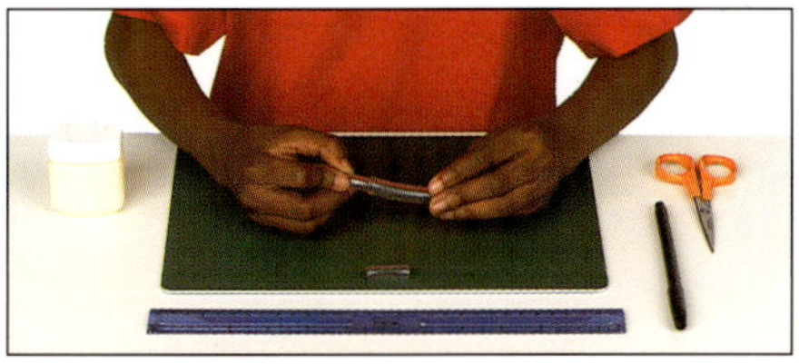

1 Schneidet den dünneren Schlauch in zwei 5 cm lange Teile. Streicht einen dieser Schläuche an einem Ende mit etwas Vaseline ein, und führt ihn etwa 2,5 cm in den dickeren Schlauch ein.

2 Schneidet den zweiten dünnen Schlauch an einem Ende diagonal in einem Winkel von etwa 45° ab, und schiebt die Kugel in den dickeren Schlauch.

3 Streicht nun auch das schräg abgeschnittene Ende des schmaleren Schlauchs mit etwas Vaseline ein, und schiebt es etwa 2,5 cm in das freie Ende des dicken Schlauchs, in dem die Kugel läuft.

Offenes Ventil

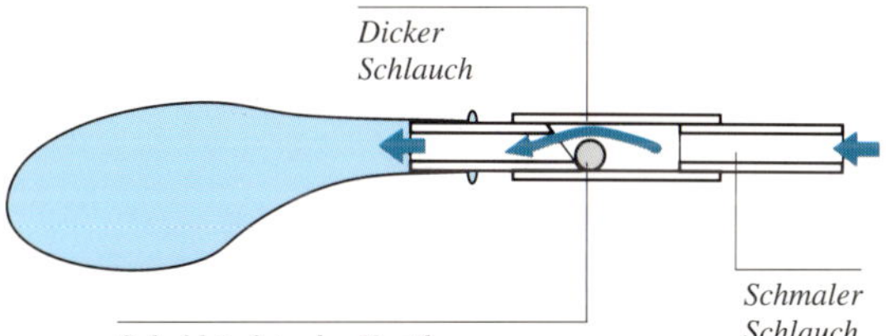

Dicker Schlauch

Schmaler Schlauch

Sobald Luft in das Ventil geblasen wird, drückt die Kugel gegen die schräge Öffnung, verschließt sie aber nicht.

Geschlossenes Ventil

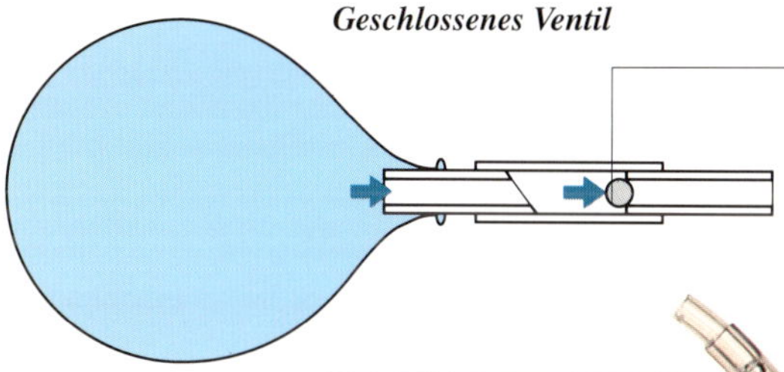

Das rechteckig abgeschnittene Ende wird verschlossen, sobald der Luftdruck im Ballon die Kugel dagegen drückt.

Die Kugel wird vom Ballondruck nach oben gedrückt; das Ventil wird geschlossen.

4 Führt das Ventilende mit dem schräg abgeschnittenen Schlauchende in den Ballon ein. Dichtet diese Stelle mit Klebeband ab, und blast den Ballon auf, indem ihr durch das Ventil Luft einpumpt. Der Ballon sackt nicht wieder in sich zusammen, da zwar Luft in den Ballon kommt, aber nicht wieder entweichen kann.

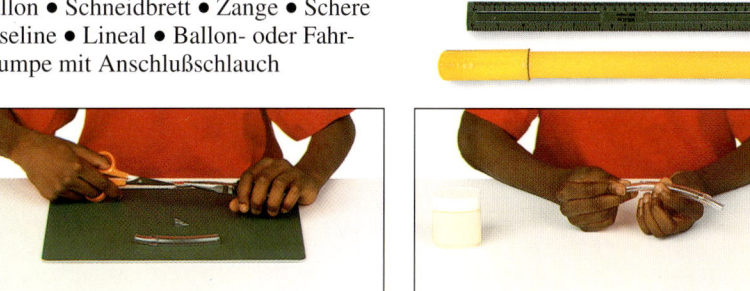

Pumpen

Mittels Pumpen können Flüssigkeiten wie
Wasser und Öl oder Gase wie Luft zur Übertragung großer Kräfte und zum Antrieb von
Maschinen genutzt werden. Ein Bagger etwa
ist mit einer Pumpe ausgestattet, die den auf
die Baggerschaufel wirkenden Öldruck erhöht. Das Öl übt Druck auf die Baggerschaufel aus und treibt sie damit in den Boden.
Außerdem befördern Pumpen Gase oder
Flüssigkeiten durch Rohrleitungen. Auch im
Auto sind Pumpen erforderlich, die den Motor
mit Kraftstoff versorgen und Öl und Kühlwas-
ser zur Verfügung stellen. Bei einigen Flüssig-
keitspumpen wird zuerst der in der Pumpe
herrschende Druck verringert. Da nun um die
Pumpe herum ein höherer Luftdruck herrscht,
wird die Flüssigkeit in die Pumpe gedrückt
und ausgestoßen, sobald der Druck in der
Pumpe wieder ansteigt.

So funktioniert eine Zapfsäule

Viele Pumpen enthalten drehende Teile, die Gase oder Flüssigkeiten verdichten und befördern. Die Zapfsäule an einer Tank-
stelle zum Beispiel verfügt über eine Drehschieberpumpe, die
das Benzin aus dem Bodentank zum Auto fördert. Diese Pumpe
besteht aus einer runden Kammer mit einem Rotor, der exzen-
trisch gelagert ist. Der Rotor hat Schieber, die in Nuten gleiten.
Wenn der Rotor in Drehung versetzt wird, werden die Gleit-
schieber nach außen gegen die
Wand der Kammer gedrückt.
So entstehen abgeschlossene
Bereiche von unterschiedlicher
Größe. Am Pumpeneinlaß
werden diese Bereiche größer,
so daß Benzin angesaugt wird.
Während sich der Rotor dreht,
wird das Benzin über die
einzelnen Bereiche innerhalb
der Kammer befördert. Bei
weiterer Drehung werden
diese Bereiche wieder kleiner,
also ihr Inhalt so verdichtet,
daß er die Pumpe unter hohem
Druck verläßt und durch den
Schlauch zur Düse drängt.

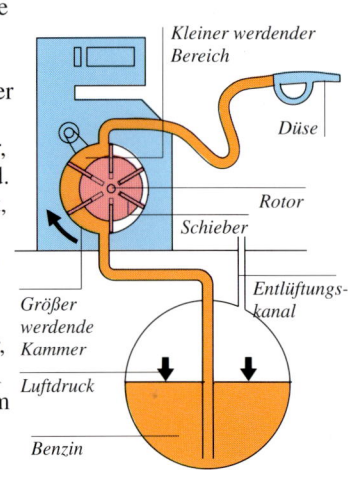

Kleiner werdender Bereich
Düse
Rotor
Schieber
Entlüftungs-kanal
Größer werdende Kammer
Luftdruck
Benzin

EXPERIMENT

Handbetriebene Wasserpumpe

 *Bei diesem Experiment sollte ein
Erwachsener helfen.*

Pumpen sind Bestandteil unserer Wasserversorgung, sie befördern das Wasser vom
Werk zu uns nach Hause. Diese Pumpen
können so leistungsstark sein, daß sie das
Wasser zu hochgelegenen Tanks pumpen,
von wo aus es dann zu den umliegenden
Haushalten fließt. Ihr baut eine Pumpe, die
Wasser von einem Behälter zum nächsten
befördert. Die Pumpe verfügt über ein Ein-
laß- und Auslaßventil, so daß das Wasser
nur in eine Richtung fließt.

IHR BRAUCHT

● Rundfeile ● 3 Plastikbehälter mit einem
Durchmesser von etwa 12 cm ● Schneidbrett ● Schere ● Messer ● biegsamen
Plastikschlauch von 30 cm Länge ● dünnen
biegsamen Plastikschlauch von 90 cm
Länge, der genau in den dickeren Schlauch
paßt ● Vaseline ● großen Ballon ● Klebeband ● Lineal ● 2 Kugeln, die im dickeren
Schlauch locker rollen, aber nicht in den
dünnen Schlauch passen

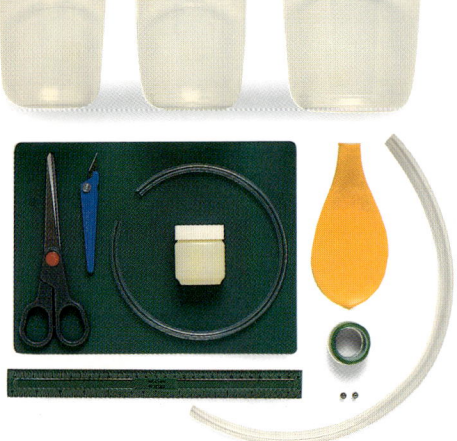

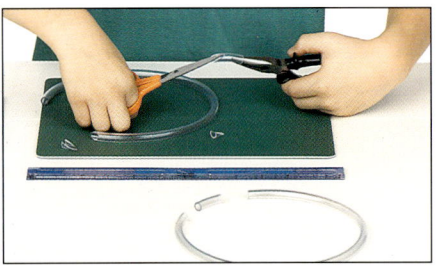

1 Schneidet aus dem dünnen Schlauch
zwei 5 cm lange Stücke und weitere zwei
von 40 cm. Schneidet an je einem kurzen
und einem langen Schlauchstück ein Ende
schräg ab. Streicht sämtliche Schlauch-
enden mit Vaseline ein.

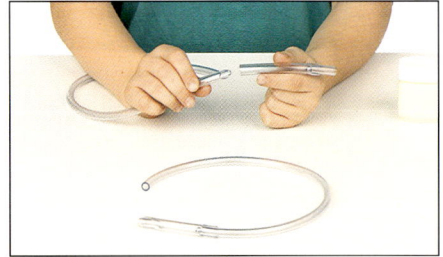

2 Schneidet vom dicken Schlauch zweimal 15 cm ab. Stellt zwei Ventile zusammen (S. 37). Jedes Ventil besteht aus einem
kurzen und einem langen Stück des dünnen
Schlauchs, wobei eines von beiden schräg
abgeschnitten ist.

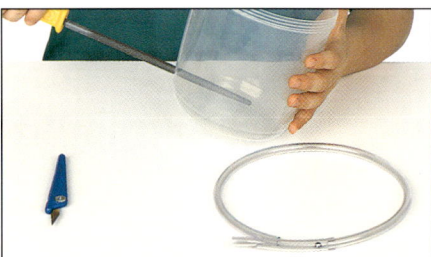

3 Ritzt mit einem Messer zwei gegenüberliegende Kreuze in die Seitenwände
eines Plastikbehälters. Mit der Rundfeile
feilt ihr die Schlitze zu zwei Löchern
aus, durch die sich der schmale Schlauch
gerade noch durchschieben läßt.

4   Streicht die Löcher im Plastikbehälter mit Vaseline ein, so daß diese luftdicht abgedichtet sind. Schiebt nun durch jedes Loch in diesem Plastikbehälter ein dünnes Schlauchstück. Schneidet das Mundstück vom Ballon ab, zieht den übrigen Ballon über den Plastikbehälter, und klebt ihn mit Klebeband fest.

5   Das Einlaßventil ist das schmale, schräg abgeschnittene Schlauchstück, das in den Plastikbehälter ragt. Das Ende des Schlauches, an dem das Einlaßventil angebracht ist, legt ihr in einen mit Wasser gefüllten Plastikbehälter. Das Ende des anderen Schlauchs führt ihr in einen dritten Plastikbehälter, den ihr am besten leicht erhöht – dann muß die Pumpe mehr leisten.

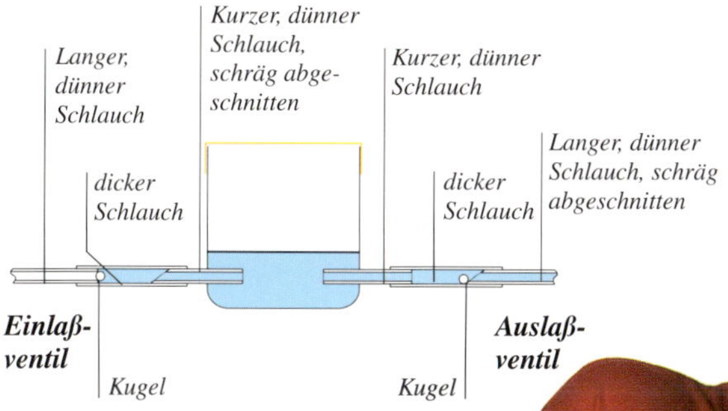

Langer, dünner Schlauch

Kurzer, dünner Schlauch, schräg abgeschnitten

Kurzer, dünner Schlauch

Langer, dünner Schlauch, schräg abgeschnitten

dicker Schlauch

dicker Schlauch

Einlaß-ventil

Kugel

Auslaß-ventil

Kugel

6   Pumpt, indem ihr fest auf den Ballon drückt. Nach ein paar Sekunden laßt ihr los und wartet so lange, bis Wasser und Luft in den mittleren Plastikbehälter gelangen. Dann drückt ihn noch einmal auf den Ballon und wiederholt das Ganze, bis Wasser in den dritten Plastikbehälter fließt. Das Ende des Einlaßschlauches muß immer unter Wasser und der Auslaßschlauch immer über Wasser bleiben.

Der Luftdruck im ersten Plastikbehälter drückt das Wasser in die Pumpe, sobald sich der Luftdruck im mittleren Plastikbehälter verringert, weil ihr nicht mehr auf den Ballon drückt.

Das Wasser wird aus der Pumpe gedrängt, sobald der Luftdruck im mittleren Plastikbehälter wieder ansteigt, weil ihr wieder auf den Ballon drückt.

Hydraulik und Druckluft

Hydraulische Maschinen arbeiten mit einer Flüssigkeit unter Druck, durch die die Kraft übertragen wird. Ein hydraulisches System ist einfach und robust. Es handelt sich um ein mit Flüssigkeit gefülltes Rohr beliebiger Länge oder Form, das an jedem Ende mit einem Kolben versehen ist. Durch Muskel- oder Motorkraft wird ein Kolben in das Rohr gedrückt. Die Flüssigkeit im Rohr überträgt diese Kraft auf den Kolben am anderen Ende, der dadurch aus dem Rohr geschoben wird und etwas wegdrückt oder hebt. Bei Druckluftmaschinen wie einem Preßlufthammer (S. 186) wird Kraft mittels Druckluft übertragen.

EXPERIMENT

Hydraulische Hebebühne

 Bei diesem Experiment sollte ein Erwachsener helfen.

Im folgenden baut ihr euch eine hydraulische Hebebühne, die mit geringem Kraftaufwand einen schweren Gegenstand heben kann. Die Hebebühne arbeitet mit Druck in einer Flüssigkeit und verstärkt damit die Kraft, die ihr aufbringt.

IHR BRAUCHT: ● Ballon ● Gummiband ● Krug ● Bodenteil einer Plastikflasche, etwa 7 cm höher als die Konservendose ● leere Konservendose, etwas schmäler als die Plastikflasche

 ● Rundfeile ● Lineal ● Schneidbrett ● Vaseline ● Korken, etwas größer als der Plastikschlauch ● Schere ● Bücher ● Papier ● Messer ● Stift ● Klebeband ● Stricknadel ● Trichter ● 45 cm langen Plastikschlauch

Hydraulische Bremsen

Um sein Auto zu verlangsamen oder zu bremsen, tritt der Fahrer das Bremspedal. Ein hydraulisches System verteilt die auf die Bremse aufgebrachte Kraft gleichmäßig auf die Räder an beiden Seiten, so daß der Wagen nicht ins Schleudern gerät. Zunächst wird im Hauptbremszylinder ein Kolben bewegt. Dieser erzeugt im gesamten Bremssystem einen Überdruck, der über die Bremsflüssigkeit in den Bremsleitungen an die Radbremszylinder übertragen wird. In diesen drückt die Bremsflüssigkeit gegen ein Kolbenpaar, das die Bremse gegen eine am Rad befestigte Scheibe oder Trommel schiebt und damit das Rad abbremst. Die hinteren Bremskolben sind im allgemeinen genauso groß wie der Kolben im Hauptbremszylinder. Die vorderen Bremsen müssen stärker sein und bestehen daher aus breiteren Kolben als die hinteren Bremsen. Ein breiterer Kolben erzeugt mehr Kraft, da gegen ihn mehr Flüssigkeit drückt. Allerdings legt der Kolben eine kürzere Strecke als der Kolben im Hauptbremszylinder zurück.

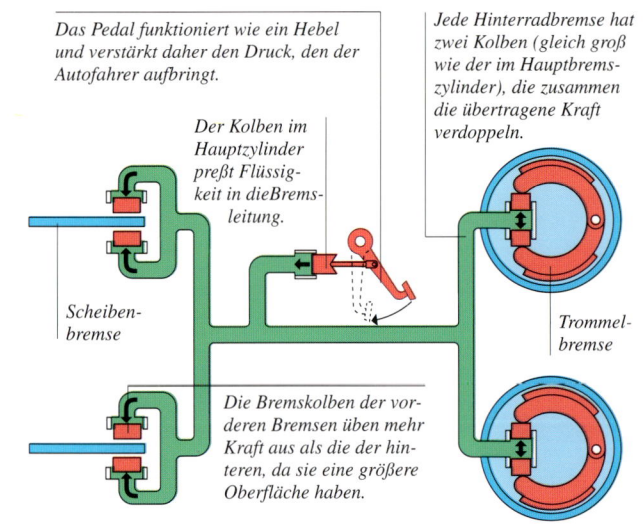

Das Pedal funktioniert wie ein Hebel und verstärkt daher den Druck, den der Autofahrer aufbringt.

Der Kolben im Hauptzylinder preßt Flüssigkeit in die Bremsleitung.

Scheibenbremse

Jede Hinterradbremse hat zwei Kolben (gleich groß wie der im Hauptbremszylinder), die zusammen die übertragene Kraft verdoppeln.

Trommelbremse

Die Bremskolben der vorderen Bremsen üben mehr Kraft aus als die der hinteren, da sie eine größere Oberfläche haben.

1 Klebt ein Stück Klebeband 5 cm über dem Boden auf die abgeschnittene Plastikflasche. Mit dem Messer ritzt ihr ein kleines Kreuz durch Klebeband und Flasche. Vergrößert das Loch mit der Rundfeile, so daß der Schlauch durch das Loch paßt, aber fest sitzt.

2 Befestigt den Ballon mit einem Gummiband an einem Ende des Schlauchs. Blast einmal durch den Schlauch, damit ihr sehen könnt, ob der Ballon auch gut abgedichtet ist. Das andere Schlauchende steckt ihr von innen nach außen durch das Loch im abgeschnittenen Bodenteil.

3 Steckt einen Korken auf die Stricknadel – jetzt habt ihr einen Kolben. Mit dem Messer könnt ihr den Korken so zurechtschneiden, daß man ihn im Schlauch hin- und herschieben kann, wenn er gut geschmiert ist, aber der Schlauch immer noch gut abgedichtet ist.

4 Mit einem Trichter füllt ihr den Ballon und den Schlauch mit Wasser. Im Ballon darf keine Luft mehr sein. Zieht den Schlauch durch das Loch, bis die Ballon-öffnung das Loch berührt. Streicht den Korken nochmals mit Vaseline ein, und schiebt den Kolben einfach in den Schlauch.

Luftkissenboot

Ein Luftkissenboot schwebt über dem Wasser oder einer anderen ebenen Fläche und bewegt sich mit hoher Geschwindigkeit fort. Das Fahrzeug hebt vom Boden ab, sobald die Gebläse unter ihm ein Luftpolster aufbauen, das aufgrund der flexiblen Schürze an den Seiten nicht entweichen kann. Der Luftdruck in diesem Luftpolster liegt etwas über dem atmosphärischen Druck. Dadurch ist das Luftpolster stark genug, das Boot an Land oder im Wasser anzuheben. Das größte Luftkissenboot, das ihr im Foto unten seht, kann über 400 Fahrgäste und 60 Autos befördern und fährt mit einer Geschwindigkeit von 120 km/h. Es wird über Propeller angetrieben, wie man sie vom Flugzeug her kennt.

5 Setzt die Konservendose auf den Ballon. Schneidet die Plastikflasche so ab, daß die Dose etwa 2 cm aus der Flasche ragt. Legt ein paar Bücher auf die Dose. Tragt auf einem Papierstreifen eine Skala von 5 mm Abstand ein. Diese Skala klebt ihr an die Flasche, so daß die unterste Linie auf gleicher Höhe mit dem Boden der Konservendose liegt.

Sobald Wasser in den Ballon drängt, wird er größer und schiebt seinerseits die Konservendose nach oben, die die Bücher anhebt. Da die Konservendose breiter ist als der Korken, drückt das Wasser im Ballon sie mit mehr Kraft nach oben, als ihr für das Schieben des Korkens aufwendet. Für die schweren Bücher braucht man daher nur wenig Kraft.

6 Schiebt den kleinen Kolben (den Korken) möglichst weit in den Schlauch. Die Bücher werden von dem großen Kolben (der Konserven-dose) gehoben. Der kleine Kolben legt eine viel größere Strecke zurück als der große Kolben, läßt sich aber problemlos in den Schlauch drücken. So kann man mit einem kleinen Korken schwere Bücher heben.

Automaten

Ein Automat ist eine Maschine, die von allein und ohne jeden menschlichen Aufseher funktioniert. Zu derartigen selbsttätigen Maschinen zählen einfache Geräte wie selbsttätig schließende Türen bis hin zu komplizierten Robotern. Automatische Regel- und Steuersysteme erleichtern die Bedienung von Maschinen. Zudem arbeitet ein automatisches System wesentlich effizienter als ein Mensch. Automatische Maschinen lassen sich in zwei Gruppen einteilen: Die einen, zum Beispiel Waschmaschinen, führen nach dem Einschalten eine bestimmte Abfolge von Arbeitsschritten aus. Die anderen, zum Beispiel Ampeln, reagieren auf Veränderungen in ihrer Umgebung oder überwachen ihre eigene Leistung und richten danach den weiteren Ablauf aus.

EXPERIMENT

Automatische Lichtquelle

 Bei diesem Experiment sollte ein Erwachsener helfen.

Heutzutage schalten sich Straßenlaternen selbsttätig aus und ein. Baut einen Schaltkreis, der eine Leuchtdiode je nach Helligkeit ein- bzw. ausschaltet – wie bei einer Straßenlaterne. Eine Photodiode mißt das Licht: Wenn es dunkel wird, nimmt ihr Widerstand zu, wenn es hell wird, nimmt er wieder ab. Darauf reagieren ein Transistor und ein NAND-Chip, die die Leuchtdiode ein- und ausschalten. Lest euch vorher die Seiten 10 – 11 durch.

Und ewig dreht sich das Rad

Automatische Steuerung gibt es seit 1745, als der britische Erfinder Edmund Lee das Windrad für Windmühlen baute. Es drehte den oberen Teil der Windmühle, so daß die Flügel immer in den Wind gerichtet waren – davor mußten das die Müller immer selbst tun. Das Windrad ist ein Beispiel für ein automatisches Steuerungssystem, das Impulse seiner Umgebung aufnimmt, in diesem Fall die Windrichtung.

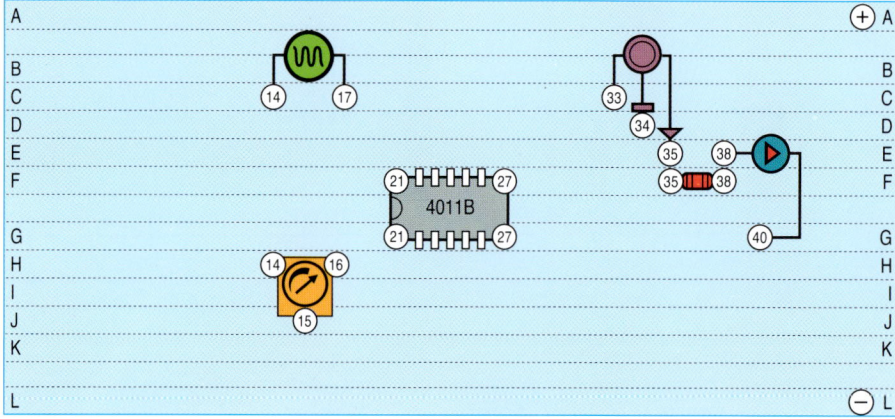

Widerstand 220R
F35–F38

Drähte

A17–B17	A21–B21	A33–B33	C22–C23
E14–E22	E24–E34	F14–G14	K15–L15
K27–L27	K40–L40		

Windrad
Das Windrad sitzt hinter den Flügeln der Windmühle. Ändert sich die Windrichtung, dreht es sich und über ein Getriebe auch den oberen Teil der Windmühle. Sobald die Flügel wieder in den Wind gerichtet sind, stoppt es.

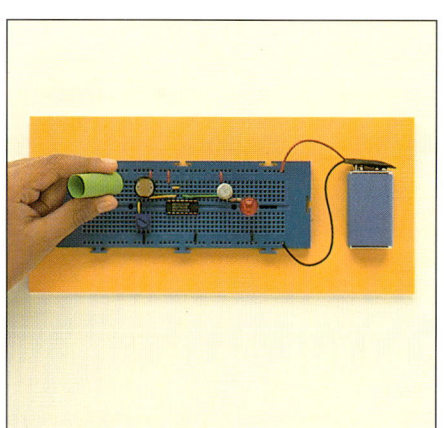

1   Baut einen Schaltkreis wie im Schaltplan vorgegeben. Für die Photodiode macht ihr eine kleine Haube, indem ihr ein Stück Papier zusammenrollt, zu einem Zylinder verklebt und über die Photodiode schiebt.

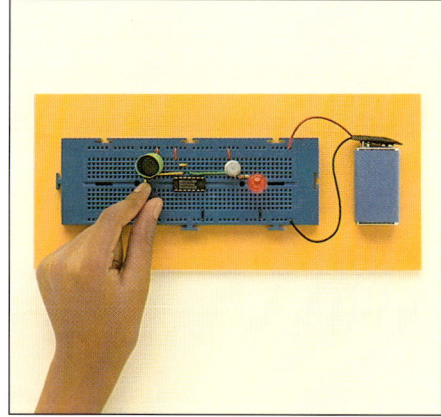

2   Legt den Schaltkreis an einen hellen Platz. Achtet darauf, daß der obere Teil der Haube vom Licht angestrahlt wird. Stellt die Drehscheibe am Drehwiderstand so ein, daß die Leuchtdiode sich gerade noch nicht einschaltet.

IHR BRAUCHT

- Widerstand 220R ● Leuchtdiode ● Photo-
diode ● NAND-Chip 4011B ● NPN-Tran-
sistor BC108 ● Drehwiderstand 5K
- Pappe ● Steckbord ● Batterie (9 V) und
Verbindungskabel ● Zange ● Kleber
- Abisolierzange ● versilberten Kupferdraht

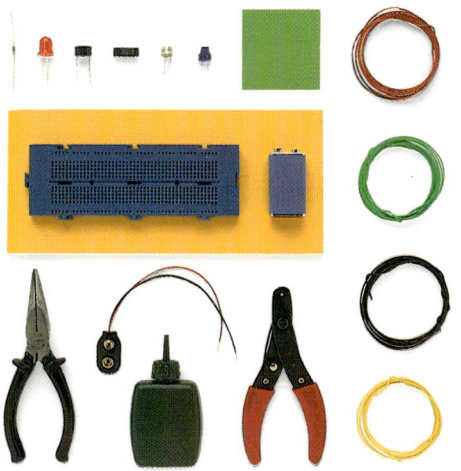

Intelligente Wand

Das Arabische Institut in Paris besitzt eine
»intelligente« Wand, die den Einfall von Tages-
licht regelt. Auf diese Weise wird immer die für
die Besichtigung der Ausstellungen richtige
Lichtintensität aufrechterhalten. Hinter den
Fenstern befinden sich irisartige Membranen
mit Öffnungen, die sich bei starkem Lichteinfall verengen und bei bewölktem Himmel
öffnen.

Öffnungsautomatik
*Jedes Fenster verfügt über eine
große, irisartige Membran in der
Mitte und eine Reihe von kleinen
Membranen am Rand. Ein Licht-
sensor steuert den Ring an jeder
Membran, der sie öffnet und
schließt.*

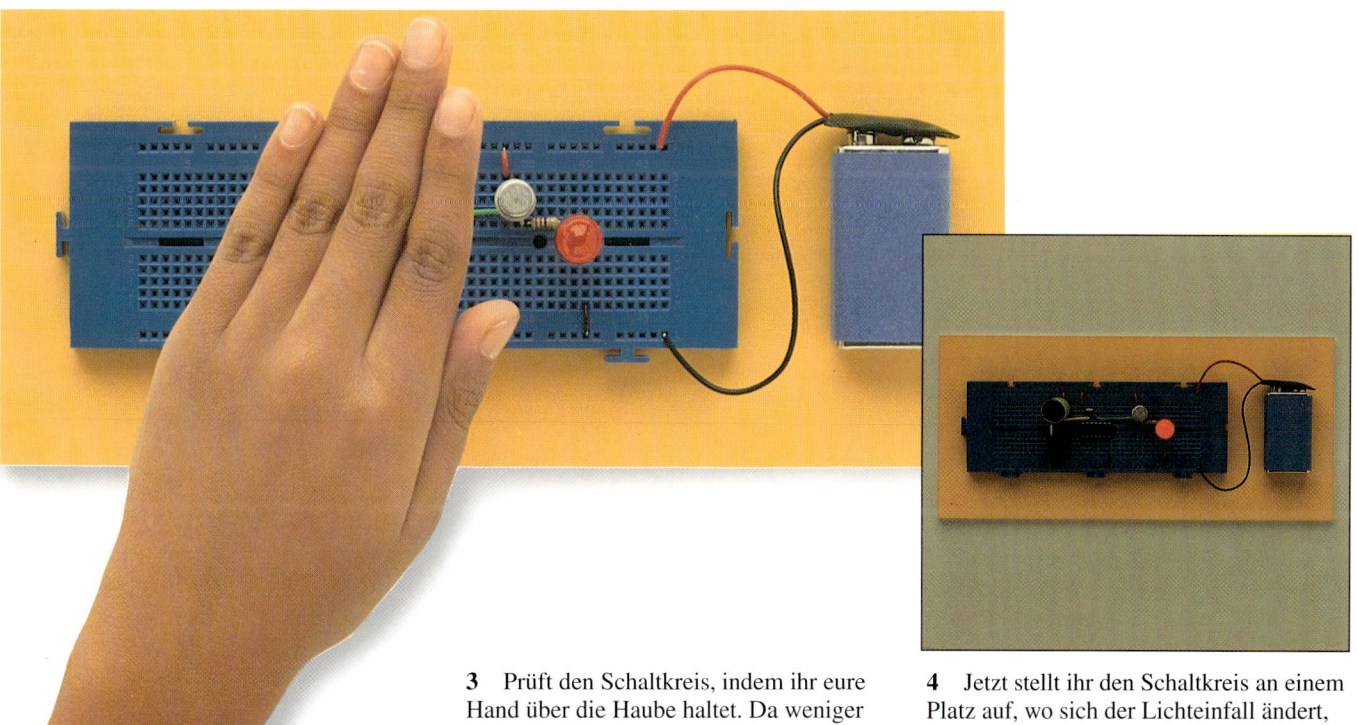

3 Prüft den Schaltkreis, indem ihr eure
Hand über die Haube haltet. Da weniger
Licht einfällt, nimmt der Widerstand der
Photodiode zu. Somit gelangt mehr Strom
zum NAND-Chip, der die Leuchtdiode
einschaltet.

4 Jetzt stellt ihr den Schaltkreis an einem
Platz auf, wo sich der Lichteinfall ändert,
und stellt den Drehwiderstand – falls erforderlich – neu ein. Sobald weniger Licht
einfällt als eingestellt, wird die Leuchtdiode
automatisch eingeschaltet.

BAUWERKE

Stärke und Schönheit
Gebäude können über Jahrhunderte hinweg erhalten bleiben – viele alte Gebäude sind auch heute noch in gutem Zustand. Die Kuppel der Kapelle an der Sorbonne in Paris zeigt, daß die geschwungenen Balken zusammen ein sehr tragfähiges Gerüst bilden. Architekten möchten mit schönen Gebäuden in einem für die jeweilige Zeit charakteristischen Stil auch deren Umgebung aufwerten, wie am Museum für Zeitgenössische Kunst in Los Angeles, Kalifornien, zu sehen ist.

Brücken, Dämme und Förderinseln spielen für unseren Alltag eine große Rolle. Gebäude bieten Schutz, Systeme wie Heizung und Rolltreppen machen das Leben bequem. Für den Entwurf dieser Bauten sind Architekten zuständig, Ingenieure führen dann den Bau aus. Beide arbeiten mit wissenschaftlichen Methoden und Prinzipien, damit die Bauwerke nicht nur nützlich sind, sondern auch lange Zeit überdauern.

WOHNEN UND VERSORGEN

Wir alle müssen uns vor Wettereinflüssen schützen, um zu überleben. Wasser- und Stromversorgung, Heizung und Abwassersystem gestalten unseren Alltag so angenehm wie möglich. Architekten, Ingenieure und Statiker planen diese Annehmlichkeiten beim Entwurf und der Bauausführung gleich mit ein. Das moderne Wohnen bedingt aber auch den Bau von Staudämmen, die für die Strom- und Wasserversorgung unverzichtbar sind und effizient sein müssen. Zudem sollten sich Gebäude, Dämme und Brücken gut in ihre Umgebung einfügen.

Diese Häuser in Nigeria haben Lehmwände und Schilfdächer, *die sich als Baumaterial für trockenes Klima gut eignen und immer vorhanden sind, wenn etwas ausgebessert werden muß.*

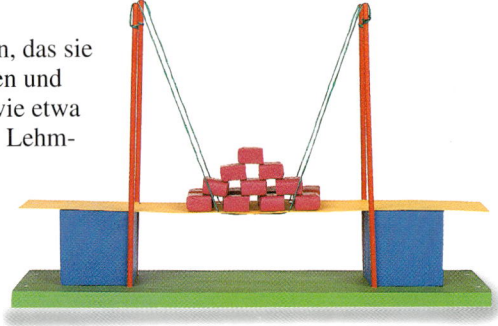

Eine Schrägseilbrücke ist leicht, kann aber schwerer Belastung standhalten. Diese Konstruktion wird oft zur Überbrückung kurzer Strecken eingesetzt. Die Seile werden an hohen Brückenträgern an jedem Ende der Brücke aufgehängt und tragen die Straße.

In einigen Teilen der Erde gibt es noch Bauwerke, die Hunderte oder gar Tausende von Jahren alt sind. Von vielen – so auch von den antiken griechischen Tempeln – sind nur noch Ruinen übrig. Erdbeben, Brände, schlechtes Wetter, Kriege und Vernachlässigung haben ihren Tribut gefordert. Die großen Pyramiden Ägyptens dagegen stehen nach 4 500 Jahren immer noch. Sie sind so robust, daß ihnen nicht einmal Erdbeben etwas anhaben konnten. Die Pyramiden sind genauso beeindruckend wie die jahrhundertealten Kathedralen Europas, die immer noch elegant in den Himmel ragen, während alle anderen Gebäude aus ihrer Zeit längst verschwunden sind. Diese Bauwerke wurden als Zierde für die Ewigkeit gebaut. Sie bestehen aus Stein, einem festen und widerstandsfähigen Baumaterial, das Wind und Wetter trotzt.

Baustoffe

Im Gegensatz zu großen und bedeutenden Gebäuden wie Schlössern und Kirchen haben nur wenige Wohnhäuser längere Zeiträume überdauert. Stein war nämlich ein sehr teurer Baustoff, und daher konnten sich viele Menschen nur aus dem

Material ein Haus bauen, das sie vorfanden, transportieren und verarbeiten konnten – wie etwa Lehm, Schilf und Holz. Lehmwände wurden ohne oder mit einem hölzernen Stützgerüst in die Höhe gezogen, während Schilf gebündelt zum Dachdecken verwendet wurde. Holz wurde zu Balken, Dachsparren und Planken verarbeitet, die man schnell zu einem Haus zusammenbauen konnte. Lehm- oder Schilfhütten lösen sich jedoch rasch auf, es sei denn, sie stehen in einer trockenen Gegend, wo auch diese Materialien sehr lange halten. Holzhäuser stehen länger, besonders wenn sie durch Farb- oder Imprägnieranstriche geschützt sind, werden aber leicht durch Brände zerstört. Seit geraumer Zeit sind festere, langlebigere Baustoffe wie Ziegel und Beton verfügbar; beide haben Lehm, Schilf und Holz in vielen Teilen der Welt verdrängt. Wie Steinblöcke können Ziegel mit Mörtel zu soliden Mauern zusammengefügt werden. Dennoch sind Ziegel und Steine für große Bauwerke wie Wolkenkratzer und

1854 führte Elisha Otis den *ersten sicheren Lift vor. Damit war es möglich, Wolkenkratzer zu bauen, da man jetzt ohne Treppensteigen in die oberen Stockwerke gelangen konnte.*

Türme zu schwer und zu schwach. Für diese Bauwerke wie auch für Brücken sind Baustoffe erforderlich, die robust sind, doch zugleich wenig wiegen – und daher bestehen derartige Bauwerke aus Beton und Stahl. Beton läßt sich in beliebige Formen gießen und kann durch Stahl verstärkt werden, so daß er einen sehr soliden und vielseitigen Baustoff darstellt. Verstärkte Betonsäulen und Stahlträger bilden ein starkes, aber leichtes Skelett für ein Gebäude. Riesige Wolkenkratzer werden aus Stahl- oder Betonrahmen gebaut, in die Wände aus Glas oder anderen leichten Baustoffen eingehängt werden. Der Rahmen trägt zudem die Geschoßböden und das Dach. Wie ein Wolkenkratzer muß auch eine lange Brücke sowohl leicht als auch standfest sein. Daher bestehen solche Brücken fast ausschließlich aus Stahl oder aus Beton oder beiden Baustoffen.

Sperrt man einen Fluß mit einer Staumauer ab, entsteht ein riesiger Stausee. Die Staumauern regulieren die Ablaufmenge und werden zur Stromerzeugung genutzt. Das Bauwerk hält dem ungeheuren Gewicht des aufgestauten Wassers sowie Erdbeben stand.

Gleichgewicht der Kräfte

Beim Entwerfen eines Gebäudes oder Bauwerks müssen Architekten und Statiker sorgfältig darauf achten, daß zwischen den verschiedenen Kräften, die auf ein Bauwerk wirken, ein Gleichgewicht besteht. Das enorme Gewicht der Baustoffe bezeichnet man als ruhende Last. Unter Betriebslast versteht man zum Beispiel das Gewicht der Bewohner eines Gebäudes, der Möbel und

Dieses Modell zeigt, wie eine Bohrinsel auf hohlen Trägern, die mit Kabeln am Meeresboden verankert sind, auf der Meeresoberfläche schwimmt.

Einrichtungen, die sich bewegen und veränderlich sind. Dynamische Belastungen wie die bei Wind und Erdbeben wirkenden Kräfte können plötzlich schwanken und setzen damit das Bauwerk zerstörerischen Kräften aus. Auch wenn sich die Bestandteile eines Bauwerks bei Temperaturschwankungen ausdehnen und wieder zusammenziehen, wirkt

eine Last auf das Bauwerk. Lasten bestehen aus zwei unterschiedlichen Kräften: ein Teil des Bauwerks kann durch andere Teile zusammengedrückt werden und ist damit Druckkräften ausgesetzt. Oder es wirken Zugkräfte. Baustoffe wie Beton sind unter Druck gewöhnlich stark, unter Zug jedoch schwach. Im Gegensatz dazu besitzt Stahl eine hohe Zugfestigkeit. Der Architekt muß sicherstellen, daß jeder Teil des Bauwerks aus Baustoffen besteht, die den wahrscheinlich angreifenden Kräften standhalten können. Außerdem müssen diese Kräfte so auf das ganze Bauwerk verteilt werden, daß sie sich immer ausgleichen und das Bauwerk nicht in sich zusammenstürzt oder umfällt.

Formen

Neben diesen wichtigen Berechnungen muß der Architekt auch an das äußere und innere Erscheinungsbild des Bauwerks denken. Unter Umständen möchte er neue Formen in das Gebäude integrieren, so daß es ansprechend und originell aussieht. Bei der Form eines Bauwerks geht es aber nicht nur um Schönheit oder Originalität. Bestimmte Formen verleihen einem Gebäude Standfestigkeit, so daß es nicht einstürzt, zum Beispiel Bögen und Kuppeln – sie setzen das Bauwerk nämlich unter Druck. Viele große Betonbauwerke, insbesondere Brücken und Staumauern, bestehen aus Bögen, die ihnen eine hohe Festigkeit verleihen. Auch das Dreieck ist eine sehr starke Form und verdreht oder deformiert sich unter Druck nicht. Der Eiffelturm in Paris etwa besteht aus Stahlträgern, die zu Dreiecken zusammengeschweißt sind. Der Eiffelturm war einst das höchste Bauwerk der Welt.

Versorgungseinrichtungen

Kein öffentliches oder privates Gebäude wäre ohne Versorgungseinrichtungen für seine Bewohner von großem Nutzen. Bei der Fertigstellung des Baus muß das Gebäude an externe Versorgungseinrichtungen wie Strom-, Gas- und Wasserleitungen, an das Abwassersystem sowie an das Fernmelde- und Datennetz angeschlossen werden. Diese Versor-

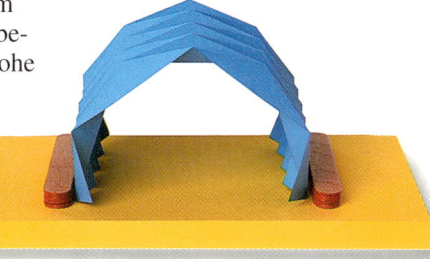

gungseinrichtungen müssen zusammen mit den Heizungs-, Beleuchtungs- und Klimaanlagen im Inneren des Gebäudes zu allen Räumen geleitet werden, wo sie erforderlich sind. Das fertiggestellte Gebäude oder Bauwerk ist Teil der örtlichen Infrastruktur, die aus vielen unterschiedlichen Gebäuden und Bauwerken besteht – dazu gehören auch Versorgungseinrichtungen selbst. Staudämme etwa regulieren die Wasserversorgung und werden zur Stromerzeugung genutzt. Straßen- und Eisenbahnnetze – oft gehören Brücken und Tunnels dazu – ermöglichen den Transport von Gütern und Menschen. Auf Bohrinseln und -anlagen werden Öl und Gas an Land und auf dem Meer gefördert. Der in Kraftwerken erzeugte Strom wird über ein Netz aus Starkstromleitungen zu den Verbrauchern geleitet.

Architekten konstruieren Gebäude in allen möglichen Formen, müssen aber sichergehen, daß die jeweilige Konstruktion standfest ist und nicht einstürzt. Dieses elegante Dach trägt das Vierhundertfache seines eigenen Gewichts.

Der CN Tower beherrscht die Skyline von Toronto in Kanada. Er ist 555 m hoch und wurde aus Beton gebaut.

Fundamente

Will man ein Gebäude errichten, fängt man nicht gleich mit dem Bau an, sondern muß erst ein Loch für das Fundament ausheben. Erst wenn dieses fertig ist, können die eigentlichen Bauarbeiten beginnen. Das Fundament, das oft aus einem Betonblock besteht, verankert das Gebäude so fest im Boden, daß es während seiner gesamten Lebensdauer weder kippen noch absinken kann. Es muß das Gewicht des Gebäudes tragen und auch einem starken Sturm standhalten, der das Gebäude in starke Schwingungen versetzen kann. Festes Gestein trägt selbst schwere Wolkenkratzer problemlos. Heutzutage aber werden große Gebäude auch dort errichtet, wo der Boden aus wenig standfestem Erdreich oder gar aùs Sand besteht. In diesem Fall ist ein spezielles Fundament erforderlich, damit das Gebäude nicht absinken kann.

Der Schiefe Turm von Pisa

Der aus Marmor gebaute Glockenturm von Pisa ist eines der berühmtesten Bauwerke der Welt, ganz einfach deswegen, weil er so schief ist. Er ist 54,5 m hoch und hat sich bereits um 4,2 m aus der Senkrechten geneigt. Bald nach dem Baubeginn im Jahre 1173 sank der Turm an einer Seite allmählich ab, weil die Fundamente nicht groß genug waren und der Boden nachgab. Seither wurde der Turm immer schiefer, bis er schließlich mit festen Fundamenten ausgestattet wurde. Dank dieser Maßnahme ist der Schiefe Turm von Pisa nicht weiter eingesunken und hat sich sogar wieder ein bißchen aufgerichtet.

EXPERIMENT

Festes Fundament

 Bei diesem Experiment sollte ein Erwachsener helfen.

Mit einer großen Plastikflasche als Gebäude, Tapetenkleister als Erdreich und Modelliermasse als Felsgestein werdet ihr herausfinden, warum ein Gebäude ein Fundament braucht, um auf lockerem Gestein nicht abzusinken. Ein Gebäude kann auf einem festen Betonblock ruhen, der in die Baugrube gegossen wird und möglichst groß sein sollte. Auf diesem Fundament, das oft breiter ist als das Gebäude selbst, verteilt sich das Gewicht des Gebäudes gleichmäßig, so daß der lockere Gesteinsuntergrund unter dem Gebäude nicht nachgibt. Ist der Untergrund nicht fest genug, werden unter dem Betonfundament lange Pfeiler eingelassen, die den Betonblock sowie das Gebäude im harten Felsen unter dem Erdreich verankern.

IHR BRAUCHT

• Trichter • Schere • mehrere Packungen Modelliermasse • Messer • 8 lange Stäbe, etwa halb so hoch wie der Behälter • Tapetenkleister • 5 mm dicke Crea-Fix-Platte • großen Behälter • eine große Plastikflasche (5 l) • Lineal • Stahllineal

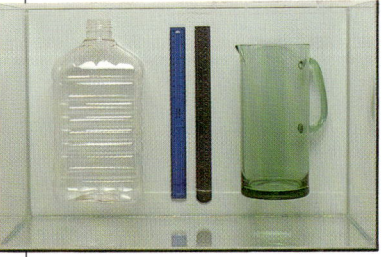

1 Streicht den Boden des Wasserbehälters mit Modelliermasse aus, und füllt den Behälter bis zur Hälfte mit Tapetenkleister. Stellt die Flasche auf den Kleister, und gießt Wasser in die Flasche, bis sie kippt. Das Wasser stellt die Baustoffe dar, mit denen das Gebäude errichtet wird. Je weiter der Bau fortgeschritten ist, um so schwerer wird das Gebäude. Da es aber kein Fundament hat, sinkt es ab, weil die Fläche, auf der es steht, nachgibt.

Zwei unterschiedliche Stadtbilder

Wie Knochen unter der Haut bestimmte einst die Bodenbeschaffenheit das Aussehen einer Stadt. In diesem Jahrhundert wuchsen zum Beispiel auf der Insel Manhatten mitten in New York zahlreiche Wolkenkratzer in den Himmel, während das Zentrum von London kaum ein hohes Gebäude hat. Manhattan ist nämlich eine Felsinsel, das Gestein unter der Stadt trägt das Gewicht der Wolkenkratzer sehr wohl. London hingegen liegt in einem breiten Flußtal, dessen Untergrund aus weichem Lehm besteht, der sich nicht für schwere Gebäude eignet. Doch dank moderner Bautechnik können heute auch auf wenig standfestem Boden feste Fundamente gebaut und Stützpfeiler versenkt werden, so daß man selbst in London Wolkenkratzer errichtet hat. Aber auch New York hat moderne Bautechnik: Das World Trade Center – das höchste Gebäude der Stadt – steht nämlich auf unsicherem Boden.

New York
Die Skyline von Manhattan wird beherrscht vom Empire State Building. Mit seinen 381 m war es einmal das höchste Gebäude der Welt.

London
An der Themse stehen kaum Wolkenkratzer. Hinten ist das Canary Wharf zu sehen, mit 244 m das höchste Gebäude Großbritanniens.

2 Schneidet aus der Crea-Fix-Platte ein Quadrat, dessen Seitenlänge 5 cm länger ist als die der Plastikflasche. Legt das Quadrat auf den Tapetenkleister, und stellt die Flasche drauf. Das Quadrat stellt das Fundament des Gebäudes dar; das Gewicht des Gebäudes wird auf eine größere Fläche verteilt. Jetzt könnt ihr wesentlich mehr Wasser in die Flasche gießen, da dank Fundament auch ein nachgiebiger Untergrund ein schweres Gebäude tragen kann.

3 Steckt acht lange Stäbe in die Modelliermasse, und setzt die quadratische Crea-Fix-Platte oben drauf. Stellt die Flasche auf das Brett, und probiert aus, wieviel Wasser ihr in die Flasche gießen könnt, ohne daß das Fundament absackt. Die Stäbe erfüllen dieselbe Funktion wie Stützpfeiler bei einem Gebäude, die das Fundament im Fels verankern. Entsprechend kann man die Flasche jetzt bis zum Rand füllen, ohne daß sie absinkt oder schräg wegkippt.

Wand und Boden

Ohne solide Wände würden die Häuser einstürzen; zudem könnte man die Raumluft nicht warm oder kühl halten. Steine und Ziegel sind zwei traditionelle Baustoffe. Einige Gebäude haben zwei Wandtypen: Innenwände aus Betonblöcken und eine Außenwand aus Steinen oder Ziegeln. Die Baumaterialien werden mit Zement so zusammengefügt, daß sie eine tragfähige Struktur bilden. Damit die Wärme nicht entweicht, wird in der Mitte eine Schicht Isoliermaterial angebracht. Böden – oft Holzdielen – ruhen auf in der Wand verankerten Balken. Bei vielen Gebäuden sind Wände und Böden jetzt aus Beton. Dieser Baustoff vereinigt Festigkeit und nahezu beliebige Formbarkeit.

EXPERIMENT

Stark, da versetzt

Eine Mauer aus Steinblöcken oder Ziegeln baut man, indem man eine Schicht Steine oder Ziegel legt, diese festzementiert und so fortfährt, bis die Mauer die gewünschte Höhe hat. Die einzelnen Schichten werden gegeneinander versetzt, so daß die Steinkanten nicht direkt aufeinanderliegen. Solche Strukturen verstärken die Mauer, wie dies Experiment zeigt.

IHR BRAUCHT
- längliche Kunststoff- oder Holzklötze
- großes Blatt Papier

1 Errichtet auf dem Blatt Papier aus den Klötzen eine Wand. Dabei schichtet ihr die Klötze so aufeinander, daß die Schmalkanten aufeinanderliegen.

2 Rüttelt leicht am Papier. Die Wand fällt ein. Bei dieser Wandstruktur bilden die Steine nämlich einzelne Säulen, die leicht einfallen.

3 Baut die Wand noch einmal auf. Dieses Mal versetzt ihr die Steine zueinander. Die Endstücke dreht ihr um 90°, so daß die Abschlußkanten gerade sind.

4 Rüttelt noch einmal bis zum Einsturz am Papier. Dieses Mal fällt die Wand nicht so leicht ein. Die versetzten Klötze halten die Wand zusammen.

Beton verstärken

Ein Betonträger biegt sich bei zu starker Belastung durch und kann Risse bekommen. Der obere Rand des Trägers wird zusammengedrückt, was seine Festigkeit erhöht. Am unteren Rand steht er jedoch unter Spannung, es bilden sich Risse. Wird der Betonträger gespannt, also über die ganze Länge zusammengedrückt, ist er wesentlich tragfähiger. Vorgespannte Stahlstäbe werden in einen Träger eingelassen und an den Enden verankert. Die Stäbe ziehen sich zusammen, ziehen dabei an den Trägerenden und üben auf den Beton Druck aus. Die Druckkräfte sind stärker als die Zugkräfte und verstärken den Träger.

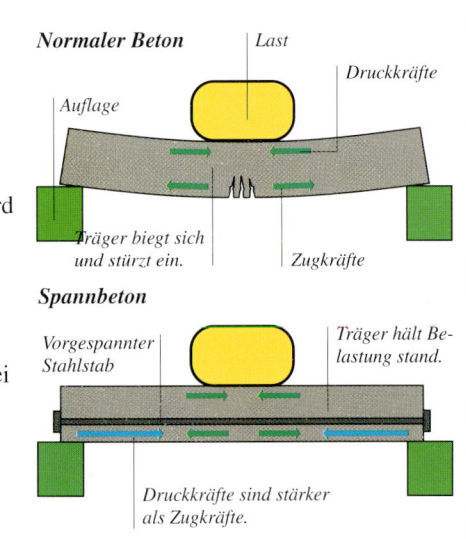

Normaler Beton · *Last* · *Druckkräfte* · *Auflage* · *Träger biegt sich und stürzt ein.* · *Zugkräfte*

Spannbeton · *Vorgespannter Stahlstab* · *Träger hält Belastung stand.* · *Druckkräfte sind stärker als Zugkräfte.*

EXPERIMENT
Stahlbeton

 Bei diesem Experiment sollte ein Erwachsener helfen.

Beton mischt man aus Zement, Sand, Kies und Wasser. Dann gießt man den flüssigen Beton in eine Form und läßt ihn erstarren. Legt man Stahlstäbe in die Form, werden sie von Beton umschlossen und erhöhen seine Tragfähigkeit. Im folgenden arbeitet ihr mit Gips und Holz anstelle von Beton und Stahl. Ihr macht Träger aus Gips, Holz und mit Holz verstärktem Gips und testet deren Tragfähigkeit.

Trägerform

Karton
15,5 x 5,5 cm

7 mm

Entlang der gepunkteten Linie falten!

Macht in jede Ecke einen Schlitz!

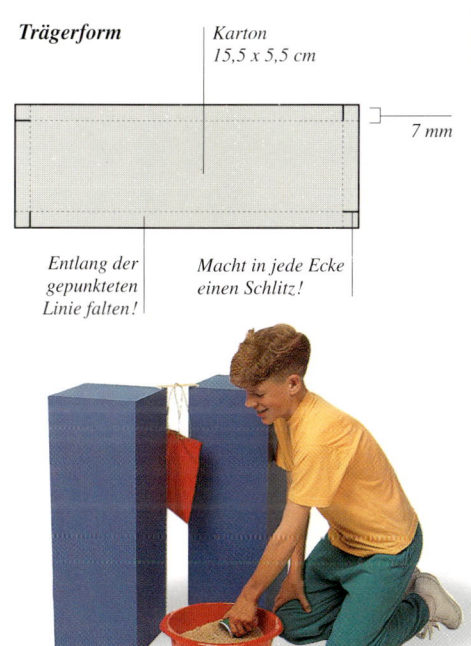

4 Legt einen Holzträger auf die Auflagen. Fädelt den Draht durch die Griffe der Plastiktüte, und hängt sie an den Träger. Schüttet mit dem Becher Sand in die Tüte. Schreibt auf, wie viele Becher ihr reinschütten müßt, damit der Träger durchbricht. Dasselbe macht ihr mit den anderen Holzträgern.

5 Testet die normalen und die verstärkten Gipsträger. Errechnet die durchschnittliche Sandmenge, die jeder Trägertyp aushält, indem ihr jeweils drei Versuche durchführt, die Mengen addiert und die Summe durch 3 teilt. Die verstärkten Träger müßten am stärksten belastbar sein.

1 Bastelt sechs Rechtecke aus Karton *(unten links)*. In jeder Ecke zeichnet ihr ein Quadrat mit 7 mm Seitenlänge an und macht bei jedem an einer Seite einen Schlitz. Faltet die Ecken nach oben und verklebt sie.

3 Schneidet die Holzspatel in 30 Streifen von 14 cm x 3 mm zurecht. In drei Formen legt ihr jeweils fünf dieser Streifen. Rührt acht Becher Gips mit sechs Bechern Wasser an. Füllt den Gips sofort in alle sechs Formen, und laßt ihn 45 Minuten lang stehen. Dann nehmt ihr die Formen ab – der Gips muß 24 Stunden lang aushärten. Bastelt drei Holzträger, indem ihr jeweils fünf Holzstreifen an den übrigen drei Stabpaaren anbringt.

2 Formt aus Modelliermasse 18 Stäbe – 4 cm lang, 7 mm breit und 3 mm tief. An jede Seite der Trägerform legt ihr je einen Stab. Streicht die Form innen mit Vaseline aus.

IHR BRAUCHT

- Gips ● Klebeband ● Vaseline ● Messer
- etwa 60 cm Litze ● Becher ● Krug
- Stahllineal ● Schneidunterlage ● Plastiktüte ● etwa 10 Holz- oder Mundspatel
- Modelliermasse ● Schere ● festen Karton
- Sand ● zwei Auflagen

Dächer

Häuser tragen Dächer wie Menschen Hüte: Beide schützen vor Regen, Wind, Kälte oder Hitze und werten das Erscheinungs-bild auf. Die meisten Häuser haben heute ein Flach- oder ein wie ein umgekehrtes V geformtes Satteldach. Öffentliche Gebäude werden jedoch oft von Kuppeln, Tonnendächern und ähnlichem gekrönt – oder gar von einer modernen Version eines althergebrachten Schutzes – dem Zelt. Eins ist allen Dachformen gemeinsam: Sie halten Stürmen, Regengüssen und der Schneelast stand.

Schutz und Obdach

Die Ziegel eines steilen Satteldachs ruhen auf einem in den Mauern fest verankerten Dachstuhl. Flachdächer liegen auf paral-lelen Trägern oder einem Trägerskelett, obwohl für Betonplatten oft keine Abstüt-zung erforderlich ist. Große Flächen wer-den oft von geschwungenen Dächern über-deckt, die ähnlich wie die Bögen oder Hängeseile von Brücken tragfähig sind (S. 66). Eine Kuppel etwa besteht aus einer ganzen Reihe von dünnen Bögen, die zu-sammen eine Halbkugel bilden, und ist daher sehr tragfähig.

Hängendes Dach
Dieses elegante Dach wird von Kabeln getragen, die an zwei schrägen Säulenreihen aufgehängt sind.

Tonnendach
Dieses Dach ist halbkreisförmig wie eine halbe Tonne und zickzack gefaltet.

Membrandach
Gewebe aus verstärktem Kunststoff kann an Kabel aufgehängt und straffgezogen werden – das ergibt dann ein leichtes, aber robustes Dach. Dieses Membrandach erinnert an ein freischwe-bendes Zelt.

Kuppeldach
Die leichte, aber tragfähige Kuppel besteht aus einem kugelförmigen Gerüst aus geraden Metall-stäben, die fünf- und sechskantige geometrische Figuren bilden. Im Innern kann ein Dach aufge-hängt werden.

EXPERIMENT
Tonnenfaltdach

Aus einem Blatt Papier faltet ihr ein ganz besonderes Dach, das das 400fache seines Gewichts tragen kann. Diese Konstruktion vereint ein Tonnendach mit einem Faltdach. Ein Tonnendach ist halbzylindrisch und nimmt die Last wie ein Bogen auf. Ein Faltwerk ist dank seiner Konstruktion so starr, daß es unter Belastung nicht nachgibt. Zwei Stützpfeiler verhindern ein Abrutschen des Daches.

IHR BRAUCHT
- Schere ● Nähgarn
- Holzstifte ● Holz-spatel ● Holzplatte, 30 x 20 cm
- Schneidunterlage
- festes Papier, 30 x 20 cm ● Kleb-stoff ● Lineal

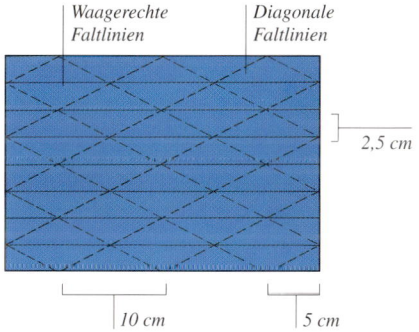

Waagerechte Faltlinien   Diagonale Faltlinien

2,5 cm

10 cm   5 cm

1 Übertragt die unten gezeigte Vorlage auf ein festes Blatt Papier. Falzt die sieben waagerechten Linien über ein Lineal nach oben. Die Falze schärft ihr durch Abreiben mit einem Stift.

2 Dreht das Blatt um. Jetzt falzt ihr die diagonalen Linien nach oben, so daß die zweiten Falzstellen in die umgekehrte Richtung zeigen wie die ersten. Die Falze schärft ihr mit dem Stift.

3 Faßt sämtliche Falze an der schmalen Papierkante zusammen. Arbeitet euch zur anderen Schmalkante vor, und faßt auch dort die Falze wie bei einem Akkordeon zusammen.

4 Klebt zwei Stapel aus Holzspateln in einem Abstand von 15 cm auf die Bodenplatte. Aus dem gefalteten Blatt Papier bildet ihr ein Tonnendach und setzt es zwischen die Holzspatel als Stützpfeiler.

5 Bindet das Garn so um die Enden der beiden Stifte, daß diese in einem Abstand von 5 cm parallel liegen. Legt die Stifte auf das Dach. Die Oberseite der Stifte sollte über dem Scheitelpunkt des Daches liegen.

6 Legt ganz vorsichtig ein paar Bücher auf dieses Dach. Wie viele wird es wohl tragen? Vergleicht die Belastbarkeit dieses Daches aus einem Blatt Papier mit der des Daches im vorherigen Experiment.

Stromversorgung

Der Strom, den Licht und elektrische Geräte zu Hause verbrauchen, wird in einem Kraftwerk erzeugt und über Hochspannungsleitungen zu den Haushalten geleitet. In einem Haus sind die Stromleitungen in der Wand, im Boden und in der Decke verlegt. Zuerst aber durchlaufen die Leitungen einen Sicherungskasten oder -automaten, wo der Strom sofort abgeschaltet wird, wenn ein Gerät oder eine Leitung schadhaft ist und ein Risiko darstellt.

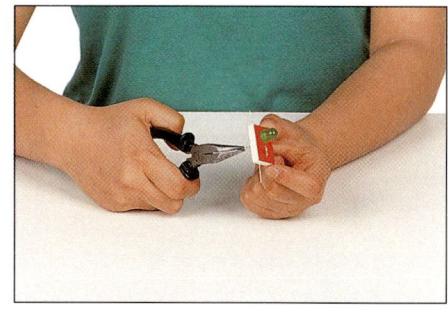

1 Steckt LED und Widerstand auf ein Crea-Fix-Quadrat, so daß der längere Pin (Anode) der LED neben einem Pin des Widerstands herausragt, und verdreht sie mit der Zange. Die übrigen Pins biegt ihr so, daß sie über das Quadrat hinausragen.

EXPERIMENT

Sicherungsautomat

Gewöhnlich laufen die Elektrogeräte in einem Haushalt problemlos und sicher. Ist ein Gerät schadhaft, funktioniert es meist nicht mehr. Der Schaden kann aber auch größeren Stromverbrauch verursachen, und aufgrund dessen könnten sich das Gerät oder das zugehörige Stromkabel erhitzen und Feuer fangen. Das wird durch einen Sicherungsautomaten verhindert, der auf übermäßig starken Stromverbrauch reagiert und die Stromversorgung sofort abschaltet. Er kann nach der Reparatur des schadhaften Geräts wieder eingeschaltet werden. Baut mit einer Magnetspule einen Sicherungsautomaten nach. Dieses Modell dürft ihr aber auf keinen Fall an eine Steckdose anschließen.

IHR BRAUCHT

● Magnetspule (12 V) mit Kern ● Steckverbinder für Batterie ● Zange ● Crea-Fix-Platte, ca. 20 x 30 cm ● Widerstand 220R ● Büroklammer ● Leuchtdiode (LED) ● vier Krokodilklemmen ● Klebeband ● Alufolie ● Draht ● Abisolierzange ● Schere ● Batterie (9 V) ● sechs Crea-Fix-Quadrate mit 2,5 cm Seitenlänge ● doppelseitiges Klebeband

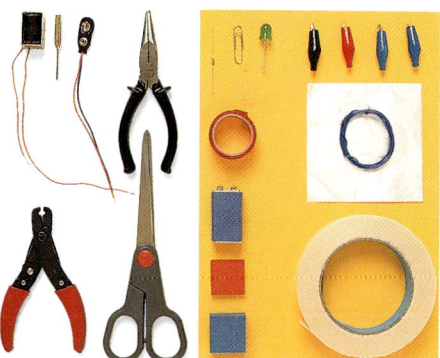

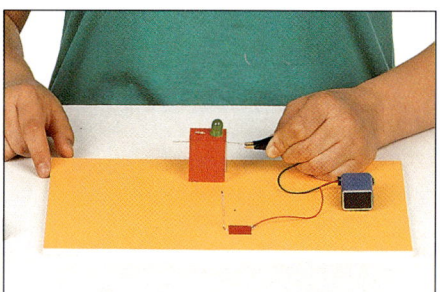

2 Die Büroklammer biegt ihr rechtwinklig zu einem Kontakt. Klebt den waagerechten Teil an der Platte an, und schließt ihn am Pluspol der Batterie an. Die LED steckt ihr auf zwei Crea-Fix-Quadrate und dann auf die Bodenplatte. Den freien Pin der LED schließt ihr an den Minuspol an.

Hochspannungsleitungen
Die Stromleitungen hängen an Isolatoren unter den Querträgern der großen Freileitungsmasten.

Stromverteilung

Der Haushaltsstrom hat normalerweise eine Stärke von 220 Volt. Der Strom, der über die Hochspannungsleitungen vom Kraftwerk kommt, kann über 1000mal stärker sein. Wird Strom nämlich unter hoher Spannung übertragen, ergeben sich weniger Wärmeverluste als bei niedriger Spannung. Zwischen Kraftwerk und

Haushalten sorgen daher Umspannwerke dafür, daß die Spannung mittels Transformatoren durch Übertragung des Stroms von einer Spule auf die andere wieder auf das richtige Maß gesetzt wird.

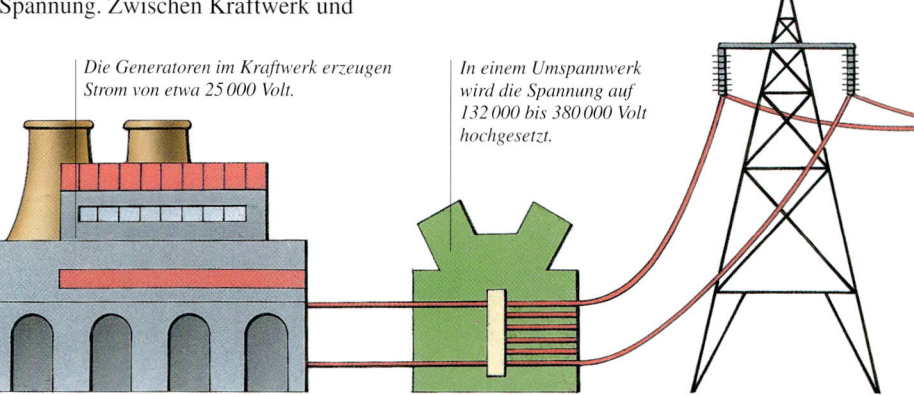

Die Generatoren im Kraftwerk erzeugen Strom von etwa 25 000 Volt.

In einem Umspannwerk wird die Spannung auf 132 000 bis 380 000 Volt hochgesetzt.

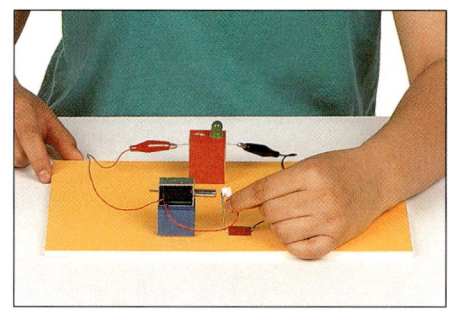

3 Setzt die Magnetspule so auf Crea-Fix-Quadrate, daß der Kern auf die Büroklammer trifft, wenn er halb aus der Spule ragt. Schließt einen Draht der Magnetspule an den freien Pin des Widerstands an und den anderen an ein kleines Quadrat aus Alufolie. Diese Folie klebt ihr am Ende des Kerns an.

4 Zieht den Kern so weit aus der Spule, daß er die Büroklammer berührt und die LED aufleuchtet. Das wäre nun die normale Situation, in der die LED problemlos funktioniert.

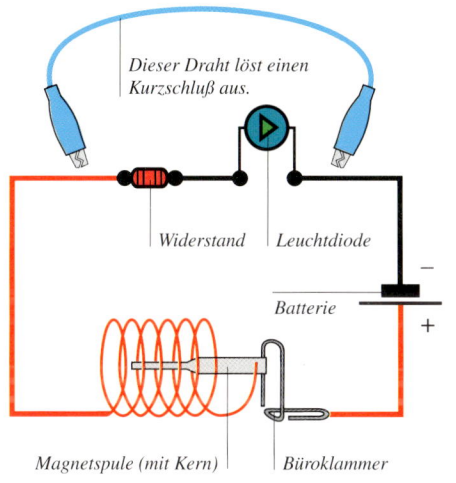

Dieser Draht löst einen Kurzschluß aus.

Widerstand *Leuchtdiode*

Batterie

Magnetspule (mit Kern) *Büroklammer*

5 Durch Kurzschließen der LED, indem ihr die freistehenden Pins der Leuchtdiode und des Widerstands miteinander verbindet, sorgt ihr für einen Schaden. Der sonst von der LED verbrauchte Strom geht jetzt zusätzlich an die Magnetspule. Dadurch verstärkt sich deren Magnetfeld, der Kern wird also stärker angezogen und der Schaltkreis unterbrochen.

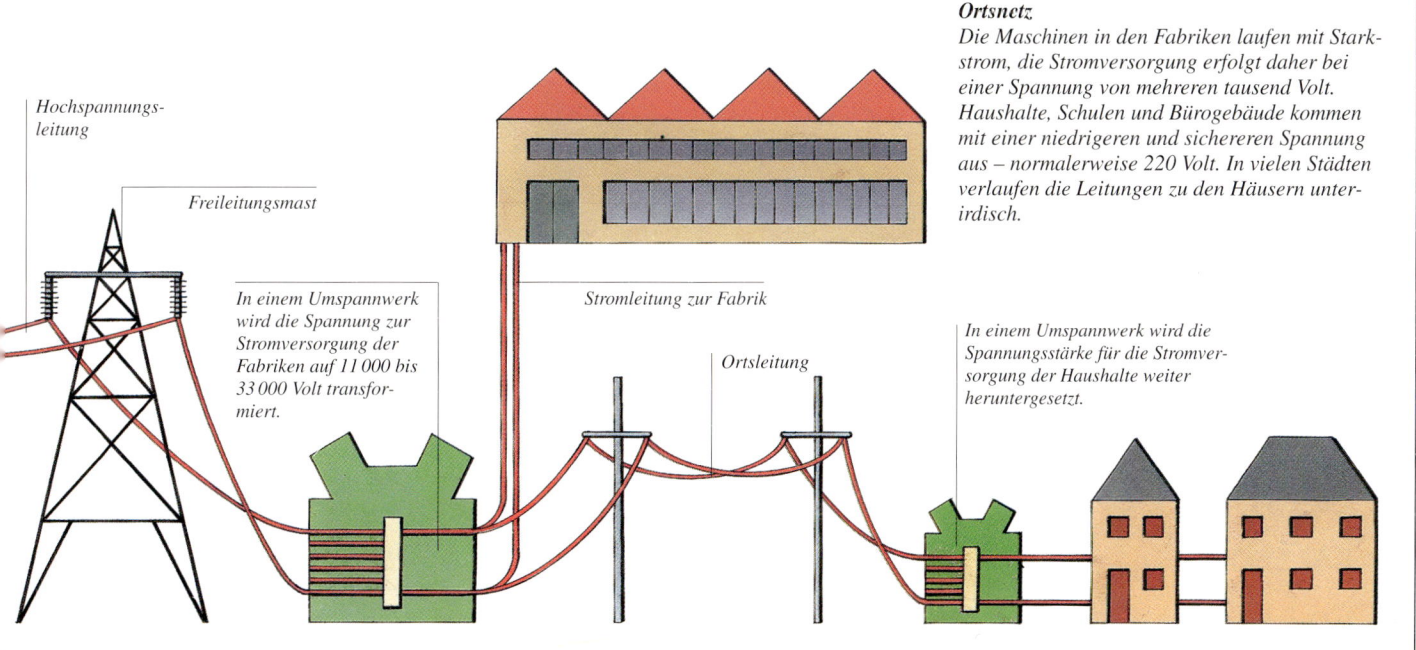

Hochspannungsleitung

Freileitungsmast

In einem Umspannwerk wird die Spannung zur Stromversorgung der Fabriken auf 11 000 bis 33 000 Volt transformiert.

Stromleitung zur Fabrik

Ortsleitung

In einem Umspannwerk wird die Spannungsstärke für die Stromversorgung der Haushalte weiter heruntergesetzt.

Ortsnetz
Die Maschinen in den Fabriken laufen mit Starkstrom, die Stromversorgung erfolgt daher bei einer Spannung von mehreren tausend Volt. Haushalte, Schulen und Bürogebäude kommen mit einer niedrigeren und sichereren Spannung aus – normalerweise 220 Volt. In vielen Städten verlaufen die Leitungen zu den Häusern unterirdisch.

Wasserversorgung

Wenn ihr zu Hause den Wasserhahn aufdreht, kommt sofort heißes oder kaltes Wasser heraus, das Trinkwasserqualität hat. Das Wasser stammt aus einem Speicherbecken, einem See, Fluß oder einer Quelle und wird zuerst gereinigt, bevor es durch unterirdische Rohre zum Kaltwasserhahn oder der Warmwasserversorgung eines Haushalts geleitet wird. Ein mit Gas, Kohle, Strom oder Sonnenenergie (S. 58) betriebener Kessel bereitet sodann Warmwasser. Obwohl Wasser im Überfluß vorhanden zu sein scheint, wird Trinkwasser knapp, und man muß sparsam damit umgehen.

EXPERIMENT

Vom Wasserturm zum Wasserhahn

 Bei diesem Experiment sollte ein Erwachsener helfen.

Wasser kommt häufig noch von einem höher gelegenen Wasserturm oder Speicherbecken in der Nähe. Aufgrund der Schwerkraft fließt das Wasser ins Haus, wo es in einen Vorratstank fließt. Wird der Wasserhahn aufgedreht, fließt das Wasser vom Tank über die Leitungen zum Hahn. Der Speichertank verfügt über ein Ventil mit Schwimmer, so daß er wieder aufgefüllt wird, aber nicht überläuft. Dieses System baut ihr jetzt nach.

IHR BRAUCHT

- Schneidunterlage • 30 cm langen, biegsamen Plastikschlauch
- Messer • Klebstoff • Wasserhahn passend zum Plastikschlauch
- langen Ballon • Schere • Holzspieß • Vaseline • Klebeband
- Schraubstock • Rundfeile • Handbohrmaschine mit Einsätzen (3 und 5 mm) • 35 cm langen Holzstab • vier viereckige Plastikflaschen (5 l) • drei große Klötze für die Flaschen, 19 cm, 30 cm und 38 cm hoch • Stahllineal • Säge • Sperrholzplatte, 16 x 6 x 0,5 cm • Holzstück, 6,5 x 2,5 x 0,5 cm mit einem Loch mit 5 mm Durchmesser 1,5 cm von einer Schmalkante entfernt • leichten, hohlen Gummiball von etwa 8 cm Durchmesser

1 Schneidet die oberen 20 cm von einer Flasche ab. Daraus wird der Ventilteil, aus dem Rest ein Becken. Die Zeichnung zeigt, wo die zwei Löcher für die Schläuche auszuschneiden sind. Macht einen Schlitz unter ein Loch und weitere für Platte und Holzspieß an den anderen Seiten.

2 Die zweite Flasche – ohne den Hals – dient als »Wasserturm«. Kurz über dem Flaschenboden macht ihr ein Loch für den Plastikschlauch. Von der dritten Flasche schneidet ihr die Längsseite ab – sie wird zum Wassertank. Am Halsansatz schneidet ihr ein Loch für den Plastikschlauch aus.

3 Schneidet vom Plastikschlauch zwei 10 cm lange Stücke ab. Vom Ballon schneidet ihr den Ansatz ab, steckt in jedes Ende des so entstandenen Gummischlauchs ein Stück Plastikschlauch und klebt es mit Klebeband fest. Insgesamt sollen für das Ventil 4 cm frei bleiben.

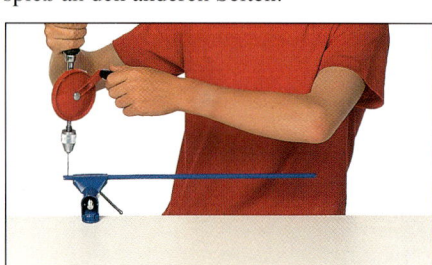

4 Mit dem 3-mm-Einsatz bohrt ihr 5 mm von einem Ende entfernt ein Loch durch den Stift – er wird zum Drehpunkt. In den Ball bohrt ihr mit dem 5-mm-Einsatz ebenfalls ein Loch und klebt ihn am anderen Ende des Stifts fest.

5 Feilt zwei schräge Kanten mit 45° in die Schmalseite des Holzstücks. Schiebt den Holzstab durch das Loch. Klebt das Holzstück 5 cm vom Ende entfernt an den Stab, die abgeschrägte Kante sollte parallel zum Loch im Stab liegen.

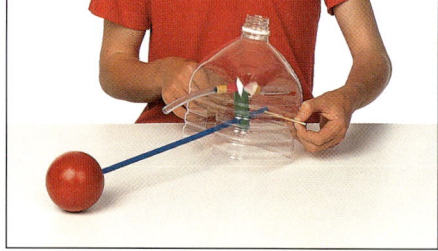

6 Schiebt das Ventil durch die Löcher im oberen Flaschenteil, so daß sich der Gummischlauch in der Flasche befindet. Hängt den Stab an einem durch die dafür vorgesehenen Löcher geschobenen Spieß auf, das abgeschrägte Holzstück sollte zum Ventil zeigen.

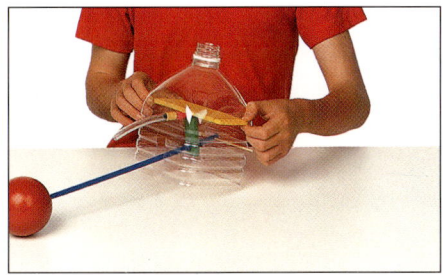

7 Schiebt die Sperrholzplatte durch die Schlitze in euer Flaschenventil. Wenn ihr den Ball anhebt, sollte das abgeschrägte Hölzchen den Gummischlauch im Ventil gegen das Sperrholz drücken, bevor der Stab waagerecht liegt.

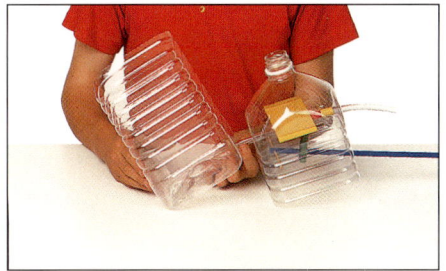

8 Schiebt den Plastikschlauch, der nicht zum Ball zeigt, in das Loch im Wassertank. Steckt den Wasserhahn an den 10 cm langen Schlauch. Das andere Ende führt ihr in den Tank ein. Wenn alle Verbindungsstellen wasserdicht sind, schließt ihr den Hahn.

Kanalisation

Das Abwasser aus Wasch- und Spülbecken, Badewannen und Toiletten wird über ein Abwasserrohr in den Abwasserkanal geleitet. Von dort geht es zu einer zumeist am Stadt- oder Dorfrand gelegenen Kläranlage, wo die Abwässer gereinigt werden und das gereinigte Wasser in einen Fluß oder See geleitet wird.

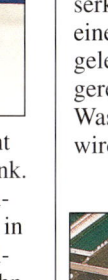

Abwasserreinigung
In einer Kläranlage werden zuerst die festen Verunreinigungen herausgefiltert. Der übrige Schmutz im Wasser wird dann von Bakterien zersetzt.

9 Stellt den »Wasserturm« auf den 38 cm hohen Klotz, das Flaschenventil auf den 30 cm hohen Klotz. Der Tank kommt auf den kleinsten Klotz, wobei der Ball im Tank liegen muß. Stellt das Auffangbecken unter den Hahn. Füllt den »Turm« mit Wasser.

10 Das Wasser fließt vom »Turm« zum Tank und läßt den Ball schwimmen. Das abgeschrägte Hölzchen wird gegen den Gummischlauch gedrückt und schließt das Ventil, sobald der Tank voll ist.

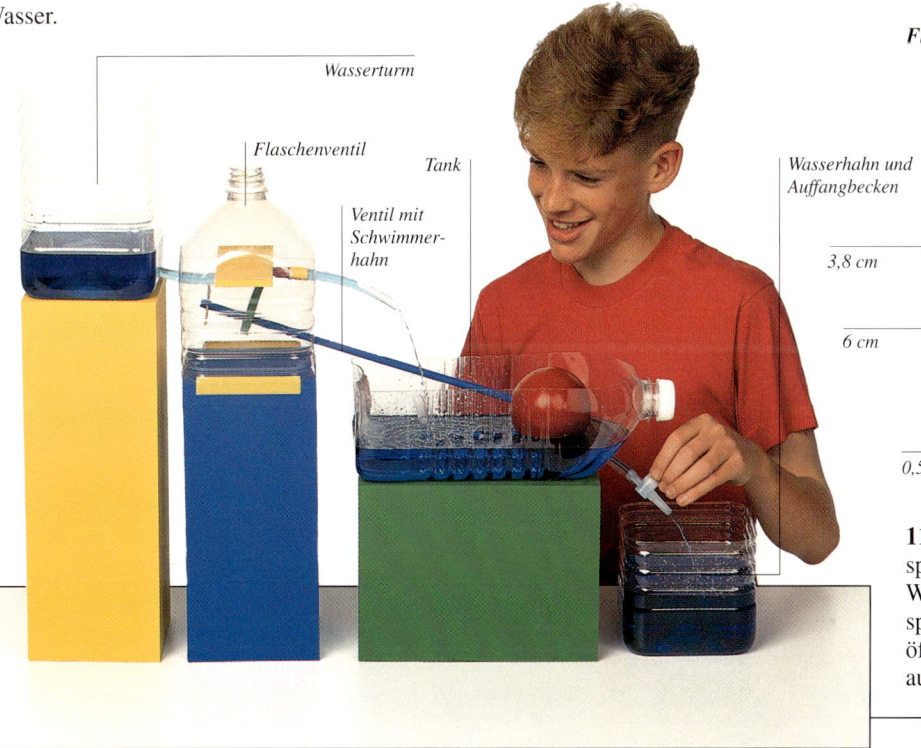

Wasserturm

Flaschenventil

Tank

Ventil mit Schwimmerhahn

Wasserhahn und Auffangbecken

Flaschenventil

2,5 cm

3,8 cm

6 cm

0,5 cm

6 cm

2 cm

6,4 cm

11 Der Wasserzufluß zum Tank ist gesperrt. Bei Öffnen des Hahns fließt das Wasser in das Becken ab. Sinkt der Wasserspiegel im Tank, geht der Ball mit und öffnet das Ventil – der Tank wird wieder aufgefüllt.

Heizungsanlage

Bei kaltem Wetter müssen die Gebäude, in denen Menschen leben oder arbeiten, beheizt werden. Kleine Elektro- oder Gasöfen können zwar ein Zimmer heizen, aber nur Zentralheizungen ein ganzes Gebäude. Sie verfügen über einen Heizkessel, der mit Strom, Gas, Öl oder Brennstoffen wie Kohle beheizt wird. Im Heizkessel wird Wasser erwärmt, das durch die Rohrleitungen zu den Heizkörpern in den einzelnen Zimmern fließt, und auch warmes Wasser für Küche und Bad. Bei einigen Heizungssystemen wird Wasser in Sonnenpaneelen durch Sonnenstrahlen erhitzt. Bei anderen Systemen dagegen wird die durch das Gebäude strömende Luft erwärmt oder mit elektrischen Heizelementen gearbeitet, die unter dem Fußboden verborgen sind. Heizgeräte und Heizungsanlagen werden mittels Thermostaten geregelt, die die Heizung ein- und ausschalten und so die gewünschte Temperatur halten.

Heizungsanlage für das ganze Jahr

Viele Menschen leben in Regionen mit kalten Wintern und heißen Sommern, so daß eine Klimaanlage erforderlich ist, die die Räume sowohl heizen als auch kühlen kann. Sie besteht aus einem Gebläse, das Luft durch die Rohrleitungen zu allen Räumen im Gebäude leitet. Außerdem saugt dieses Gebläse von draußen frische Luft an, die sich dann mit der im Gebäude zirkulierenden Luft vermischt. Mit einem Befeuchter wird die Luftfeuchtigkeit reguliert. Im Winter erwärmt ein Heizkessel in Verbindung mit einem Heizelement, das entweder

über Strom, Dampf oder heißes Wasser betrieben wird, die von den Räumen kommende Luft. Die erwärmte Luft wird dann in die Räume, deren Temperatur über einen Thermostat geregelt wird, zurückgeleitet. Im Sommer fließt die Luft durch einen Kühler, der wie ein Kühlschrank (S. 78) funktioniert. In ihm wird die Wärme der Raumluft von einem Kühlmittel in einem Verdampfer absorbiert. Das Kühlmittel wird dann in einen Verflüssiger (Kondensator) gepumpt, wo es die absorbierte Wärme nach außen abgibt.

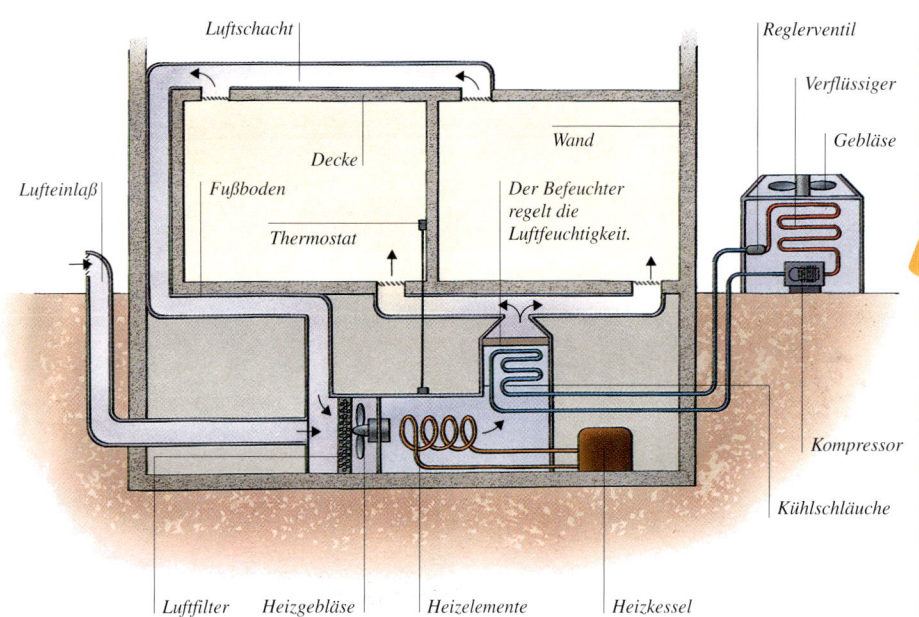

EXPERIMENT
Solarheizgerät

Bei diesem Experiment sollte ein Erwachsener helfen.

Mit einer Lampe als Sonne baut ihr jetzt eine Art Solarheizgerät. Sonnenkollektoren auf einem Dach arbeiten genauso.

IHR BRAUCHT
● Plastikflasche ● Lineal ● Rundfeile ● 60 cm langes, biegsames Kupferrohr mit 1 cm Durchmesser ● Sandpapier ● Krug ● Wasser von Zimmertemperatur ● Schneidbrett ● leere Schachtel, etwa 25 x 20 cm groß ● Crea-Fix-Platte, etwa 24 x 7 cm groß ● Frischhaltefolie zum Abdecken der Schachtel ● Schere ● Schreibtischlampe ● Tesakrepp ● zwei 50 cm lange, biegsame Plastikschläuche mit 1 cm Durchmesser ● Thermometer ● Messer ● Trichter ● Korken, der in die Flasche paßt ● Klebeband ● Schnur

1 Klebt Tesakrepp etwas über dem Boden der Flasche an. Etwa 5 cm über diesem Streifen bringt ihr einen weiteren an. Ritzt nun durch das Tesakrepp jeweils ein 1 cm langes Kreuz und vergrößert dies so weit, daß der Plastikschlauch gerade durchpaßt.

2 Mit Messer und Sandpapier bearbeitet ihr beide Schläuche jeweils an einem Ende so, daß sie genau in jedes Ende des Kupferrohres passen. Befestigt sie mit Klebeband. Biegt das Kupferrohr W-förmig, so daß es in der Schachtel Platz hat.

3 Legt das Kupferrohr in die Schachtel. Mit der Schere schneidet ihr zwei Löcher in eine Seite der Schachtel, so daß die Schläuche durchpassen. Jetzt die Schachtel mit Frischhaltefolie abdecken, und ihr habt ein »Sonnenpaneel«.

4 Drückt die beiden losen Enden des Gummischlauchs durch die Löcher in die Flasche. Schneidet die Crea-Fix-Platte in zwei Dreiecke, und klebt sie so unter das Sonnenpaneel, daß es schräg steht. Der Schlauch aus dem oberen Loch der Flasche muß am höher gelegenen Teil des Sonnenpaneels angeschlossen sein.

5 Das Sonnenpaneel muß so auf den Dreiecken aus Crea-Fix stehen, daß der Schlauch aus dem oberen Loch der Flasche höher liegt als der untere Schlauch. Gießt soviel Wasser in die Flasche, daß alle Leitungen gefüllt sind und das Wasser wieder zurück zur Flasche läuft. Der Wasserstand muß so hoch sein, daß das obere Loch mit Wasser bedeckt ist. Hängt das an einer Schnur befestigte Thermometer so weit in die Flasche, daß der Fühler etwas unter der Wasseroberfläche liegt. Mit Korken klemmt ihr die Schnur im Flaschenhals fest.

6 Stellt die Schreibtischlampe über euer Sonnenpaneel, und schaltet sie ein. Das Thermometer zeigt, wieweit euer Sonnenpaneel das Wasser erwärmt.

Ein Sonnenpaneel besteht aus einer Rohrleitung, durch die Wasser vom Tank fließt. Das in der Rohrleitung zirkulierende Wasser wird durch die Sonnenstrahlen erwärmt und steigt im Tank nach oben. Das kältere Wasser sinkt auf den Tankboden und fließt zurück zum Heizelement, wo es erwärmt wird und dann wieder zum Tank zurückfließt.

Rolltreppe und Aufzug

Rolltreppen ersparen uns das anstrengende Treppensteigen. Die Rolltreppe bildet eine Endloskette aus rollenden Stufen, wobei die nicht sichtbaren, hinunterrollenden Stufen als Gegengewicht zu den hinaufrollenden Stufen wirken. Der Elektromotor der Rolltreppe muß also nur das Gewicht der auf der Rolltreppe stehenden oder gehenden Personen bewältigen. Ein Wolkenkratzer oder ein Gebäude mit mehreren Stockwerken wäre ohne Aufzug, der die Menschen nach oben und unten befördert, kaum vorstellbar. Ein Aufzug (S. 183) verfügt über ein Gegengewicht, das das Gewicht der Fahrkabine und einer durchschnittlichen Fahrgastzahl ausgleicht. Der Elektromotor des Aufzugs treibt die Rolle mit dem Tragseil an, an dem die Fahrkabine hängt, und muß dank des Gegengewichts nur wenig leisten.

Handbetriebene Modellrolltreppe

 Bei diesem Experiment sollte ein Erwachsener helfen.

Baut eine Modellrolltreppe, deren Stufen am oberen und unteren Ende eine Ebene bilden. Die Stufen werden durch eine Kette miteinander verbunden, wobei jede Stufe vorne und hinten mit je zwei Laufrollen ausgerüstet ist. Das eine Rollenpaar liegt höher als das andere, zudem werden sie über zwei unterschiedliche Führungen unter den Stufen geführt. Das höher gelegene Rollenpaar läuft in der äußeren, das andere in der inneren Führung. Am Kopf- und Fußende der Rolltreppe verläuft die innere Führung nicht mehr in einer Ebene mit der äußeren, sondern unterhalb, so daß jede Stufe auf die Höhe der vorherigen angehoben wird und beide eine Ebene bilden. Dazwischen sind beide Führungen in einem Winkel von 45° angeordnet, so daß sich die Stufen in Form einer Treppe nach oben bewegen.

IHR BRAUCHT
● 5 mm dicke Crea-Fix-Platte
● doppelseitiges Klebeband
● 12 Perlen von 5 mm Breite und 24 kleinere Perlen jeweils mit Loch ● Schnur ● Schneidbrett
● dicke Pappe ● Stift ● Schere
● Messer ● Holzleim ● Zirkel
● drei 12 cm lange Spieße und drei von 7,5 cm Länge ● Stahllineal ● Lineal

1 Schneidet die gegenüber gezeigten Teile aus der Crea-Fix-Platte. Baut die innere Führung (gelb) zusammen, und bringt dazwischen die Abstandhalter mit Klebeband an. Befestigt die äußere Führung (blau) ebenfalls mit Abstandhaltern an der inneren.

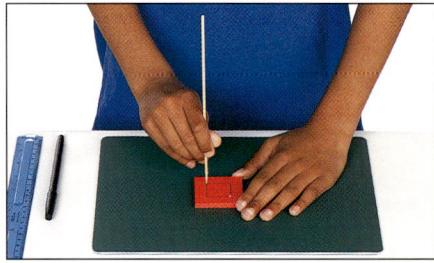

2 Zeichnet ein Quadrat mit einer Seitenlänge von 2,5 cm in die Mitte jeder der beiden Seitenwände aller Stufen. Mit einem Spieß bohrt ihr jeweils ein Loch in die zwei sich gegenüberliegenden Ecken des Quadrats.

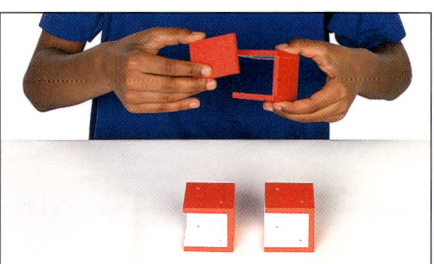

3 Klebt – wie im Diagramm (S. 61) gezeigt – ein schmales Wandteil zwischen die beiden Seitenteile. Auf die beiden Seitenteile klebt ihr zudem noch einen Deckel. Auf gleiche Weise bastelt ihr zwei weitere Stufen.

4 Schiebt einen kurzen Spieß durch die Löcher an jeder Stufe; der Spieß bildet die untere Achse. Setzt jeweils eine große Perle auf jedes Ende des Spießes. Der Abstand der beiden Rollen muß so sein, daß sie auf der inneren Führung laufen.

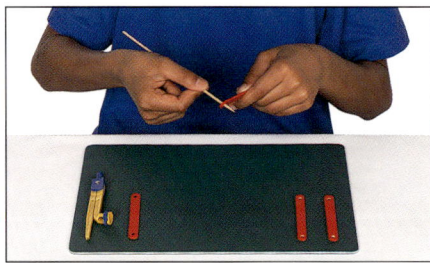

5 Schneidet vier Streifen von 8,5 x 1 cm aus der dicken Pappe. Mit einem Zirkel bohrt ihr in jeden Streifen zwei Löcher in einem Abstand von 7,5 cm. Weitet die Löcher mit den Spießen aus, und steckt die langen Spieße durch die Stufen.

6 Die langen Spieße dienen als obere Achse. Verbindet die Achsen der einzelnen Stufen mit den Pappstreifen. Setzt große Perlen auf die Spieße. Achtet darauf, daß sie entlang der äußeren Führung laufen. Klebt Perlen als Abstandhalter und Stopper an.

Das Innenleben einer Rolltreppe

Die Stufen einer Rolltreppe sind mit Rollen ausgerüstet, die auf zwei Führungen laufen. Die Stufen sind über eine Endloskette miteinander verbunden, die am Kopf- und am Fußende der Rolltreppe jeweils um ein Zahnrad läuft, welches von einem Elektromotor angetrieben wird. Die Stufen verschwinden an einem Ende der Rolltreppe und kommen am anderen wieder zum Vorschein. Der Handlauf besteht aus einem elastischen Endlosgürtel, der um zwei weitere Räder am Kopf- und am Fußende der Rolltreppe geführt wird. Auch der Handlauf wird vom Elektromotor in Bewegung gesetzt.

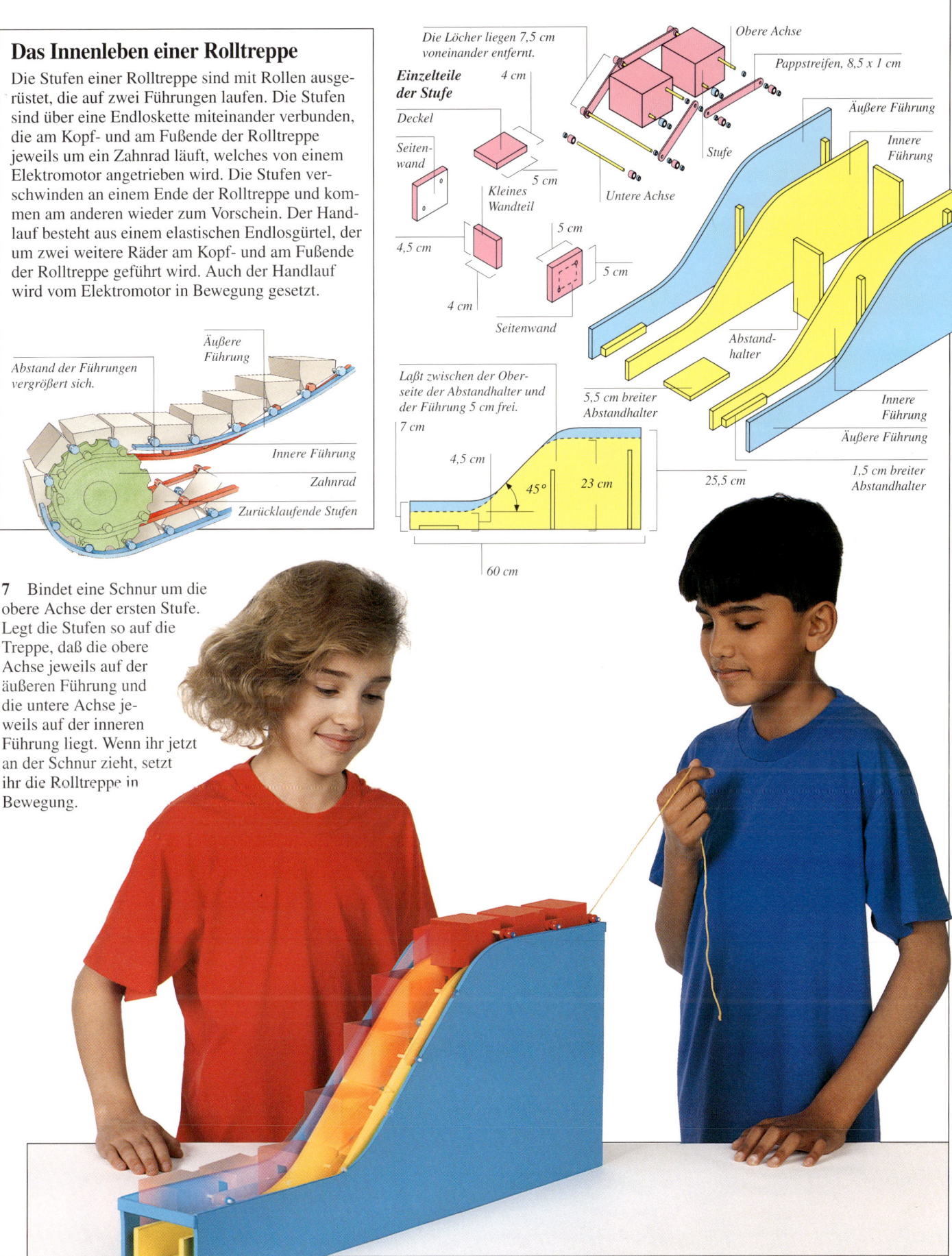

7 Bindet eine Schnur um die obere Achse der ersten Stufe. Legt die Stufen so auf die Treppe, daß die obere Achse jeweils auf der äußeren Führung und die untere Achse jeweils auf der inneren Führung liegt. Wenn ihr jetzt an der Schnur zieht, setzt ihr die Rolltreppe in Bewegung.

Abstand der Führungen vergrößert sich.

Äußere Führung

Innere Führung

Zahnrad

Zurücklaufende Stufen

Die Löcher liegen 7,5 cm voneinander entfernt.

Einzelteile der Stufe

Deckel

Seitenwand

4 cm

5 cm

Kleines Wandteil

4,5 cm

4 cm

Seitenwand

5 cm

5 cm

Obere Achse

Pappstreifen, 8,5 x 1 cm

Äußere Führung

Innere Führung

Stufe

Untere Achse

Abstandhalter

5,5 cm breiter Abstandhalter

Innere Führung

Äußere Führung

1,5 cm breiter Abstandhalter

Laßt zwischen der Oberseite der Abstandhalter und der Führung 5 cm frei.

7 cm

4,5 cm

45°

23 cm

25,5 cm

60 cm

Wolkenkratzer

Ein Wolkenkratzer wiegt zuviel, um bei herkömmlicher Bauweise, bei der die Mauern das Gebäude mittragen müssen, noch stabil zu sein. Ein Wolkenkratzer verfügt daher über ein Skelett aus Stahl- oder Betonträgern, an welches die leichten Wandelemente und Böden montiert werden. Dieses Skelett ist jedoch flexibel. Je höher es ist, um so mehr schwankt es im Wind, und um so größer ist die Gefahr großer Schäden oder gar des Einsturzes bei Erdbeben. Um das Schwanken zu verringern, werden Wolkenkratzer durch einen starren, zentralen Kern oder X-förmige Stützpfeiler verstärkt. Erst die Erfindung des Fahrstuhls (S. 183) hat den Bau von Wolkenkratzern sinnvoll gemacht.

EXPERIMENT

Miniwolkenkratzer

Baut ein Wolkenkratzermodell, indem ihr zuerst ein Stützskelett konstruiert und dieses verstärkt. Strohhalme dienen als Träger und bilden das Gerüst des Gebäudes. Die Böden sind aus Pappe.

IHR BRAUCHT
- Pappröhre von etwa 5 cm Durchmesser und 65 cm Länge
- Schneidunterlage • Schere
- Crea-Fix-Platte, 25 x 20 x 0,5 cm • dünne Strohhalme mit 15 cm Länge, in die ein Streichholz genau reinpaßt • Pappe
- Zirkel • Messer • Streichhölzer ohne Zündkopf • Stift
- Stahllineal • doppelseitiges Klebeband

1 Schneidet in der Mitte der Bodenplatte aus Crea-Fix ein Loch für die Pappröhre. Passend für die Streichhölzer stecht ihr in jede Ecke eines Quadrats von 15 cm Seitenlänge ein Loch.

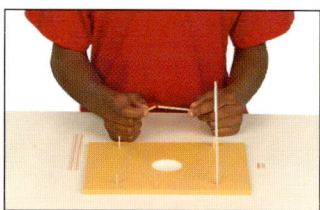

2 Steckt in jedes Loch in der Bodenplatte ein Streichholz, auf das ihr einen Strohhalm setzt. Als senkrechte Stütze schiebt ihr in das andere Ende jedes Strohhalms ein Zündholz zur Hälfte ein.

3 Übertragt die Vorlage auf der nächsten Seite auf Pappe. Schlitzt die Enden von vier Strohhalmen längs ein, so daß sie sich über die Ecken des Quadrats schieben lassen. Bereitet so vier Stockwerke vor.

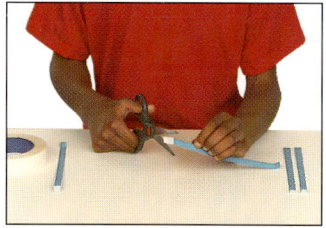

4 Schneidet aus der Pappe 16 Streifen von 22 x 1 cm aus. Biegt an jedem Ende 1 cm um, so daß die Streifen an ein »Z« erinnern. An die Endstücke klebt ihr oben und unten doppelseitiges Klebeband.

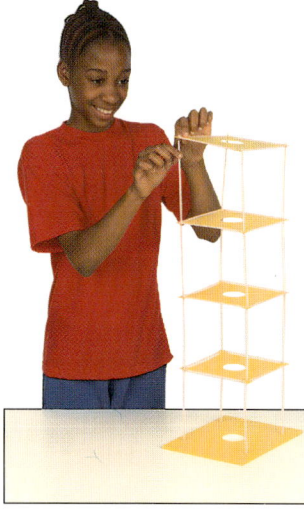

5 Setzt die erste Platte mit ihren Löchern auf die Streichhölzer der senkrechten Träger. Auf jeden Träger kommen ein Strohhalm und ein Streichholz und dann der zweite Stock und so weiter …

6 Haltet die Bodenplatte mit einer Hand fest, und drückt euer Gebäude mit der anderen leicht zur Seite. Da dem Skelett verstärkende Elemente fehlen, schwankt der Wolkenkratzer.

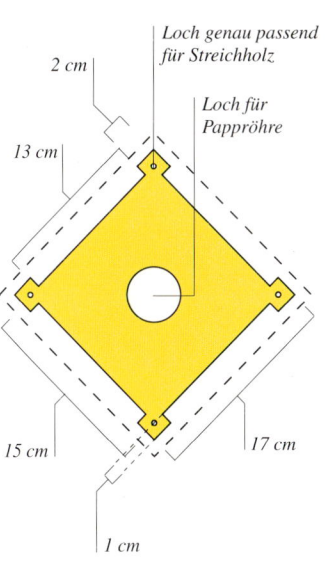

Vorlage für ein Stockwerk

Loch genau passend
für Streichholz

2 cm

Loch für
Pappröhre

13 cm

15 cm

17 cm

1 cm

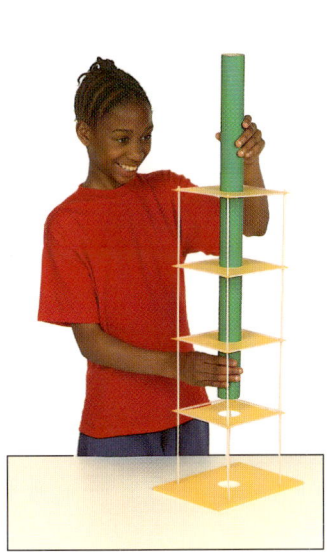

7 Schiebt die Pappröhre vorsichtig durch die Löcher in der Mitte bis hinunter zur Bodenplatte. In einem echten Wolkenkratzer sind in diesem starren Gebäudekern meist die Aufzüge untergebracht.

8 Haltet die Bodenplatte mit einer Hand fest, und versucht noch einmal, den Wolkenkratzer leicht zur Seite zu drücken. Jetzt ist das Traggerüst wesentlich robuster.

9 Nehmt die Pappröhre wieder aus dem Gebäude. Klebt auf jeder Stockwerkseite einen Pappstreifen diagonal an, so daß sich sowohl waagerecht als auch senkrecht ein Zickzackmuster ergibt.

10 Haltet die Bodenplatte fest, und drückt den Wolkenkratzer leicht zur Seite. Die diagonalen Streifen und die Strohhalme bilden starre Dreiecke und verhindern ein Schwanken des Gebäudes.

Insel der Wolkenkratzer

Hongkong ist ein kleines Gebiet mit wenig Baugrundstücken – Wolkenkratzer sind die Lösung. Während der Regenzeit rütteln Taifune und starke Winde an den Wolkenkratzern, die aber dank ihrer Konstruktion allen Angriffen standhalten.

X heißt stark
Der X-förmige äußere Rahmen dieses Wolkenkratzers versteift die gesamte Konstruktion.

Wehre und Talsperren

Wasser ist einer unserer wertvollsten Rohstoffe. Wasser brauchen wir zum Trinken, zum Bewässern, zur Papierherstellung und vielem mehr – insbesondere aber auch zur Stromerzeugung. Auf der ganzen Welt werden Flüsse durch riesige Talsperren aus Erde, Fels, Stein oder Beton gebändigt, so daß sich dahinter ein großer, künstlicher Stausee bildet. Dieses Wasser wird dann zu den Haushalten, Höfen und Fabriken geleitet, treibt aber vor allem die zur Stromerzeugung dienenden Turbinen eines Wasserkraftwerks unterhalb der Staumauer des aufgestauten Sees; außerdem dient der Stausee zur Verhinderung von Hochwasser flußabwärts. Dank ihrer Bauweise halten Talsperren dem enormen Wassergewicht stand, wobei die jeweilige Konstruktion von der Form und Größe des Tals und vom dort vorkommenden Gestein abhängt.

Modell einer Staumauer

Hier haben wir das Modell eines Erddamms. Der Kunststoffbehälter dient als Tal. Der Damm weist einen Dichtungskern aus Modelliermasse auf, der ein Durchsickern des Wassers verhindert. Die Seiten werden aufgeschüttet und mit Kies bedeckt. Über Kunststoffrohre kann Wasser abgeleitet werden. Das Gebäude am Fuß des Damms stellt ein Kraftwerk dar.

Überlauf auf dem höchsten noch sicheren Wasserstand

Kein Auslaufen!

Bei starkem Regenfall kann der Wasserstand bis oben an die Staumauer reichen. Um eine Überflutung zu verhindern, kann das überschüssige Wasser über einen Auslaß abgeleitet werden.

Den Stausee auffüllen

Ist die Talsperre fertig, gießt man Wasser in den Bereich dahinter und ahmt damit den durch das Tal fließenden Strom nach. Die Rohre sind geschlossen, es kann kein Wasser ablaufen, das Becken füllt sich. Zur Versorgung der Umgebung wird Wasser aus dem Stausee abgeleitet. Je nach Zu- und Ablauf steigt oder sinkt der Wasserspiegel.

Fallrohr zur Turbine

Turbinenschaufeln

An die Turbine angeschlossener Stromgenerator

Stromerzeugung

Das Rohr, das vom Speichersee durch die Talsperre zum Kraftwerk führt, wird geöffnet. Die Turbinen werden nun mit Fallwasser gespeist und treiben die Stromgeneratoren (S. 16) an. Das Wasser wird schließlich in den Fluß geleitet, der erzeugte Strom über Hochspannungsleitungen zu den Verbrauchern.

Erddamm

Bei einem breiten und eher flachen Tal ist als Talsperre ein Erddamm erforderlich, der aus etlichen Erd- oder Felsladungen (Erd- oder Felsschüttungsdamm) besteht. Der Dichtungskern reicht tief in den Untergrund, damit kein Wasser durch den Damm sickern kann. Seine Standsicherheit verdankt ein Erddamm seinem enormen Eigengewicht.

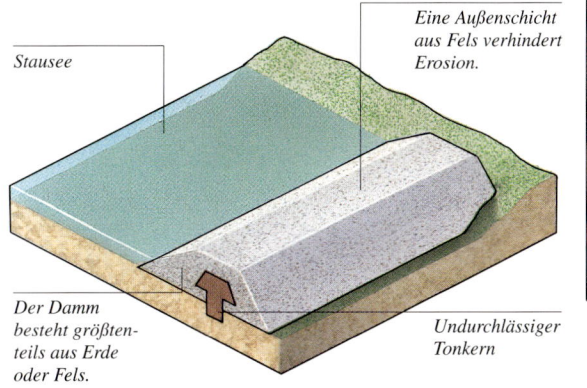

Stausee

Eine Außenschicht aus Fels verhindert Erosion.

Der Damm besteht größtenteils aus Erde oder Fels.

Undurchlässiger Tonkern

Tarbeladamm, Pakistan
Der größte Erdschüttungsdamm der Welt

Barrage de Grandval am Truyère, Frankreich
Zwei der Stützpfeiler dienen auch als Überlauf.

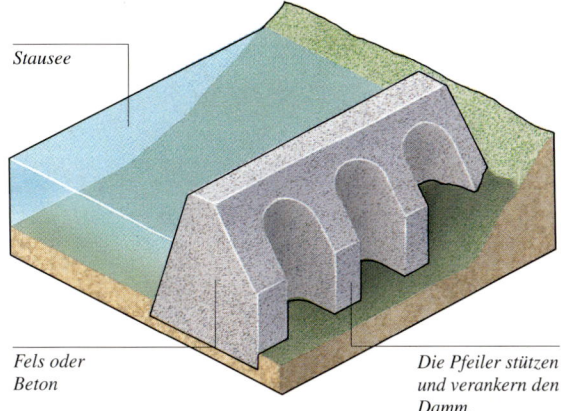

Stausee

Fels oder Beton

Die Pfeiler stützen und verankern den Damm.

Pfeilerstaumauer

Bei engen, aber nicht sehr hohen Tälern bietet sich der Bau einer wuchtigen Fels- oder Betonsperre an. Durch Stützpfeiler läßt sich Baumaterial sparen. Sie nehmen das Wassergewicht auf und verankern die Sperre an der Talsohle.

Gewichtsstaumauer

Eine Gewichtsstaumauer besteht aus einem Beton- oder Felsblock und ist für ein schmales Tal geeignet. Wie beim Erddamm beruht auch hier die Standsicherheit auf dem hohen Eigengewicht der Staumauer. Daher muß sie nicht so fest an den Talflanken und der Talsohle verankert werden.

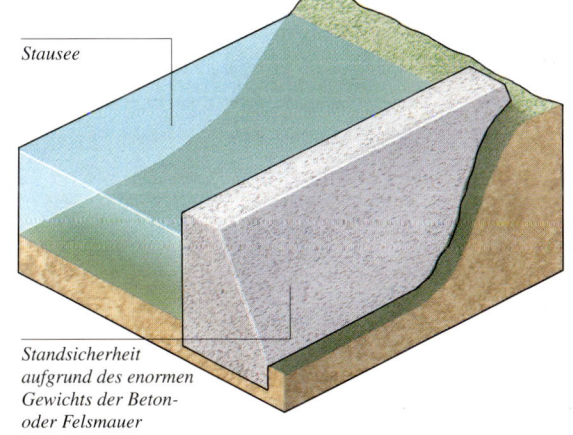

Stausee

Standsicherheit aufgrund des enormen Gewichts der Beton- oder Felsmauer

Grand-Coulee-Staumauer, USA
Diese Gewichtsstaumauer hält einen Stausee von 240 km Länge zurück.

Karibadamm, Simbabwe
Diese Bogenstaumauer aus Beton bändigt den Fluß Sambesi.

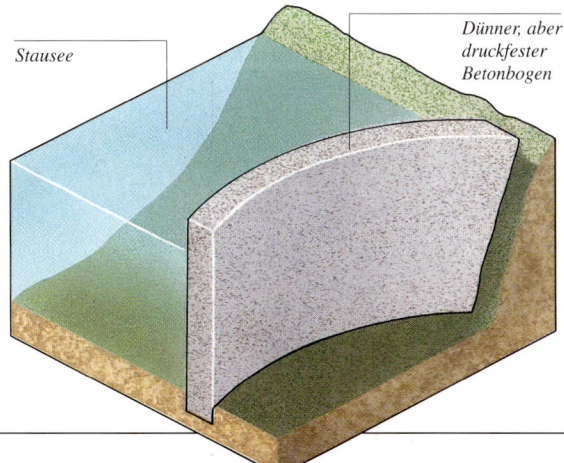

Stausee

Dünner, aber druckfester Betonbogen

Bogenstaumauer

Zum Absperren tiefer Schluchten sind Bogenstaumauern erforderlich. Sie bestehen aus Beton und werden fest an den Talflanken und an der Talsohle verankert. Aufgrund des Wasserdrucks wird der Beton zusammengepreßt, was ihm ungeheure Festigkeit verleiht. Daher kann diese dünne Staumauer den Wassermassen standhalten.

Brücken

Je nach der Art des Tragwerks unterscheidet man Brückenkonstruktionen. Bei Balkenbrücken liegt die Fahrbahn auf einem geraden Träger, der an jedem Ende abgestützt ist, manchmal wirken Pfeiler als zusätzliche Stützen. Bei Bogenbrücken liegt die Fahrbahn auf oder unter einem Bogen. Bei Hänge- und Schrägseilbrücken hängt der Fahrbahnträger an Stahlkabeln oder -stangen. Zwei unterschiedliche Kräfte wirken auf Brücken: Zug- und Druckkräfte. Auf Brückenbögen und -träger drückt das Gewicht der Fahrbahn und des Verkehrs, aber der Druck stabilisiert sie. Stahlkabel und -stangen werden durch starke Zugkräfte belastet, welche sie aber konstruktionsbedingt aushalten.

Vier Hauptformen von Brücken

Europabrücke, Brennerautobahn, Österreich
Diese Balkenbrücke besteht aus mehreren kurzen Teilstücken, die durch hohe Pfeiler gestützt werden.

Bixby Bridge, Highway 1, Kalifornien, USA
Diese Bogenbrücke überspannt mit einem einzigen Brückenabschnitt, der auf einem Bogen ruht, ein tiefes, breites Tal.

El Alamillo Brücke, Sevilla, Spanien
Diese Schrägseilbrücke wird von Kabeln gehalten, die an einem Pylon befestigt sind.

Die Kabel werden an jeder Seite der Brücke fest im Fundament verankert.

Golden Gate Bridge, San Francisco, USA
Bei dieser Hängebrücke hängt der Fahrbahnträger an zwei langen Tragkabeln. Hängebrücken sind leichter als andere Bauformen und werden daher oft zur Überbrückung größerer Strecken eingesetzt.

Die Tragkabelpaare laufen an jedem Ende des mittleren Brückenabschnitts über einen hohen Pylon.

Mit Stahlseilen wird der Fahrbahnträger an das Tragkabel gehängt.

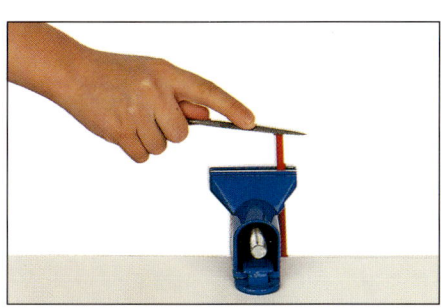

1 Mit einer dünnen Feile macht ihr eine Kerbe in ein Ende jedes Stabs. Die Kerbe sollte so breit sein, daß die Schnur reinpaßt.

2 Bohrt 12 cm vom Rand entfernt an jeder Seite der Bodenplatte je zwei parallele Löcher von Stabdicke. Die zwei Löcher sollen 10 cm auseinander liegen.

3 Hinter jedes Lochpaar in der Bodenplatte klebt ihr einen Holzklotz. Steckt einen Stab in jedes der vier Löcher, und klebt sie jeweils fest.

4 Zuerst baut ihr eine Balkenbrücke, indem ihr zwei Pappstreifen über die beiden Holzklötze legt. Der obere Pappstreifen ist die Fahrbahn, der untere der Balken. Belastet die Brücke mit Modelliermasse. Schon bei geringer Belastung biegt sich der Balken durch, da er nur auf den Holzklötzen ruht und nicht befestigt ist.

5 Jetzt baut ihr eine Bogenbrücke, indem ihr den unteren Pappstreifen zwischen den Holzklötzen einspannt und die Fahrbahn, also den anderen Streifen, drauflegt. Diese Brücke ist wesentlich stärker belastbar als die Balkenbrücke. Der Bogen kann große Druckkräfte aufnehmen und diese auf die Holzblöcke verteilen.

6 Und schließlich eine Hängebrücke. Bohrt in die Mitte der Fahrbahn aus Pappe zwei Löcher. Bindet zwei Schnüre am oberen Ende der Stäbe auf der einen Seite der Pappe fest. Führt die Schnüre über die Kerbe an den Stäben, dann durch die Löcher, und befestigt sie schließlich an den Stäben am anderen Ende der Pappe.

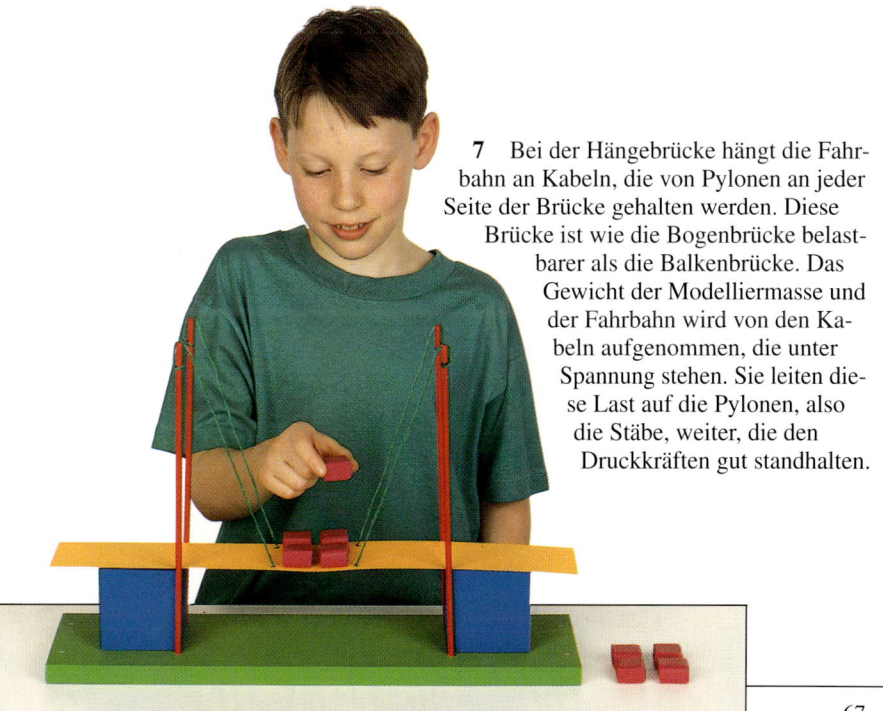

7 Bei der Hängebrücke hängt die Fahrbahn an Kabeln, die von Pylonen an jeder Seite der Brücke gehalten werden. Diese Brücke ist wie die Bogenbrücke belastbarer als die Balkenbrücke. Das Gewicht der Modelliermasse und der Fahrbahn wird von den Kabeln aufgenommen, die unter Spannung stehen. Sie leiten diese Last auf die Pylonen, also die Stäbe, weiter, die den Druckkräften gut standhalten.

Bohrtürme und Bohrinseln 1

Rohöl (Erdöl) und Erdgas sind wichtige Energiequellen, die tief im Felsgestein unter der Erde oder dem Meeresboden vorkommen. Aus Rohöl entsteht Benzin und Diesel, und außerdem stellt man aus Erdöl Motorenschmieröl und Chemikalien als Ausgangsstoff für Kunststoffe, Medikamente und viele andere Produkte her. Auf der Suche nach Erdöl und Erdgas wird von einem Bohrturm aus an Stellen, die den Geologen erfolgversprechend erscheinen, eine Probebohrung vorgenommen. Bei Bohrungen an Land wird der Bohrturm direkt auf dem zu testenden Gelände errichtet. Sollen im Meer Bohrungen durchgeführt werden, wird die komplette Bohrinsel zuerst in einer Werft gebaut und dann zu ihrem Standort geschleppt. Die Bohrinsel steht entweder auf riesigen Pfeilern, die ihrerseits auf dem Meeresboden verankert sind, oder schwimmt auf der Meeresoberfläche. Der Bohrmeißel wird durch das Wasser und den Meeresboden geführt. Ist die Bohrung abgeschlossen, folgt der Bohrinsel dann eine Förderinsel, mit der das entdeckte Öl hinaufgepumpt wird.

Rieseninsel

Diese Förderinsel pumpt Öl vom Meeresboden in das an der Insel längsseits vertäute Tankschiff. Im Öl enthaltenes Erdgas und Wasser werden noch auf der Insel vom Erdöl getrennt. Das Gas verwendet man sofort zur Stromerzeugung, oder es wird einfach abgefackelt.

Nach Öl bohren

Hauptbestandteil einer Bohranlage ist ein hoher Bohrturm, an dem das Bohrgestänge mit dem scharfen Bohrmeißel befestigt ist, welcher das Loch bohrt. Wenn er tiefer in den Boden eindringt, muß auch das Bohrgestänge verlängert werden. Durch dieses hohle Gestänge wird Tonschlamm nach unten gepumpt, der den Bohrmeißel schmiert und kühlt. Auf seinem Rückweg nimmt dieser Tonschlamm das losgebohrte Gestein, das sogenannte Bohrklein, mit nach oben. Stößt der Bohrmeißel auf eine Ölquelle, drängt dieses durch das Bohrloch nach oben und kann wie eine schwarze Fontäne aus der Bohrinsel schießen, was durch entsprechende Ventile verhindert wird.

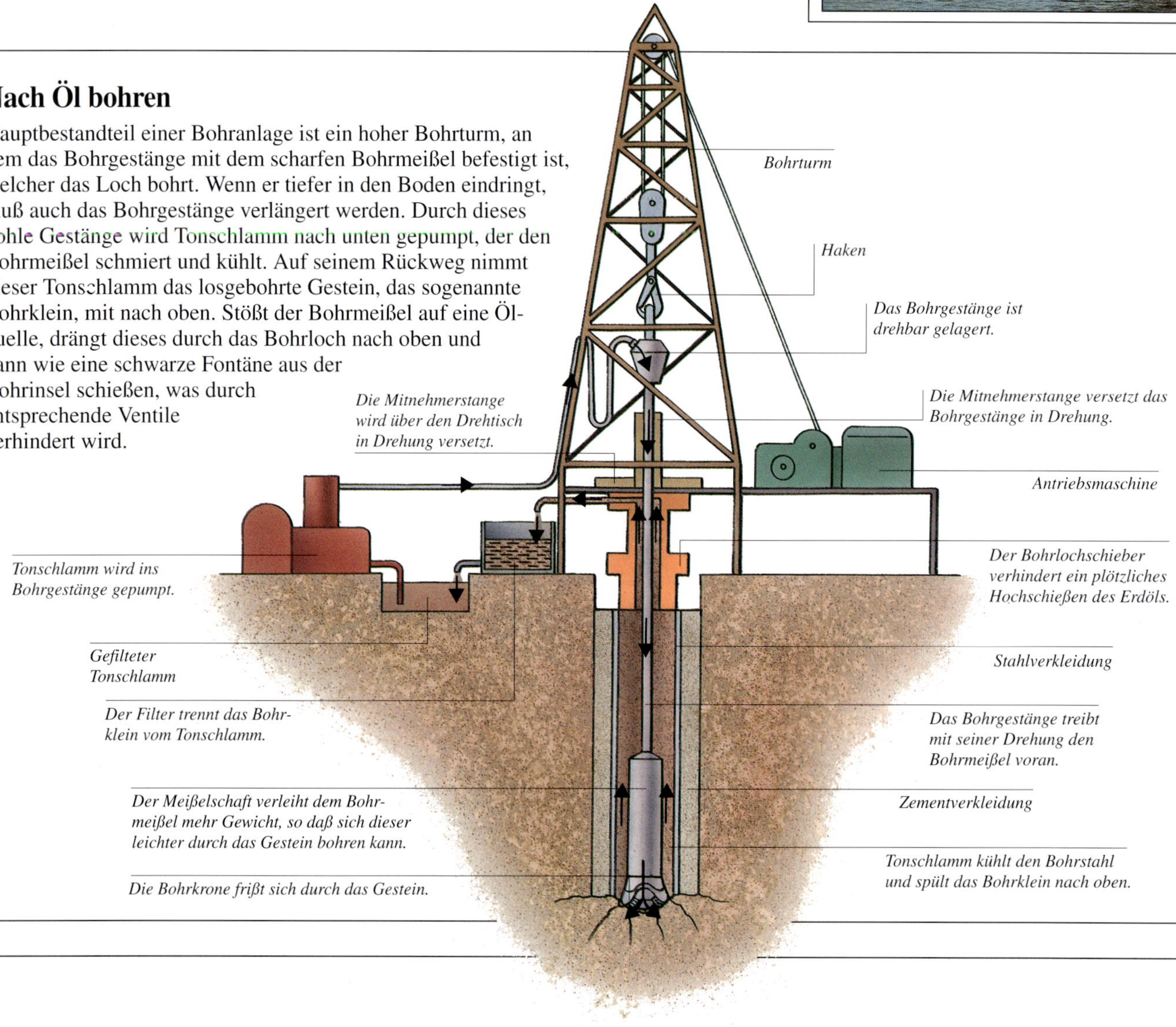

Bohrturm

Haken

Das Bohrgestänge ist drehbar gelagert.

Die Mitnehmerstange wird über den Drehtisch in Drehung versetzt.

Die Mitnehmerstange versetzt das Bohrgestänge in Drehung.

Antriebsmaschine

Tonschlamm wird ins Bohrgestänge gepumpt.

Der Bohrlochschieber verhindert ein plötzliches Hochschießen des Erdöls.

Gefilteter Tonschlamm

Stahlverkleidung

Der Filter trennt das Bohrklein vom Tonschlamm.

Das Bohrgestänge treibt mit seiner Drehung den Bohrmeißel voran.

Der Meißelschaft verleiht dem Bohrmeißel mehr Gewicht, so daß sich dieser leichter durch das Gestein bohren kann.

Zementverkleidung

Tonschlamm kühlt den Bohrstahl und spült das Bohrklein nach oben.

Die Bohrkrone frißt sich durch das Gestein.

EXPERIMENT
Schwimmen und Sinken

Ihr baut zwei Bohrinseltypen nach, die auf See eingesetzt werden. Beide werden zuerst in einer Werft gebaut und dann von Schleppern auf See gezogen. Die erste Bohrinsel verfügt über massive Stahlbetonpfeiler, die innen hohl sind. Diese Pfeiler sind anfangs mit Luft gefüllt, weswegen die Insel zu ihrem Standort geschleppt werden kann. Dann werden die Pfeiler geflutet. Die Bohrinsel sinkt nach unten, bis die Pfeiler auf dem Meeresboden stehen und die Plattform über der Meeresoberfläche liegt. In tieferen Gewässern arbeitet man mit Halbtauchern. Dank riesiger Schwimmtanks unter der Plattform schwimmen diese im Wasser. Bei diesen werden die Pfeiler mit Kabeln am Meeresboden verankert, so daß der Halbtaucher ruhig im Wasser liegt.

IHR BRAUCHT
- Rundfeile • Tesakrepp • Messer
- 4 Kabelklemmen
- Kleber • 4 große Plastikflaschen
- Crea-Fix-Platte
- Schere • Modelliermasse für eine 5 cm dicke Schicht am Boden eines Wassertanks
- großen Wassertank aus Glas, etwa 45 cm tief

1 Klebt zwei Streifen Tesakrepp in einem Abstand von etwa 2 cm an die Flaschen, und zwar gleich über dem Flaschenboden. Ritzt durch den Tesakrepp in jede Flasche zwei Kreuze, und vergrößert diese mit der Feile zu Löchern mit 1 cm Durchmesser.

2 Schraubt die Flaschendeckel ab. Schneidet in jede Ecke einer quadratischen Crea-Fix-Platte ein Loch, das so groß ist, daß das Brett über die vier Flaschen paßt. Klebt in jedes Loch einen Flaschenhals, und schraubt die Deckel wieder auf die Flaschen.

3 Verteilt die Modelliermasse auf dem Boden des Glastanks, und gießt Wasser nach. Das ist der Meeresboden und das Meer. Aus der Crea-Fix-Platte könnt ihr einen Bohrturm schneiden und diesen auf die Bohrinsel stellen. Setzt diese dann in den Tank.

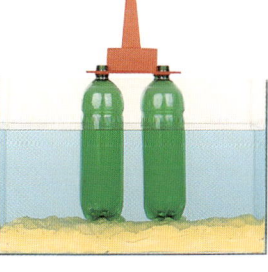

4 Haltet die Bohrinsel fest, dann nehmt alle Deckel ab, und laßt die Insel los. Die Flaschen, also die Pfeiler der Bohrinsel, füllen sich allmählich mit Wasser. Die Insel sinkt zum Meeresboden hin ab, die Plattform liegt allerdings über dem Meer.

5 Und jetzt baut einen Halbtaucher. Nehmt die Bohrinsel aus dem Wassertank, und gießt mehr Wasser ein – euer Meer soll ja schließlich tief sein. An den Schnüren, die ihr durch die Löcher gezogen habt, befestigt ihr jeweils eine Kabelklemme. Setzt die Bohrinsel wieder ins Wasser. Nehmt die Deckel von den Flaschen ab, wartet, bis die Bohrinsel teilweise abgesunken ist, und setzt die Deckel dann wieder auf die Flaschen. Verankert die Bohrinsel mit Hilfe der Kabelklemmen.

Bohrtürme und Bohrinseln 2

Ist eine Bohrinsel auf Öl gestoßen, wird sie durch eine Förderanlage ersetzt und an neuer Stelle eingesetzt. Ein großes Ölfeld wird oft von mehreren Bohrlöchern aus erschlossen. An Land fließt das Erdöl oder -gas durch das Bohrloch nach oben und dann über eine Rohrleitung zu einer Raffinerie oder einer Feldanlage. Auf See wird eine Förderinsel um den Bohrturm herum gebaut. Auf dieser Plattform leben und arbeiten bis zu hundert Arbeiter gleichzeitig. Das geförderte Erdöl oder -gas wird auf dieser Plattform gereinigt und für den Transport bearbeitet. Das gereinigte und bearbeitete Erdöl oder -gas wird über eine Pipeline an Land gepumpt oder in riesigen Öl- und Gastankern abtransportiert.

Vom Bohrturm zur Raffinerie

Das Rohöl fließt von einem unterirdischen Ölfeld durch das Bohrloch nach oben und dann in eine Pipeline. Reicht jedoch der Eigendruck des Rohöls nicht aus, muß es hochgepumpt werden. Oder man preßt Wasser, Dampf oder Gas durch eine andere Bohrung unter die Ölschicht und treibt das Öl damit nach oben. Bei diesem

Experiment stellt ein mit Öl gefülltes Glas das Ölfeld dar, Gummischläuche die Bohrlöcher und die Pipeline. Pumpt man Luft (Gas) oder Wasser unter das Öl, wird dieses nach oben in einen Vorratsbehälter, den zum Abtransport bereitliegenden Tanker oder gleich in die Raffinerie gedrückt – hier durch den Becher dargestellt.

IHR BRAUCHT
● Plastikgefäß mit luftdicht schließendem Deckel ● Becher ● zwei 75 cm lange, biegsame Plastikschläuche ● Salatöl ● Messer ● Holzklötze ● Trichter ● Schneidunterlage ● Rundfeile ● Schere ● Krug ● Tesakrepp

1 Klebt Tesakrepp auf den Deckel. Schneidet an der abgeklebten Stelle zwei kleine Löcher in den Deckel, und feilt sie mit der Rundfeile aus, so daß durch jedes Loch genau ein Schlauch paßt.

2 Füllt den Behälter halb mit Salatöl, und setzt den Deckel drauf. Der Becher muß auf einem Turm aus Klötzen oberhalb des Behälters stehen. Ein Freund soll einen Schlauch in den Becher halten.

Ölförderung

Große Förderinseln holen Erdöl und -gas aus Ölfeldern unter dem Meeresboden. Sie ruhen meist auf Stahlträgern, die manchmal höher sind als die höchsten Gebäude der Welt. Andere stehen auf hohlen Stützen oder werden von Schwimmtanks getragen. Von der Plattform aus kann Gas oder Wasser unter das Ölfeld gepumpt werden, damit das Öl durch das Bohrloch nach oben steigt.

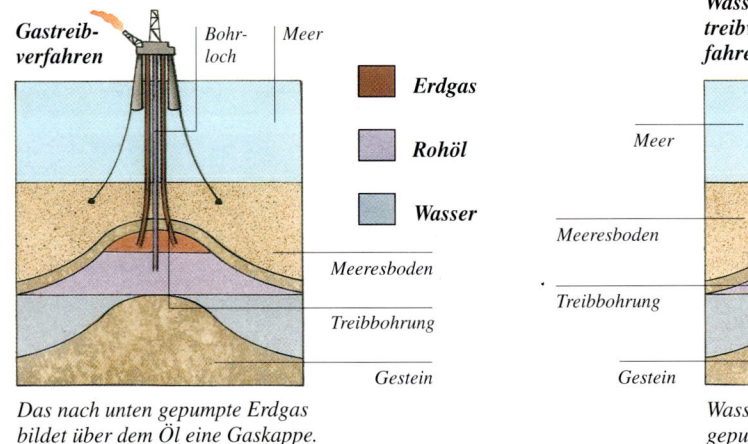

Gastreibverfahren · Bohrloch · Meer

Erdgas
Rohöl
Wasser

Meeresboden
Treibbohrung
Gestein

Das nach unten gepumpte Erdgas bildet über dem Öl eine Gaskappe.

Wassertreibverfahren · Bohrloch

Meer
Meeresboden
Treibbohrung
Gestein

Wasser wird unter die Ölschicht gepumpt.

Abfluß

Zuleitung

Der Ölrausch

Die erste Erdölförderung wurde von Edwin Drake 1859 in Pennsylvania, USA, durchgeführt. Der Erfolg war groß, da aus Rohöl Brennstoff für Petroleumlampen gewonnen wurde. Aber erst mit der Erfindung des Autos im Jahr 1885 begann der wirklich große Aufschwung der Ölindustrie. Als nach einem Ölrausch etliche Streits um Förderrechte ausbrachen, wurde die Branche reglementiert und wird seither von großen Multis und staatlichen Gesellschaften beherrscht.

Stadt des Ölrausches
Anfang des 19. Jahrhunderts bauten Ölsucher ihre Fördertürme überall auf, um an möglichst viel Öl zu kommen.

3 Achtet darauf, daß das Ende des Abflusses ins Öl ragt. (Bei der Zuleitung spielt das keine Rolle.) Während ein Freund den Abfluß hält, blast ihr in die Zuleitung mit dem Ergebnis, daß das Öl in den Becher steigt.

4 Jetzt ordnet ihr den Aufbau neu an. Zieht den Abflußschlauch bis knapp unter den Deckel nach oben. Achtet darauf, daß die Zuleitung ins Öl ragt. Am anderen Ende der Zuleitung bringt ihr den Trichter an.

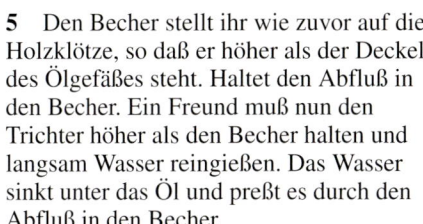

5 Den Becher stellt ihr wie zuvor auf die Holzklötze, so daß er höher als der Deckel des Ölgefäßes steht. Haltet den Abfluß in den Becher. Ein Freund muß nun den Trichter höher als den Becher halten und langsam Wasser reingießen. Das Wasser sinkt unter das Öl und preßt es durch den Abfluß in den Becher.

HAUSHALTS- GERÄTE

Haushaltshilfen
Zeit spielt bei Haushaltsgeräten eine große Rolle. Viele Geräte – so auch dieser Toaster – führen einen Arbeitsschritt innerhalb einer bestimmten Zeitspanne aus. Ein Großteil der Geräte, die einst über mechanische Uhren mit Zahnrädern gesteuert wurden, haben jetzt elektronische Zeitgeber.

In einem Haushalt steht oft ein ganzes Heer an Geräten und Maschinen zu Diensten. Diese mechanischen und elektronischen Haushaltshilfen erleichtern die Arbeit und sichern das Heim. Dank hochentwickelter Steuermechanismen funktionieren sie fast selbständig. In Zukunft werden die Geräte und Maschinen in einem Haushalt über eine zentrale Computersteuerung so miteinander vernetzt, daß ein »intelligenter« Haushalt entsteht, der von alleine läuft.

HILFE IM HAUSHALT

Haushaltsgeräte machen uns das Leben leichter, indem sie uns harte Arbeit wie Wäsche waschen abnehmen und uns bei Haushaltsarbeiten wie Kochen und Saubermachen helfen. Da uns diese Arbeiten abgenommen werden, haben wir mehr Zeit für Freizeitaktivitäten und Bildung, so daß wir ein angenehmeres und erfüllteres Leben führen können. Geräte und Maschinen sind jedoch nicht nur eine Hilfe im Haushalt, sondern es gibt auch welche, die uns beschützen.

Die Vorläufer mancher wichtiger Haushaltsgeräte stammen aus der fernen Vergangenheit. Türschlösser und Meßinstrumente, die die Zeit messen oder Mengen genau abwiegen, gehörten zu den allerersten Instrumenten der Antike. Die meisten Haushaltsgeräte sind jedoch neueren Datums und wurden etwa vor einem Jahrhundert erfunden.

Strom für die Menschheit

Bis ins 19. Jahrhundert wurden alle Hausarbeiten mit der Hand verrichtet. Harte Arbeit wie Fegen und Waschen, komplizierte Arbeit wie Nähen und zeitaufwendige Arbeit wie Saubermachen wurden von der Familie selbst erledigt. (In wohlhabenden Familien hatte man dafür allerdings Bedienstete.) Dann wurden einige Maschinen wie die Nähmaschine und der Rasenmäher erfunden, die per Hand oder Fuß angetrieben wurden, aber dank ihrer Mechanik nicht so viel Kraft erforderten. Obwohl diese Maschinen die Arbeit erleichterten, war im Haushalt immer noch eines wichtig – die Muskelkraft. Es gab nämlich keine andere Energiequelle, die die Maschinen im Haushalt antreiben konnte. Wasser und Dampf waren der Antrieb der industriellen Revolution, aber diese Antriebsarten reichten nicht über die Fabriktore hinaus.

Zu Beginn des letzten Jahrhunderts stand den Haushalten mit dem Stadtgas (zuerst aus Kohle, dann aus Erdgas) erstmals eine

Die Sonnenuhr ist der Vorläufer unserer Uhr. Die Zeit wird durch die Position des Schattens angegeben, den der Zeiger der Sonnenuhr auf die Stundenskala wirft. Sonnenuhren sind nicht sehr genau. Der Lauf der Sonne ändert sich mit den Jahreszeiten, und man muß deshalb die Sonnenuhr korrigieren, um die genaue Uhrzeit zu erhalten.

Der Staubsauger heißt so, weil ein von seinem Gebläse erzeugtes Vakuum Luft einsaugt. Schmutz und Staub werden mit der Luft vom Fußboden in den Beutel gesaugt. Die modernen Staubsauger wenden noch dasselbe Prinzip an wie dieses Gerät vom Anfang dieses Jahrhunderts.

externe Energiequelle zur Verfügung. Gas war eine leicht verfügbare Lichtquelle und versorgte den Haushalt mit Energie zum Kochen, konnte aber keine Maschinen antreiben. Motorgetriebene Haushaltsgeräte waren erst gegen Ende des 19. Jahrhunderts machbar, als die Häuser mit Strom versorgt werden konnten und die ersten funktionsfähigen Elektromotoren bereitstanden. Endlich gab es eine saubere, leise und relativ sichere Energiequelle, mit der die Haushalte direkt mit soviel Strom wie erforderlich versorgt werden konnten. Die Elektrizität leitete eine Revolution im Haushalt ein, da man mit Elektrogeräten alle möglichen Arbeiten verrichten konnte. Heutzutage kann man

sich einen Haushalt ohne elektrischen Strom gar nicht mehr vorstellen.

Müheloses Leben

In vielen Haushalten gibt es Maschinen, so daß die Hausarbeit keine oder fast keine Muskelkraft mehr erfordert. Einige Geräte wie elektrische Zahnbürsten und Dosenöffner braucht man nicht unbedingt, andere wiederum sind von großer Bedeutung. Beim Waschen muß die schmutzige Wäsche ordentlich durch das Wasser gewirbelt werden, damit sich der Schmutz löst. Eine Waschmaschine macht das viel gründlicher als die menschliche Hand. Böden und Teppiche kann man zwar mit einem Besen sauberhalten, Schmutz und Staub werden jedoch viel gründlicher mit einem Staubsauger entfernt und können dann später mitsamt dem Auffangbeutel entsorgt werden.

Auch für das Kochen werden viele unterschiedliche Haushaltsgeräte eingesetzt. Küchenmaschinen helfen uns beispielsweise

Mit einem Schloß kann man sein Haus vor Einbrechern und anderen Eindringlingen schützen. Allgemein üblich ist das Zylinderschloß mit seinem gezackten Schlüssel. Es wird für Autos wie für Gebäude verwendet, ist aber nicht völlig sicher.

beim Zubereiten des Essens, und obwohl die Technik in der Küche vielleicht nicht immer Arbeit erspart, so verbessert sie doch die Qualität unseres Essens. In fast allen Haushalten gibt es mehrere Öfen. Sie sorgen beständig für Wärme, die gewöhnlich mit Gas oder Strom erzeugt wird, so daß man einfacher, schneller und zuverlässiger als mit einem Holzofen kochen kann. In Kühl- und Gefrierschränken kann man Nahrungsmittel lange frisch halten. Das verbessert unsere Lebensqualität, da wir jetzt alle mögli-

Heizung und Herd werden über Thermostate gesteuert, die gemäß Einstellung für eine gleichmäßige Zimmer- oder Herdtemperatur sorgen. Thermostate arbeiten mit Temperaturfühlern, die die Wärme ein- oder ausschalten, indem sie einen Stromkreis schließen oder unterbrechen. Dieser Thermostat im Modell fühlt, wie sich die Luft im Marmeladenglas zusammenzieht oder ausdehnt.

chen Lebensmittel vorrätig halten können und diese jederzeit zur Verfügung haben.

Sicherheit und Schutz

In einem Haushalt gibt es nicht nur Maschinen und Geräte, die uns Arbeit abnehmen, sondern uns auch schützen. Eines der wichtigsten Geräte ist der Rauchmelder, der Alarm schlägt, sobald sich ein möglicher Brandherd im Haus bemerkbar macht. Und wenn tatsächlich ein Feuer ausbricht, können es die Bewohner mit einem Feuerlöscher eindämmen, bevor es das ganze Haus ergreift und größeren Schaden verursacht.

Für den Schutz vor Einbrechern sorgen hauptsächlich Schlösser an Türen und Fenstern. Einbruchssicherungssysteme – einige reagieren sogar auf die Körperwärme eines Einbrechers – schlagen Alarm, sobald jemand ins Haus eingedrungen ist.

Steuern und Regeln

Viele Haushaltsgeräte funktionieren selbsttätig, so daß sie nicht beaufsichtigt werden müssen, was von großer Wichtigkeit ist, wenn alle Haushaltsangehörigen berufstätig sind und nicht daheim sein können. Allerdings ist dazu eine automatische Steuerung notwendig. Ein Herd besitzt zum Beispiel einen Thermostat, der die Wärmeerzeugung steuert. So bleibt die Innentemperatur des Herds konstant, und das Essen wird gleichmäßig und gut durchgekocht. Zusätzlich kann ein Herd auch mit einer Uhr ausgestattet sein, so daß man nur das Essen in den Herd stellt, auf ein paar Knöpfe drückt und später wieder zurückkommen kann, ohne daß das Essen verkocht ist.

Steuerungs- und Regelungsmechanismen sind auch für die Maschinen wichtig, die kompliziertere Aufgaben ausführen, zum Beispiel Wasch- oder Nähmaschinen. Bei diesen Maschinen ist eine Reihe von Routineaufgaben einprogrammiert; sie führen dann das vom Benutzer ausgewählte Programm aus. Diese Steuerungssysteme umfassen immer mehr Elektronik als Mechanik, wobei die Abfolgen komplizierter Anweisungen, die zur Ausführung der verschiedenen Aufgaben erforderlich sind, auf Mikrochips gespeichert sind. Dank Elektronik kann ein bestimmter Maschinentyp nicht nur eine, sondern mehrere Aufgaben ausführen. Elektronische Waagen arbeiten nicht nur schneller und genauer als ihre mechanischen Vorläufer, einige

Das Modell des Nähmechanismus einer Nähmaschine zeigt, wie zwei Fäden zu einem Stich verknüpft werden. Ein Faden wird von einer Nadel gehalten, die durch den Stoff sticht, während der andere Faden sich auf einer Spule unter dem Stoff befindet.

können sogar das Gewicht eines Behälters – die sogenannte Tara – vom Gesamtgewicht abziehen, so daß tatsächlich nur der Inhalt des Behälters gewogen wird – und dieses Gewicht kann in unterschiedlichen Einheiten angezeigt werden.

Maschinen nehmen uns im Garten wie im Haushalt Arbeit ab. Rasenmäher, die oft von Elektromotoren oder kleinen Verbrennungsmotoren angetrieben werden, sind mit rotierenden Klingen ausgerüstet, die das Gras schneiden, sowie mit Beuteln oder Behältern, in denen das gemähte Gras gesammelt wird. Über einen Mechanismus kann man die Schnitthöhe einstellen.

Herd und Toaster

Eines der wichtigsten Geräte in jedem Haushalt ist der Herd. Herde werden mit Strom, Gas oder festen Brennstoffen geheizt. Die Herdplatten eines Elektroherdes und der Brenner eines Gasherdes geben je nach Einstellung gleichmäßig Wärme ab. Im Backrohr, das bei geschlossener Tür eine abgedichtete Kammer darstellt, baut sich die Wärme allmählich auf, bis die eingestellte Temperatur erreicht ist. Ab diesem Zeitpunkt steuert ein Thermostat die Strom- oder Gaszufuhr und hält die erreichte Temperatur konstant. Ein Mikrowellenherd verfügt zur Steuerung der Wärmezufuhr lediglich über einen Zeitschalter sowie einen Drehschalter zur Einstellung der gewünschten Wattleistung. Auch Toaster stehen in vielen Haushalten. Sie geben konstant Wärme ab; die Wärmezufuhr wird auch hier über einen Zeitschalter eingestellt.

Mikrowellenherd

Im Mikrowellenherd werden die darin erwärmten Speisen rasch gar. Im Herd selbst wandelt eine Magnetfeldröhre Elektrizität in einen Strahl unsichtbarer Mikrowellen um, die durch das Gebläse und an den Innenwänden reflektiert werden. Auf diese Weisen »bombardieren« die Mikrowellen das Essen von allen Seiten. Die Mikrowellen dringen in das Essen ein und erwärmen es rasch, indem sie seine Wassermoleküle erhitzen.

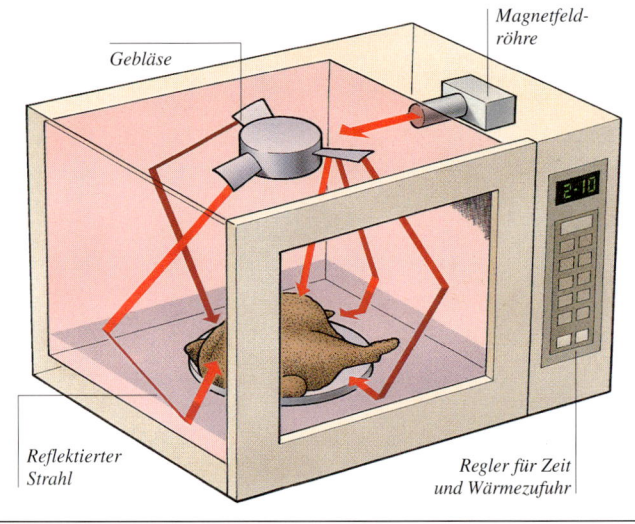

Magnetfeld-röhre

Gebläse

Reflektierter Strahl

Regler für Zeit und Wärmezufuhr

So funktioniert ein Toaster

Sobald man den Hebel eines Toasters nach unten drückt, verschwindet der gefederte Ständer mit den Brotscheiben im Gerät. Der Hebel schaltet die elektrischen Heizelemente ein. Diese erhitzen auch einen Bimetallstreifen im Gerät, bei dem sich eine Seite schneller erwärmt als die andere und daher den Streifen biegt. Schließlich berührt der Bimetallstreifen einen Kontakt, der einen Elektromagnet aktiviert. Dieser zieht seinerseits den Schnäpper an. Sobald dieser sich bewegt, löst er einen Hebel aus, der den Toastständer freigibt, und die beiden Scheiben schnellen nach oben, und die Heizelemente werden abgeschaltet.

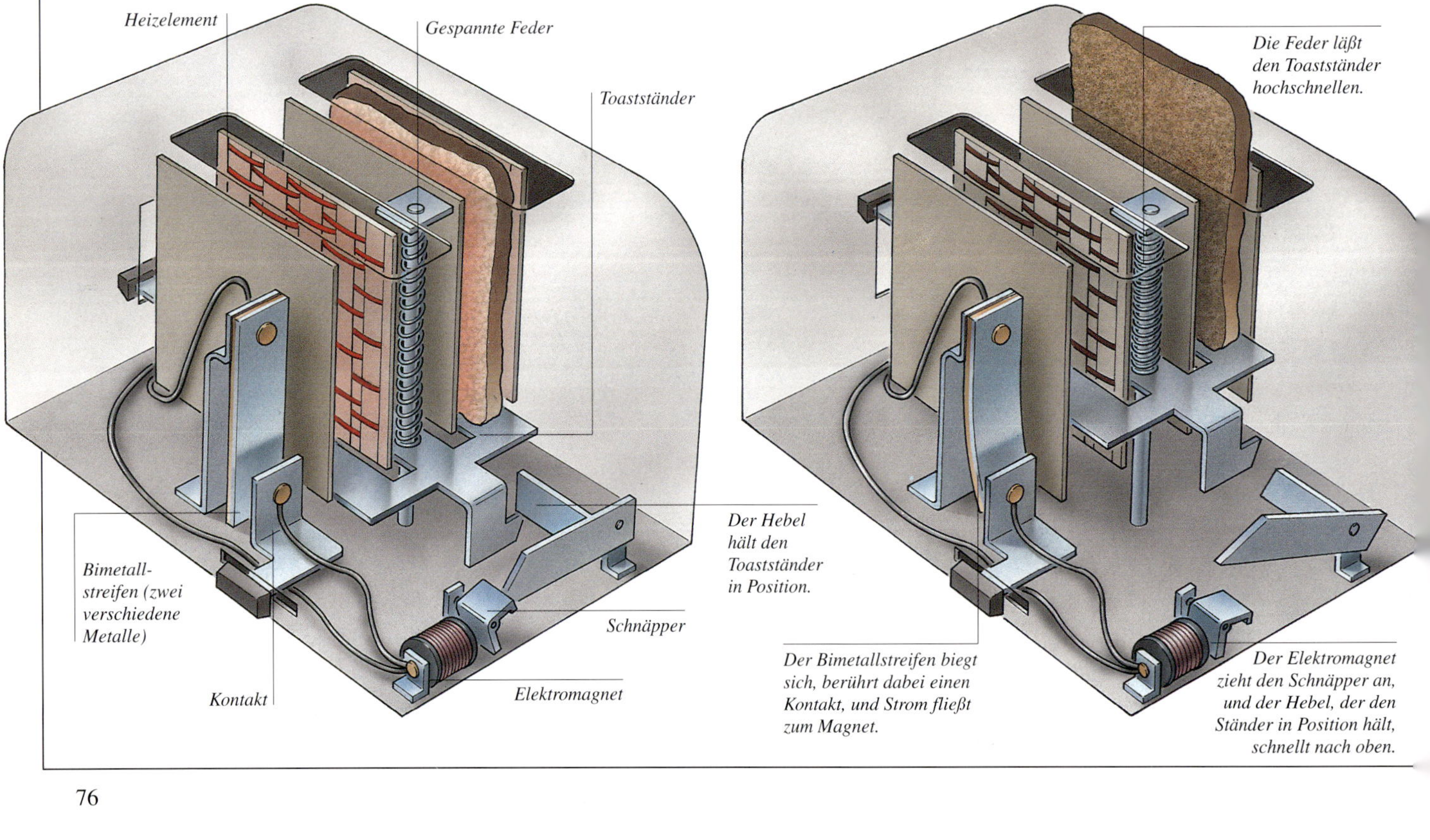

Heizelement

Gespannte Feder

Toastständer

Die Feder läßt den Toastständer hochschnellen.

Bimetall-streifen (zwei verschiedene Metalle)

Kontakt

Schnäpper

Elektromagnet

Der Hebel hält den Toastständer in Position.

Der Bimetallstreifen biegt sich, berührt dabei einen Kontakt, und Strom fließt zum Magnet.

Der Elektromagnet zieht den Schnäpper an, und der Hebel, der den Ständer in Position hält, schnellt nach oben.

EXPERIMENT

Thermostat

 Bei diesem Experiment sollte ein Erwachsener helfen.

Herde sind mit Thermostaten ausgerüstet, die die Temperatur regeln. Wenn sich der Herd aufheizt und die eingestellte Temperatur überschreitet, schaltet der Thermostat die Wärmequelle ab. Die Temperatur sinkt leicht, und der Thermostat schaltet die Wärmequelle wieder ein. Auf diese Weise hält der Thermostat die Temperatur konstant. Ihr baut einen Thermostat, mit dem ihr die Temperatur in einem erwärmten Glas steuern könnt.

IHR BRAUCHT

● Schreibtischlampe ● Bohrmaschine und Bohrer (3 mm) ● zwei Holzlatten (Arme), 20 cm und 25 cm lang, 3 cm breit ● doppelseitiges Klebeband ● Schere ● Schraubenzieher ● isolierte Drähte (25 cm) ● hitzebeständiges Glas ● Teelöffel ● Thermometer ● lange und kurze Schrauben ● Batterie mit 4,5 V ● Gummibänder ● Abisolierzange ● Glühbirne mit Fassung ● Klebeband ● etwas Modelliermasse ● Schraubstock ● Ballon

Wegen der Lampenwärme dehnt sich die Luft im Glas aus und bläht den Ballon auf. Dadurch geht der Stiel des Teelöffels nach unten, so daß die Glühbirne erlischt. Da die Lampe abgeschaltet wird und nun nicht in das Glas scheint, zieht sich die Luft wieder zusammen. Der Ballon fällt wieder zusammen; der Teelöffel zurück. Damit leuchtet die Glühbirne wieder, und die Lampe muß eingeschaltet werden.

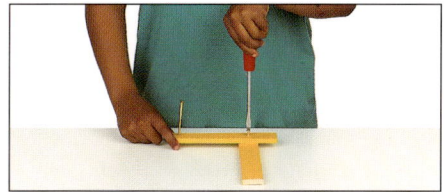

1 Bohrt in einem Abstand von 13 cm zwei Löcher in die kurze Holzlatte und ein Loch in die lange Holzlatte, das 5 cm vom Ende entfernt ist. Schraubt die beiden Latten rechtwinklig aneinander. Eine lange Schraube steckt ihr in das verbleibende Loch.

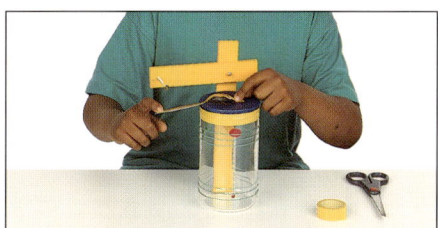

3 Mit Gummibändern befestigt ihr die lange Holzlatte so am Glas, daß die kurze Holzlatte über dem Ballon hängt. Klebt einen Teelöffel umgekehrt so auf dem Ballon fest, daß der Löffelstiel bis zur langen Schraube reicht.

5 Isoliert auch die Enden eines dritten Drahts ab, und klebt ein Ende am Griff des Teelöffels an. Schließt das andere Ende an einer Klemme der Batterie und das noch lose Ende an die andere Batterieklemme an.

2 Stellt das Thermometer mit Hilfe der Modelliermasse aufrecht in das Glas, so daß man die Temperatur ablesen kann. Schneidet den Ballon halb durch und zieht eine Hälfte über das Glas; klebt sie mit Klebeband fest.

4 Schraubt die Glühbirnenfassung am oberen Ende der langen Holzlatte fest, und isoliert die Enden von zwei 25 cm langen Drähten ab. Bringt an jedem Fassungsanschluß einen Draht an. Wickelt das Ende eines Drahtes um die lange Schraube.

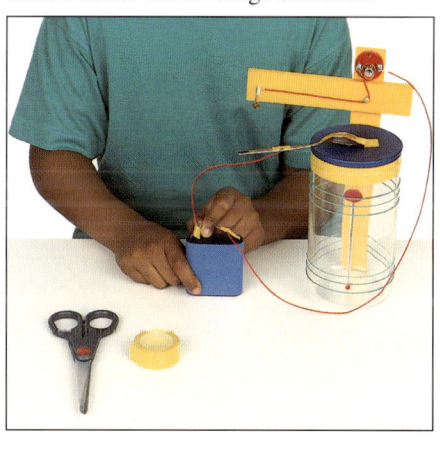

6 Achtet auf die Temperatur im Glas. Jetzt richtet ihr eine Schreibtischlampe so aus, daß sie in das Glas scheint. Wartet, bis die Temperatur im Glas um 5–10 °C gestiegen ist. Stellt die kurze Holzlatte so ein, daß die lange Schraube möglichst nah an den Teelöffel reicht, diesen aber nicht berührt. Schaltet die Lampe aus, und beobachtet die Glühbirne. Wenn sie leuchtet, schaltet ihr die Lampe ein. Sobald sie erlischt, schaltet ihr die Lampe aus. Lest regelmäßig die Temperatur ab. Der Thermostat hält die Temperatur mit einer Abweichung von ein oder zwei Grad konstant.

Kühlschrank und Thermosflasche

Schon nach ein paar Minuten kühlen heiße Getränke ab; Eiswürfel schmelzen schnell. Wärme fließt normalerweise von einer wärmeren zu einer kälteren Stelle. Wärme steigt an die Oberfläche eines heißen Getränks und fließt in die kühlere Luft der Umgebung ab. Um die Eiswürfel herum ist die Luft relativ warm, daher fließt die Wärme aus der Luft in die Eiswürfel ab und läßt diese schmelzen. Dieser natürliche Wärmestrom wird bei Kühl- und Gefrierschränken umgekehrt; bei Thermosflaschen wird der Ab- oder Zufluß von Wärme verlangsamt. In einem Kühl- oder Gefrierschrank wird die Wärme aus dem Geräteinneren entzogen und an der Geräterückseite abgegeben. Innen wird oder bleibt es kalt, wodurch Lebensmittel frisch gehalten werden und Eiswürfel nicht schmelzen. Thermosflaschen haben innen eine Isolierschicht, die einen Wärmeaustausch erschwert, so daß heiße Getränke nur sehr langsam abkühlen und kalte Getränke nicht warm werden.

So funktioniert ein Kühlschrank

Ein Kühlschrank enthält zwei Rohrsysteme, durch die ein Kältemittel gepumpt wird. Während dieses durch den Kühlschrank fließt, verdampft (Übergang vom flüssigen zum dampfförmigen Aggregatzustand) und kondensiert es (Übergang vom dampfförmigen zum flüssigen Aggregatzustand) abwechselnd. Unter hohem Druck fließt das flüssige Kältemittel von der ersten Rohrschlange (Verflüssiger) durch ein winziges Loch in die zweite Rohrschlange (Verdampfer). Hier fällt der Druck des Kältemittels ab, weswegen es verdampft und Wärme aus dem Kühlabteil aufnimmt. Das verdampfte Kältemittel wird dann unter hohem Druck in den Verflüssiger auf der Rückseite des Kühlschranks gepumpt. Aufgrund des hohen Drucks kondensiert das Kältemittel wieder und gibt dabei an der Geräterückseite die vorher absorbierte Wärme ab.

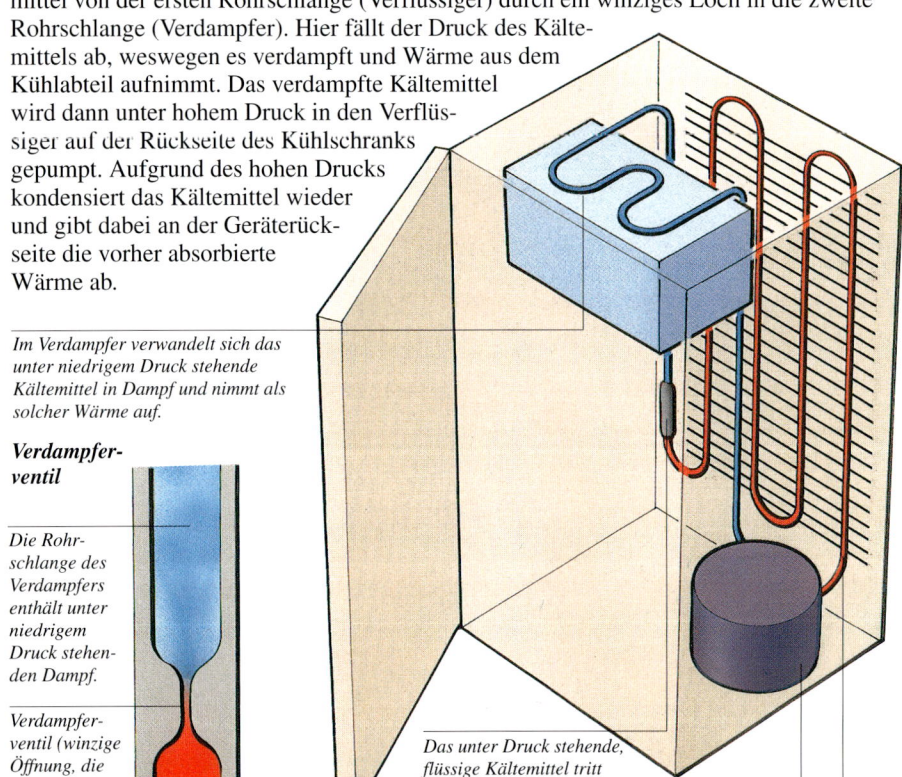

Im Verdampfer verwandelt sich das unter niedrigem Druck stehende Kältemittel in Dampf und nimmt als solcher Wärme auf.

Verdampfer-ventil

Die Rohrschlange des Verdampfers enthält unter niedrigem Druck stehenden Dampf.

Verdampferventil (winzige Öffnung, die den Druckunterschied zwischen Verflüssiger und Verdampfer aufrechterhält)

Der Verflüssiger enthält unter hohem Druck stehendes Kältemittel.

Das unter Druck stehende, flüssige Kältemittel tritt durch ein Ventil in den Verdampfer ein.

Die Kompressorpumpe verdichtet den Dampf.

Im Verflüssiger kondensiert der unter Druck stehende Dampf wieder zu einer Flüssigkeit und gibt dabei Wärme ab.

EXPERIMENT

Abkühlen

 Bei diesem Experiment sollte ein Erwachsener helfen.

Bei Wärmezufuhr verdampft eine Flüssigkeit, wechselt also vom flüssigen zum gasförmigen Aggregatzustand. Bei einem Kühlschrank entzieht die verdampfende Flüssigkeit dem Kühlabteil Wärme, das heißt, die Temperatur wird herabgesetzt. Vergleicht, wie zwei Flüssigkeiten, nämlich Alkohol und Wasser, auf eurer Hand verdampfen. Beim Verdampfen entziehen sie eurer Hand die hierfür nötige Wärme, ihr spürt also, wie eure Hand kälter wird.
Medizinischen Alkohol darf man auf keinen Fall trinken.

IHR BRAUCHT
● medizinischen Alkohol ● ein Glas Wasser ● zwei Pipetten

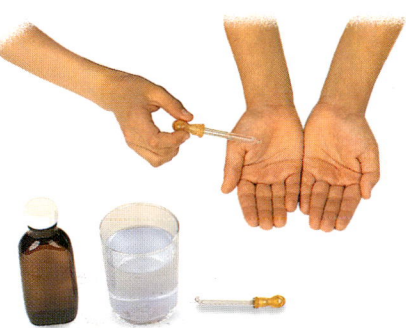

1 Nehmt mit einer Pipette etwas Wasser und mit der anderen etwas Alkohol auf. Ein Freund soll euch nun auf eine Handfläche einen Tropfen Wasser und auf die andere einen Tropfen Alkohol geben.

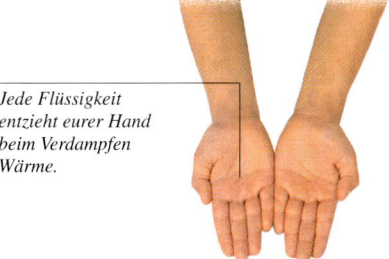

Jede Flüssigkeit entzieht eurer Hand beim Verdampfen Wärme.

2 Blast leicht über eure Handflächen, damit beide Flüssigkeiten schneller verdampfen. Der Alkohol verdampft sofort, und diese Handfläche fühlt sich kälter an.

EXPERIMENT

Kühl bleiben

Bastelt eine Thermosflasche, mit der ihr Getränke kühl halten könnt. Ihr seht, daß Eiswürfel in einer Thermosflasche nicht so schnell schmelzen wie sonst. Die Flasche besteht aus zwei Behältern, von denen einer im anderen steckt. Dank dem Zwischenraum zwischen beiden Behältern kann nicht soviel Wärme von außen an den inneren Behälter gelangen. Die Behälter werden in Alufolie eingehüllt, der innere Behälter steht zudem auf einem Korkuntersatz. Die Folie und der Kork schirmen die Flasche zusätzlich ab.

IHR BRAUCHT

● ein großes und zwei kleine Gläser mit Deckel ● Korkscheibe, die in das große Glas paßt ● Alufolie ● Eiswürfel ● Schere

1   Umhüllt das große und ein kleines Glas mit Alufolie. Faltet die Enden der Folie zusammen, damit die Folie hält.

2   Legt die Korkscheibe oder anderes Isoliermaterial auf den Boden des großen Glases.

3   Setzt das kleine, mit Alufolie umhüllte Glas auf die Korkscheibe innerhalb des großen Glases.

4   Legt gleich viele Eiswürfel in jedes kleine Glas, und setzt den Deckel auf. Auch auf das große Glas kommt der Deckel.

5   Wartet so lange, bis das Eis in dem Glas, das nicht mit Alufolie eingewickelt ist, ganz geschmolzen ist. Dann nehmt ihr das kleine Glas aus dem großen und vergleicht, wieviel Eis hier anders als im ersten Glas übriggeblieben ist.

Thermosflasche

Eine Thermosflasche ist innen zweifach mit Silber beschichtet. Im Zwischenraum zwischen den Wandungen der Thermosflasche herrscht ein Vakuum, also luftleerer Raum. Dieses Vakuum behindert die Wärmeleitung, die Wärme wird zudem von den versilberten Wandungen reflektiert. Die Flasche verfügt über einen Verschluß aus Kork oder Kunststoff und ist am äußeren Behälter aufgehängt. Dies verhindert zusätzlich, daß Wärme an den inneren Glasbehälter gelangt oder von diesem abgegeben wird. Das Getränk bleibt daher über mehrere Stunden hinweg heiß oder kalt.

Doppelwandige Thermosflasche mit Silberbeschichtung und einem Vakuum dazwischen

Waschmaschinen und Geschirrspüler

Zum Waschen von Kleidern und Geschirr braucht man Wasch- oder Spülmittel, die sich im Wasser auflösen und die Schmutzpartikel lösen. Das Waschmittel entfaltet seine Wirkung am besten, wenn die verschmutzte Wäsche durch das Waschwasser gewirbelt wird. Die Trommel dreht sich abwechselnd in die eine und die andere Richtung, damit die Wäsche nicht aus der Form gerät. Im Geschirrspüler wird das schmutzige Geschirr mit in heißem Wasser gelöstem Spülmittel abgeduscht und nach dem letzten Spülgang auch getrocknet.

GROSSE ENTDECKUNGEN

Mühelos waschen

Lange haben sich die Menschen mit der Wäsche abgemüht, aber auch immer versucht, sich diese Arbeit zu erleichtern. Früher kochte man die Wäsche in einem großen Zuber aus, bereits vor zwei Jahrhunderten gab es handbetriebene Maschinen, die die Wäsche umrührten. Eine vollautomatische Waschmaschine wurde jedoch erst in den dreißiger Jahren erfunden – sie führt einen komplizierten Arbeitszyklus aus.

Die Waschmaschine von Krauss
Diese halbautomatische Waschmaschine wurde 1923 erfunden. Die Wäsche kam in die perforierte Kupfertrommel, die von einem Elektromotor vorwärts und rückwärts geschleudert wurde. Das Wasser wurde durch ein Kohlefeuer im unteren Teil der Maschine erhitzt.

IHR BRAUCHT
● Plastikflasche ● 2 Strohhalme
● schmale Rundfeile passend für die Strohhalme ● große Plastikschüssel ● Tesakrepp
● Schneidunterlage ● etwas Modelliermasse ● starkes Baumwollgarn ● Klebeband
● Zirkel ● Messer ● Zange
● dünnen Draht ● Schere

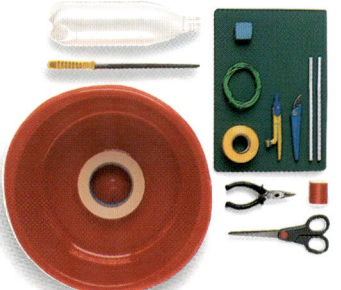

EXPERIMENT

Sprühregen

Die Sprüharme in einem Geschirrspüler rotieren und sprühen heißes Wasser aus allen Richtungen auf das schmutzige Geschirr, so daß jede Stelle erreicht wird. Diese Sprüharme werden nicht durch einen Motor, sondern durch das Wasser selbst angetrieben, das aus den Düsen spritzt. Wie das funktioniert, seht ihr in diesem Experiment.

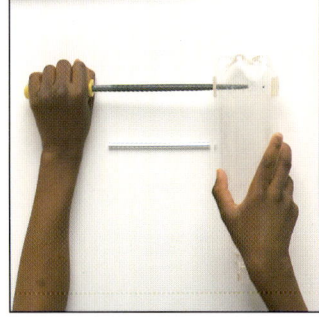

1 Bringt am unteren Teil der Flasche zwei gegenüberliegende Streifen Klebeband an. Schneidet durch sie jeweils ein 3 mm langes Kreuz, und feilt die Schlitze für die Strohhalme passend aus.

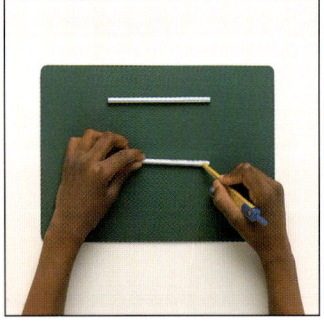

2 Schneidet zwei Strohhalme auf 15 cm zurecht. Mit dem Zirkel bohrt ihr Löcher in ein Ende jedes Strohhalms. Dichtet dieses Ende mit Modelliermasse ab.

3 Schneidet von dem Draht 10 cm ab, und biegt ihn zu einem Griff. Klebt den Griff am Flaschenhals an, und bindet daran ein 15 cm langes Stück Schnur fest.

4 Schiebt die Strohhalme mit dem offenen Ende durch ein Loch in die Flasche. Die waagerechten Löcher in den Halmen sollten in die entgegengesetzte Richtung zeigen. Laßt die Flasche im Wasser vollaufen, und hebt sie etwas später hoch.

Handschleuder

Ist der Waschvorgang in einer Waschmaschine abgeschlossen, fängt die Trommel an, sich schnell zu drehen. Die nasse Wäsche wird gegen die Trommelwand geschleudert, so daß das Wasser zum größten Teil durch die Löcher in der Trommel gepreßt wird. Nach dem Schleudern ist die Wäsche noch feucht, trocknet aber schnell. Wieviel Wasser ein nasses Tuch beim Schleudern verliert, wird hier gezeigt.

IHR BRAUCHT
● große, wasserdichte Plastiktüte ● Stricknadel ● Kunststoffnetz ● Schere ● Krug Wasser ● etwa 30 cm breiten Baumwollappen ● rotes und gelbes Klebeband ● 45 cm langes Stück Schnur

1 Füllt den Krug zur Hälfte mit Wasser. Kennzeichnet den Wasserstand mit gelbem Klebeband.

2 Legt den Lappen in das Netz. Taucht beide ins Wasser, und laßt das Tuch sich vollsaugen.

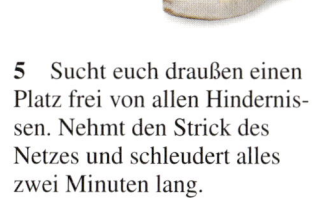

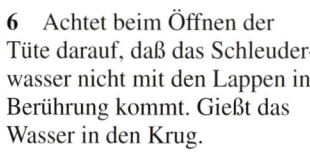

3 Steckt die Stricknadel durch das Netz, und laßt das Tuch im Krug abtropfen. Markiert nach 30 Minuten den neuen Wasserstand mit rotem Klebeband.

4 Stecht zwei Löcher oben in die Plastiktüte. Gebt das Netz vom Krug in die Tüte, und bindet Netz und Tüte oben mit der Schnur zusammen.

5 Sucht euch draußen einen Platz frei von allen Hindernissen. Nehmt den Strick des Netzes und schleudert alles zwei Minuten lang.

6 Achtet beim Öffnen der Tüte darauf, daß das Schleuderwasser nicht mit dem Lappen in Berührung kommt. Gießt das Wasser in den Krug.

Waagen

Waagen sind zu Hause nicht wegzudenken. Die Küchenwaage braucht man zum Kochen, die Badezimmerwaage zeigt das Körpergewicht an. Bei Balkenwaagen – eine Hebelwaage – wird das Gewicht eines Gegenstands mit Eichgewichten aufgewogen. Auch ungleicharmige Hebelwaagen kommen im Haushalt vor – die Briefwaage. Federwaagen – auch die Badezimmerwaage gehört hierher – enthalten eine Feder, die sich je nach Gewicht des gewogenen Gegenstands dehnt und einen Zeiger betätigt. Bei einer elektronischen Waage erzeugt ein Dehnungsmesser ein zum jeweiligen Gewicht proportionales Signal, das von einem Mikrochip in eine auf der Anzeige erscheinende Zahl umgewandelt wird.

GROSSE ENTDECKUNGEN

Alt, aber exakt

Vor 5 500 Jahren erfand man in Ägypten die erste exakt funktionierende Waage. Sie bestand aus einer drehbar gelagerten Stange, an deren Enden je eine Schale angebracht war. Man wog mit Hilfe von Eichgewichten. Der abzuwiegende Gegenstand wurde in eine Schale gelegt und dann in der anderen Schale mit den Eichgewichten aufgewogen. Die ägyptischen Waagen mußten sehr exakt sein, da man mit ihnen eine kostbare Ware abwog – Gold.

Frühägyptische Steingewichte

Ägyptische Metallgewichte

EXPERIMENT

Genaue Mikrowaage

 Bei diesem Experiment sollte ein Erwachsener helfen.

Ihr bastelt jetzt eine Waage, mit der man sogar ganz leichte Gegenstände wie Watte wiegen kann. Der Gegenstand wird von einer schwereren Schraube aufgewogen, die aber nahe am Drehpunkt der Waage liegt. Ein weiter entfernter, leichter Gegenstand kann dennoch die Waage neigen, so daß man sein Gewicht an der Skala ablesen kann.

IHR BRAUCHT
- 2 Stücke Pappe, 5 x 2,5 cm ● Pinzette
- Blatt Pappe 15 x 5 cm ● dünnen, starren Draht ● Schraube, die in den Strohhalm paßt ● Crea-Fix-Platte, 20 x 2,5 x 1 cm
- Strohhalm ● doppelseitiges Klebeband
- Zange ● Modelliermasse ● leichte Gegenstände wie Watte, Haar oder Blatt Papier ● Lineal

Die Skala zeigt nicht das absolute Gewicht an, sondern nur den Gewichtsunterschied zwischen sehr leichten Gegenständen.

1 Markiert auf dem großen Stück Pappe eine Skala mit Abständen von 2 cm. Mit doppelseitigem Klebeband bringt ihr die Skala wie gezeigt an einem Ende der Crea-Fix-Platte an. Am anderen Ende der Crea-Fix-Platte klebt ihr links und rechts je ein Stück Pappe als Auflage an.

2 Schneidet 2 cm von einem Ende eine Kerbe in den Strohhalm. 2 cm vom anderen Ende stoßt ihr mit der Zange einen 5 cm langen Draht als Gelenk quer durch den Strohhalm. In dieses Ende schiebt ihr die Schraube und befestigt sie mit Modelliermasse. Der Strohhalm soll drehbar auf der Auflage liegen.

3 Paßt die Schraube ein. Biegt den Strohhalm so, daß er bei Gleichgewicht auf das obere Ende der Skala zeigt. Legt den zu wiegenden Gegenstand in die Kerbe des Strohhalms.

EXPERIMENT
Federwaage

 Bei diesem Experiment sollte ein Erwachsener helfen.

Bastelt eine Waage, die ihr auch in der Küche benutzen könnt. Sie funktioniert, da sich eine Feder ganz regelmäßig ausdehnt: Wenn ein Gewicht die Feder um eine bestimmte Strecke dehnt, bewirkt das doppelte Gewicht das Zweifache.

IHR BRAUCHT

● Holzbrett, 35 x 13 x 2 cm ● großen Schraubhaken ● kleinen Schraubhaken ● Crea-Fix-Streifen, 30 x 5 x 0,5 cm ● Bohrunterlage ● kleine Plastikuntertasse ● etwa 50 g schwere Gewichte ● Handbohrer mit Einsätzen, passend für Haken und Schrauböse ● schwache Zugfeder, etwa 13 cm lang ● Pappstreifen ● kleine Schrauböse ● Buntstift ● Bleistift ● Lineal ● Schnur ● Klebstoff ● Klebeband ● Schraubstock ● Schere

1 Bohrt auf der langen Mittellinie der Holzplatte jeweils etwa 2,5 cm vom Rand entfernt zwei Löcher – eins für den kleinen Schraubhaken, das andere für die Schrauböse. Schraubt den großen Haken in die Schmalkante über dem kleinen Haken.

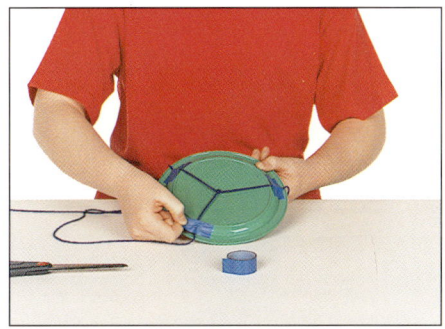

2 Knotet drei 40 cm lange Schnüre an einem Ende sowie in 15 cm Abstand vom anderen Ende zusammen. Setzt die Untertasse in die drei Schnüre – das kurze Ende der Schnüre nach oben, und befestigt sie mit Klebeband.

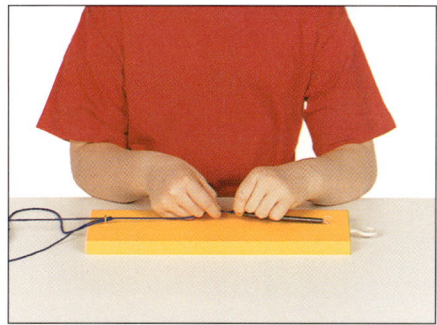

3 Hängt die Zugfeder an den kleinen Schraubhaken. Das lose Ende der kurzen Schnur fädelt ihr durch die Schrauböse und bindet es am anderen Ende der Zugfeder an. Falls nötig, könnt ihr es auch mit Klebeband befestigen.

4 Klebt einen Crea-Fix-Streifen neben der Feder an. Am Ende der Feder bringt ihr einen Zeiger aus Pappe an. Haltet die Waage am großen Haken fest. An die Stelle, auf die der Zeiger bei leerer Untertasse zeigt, malt ihr eine Null. Nach und nach legt ihr weitere Gewichte auf die Untertasse und markiert die Zeigerstellung.

5 Die Markierungen ergeben eine Gewichtsskala. Das Gewicht eines Gegenstands könnt ihr jetzt feststellen, indem ihr ihn einfach auf die Untertasse legt. Der Zeiger zeigt auf der Skala das richtige Gewicht an.

Feuerlöscher und Spraydosen

Mit einem Feuerlöscher lassen sich kleinere Brand-
herde rasch ersticken. Dabei richtet man die Spritzdüse
auf den Brand und drückt den Hebel am Feuerlöscher.
Bei einigen Feuerlöschern schießt ein Wasserstrahl aus
der Düse. Das Wasser erstickt den Brand, da es dem
Feuer den Sauerstoff wegnimmt und es zudem abkühlt.
Brennendes Papier oder Holz kann man mit Wasser
löschen; bei brennenden Flüssigkeiten oder Gasen hilft
es jedoch nichts. Hier sind nur Feuerlöscher sinnvoll,
die mit Schaum, Löschpulver oder nicht brennbarem
Gas arbeiten. Wie Wasser verhindern auch diese
Substanzen, daß sich das Feuer ausbreitet,
und ersticken es schließlich, wobei bei
Trockenlöschern schlagartig ein Pulver
auf den Brand geschleudert wird. Alle
Löschsubstanzen werden entweder
unter Eigendruck oder mit Hilfe eines
unter hohem Druck stehenden Gases
abgegeben. Spraydosen funktionieren
letztlich wie Feuerlöscher. Mit Spraydosen lassen sich viele Substanzen,
auch Farbe, Deodorant und Insekten-
gift, bequem versprühen.

*Mit Wasser gefüllter
Feuerlöscher*

So funktioniert ein Feuerlöscher

Dieser Feuerlöscher ist mit Wasser gefüllt und enthält eine Patrone mit einem unter hohem Druck
stehenden Gas. Sobald man den Druckhebel am
Feuerlöscher betätigt, wird ein Stift in die Patrone
gedrückt, so daß Gas in den oberen Teil des Zylinders abgegeben wird. Das Gas drückt das Wasser in
den Schlauch und durch die Spritzdüse. Es gibt auch
Feuerlöscher, die ein Löschgas oder eine Löschflüs-
sigkeit enthalten, die bereits unter Druck stehen,
und daher keine zusätzliche Gaspatrone benötigen.

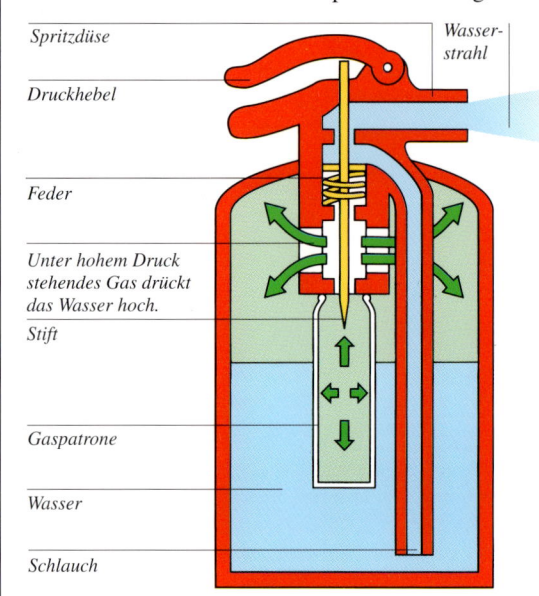

Spritzdüse
Wasser-strahl
Druckhebel
Feder
Unter hohem Druck stehendes Gas drückt das Wasser hoch.
Stift
Gaspatrone
Wasser
Schlauch

So funktioniert eine Spraydose

Eine Spraydose enthält eine Mischung aus dem zu
versprühenden, flüssigen Produkt, zum Beispiel
Farbe, und einem Treibmittel. Das Treibmittel ist
meistens flüssig, verdunstet aber rasch. Bei seiner
Verdunstung entsteht oberhalb der flüssigen Mischung ein unter hohem Druck stehender Dampf.
Drückt man auf die Düse, wird ein Ventil geöffnet.
Der Gasdruck treibt die Mischung durch das
Ventil und die Düse nach außen. Das Treibmittel verdunstet sofort und bildet mit der
Flüssigkeit einen feinen Sprühnebel.
Früher setzte man Fluorchlorkohlenwasser-
stoffe (FCKW) als Treibgas ein. Allerdings
zerstört FCKW die Ozonschicht der Atmosphäre, so daß mittlerweile statt dessen
FCKW-freie, also Sprays mit einem
anderen Treibmittel, meist Butan oder
Propan, verwendet werden. Diese Treib-
mittel sind brennbar, Spraydosen muß man
also von offenem Feuer oder heißen
Flächen fernhalten.

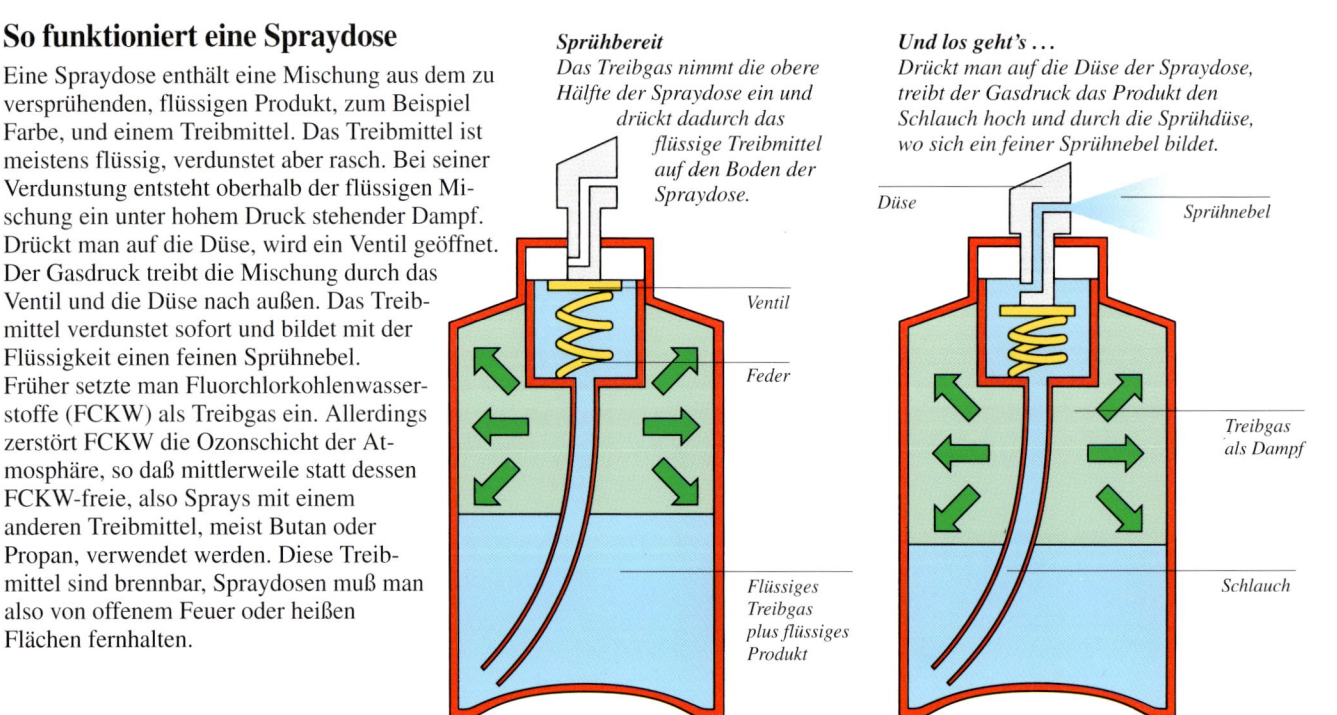

Sprühbereit
*Das Treibgas nimmt die obere
Hälfte der Spraydose ein und
drückt dadurch das
flüssige Treibmittel
auf den Boden der
Spraydose.*

Und los geht's …
*Drückt man auf die Düse der Spraydose,
treibt der Gasdruck das Produkt den
Schlauch hoch und durch die Sprühdüse,
wo sich ein feiner Sprühnebel bildet.*

Ventil
Feder
Flüssiges Treibgas plus flüssiges Produkt

Düse
Sprühnebel
Treibgas als Dampf
Schlauch

EXPERIMENT
Ein Feuerlöscher im Modell

 Bei diesem Experiment sollte ein Erwachsener helfen.

Mit einem einfachen und sicheren Feuerlöscher blast ihr die Flamme einer Kerze aus. Aus zwei im Haushalt verfügbaren Chemikalien bildet sich bei diesem Feuerlöscher das Gas Kohlendioxid. Dieses Gas ist schwerer als Luft, umschließt die Flamme und entzieht ihr den Sauerstoff, so daß die Kerze erlischt. Dieses Experiment zeigt, wie ein echter Feuerlöscher funktioniert. Versucht aber auf keinen Fall, ein echtes Feuer oder etwas Brennendes damit zu löschen.

IHR BRAUCHT
- hitzebeständiges Glas • Papier
- etwas Modelliermasse • Speisenatron • lange Streichhölzer
- Knickstrohhalm
- Papierklammer
- Essig • Kerze
- kleine Kunststoffflaschen

1 Setzt die Kerze in das hitzebeständige Glas. Das Glas sollte etwa zweimal so groß sein wie die Kerze. Im Beisein eines Erwachsenen oder mit dessen Hilfe zündet ihr dann mit einem langen Streichholz die Kerze im Glas an.

2 Drückt etwas Modelliermasse etwa 2 cm von einem Ende entfernt so an den Strohhalm, daß ein fester und luftdichter Stopfen für die Flasche entsteht. Den restlichen – längeren – Teil des Strohhalms klemmt ihr mit einer Papierklammer ab.

3 Gießt Essig in die Flasche, so daß diese 5 cm hoch gefüllt ist. Aus einem gefalteten Blatt Papier streut ihr einen Eßlöffel Speisenatron in die Flasche. Setzt den Strohhalm mit dem luftdichten Verschluß sofort auf die Flasche.

4 Das kurze Ende des Strohhalms zeigt jetzt in die Flasche. Richtet das andere Ende des Strohhalms in das Glas, und nehmt die Papierklammer ab. Das Gas, das beim Vermischen der beiden Chemikalien entsteht, perlt in der Flüssigkeit. Es schießt aus der Flasche und erstickt die Flamme der Kerze.

5 Jetzt wiederholt ihr das Experiment, dieses Mal nehmt ihr aber doppelt soviel Essig und Natron. Dabei müßte sich genügend Schaum bilden, so daß er auch das untere Ende des Strohhalms in der Flasche erreicht. Die schäumende Flüssigkeit strömt aus dem Strohhalm und löscht die Flamme.

Einbruchsicherung und Rauchmelder

Einbruchsicherungen spielen beim Gebäudeschutz eine wichtige Rolle. Sie bestehen im Prinzip alle aus einem an eine Alarmglocke angeschlossenen Sensor. Dieser bemerkt das Öffnen einer Tür oder eines Fensters, das Auftreten eines Fußes auf dem Boden, die Körperwärme eines Eindringlings oder eine bloße Körperbewegung. Ein Feuermelder schlägt Alarm, wenn die Brandhitze den Sensor erreicht, ein Rauchmelder ist noch schneller: Er entdeckt bereits Rauchpartikel, bevor Flammen entstehen. Diese Sensoren lösen Alarmglocken, Sirenen oder Blinklichter aus, die unübersehbar oder unüberhörbar sind; andere benachrichtigen direkt die Feuerwehr oder die Polizei.

Rauchmelder

In vielen Gebäuden ist an der Decke ein Rauchmelder angebracht. Dieser entdeckt winzige Rauchpartikel von schwelenden Gegenständen bereits, bevor sich sichtbarer Rauch bildet. Die Alarmglocke ist so schrill, daß sie die Bewohner aufweckt, die die Gefahr sonst zu spät bemerken würden. Der Rauchmelder enthält eine Kammer mit einem radioaktiven Element in sehr geringer, daher ungefährlicher Dosis. Dieses erzeugt in der Luft der Kammer einen geringen elektrischen Strom. Die Rauchpartikel unterbrechen den Stromkreis und lösen damit die Alarmglocke aus.

EXPERIMENT

Einbruchsicherung

Bastelt eine Einbruchsicherung, die beim Öffnen einer Tür losgeht. Ein Magnetschalter dient als Sensor, ein Summer und eine Leuchtdiode machen auf den Einbruch aufmerksam. Beim Öffnen der Tür wird der auf der Tür angebrachte Magnet vom Schalter auf dem Türrahmen getrennt. Der Schalter löst den Alarm aus, indem er Summer und Leuchtdiode aktiviert. Der Einbrecher kann den Alarm nicht ausschalten, indem er die Tür schließt. Das könnt nur ihr über eine Rücksetztaste tun. Lest vorher die Seiten 10 und 11 durch.

Widerstand Typ 220R | **Widerstand Typ 10K**
F33–F36 | A10–B10 | K23–L23

Drähte

A9–B9	A31–B31	C12–C14	D13–D32
G6–E10	E11–E13	E15–E23	F39–L39
F23–G23	K4–L4	K15–L15	

IHR BRAUCHT

- Steckbord mit Grundplatte • Batterie (9 V) • Steckverbinder für Batterie
- Abisolierzange • Draht für Steckbord
- Magnetschalter als Arbeitskontakt mit Magnet • Schere • doppelseitiges Klebeband • Summer (9 V) • LED • NPN-Transistor BC108 oder gleichwertigen • NAND-Chip 4011B • einpoligen Tastschalter, Schließerkontakt • einen Widerstand Typ 220R, und zwei Widerstände Typ 10 K

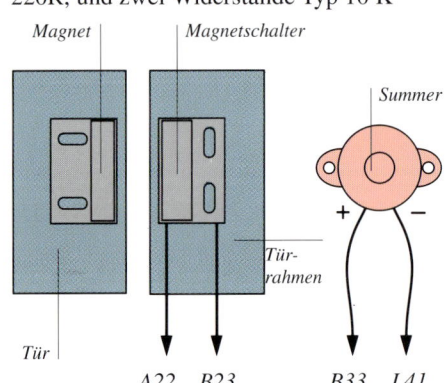

Magnet — Magnetschalter — Summer — Tür — Türrahmen

A22   B23   B33   L41

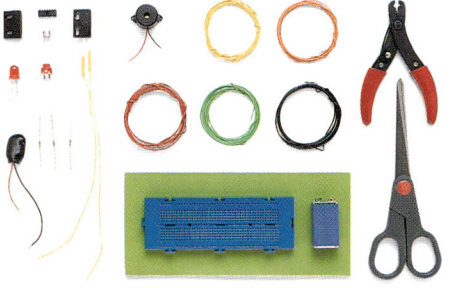

1 Baut den Schaltkreis auf dem Steckbord auf. Den Magnetschalter befestigt ihr mit Klebeband am Türrahmen. Klebt den Magnet so an die Tür, daß er bei geschlossener Tür ganz nahe am Schalter liegt. Die vom Schalter kommenden Drähte schließt ihr an dem Steckbord an.

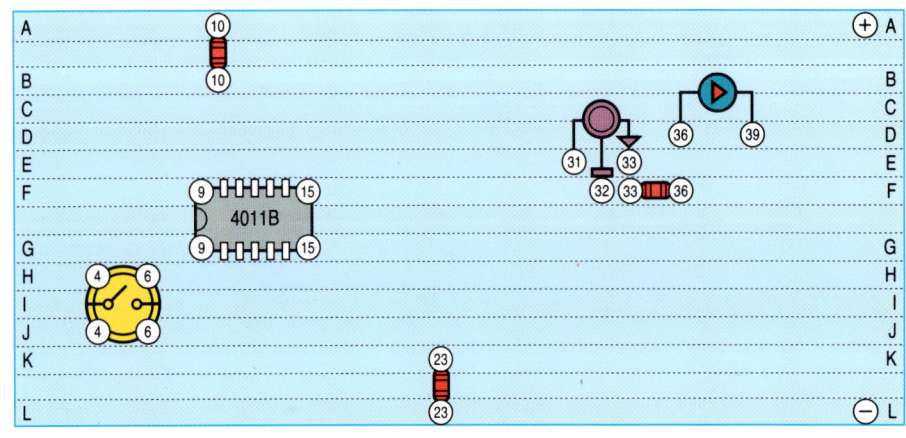

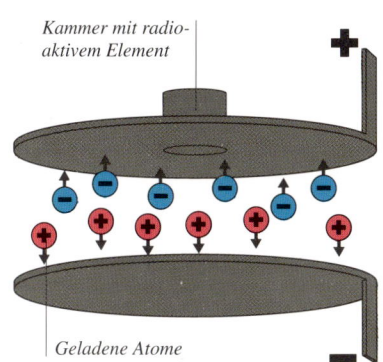

Kammer mit radio-
aktivem Element

Geladene Atome

Alarm bereit
*Das radioaktive Element lädt Gasatome in der
Luft elektrisch auf. Die geladenen Atome
wandern zu den Elektroden, und es entsteht ein
Stromfluß.*

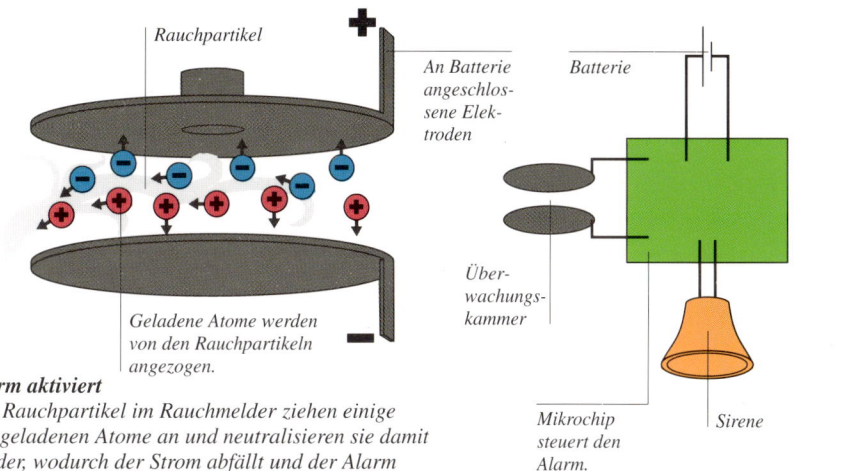

Rauchpartikel

An Batterie
angeschlos-
sene Elek-
troden

Geladene Atome werden
von den Rauchpartikeln
angezogen.

Alarm aktiviert
*Die Rauchpartikel im Rauchmelder ziehen einige
der geladenen Atome an und neutralisieren sie damit
wieder, wodurch der Strom abfällt und der Alarm
ausgelöst wird.*

Batterie

Über-
wachungs-
kammer

Mikrochip
steuert den
Alarm.

Sirene

2 Macht die Tür zu, und schließt die
Batterie an. Der Magnet schließt den
Schalter und aktiviert den Schaltkreis. Ein
Freund soll jetzt die Tür öffnen. Dabei
unterbricht er die Schaltung, sendet ein
Signal an den NAND-Chip und aktiviert
Summer und Leuchtdiode. Wird ein Draht
durchgeschnitten, wird der Alarm eben-
falls ausgelöst.

3 Wenn man die Tür schließt, wird der
Alarm trotzdem nicht abgeschaltet. Dazu
muß man schon die Tür schließen und
dann den Schaltkreis mit dem Schalter
auf dem Steckbord wieder zurücksetzen.
Dann wird nämlich ein zweites Signal an
den Chip gesandt, wodurch die Stromzu-
fuhr zu Summer und Leuchtdiode abgeschnitten wird.

Schlösser

Um wertvolle Gegenstände wegzuschließen, erfand man bereits vor etwa 4000 Jahren im alten Ägypten Schlösser. Diese hatten bereits Holzschlüssel mit einem Schlüsselbart, der die Stifte im Schloß anhob. Heutige Zylinderschlösser öffnet man mit einem Metallschlüssel, der genauso funktioniert. Jeder Schlüssel weist einen speziell gezähnten Bart auf, der eine Reihe von Stiften anhebt und so einen Riegel löst. Verliert man den Schlüssel, ist das ganze Schloß wertlos; ein Problem, das man bei Kombinationsschlössern nicht hat. Diese lassen sich über eine Buchstaben- oder Zahlenkombination, die der Besitzer kennt, öffnen. Gibt man über eine Anzahl von Scheiben oder eine Tastatur die richtige Kombination ein, wird der Riegel zurückgeschoben. Die Kombination läßt sich ändern, ohne daß gleich das ganze Schloß ausgewechselt werden muß.

Elektronische Schlösser

Bei vielen Schlössern wird die Verriegelung nicht mehr auf herkömmliche Weise, nämlich mechanisch, sondern elektronisch gelöst. Bei einigen Büros muß man auf einer Tastatur neben der Eingangstür einen Kode eingeben, um eingelassen zu werden. Das Schloß vergleicht die eingegebene Nummer mit der gespeicherten und löst den Riegel, falls beide übereinstimmen. Auch in vielen Hotels gibt man mittlerweile anstelle von Schlüsseln Karten mit einem Magnetstreifen aus, der mit einer Kodenummer programmiert ist, den nur das elektronische Schloß des jeweiligen Zimmers erkennt. Bei einigen Autos ist der Schlüssel mittlerweile überflüssig, das Aufsperren läßt sich über eine Fernbedienung erledigen. Der Autofahrer drückt einfach auf den entsprechenden Knopf, und die Fernbedienung gibt ein kodiertes Ultraschallsignal aus, das das Autoschloß öffnet.

Karte mit Magnetstreifen

Zylinderschloß

Zylinderschlösser öffnet man mit einem flachen, auf einer Seite gezähnten Schlüssel. Der Schlüssel paßt in einen Zylinder im Schloß. Der Zylinder hat an einem Ende eine Nocke, die in einen Riegel eingreift. Dreht man den Schlüssel, dreht sich der Zylinder so weit, daß die Nockenscheibe den Riegel zurückzieht und damit die Tür öffnet. Der Zylinder kann aber nur durch Einführen des Schlüssels bewegt werden. Zylinder und Gehäuse haben eine Reihe von Bohrungen, in denen jeweils unterschiedlich lange Sperrstifte paarweise und eine Feder stecken. Die Stifte sperren die Lücke zwischen Zylinder und Gehäuse und verhindern ein Drehen des Zylinders. Sobald der richtige Schlüssel eingeführt wird, drückt er die Stifte genau so hoch, daß ihre Höhe der Lücke zwischen Gehäuse und Zylinder entspricht. Jetzt kann der Zylinder gedreht und dadurch der Riegel zurückgeschoben werden.

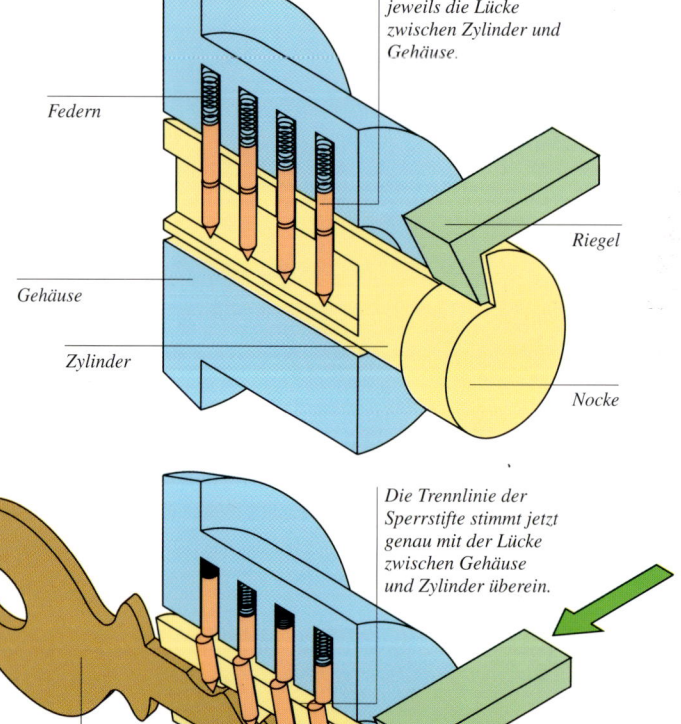

Der obere Stift versperrt jeweils die Lücke zwischen Zylinder und Gehäuse.

Federn

Gehäuse

Zylinder

Riegel

Nocke

Die Trennlinie der Sperrstifte stimmt jetzt genau mit der Lücke zwischen Gehäuse und Zylinder überein.

Schlüssel

Der Zylinder und die Nocke drehen sich und ziehen damit den Riegel zurück.

Geschlossen
Die Federn drücken jedes Stiftpaar nach unten in den Zylinder. Die Stiftpaare sind unterschiedlich lang. Die oberen Sperrstifte halten den Zylinder und das Gehäuse zusammen, sperren dadurch den Zylinder und die Nockenscheibe, so daß die beiden nicht gedreht werden können. Der Riegel greift in den Türrahmen ein – die Tür kann also nicht geöffnet werden.

Offen
Führt man einen Schlüssel in das Schloß ein, werden die Sperrstifte in unterschiedlichem Maße angehoben. Steckt man den richtigen Schlüssel ins Schloß, drückt er die Stifte so weit nach oben, daß ihre Trennlinie genau der Lücke zwischen Gehäuse und Zylinder entspricht. Der Zylinder kann sich drehen und damit den Riegel zurückschieben.

EXPERIMENT
Zahlenschloß

Baut einen kleinen Safe mit einem Zahlenschloß, bei dem zwei Zahlen zwischen 0 und 9 richtig eingestellt werden müssen. Es gibt 100 mögliche Zahlenkombinationen, doch nur mit einer davon kann man den Safe öffnen.

IHR BRAUCHT

- 5 mm dicke Crea-Fix-Platte
- Lineal • Bleistift • Kugelschreiber • Schneidunterlage
- Zirkel • Klebeband • Messer
- Schere • Klebstoff • Holzspieß • Stahllineal • Strohhalm
- aus der Crea-Fix-Platte geschnittene Scheiben von 2 cm (Abstandhalter), 4 cm und 8 cm Ø.

Querschnitt durch die Scheiben

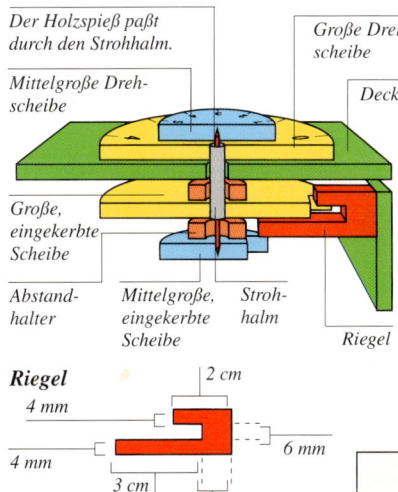

Der Holzspieß paßt durch den Strohhalm.

Große Drehscheibe

Mittelgroße Drehscheibe

Deckel

Große, eingekerbte Scheibe

Abstandhalter

Mittelgroße, eingekerbte Scheibe

Strohhalm

Riegel

Riegel

2 cm
4 mm
4 mm
6 mm
3 cm
1 cm

1 Schneidet aus der Crea-Fix-Platte ein Quadrat von 25 cm x 25 cm als Bodenplatte eures Safes aus. Für die Seitenwände schneidet ihr jeweils zwei Rechtecke von 25 x 12 cm und mit 24 x 12 cm aus. Klebt sie auf der Bodenplatte an. Ihr habt jetzt eine offene Schachtel.

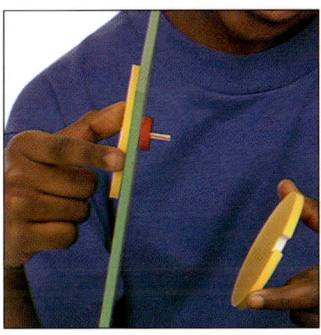

4 Schreibt auf die große (Dreh-)Scheibe ohne Kerbe die Zahlen von 0 bis 9. Steckt sie, den Abstandhalter und die eingekerbte Scheibe auf ein 2,5 cm langes Stück Strohhalm, und führt diesen durch den Deckel. Die großen Scheiben sollten sich miteinander drehen.

2 Schneidet noch ein Quadrat von 25 cm x 25 cm als Deckel aus. Bohrt in seine Mitte 6 cm vom Rand entfernt ein Loch von Strohhalmgröße. Klebt den Deckel so mit Klebeband an die Kiste, daß er sich öffnet und schließt; das Klebeband also als Scharnier funktioniert.

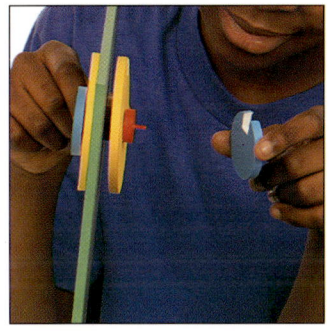

5 Bohrt Löcher in die mittelgroßen Scheiben für den Holzspieß. Auf einer Scheibe markiert wieder 0 bis 9. In die andere schneidet ihr eine Kerbe von 8 mm. Setzt einen 3,5 cm langen Holzspieß, den Strohhalm und die Scheiben wie gezeigt zusammen.

Der Safe ist offen, sobald die Kerben am Riegel stehen. Das Schloß könnt ihr mit einer beliebigen Zahlenkombination von 00 bis 99 einstellen.

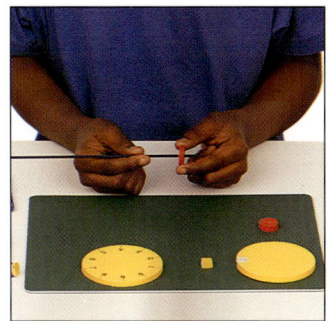

3 Macht mit einem Holzspieß mitten in alle kleinen Abstandhalter und großen Scheiben ein Loch. Ein Strohhalm muß in den Abstandhaltern locker und in den großen Scheiben fest sitzen. Schneidet in den Rand einer großen Scheibe eine Kerbe von 8 mm.

6 Aus der Crea-Fix-Platte schneidet ihr einen Riegel wie unten gezeigt. Klebt den Riegel mit der Rückseite an die Seitenwand, die am nächsten an den Scheiben liegt. Jetzt stellt ihr die Zahlenkombination ein, indem ihr jede Kerbe an einer Zahl auf der Drehscheibe ausrichtet. Achtet darauf, daß sich die eingekerbten Scheiben mit ihren Drehscheiben drehen.

7 Markiert die Position des Riegels an der oberen Seite des Safes. Dreht die Drehscheiben so weit, daß die gewählte Kombination an dieser Markierung ausgerichtet ist. Schließt den Deckel, und versperrt den Safe, indem ihr die Drehscheiben ändert. Jetzt können eure Freunde versuchen, mit den richtigen Zahlen den Safe zu knacken.

Uhren

Uhren geben mit Hilfe von Zeigern oder digitalen Anzeigen die Uhrzeit – in aller Regel in Stunden und Minuten – an. Dabei ist das Prinzip bei beiden Anzeigen durchaus gleich. Eine Antriebsquelle, zum Beispiel eine aufgezogene Feder oder eine Batterie, bewegt die Zeiger oder versorgt die digitale Anzeige mit Strom. Sie wird von einem Regulator so gesteuert, daß sich die Zeiger immer gleich schnell drehen oder die Anzeige regelmäßig aktualisiert wird.

So funktioniert eine Uhr

Mechanische Uhren werden durch Gewichte oder Federn angetrieben. Einige werden per Hand immer wieder aufgezogen; andere automatische (selbstaufziehende) mechanische Uhren nutzen die normalen Handbewegungen des Trägers und müssen nicht aufgezogen werden. Eine elektrische Uhr läuft mit Netzstrom, der die Uhr entsprechend steuert. Die meisten Quarzuhren sind batteriebetrieben. Vor kurzem wurden Quarzuhren entwickelt, die nicht einmal mehr eine Batterie brauchen. Sie nutzen die normalen Handbewegungen des Trägers zur Erzeugung des geringen Stroms, den sie brauchen.

Knopf zum Einstellen der Uhrzeit

Zeiger

Batterieantrieb
Eine einzige, kleine Batterie reicht bei einer herkömmlichen Quarzuhr über ein Jahr, da die Uhr sehr wenig Strom verbraucht.

Knopfzelle

EXPERIMENT

Pendel

 Bei diesem Experiment sollte ein Erwachsener helfen.

Das Pendel wird zur Regulierung bei Uhren eingesetzt, seit im 17. Jahrhundert seine Gesetze entdeckt wurden: Es schwingt mit gleichmäßiger Geschwindigkeit, die sich mit der Pendellänge ändert. Bastelt ein Pendel, bei dem jede Schwingung genau eine Sekunde dauert. Damit könnt ihr dann kurze Zeitspannen messen.

IHR BRAUCHT
● Holzstreifen, 60 x 0,5 cm
● Lineal ● Schnur ● etwa 50 g Modelliermasse ● Pinnwandstecker ● Klebeband ● Deckel
● Schere ● Stoppuhr

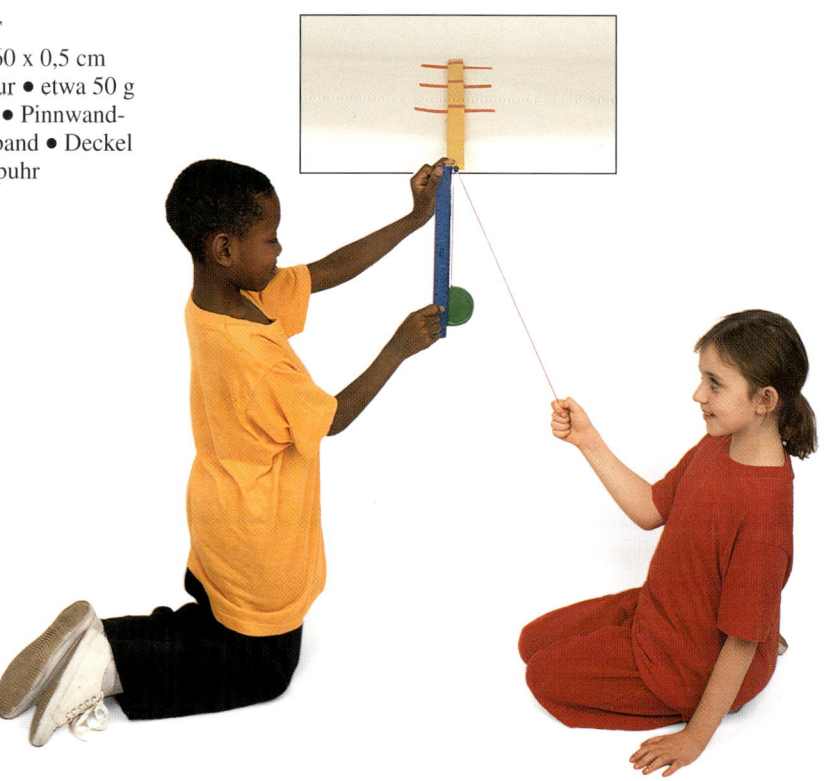

1   Streicht den Deckel mit Modelliermasse aus, und glättet diese. Ein Ende der 1 m langen Schnur drückt ihr von der Mitte nach außen in die Masse, so daß der Deckel senkrecht hängt.

2   Befestigt den Holzstreifen mit Klebeband an einem Tisch, so daß er etwa 8 cm über den Tisch hinausragt. Steckt den Pinnwandstecker in das überstehende Ende. Ein

Freund soll euch beim Anbinden des Pendels am Pinnwandstecker helfen, so daß der Mittelpunkt des Deckels und der Stecker genau 24,8 cm voneinander entfernt sind.

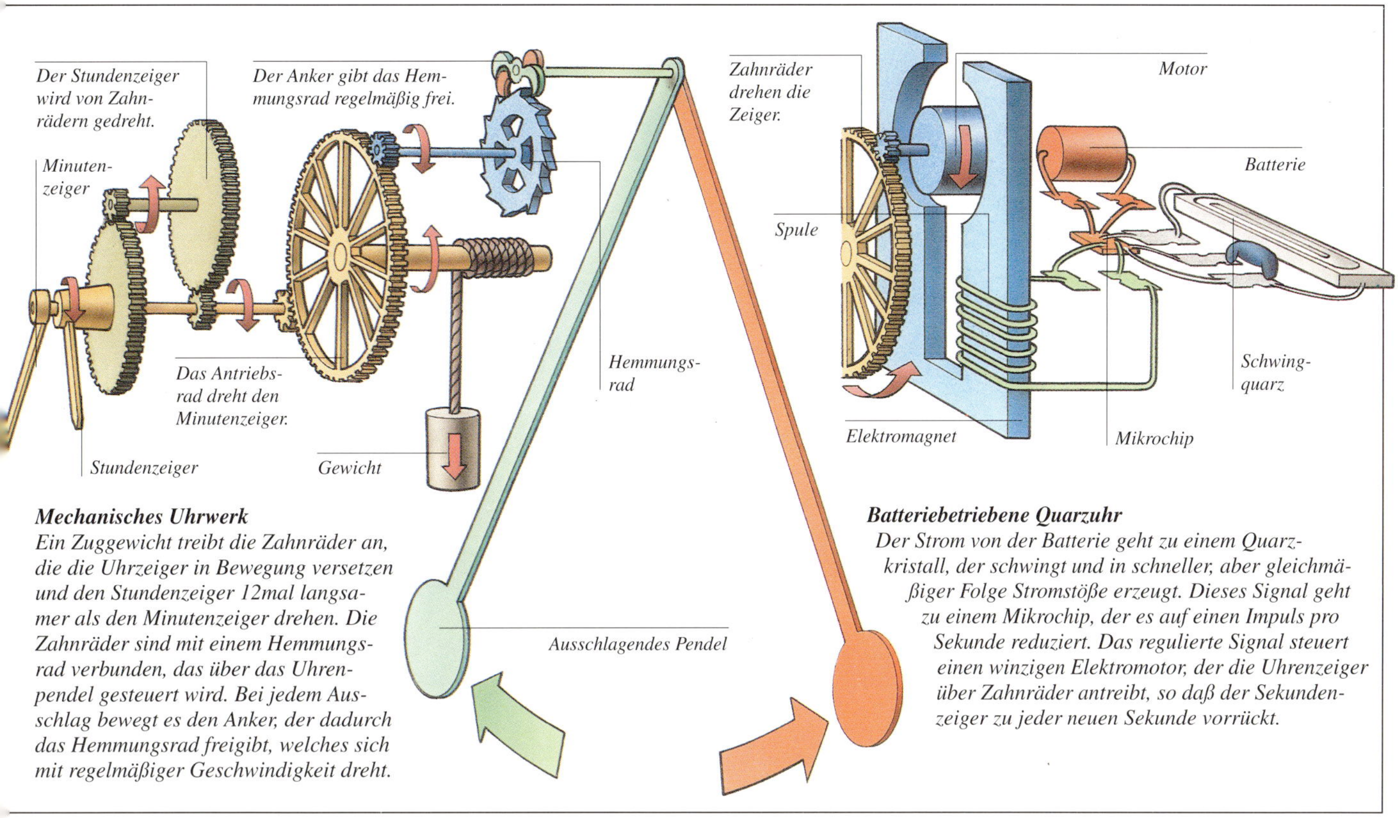

Der Stundenzeiger
wird von Zahn-
rädern gedreht.

Der Anker gibt das Hem-
mungsrad regelmäßig frei.

Minuten-
zeiger

Das Antriebs-
rad dreht den
Minutenzeiger.

Stundenzeiger

Gewicht

Hemmungs-
rad

Zahnräder
drehen die
Zeiger.

Motor

Batterie

Spule

Schwing-
quarz

Elektromagnet

Mikrochip

Mechanisches Uhrwerk

Ein Zuggewicht treibt die Zahnräder an, die die Uhrzeiger in Bewegung versetzen und den Stundenzeiger 12mal langsamer als den Minutenzeiger drehen. Die Zahnräder sind mit einem Hemmungsrad verbunden, das über das Uhrenpendel gesteuert wird. Bei jedem Ausschlag bewegt es den Anker, der dadurch das Hemmungsrad freigibt, welches sich mit regelmäßiger Geschwindigkeit dreht.

Ausschlagendes Pendel

Batteriebetriebene Quarzuhr

Der Strom von der Batterie geht zu einem Quarzkristall, der schwingt und in schneller, aber gleichmäßiger Folge Stromstöße erzeugt. Dieses Signal geht zu einem Mikrochip, der es auf einen Impuls pro Sekunde reduziert. Das regulierte Signal steuert einen winzigen Elektromotor, der die Uhrzeiger über Zahnräder antreibt, so daß der Sekundenzeiger zu jeder neuen Sekunde vorrückt.

Jede Pendelschwingung dauert gleich lang, auch wenn die Ausschläge nach links und rechts kürzer werden.

3 Zieht das Pendel auf eine Seite, bis es etwa 4 cm von der Vertikalen entfernt ist. Laßt es los, und achtet darauf, daß es ruhig ausschlägt und nicht zittert. Schlägt es ruhig aus, fangt ihr es wieder ein.

4 Zieht das Pendel auf eine Seite, und laßt es dann los. Gleichzeitig drückt ihr auf die Stoppuhr, während euer Freund die Anzahl der Pendelbewegungen zählt. Stoppt die Zeit, die das Pendel für 30 und 60 Ausschläge braucht.

Nähmaschinen

Wer nähen kann, schneidet aus Stoff einzelne Teile aus und näht diese zusammen. Nähen ist ein schönes Hobby, man kann sich ausgefallene Kleider billig selber machen. Mit der Hand nähen ist aber zeitaufwendig – zudem erfordert es einiges an Geschick. Eine Nähmaschine ist viel schneller, die Nähte sind gleichmäßig, und es stehen verschiedene Stiche zur Auswahl. Die Nähmaschine wird gewöhnlich durch einen Elektromotor angetrieben, so daß man beide Hände zum Führen des Stoffes frei hat.

Stichmechanismus

Nähen ist für geschickte Hände nicht schwierig. Man führt einfach eine Nadel mit einem Faden immer wieder durch zwei oder mehrere Lagen Stoff. Die verschiedenen Stiche entstehen beim Festziehen des Fadens. Bei einer Nähmaschine ist dieser Vorgang viel komplizierter. Die

Stofflagen liegen unter einer senkrecht stehenden Nadel, das Nadelöhr ist an der unteren Spitze. Durch die Nadel fädelt man den Faden von einer auf der Nähmaschine aufgesteckten Spule ein. Die Nadel bewegt sich immer wieder nach oben und unten, während der Nähfuß den Stoff transportiert.

Unter dem Nähfuß ist ein rotierendes Schiffchen mit einer zweiten Garnspule (Unterfadenspule) angebracht, dessen Unterfaden an der Stoffunterseite mit dem Oberfaden verbunden wird und so einen Stich bildet.

Nadel
Oberfaden

1. Es entsteht gerade ein neuer Stich. Die Nadel mit dem Oberfaden wird zu den beiden Stofflagen hin abgesenkt.

Rotierendes Schiffchen
Zwei Lagen Stoff

2. Die Nadel sticht durch die beiden Stofflagen und nimmt dabei den Oberfaden mit. Das Schiffchen dreht sich mit der Nadelbewegung.

Unterfaden

3. Das Schiffchen faßt unter den Unterfaden. Dabei nimmt sein Haken die Schlinge des Oberfadens mit, während die Nadel nach oben steigt.

Fest sitzende Unterfadenspule

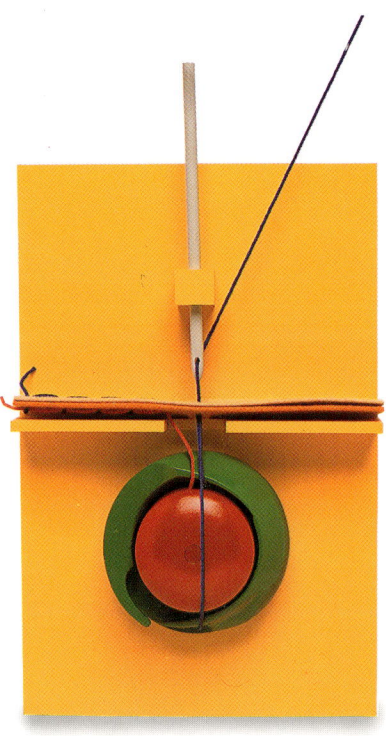

4. *Der sich drehende Haken zieht den Oberfaden durch die aufsteigende Nadel. Dabei vergrößert sich die Schlinge des Oberfadens.*

5. *Der Unterfaden liegt immer noch ruhig, während die Nadel die Stofflagen bereits wieder verlassen hat. Der sich drehende Haken schlingt den Oberfaden um die Unterfadenspule.*

6. *Ein Teil der Oberfadenschlinge gleitet hinter die Spule, der andere nach vorne. Der Unterfaden liegt immer noch ruhig.*

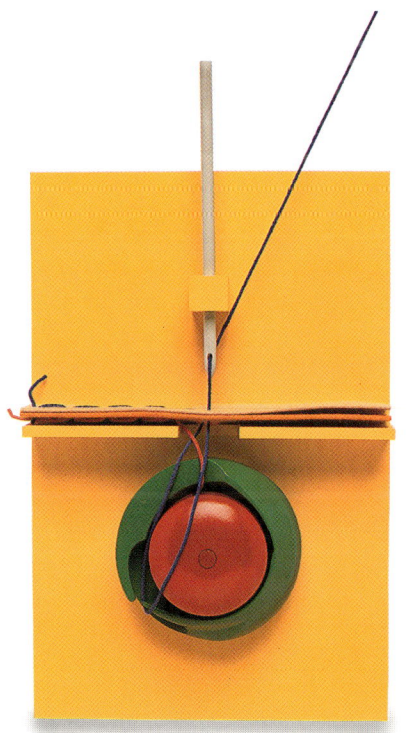

Während der Stoff vom Nähfuß weitergeschoben wird, führt der Haken eine Leerumdrehung aus, von der Unterfadenspule wird kein Faden abgewickelt.

7. *Der Oberfaden gleitet über die Unterfadenspule und schlingt sich um den Unterfaden. Der Fadengeber der Nähmaschine zieht den Oberfaden nach oben.*

8. *Die Oberfadenschlinge rutscht vom Haken und wird am anderen Ende des Hakens aufgefangen. Sobald die Schlinge hochgezogen wird, schließt sie sich um den Unterfaden.*

9. *Sobald der Oberfaden vom Haken rutscht und den Unterfaden umschließt, bildet sich der Stich. Der Stoff wird nun für den nächsten Stich weitertransportiert.*

VERKEHR

Auf der Straße
Auf Autobahnen kann man heutzutage sicher und schnell fahren. Die Straßenbeleuchtung sowie die Scheinwerfer der Fahrzeuge haben die Gefahren, die das Fahren nachts mit sich bringt, deutlich verringert. Auch Radfahrer profitieren von moderner Technik. Mit einem Mountainbike (oben) läßt sich fast jedes Gelände bewältigen. Eine Vielzahl von Gängen macht dem Radfahrer das Leben leicht.

Moderne Verkehrsmittel erleichtern das Reisen. Leistungsstarke Motoren treiben Flugzeuge, Züge und Autos mit hoher Geschwindigkeit voran, zuverlässige und sichere Steuerungs- und Verkehrsleittechnik sorgt für eine fast risikolose Fahrt. Es gibt auf dieser Welt kaum einen Ort, den man nicht mit öffentlichen Verkehrsmitteln oder privatem Pkw erreichen kann. Aber die große Anzahl von Fahrzeugen führt auch zu Problemen: Bei einem Verkehrsstau kriechen die Fahrzeuge nur noch voran, und die durch den Verkehr verursachte Luftverschmutzung kann zu einer wahren Plage werden.

SCHNELLER UND WEITER

Auch wenn wir uns dank Telekommunikation jederzeit miteinander in Verbindung setzen und Daten übermitteln können, müssen oder wollen wir daneben reisen. Dabei haben wir die Wahl zwischen verschiedensten Verkehrsmitteln – mit Hochgeschwindigkeit oder langsam und gemütlich, Fern- oder Nahverkehr. Alle Verkehrsmittel befördern nicht nur Personen, sondern – vielleicht noch wichtiger – auch Waren und Güter.

Die größten Energieverbraucher der Welt sind auf das Erdöl angewiesen, das meist in großen Tankern von den abgelegenen Ölfeldern zu den Raffinerien transportiert wird.

Erst seit zwei Jahrhunderten erschließt der Verkehr die Welt. Zuvor konnte man nur mit der Pferdekutsche oder einem Segelschiff reisen. Reisen, die heute ein paar Stunden dauern, nahmen damals Tage oder gar Monate in Anspruch. Moderne Technik eröffnete auch ein neues Reisezeitalter. Die Erfindung der Dampfmaschine brachte Schiffe, Züge und Autos mit Eigenantrieb. Der Benzinmotor machte nicht nur das Auto als praktisches Verkehrsmittel, sondern auch das Flugzeug möglich. Dank immer stärkeren Motoren und dem Bau von Straßen- und Schienennetzen konnte man bald schneller und weiter reisen, und mittlerweile steht die ganze Welt offen. Der Verkehr läßt sich in solchen auf dem See- oder Landweg (über- und unterirdisch) sowie in Luft- und Raumfahrt einteilen. Autos, Busse, Lkws, Motor- und Fahrräder beherrschen das Straßenbild, Züge sind aber schneller.

Auf den Meeren verkehren hauptsächlich Frachter und Öltanker. Der Personenverkehr auf dem Meer wird von Fähren und Kreuzfahrtschiffen sowie Tragflächen- und Luftkissenbooten abgewickelt, die kurze Strecken schnell bedienen. Linien- und Kleinflugzeuge sowie Hubschrauber sorgen für öffentlichen und privaten Luftverkehr.

Die Raumfahrt ist den Astronauten vorbehalten, transportiert aber auch kommerzielle Satelliten in ihre Umlaufbahn um die Erde.

Fortbewegung

Alle Fortbewegungen beruhen auf dem Prinzip des Rades oder auf dem des Rückstoßes. Sämtliche Straßen- und Schienenfahrzeuge laufen auf Rädern. Die Zugräder sitzen direkt auf den Schienen; bei Straßenfahrzeugen sind Gummireifen erforderlich, die aufgrund von Reibung auf dem Straßenbelag greifen. Dank dem Reifenprofil kann das Wasser unter den Reifen entweichen, so daß diese auch bei Nässe eine gute Bodenhaftung haben. Im Wasser und in der Luft müssen die Fahrzeuge ein flüssiges Medium meistern, während Raumfahrzeuge sich im Vakuum fortbewegen. Sie bewegen sich nach dem Rückstoßprinzip. Nach hinten ausgestoßene Luft- oder Wasserströme treiben das Fahrzeug vorwärts. Schiffsschrauben und Flugzeugpropeller und Düsentriebwerke stoßen Wasser oder Luft nach hinten aus, während Düsen- und Raketentriebwerke enorme Mengen an heißen Abgasen in die Luft oder in den Raum ausstoßen. Auch Magnetismus läßt sich zur Fortbewegung nutzen. Magnetschwebebahnen sind mit Linearmotoren ausgerüstet, die mittels magnetischer Anziehungs- und Rückstoßkraft eine vorwärts gerichtete Bewegung erzeugen. Die Magnete lassen die Züge zudem leicht über der Schienenoberfläche schweben. Dies schaltet die Reibung aus, so daß Magnetschwebebahnen sehr schnell fahren können. Bei Luftfahrzeugen ist auch eine senkrechte Bewegung möglich, die durch Auftrieb erzeugt wird. An den Tragflächen der Flugzeuge, an einem Hubschrauberrotor und an einer großen Ballonhülle entsteht Auftrieb. Diese nach oben gerichtete Kraft reißt nicht ab, wenn ein Flugzeug seine Flughöhe erreicht hat oder ein Hubschrauber oder ein Ballon an einer Stelle schweben. In diesem Fall ist der Auftrieb genauso groß wie das Gewicht des Luftfahrzeugs, so daß es weder nach unten noch nach oben getragen wird.

Die Tragflächen umfließende Luft erzeugt den Auftrieb. Diese aufwärts gerichtete Kraft trägt das Flugzeug in der Luft, wenn der Anstellwinkel nicht zu steil ist.

Antriebskraft

Wie alle Maschinen nutzen auch Verkehrsmittel drei Energiequellen. Bei Fahrrädern reicht Muskelkraft aus. Viele Räder sind mittlerweile mit einer Gangschaltung ausgerüstet, die nicht nur das Erklimmen steiler Bergstraßen, sondern auch schnelles Fahren auf ebener Strecke ermöglicht. Aber die meisten Straßenfahrzeuge wie auch viele Züge, alle Flugzeuge und Weltraumraketen brauchen Treibstoff

Der Lenkmechanismus eines Autos überträgt die Lenkbewegungen des Fahrers auf die Vorderräder.

als Energieträger. Als dritte Energiequelle ist elektrischer Strom zu nennen. Dieser wird mit hoher Spannung von den Kraftwerken zu den Oberleitungen entlang der Zugstrecke geleitet und treibt die Züge an. Auch Batterien oder Solarzellen sorgen für Strom. Ein Auto mit Batterieantrieb ist möglich, hat aber nur eine geringe Reichweite. Selbst Sonnenenergie wurde bereits als Antrieb von Versuchsautos und -flugzeugen getestet. Diese Antriebsart ist für die praktische Umsetzung noch zu wenig leistungsstark, hätte aber den großen Vorteil einer umweltfreundlichen Antriebsquelle. Batterien und Sonnenenergie werden in Zukunft als Antriebsquellen weiterentwickelt und im täglichen Verkehr Einzug halten.

Ein effizientes Fahrzeug verbraucht möglichst wenig Antriebskraft und spart im Vergleich zu einem herkömmlichen Fahrzeug Energie, da es entweder einen geringeren Kraftstoffverbrauch bietet oder schneller ans Ziel gelangt. Eine stromlinienförmige Konstruktion spart Energie, da sie den Widerstand in Luft und Wasser verringert und ein Auto, Schiff oder Flugzeug nicht soviel Kraft für die Vorwärtsbewegung aufbringen muß. Tragflächen- und Luftkissenboote verringern den Wasserwiderstand, indem sie den Bug leicht über die Wasseroberfläche anheben. Auch durch Wiederverwertung von Energie läßt sich der Wir-

Da der Hubschrauber in der Luft schweben kann, eignet er sich für Rettungseinsätze.

kungsgrad steigern. Bremsen verbrauchen viel Energie, da zum Anhalten eines Fahrzeugs genauso viel Energie erforderlich ist wie zum Beschleunigen. Die Bremsverluste können jedoch in eine Form umgewandelt werden, die man wieder zum Antrieb des Fahrzeugs nutzt. Das Auto der Zukunft wird von Elektromotoren angetrieben, die auch als Generatoren arbeiten. Beim Bremsen würden sie dann die Autobatterien wieder aufladen.

Navigation

Ein Fahrzeug nützt wenig, wenn man nicht am Ziel ankommt, und zwar möglichst auf dem kürzesten oder schnellsten Weg. Computergesteuerte Navigationssysteme können dem Autofahrer heutzutage die Fahrtrichtung angeben und sogar Baustellen oder andere Hindernisse großräumig umgehen helfen – der Autofahrer braucht also keine Landkarte mehr. Auf Schiffen hat man lange mittels Navigationsinstrumenten die Position bestimmt. Mittlerweile läßt sich das mittels satellitengestützter Navigationssysteme

Die Radarschirme in einer Luftverkehrszentrale zeigen Daten an, aus denen die Fluglotsen die Positionen aller Flugzeuge in der Nähe ersehen können.

binnen Sekunden erledigen, der Kapitän kann auf dem Radarschirm in der Nähe fahrende Schiffe und andere Gefahrenquellen ausmachen. Ein Autopilot hält das Flugzeug auf dem vorher eingegebenen Kurs. Externe Steuerung spielt für die Sicherheit eine wesentliche Rolle

und läßt eine höhere Verkehrsgeschwindigkeit zu. Zugsignalanlagen gewährleisten, daß auf einer bestimmten Strecke immer nur ein Zug fahren kann, während Überführungen und Verkehrsampeln verhindern, daß sich Autos und Lkws in die Quere kommen. Von der Flugsicherungszentrale aus werden die Flugzeuge über unsichtbare Luftstraßen gesteuert, so daß immer nur ein Flugzeug einen bestimmten Teil des Luftraums besetzt. Radarsysteme am Boden ermitteln die Position der Flugzeuge im Luftraum. Der Radarstrahl aktiviert aber auch einen Signalgeber im Flugzeug, der laufend Flughöhe, -nummer und Ziel des Flugzeugs übermittelt. Radar im Flugzeug dient zum Aufspüren von Stürmen auf der Flugroute.

Sicherheitsmaßnahmen

Mit zunehmender Geschwindigkeit spielen Sicherheitsmaßnahmen eine große Rolle. Autos und Flugzeuge sind heutzutage mit Sicherheitsgurten und Airbags ausgestattet, die den Insassen bei einem Zusammenstoß Schutz bieten. Die Fahrzeuge selbst sind ebenfalls auf größtmögliche Sicherheit ausgelegt. Bei einem

Diese japanische Magnetschwebebahn im Versuchsstadium ist der schnellste Zug der Welt. Magnete in den Schienen und am Zug heben ihn an und treiben ihn mit einer Geschwindigkeit von über 500 km/h voran.

Dieses Versuchsauto hat einen Solarantrieb und nimmt gerade an einem Rennen für umweltfreundliche Autos teil. Die auf dem Auto montierten Solarzellen erzeugen aus Sonnenlicht Strom. Dieser Strom versorgt die Motoren, die die Räder antreiben.

Zusammenstoß sorgt die Knautschzone eines Autos dafür, daß die Fahrzeuginsassen selbst nicht verletzt werden.

Eisenbahnen

Abgesehen von nur noch ganz wenigen, in Betrieb befindlichen Dampflokomotiven werden heute fast alle Züge mit Elektro- oder Dieselmotoren angetrieben. E-Loks werden über Oberleitungen oder eine stromführende Schiene mit Strom versorgt. Dieselloks und dieselelektrische Lokomotiven haben Eigenantrieb und befahren nicht elektrifizierte Strecken. Hochgeschwindigkeitszüge und leistungsfähige Signalanlagen machen die Eisenbahn zum schnellsten und sichersten Verkehrsmittel im Überlandverkehr. Magnetschwebebahnen, die auf einem Magnetfeld über die Schienen gleiten, befinden sich noch im Versuchsstadium. Mit Geschwindigkeiten bis zu 500 km/h werden sie zukünftig selbst die jetzigen Hochgeschwindigkeitszüge schnell hinter sich lassen.

EXPERIMENT
Schnellgleiter

 Bei diesem Experiment sollte ein Erwachsener helfen.

Bastelt ein Modell einer Magnetschwebebahn. Dieser Zugtyp wird mittels Magneten über die Spezialschienen angehoben und gleitet vorwärts. Da der Zug mit dem Schienenstrang nicht in direkter Verbindung steht, tritt nur minimale Reibung auf, so daß er sehr schnell fahren kann. Der Modellzug beruht auf dem Prinzip der magnetischen Abstoßung. Ein Magnet hat zwei Pole, den Nord- und den Südpol. Liegen sich zwei gleiche Pole gegenüber, stoßen sie einander ab. Hier wird der Magnet im Zug von den Schienenmagneten abgestoßen.

IHR BRAUCHT

● etwa 50 g Modelliermasse ● 10 rechteckige Magnete, deren Pole an den Längsseiten liegen. l steht für die Länge, b die Breite und t die Tiefe jedes Magnets.
● 5 mm dicke Crea-Fix-Platten wie folgt: 2 Seitenteile A, 11 l x 2 l, 2 Abschlußwände B 2 l x 2 l, Schiene C 9 l x b + 5 mm, 2 Abstandhalter D, l x b, Zugunterbau E, 1,5 l x b + 2 cm ● Stift ● Schneidunterlage
● Messer ● doppelseitiges Klebeband
● Kleber ● Schere ● Stahllineal ● zwei Seitenteile F aus fester Pappe, 1,5 l x l

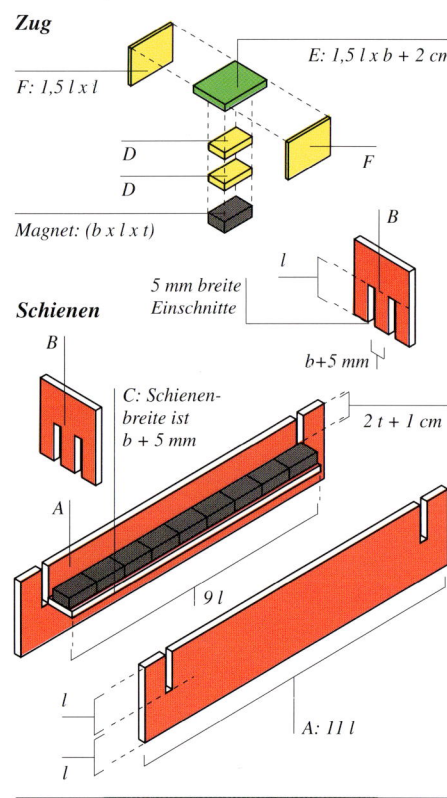

Zug

E: 1,5 l x b + 2 cm
F: 1,5 l x l
D
D
F
Magnet: (b x l x t)

B
l
5 mm breite Einschnitte
b + 5 mm

Schienen

B
C: Schienenbreite ist b + 5 mm
2 t + 1 cm
A
9 l
l
l
A: 11 l

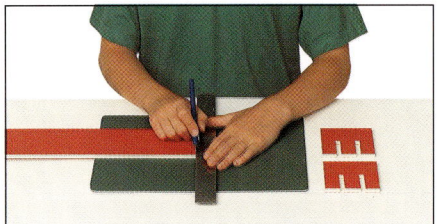

1   In jedes Endstück B schneidet ihr b + 5 mm voneinander entfernt zwei 5 mm breite und l tiefe Schlitze. In die Seitenteile A macht ihr in 9 l Abstand zwei Schlitze.

2   Mit doppelseitigem Klebeband klebt ihr neun Magnete in der Mitte der Schiene C an, (gleiche) Pole nach oben. Auf jeder Seite sollen 2,5 mm frei bleiben.

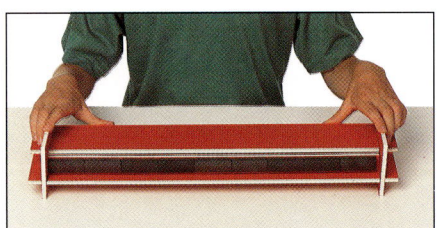

3   Klebt die Kanten der Schiene C zwischen den Schlitzen der Teile A fest, wobei der Magnet 2 t + 1 cm unterhalb der Kante der Teile A liegen muß. Steckt die Teile B auf die Seitenteile A.

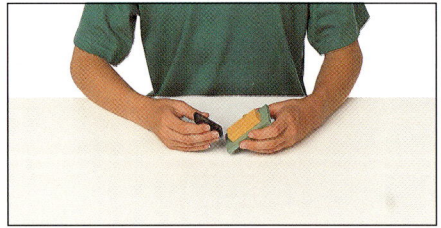

4   Steckt die Abstandhalter D zusammen. Klebt sie in die Mitte des Zugunterbaus E. Schaut, welcher Pol des letzten Magnet von den Schienenmagneten angezogen wird: klebt diese Seite auf die Abstandhalter.

5   Klebt die Seitenteile F an den Zugunterbau, so daß der Magnet dazwischen hängt. An der Außenfläche drückt ihr unten auf jeder Seite gleich viel Modelliermasse an.

Magnetschwebebahnen

Diese Züge funktionieren mit Elektromagneten, in denen der durch eine Drahtspule fließende Strom ein Magnetfeld erzeugt. Bei diesem japanischen Prototyp heben die durch die Zug- und Schienenmagnete erzeugten Magnetfelder den Zug über die Schienen und treiben ihn vorwärts. Der Zug ist mit energiesparenden supraleitenden Elektromagneten ausgerüstet. Er ist fast so schnell wie ein Flugzeug, verbraucht aber nur halb soviel Energie.

Magnetantrieb
Hier sind die Antriebsspulen zu sehen.

Japanische Magnetschwebebahn
Die Antriebsspulen in der Gleiswand werden mit Wechselstrom versorgt, wenn der Zug vorbeifährt. Dabei kehrt sich die Polarität jeder Spule um, so daß jede Antriebsspule die Zugspulen abwechselnd anzieht und abstößt und den Zug somit vorwärts treibt. Weitere Gleisspulen heben den Zug zusammen mit den Zugspulen an, so daß dieser über den Schienenstrang gleitet.

■ Nordpol
■ Südpol

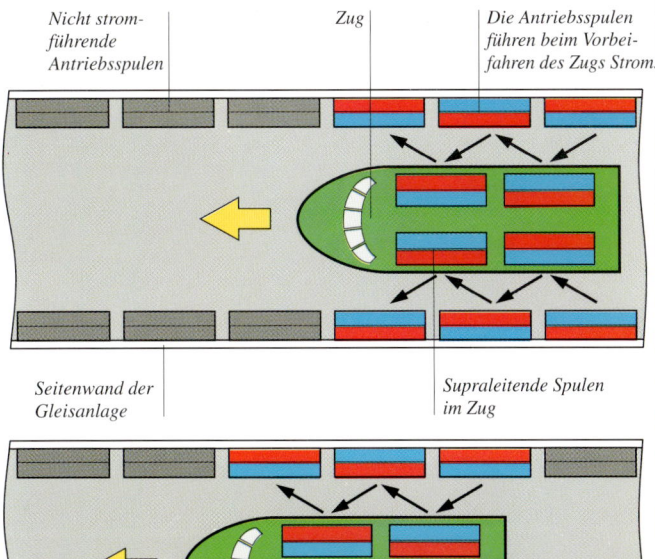

Nicht stromführende Antriebsspulen — Zug — Die Antriebsspulen führen beim Vorbeifahren des Zugs Strom.

Seitenwand der Gleisanlage — Supraleitende Spulen im Zug

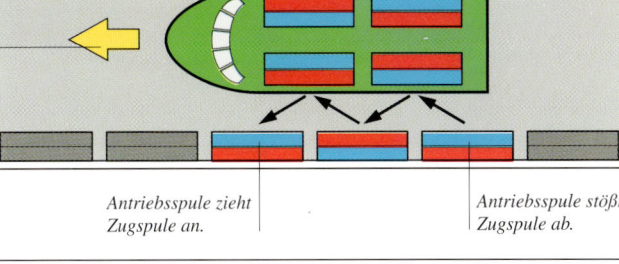

Der Zug bewegt sich vorwärts.

Antriebsspule zieht Zugspule an. — Antriebsspule stößt Zugspule ab.

6 Klebt einen Waggon auf den Zugunterbau, und setzt den Zug auf die Schiene. Nehmt an den Seiten entweder etwas Modelliermasse ab, oder fügt neue hinzu, bis der Zug im Gleichgewicht über dem Gleis schwebt. Setzt ihn an ein Schienenende, und schubst ihn leicht an: Er gleitet mühelos vorwärts.

Hochgeschwindigkeitszüge

Der schnellste, regelmäßig verkehrende Personenzug ist der französische TGV. Die Elektromotoren in den Triebwagen an jedem Zugende werden über eine Oberleitung mit Strom versorgt. Der TGV befördert seine Fahrgäste mit 300 km/h durch Frankreich. Sein Geschwindigkeitsrekord liegt bei 515 km/h. In Großbritannien befahren Hochgeschwindigkeitszüge mit dieselelektrischem Antrieb nicht elektrifizierte Strecken. Leistungsstarke Dieselmotoren treiben Stromgeneratoren an, die den für die Elektromotoren in den Triebwagen erforderlichen Strom erzeugen. Der englische Intercity 125 soll mit Geschwindigkeiten von bis zu 200 km/h das bereits vorhandene nicht elektrifizierte Schienennetz befahren und hat in seiner Klasse eine Rekordgeschwindigkeit von 230 km/h erzielt. In Deutschland erreicht der ICE auf den Neubaustrecken bis zu 250 km/h im Linienverkehr.

Intercity 125
fährt mit dieselelektrischem Antrieb auf dem vorhandenen Schienennetz.

TGV (Train à Grande Vitesse)
Der TGV verkehrt auf einem speziellen, neu verlegten Schienennetz.

Autos 1

Ein Auto ist wohl eine der kompliziertesten Maschinen, die ihr bei euch zu Hause vorfindet. Dabei ist das Grundprinzip einfach: Die vom Motor auf die Räder übertragene Antriebskraft bewegt das Auto vorwärts (und rückwärts). Aber diese Kraftübertragung und die Notwendigkeit einer problemlosen, sicheren und bequemen Konstruktion macht viele hochkomplizierte, aufeinander abgestimmte Aggregate erforderlich. In Wirklichkeit ist das Auto also ein Zusammenspiel der verschiedensten einzelnen Maschinen, die in der Abbildung unten dargestellt und erläutert werden.

EXPERIMENT
Lenkmechanismus

 Bei diesem Experiment sollte ein Erwachsener helfen.

Baut das bei Autos am häufigsten verwendete Lenksystem, die Zahnstangenlenkung, nach. Bei einer Drehung am Lenkrad schiebt ein Ritzel (Zahnrad) am anderen Achsenende eine Zahnstange auf die eine oder andere Seite. Die Zahnstange ist mit den Radnaben verbunden und lenkt die Räder.

Die Hauptaggregate eines Autos

- Motor
- Elektrik
- Kühlsystem
- Kraftstoffversorgung
- Getriebe
- Aufhängung
- Bremssystem
- Auspuffanlage

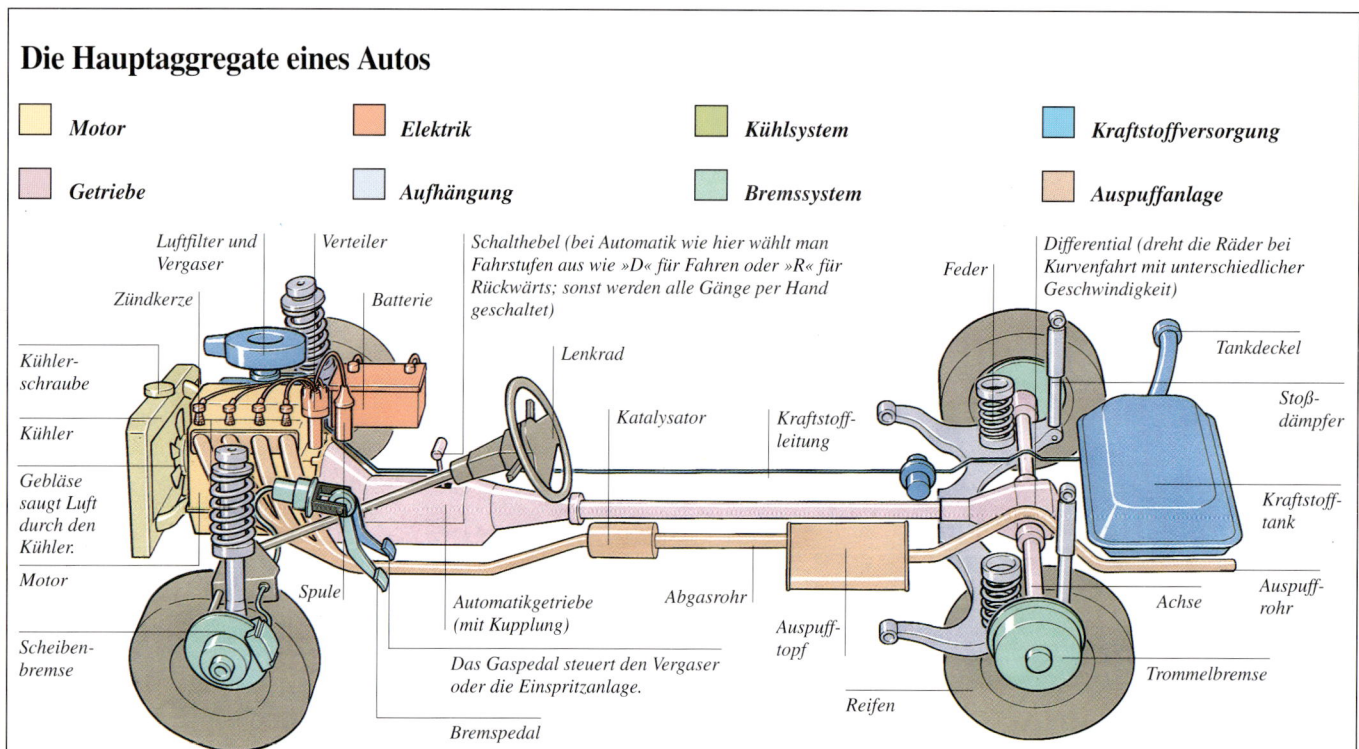

Luftfilter und Vergaser · Verteiler · Schalthebel (bei Automatik wie hier wählt man Fahrstufen aus wie »D« für Fahren oder »R« für Rückwärts; sonst werden alle Gänge per Hand geschaltet) · Feder · Differential (dreht die Räder bei Kurvenfahrt mit unterschiedlicher Geschwindigkeit) · Zündkerze · Batterie · Tankdeckel · Kühlerschraube · Lenkrad · Stoßdämpfer · Kühler · Katalysator · Kraftstoffleitung · Kraftstofftank · Gebläse saugt Luft durch den Kühler. · Motor · Spule · Automatikgetriebe (mit Kupplung) · Abgasrohr · Achse · Auspuffrohr · Scheibenbremse · Das Gaspedal steuert den Vergaser oder die Einspritzanlage. · Auspufftopf · Trommelbremse · Bremspedal · Reifen

Getriebe
Wellen übertragen die vom Motor erzeugte Antriebskraft über Kupplung, Getriebe und Differentialgetriebe auf die Räder. Möglich sind Hinterradantrieb (wie hier), Front- oder Allradantrieb.

Elektrik
Ein Auto wird über eine motorgetriebene Lichtmaschine mit Strom versorgt, die auch die Batterie lädt. Zu einem Benzinmotor gehört eine Zündanlage, deren Zylinderspule die von der Lichtmaschine gelieferte Stromspannung erhöht. Der Strom wird dann von einem Verteiler auf die Zündkerzen der einzelnen Motorzylinder verteilt und löst dort abwechselnd den Arbeitstakt aus.

Motor
Der in den Motorzylindern verbrennende Kraftstoff setzt die Zylinderkolben in Bewegung, die wiederum die Kurbelwelle drehen (S. 18). Die Kurbelwelle treibt Schwungrad und Getriebe an. Die beweglichen Motorteile werden mit Öl geschmiert.

Auspuffanlage
Die Abgase verlassen den Motor durch das Auspuffrohr und werden dann durch den Auspufftopf, der einen Schalldämpfer enthält, und das Auspuffrohr am Wagenende ins Freie geleitet. Dazwischen ist noch ein Katalysator angebracht, der die Abgase von Schadstoffen reinigt, so daß nur noch unschädliche Gase abgegeben werden.

Kühlsystem
Um den Motor herumgepumptes Wasser nimmt Wärme auf, fließt dann durch den Kühler, wo es diese Wärme wieder abgibt. Das heiße Wasser wird auch für die Autoheizung genutzt.

Kraftstoffversorgung
Zur Sicherheit wird der Kraftstofftank weit weg von Motor und Insassen eingebaut. Der Kraftstoff – Benzin oder Diesel – wird zum Vergaser gepumpt (S. 102). Hier werden Kraftstoff und Luft vermischt und dann in die Zylinder eingesprüht. Einige Autos haben statt Vergasern Einspritzanlagen, die die erforderliche Kraftstoffmenge jeweils genau messen, um den größten Wirkungsgrad zu erreichen.

Bremssystem
Alle vier Räder sind mit Bremsen ausgestattet. Scheibenbremsen greifen in eine Scheibe an der Radachse ein, Trommelbremsen in eine Trommel am Rad. Da Scheibenbremsen eine größere Bremskraft haben, werden sie oft an den Vorderrädern montiert, wo eben diese größere Bremskraft erforderlich ist. Einige Autos besitzen Bremskraftverstärker.

Aufhängung
Damit die Autoinsassen bei der Fahrt nicht hin- und hergerüttelt werden, sind Federn und Stoßdämpfer auf den Radachsen montiert. Die Stoßdämpfer halten außerdem das Fahrzeug bei Kurvenfahrt stabil.

IHR BRAUCHT

● Stahllineal ● Schneidunterlage ● 3 cm
und 1,5 cm breite Crea-Fix-Streifen ● eine
Crea-Fix-Scheibe mit 3 cm Durchmesser
und vier mit 6 cm Durchmesser ● Schraubenzieher ● Schere ● Messer ● Handbohrer
mit 5-mm-Einsatz ● Holzspieß ● Rundfeile
● Schraubzwinge ● Klebstoff ● Bleistift
● Gummiband ● 3-mm-Schrauben mit
Muttern ● dünne Nägel ● gerieften Plastik-
flaschenverschluß ● Sandpapier, 6 x 1,5 cm
● doppelseitiges Klebeband

1 Schneidet die Teile G bis J und M aus
dem 1,5 cm breiten Crea-Fix-Streifen, die
übrigen Teile aus dem 3 cm breiten Streifen
(siehe unten). Mit einem Holzspieß stecht
ihr an den markierten Stellen Löcher in
die Teile G bis L, die genau so groß sind,
daß eine Schraube durchpaßt. Jedes Loch
sollte 3 mm von der nächsten Kante entfernt sein.

2 Klebt die Teile B und C an das Fahrgestell A, ebenso die Lenksäulenhalter D, E,
F. Die Vorderachse G klebt ihr unter B an.
Achtet darauf, daß die Zahnstange H gut
zwischen den Zahnstangenschlitten gleitet.
Mit Schrauben und Muttern schraubt ihr
die Zahnstange, die Spurstangen I und J,
die Lenkschenkel K und L sowie die Vorderachse zusammen.

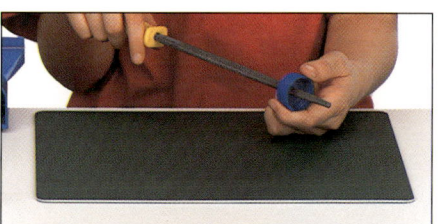

3 Bohrt in die Mitte des Flaschenver-
schlusses ein Loch, und feilt es so weit aus,
daß ein Bleistift als Lenksäule durchpaßt.
Die Hinterachse M klebt ihr hinten unten
am Fahrgestell an.

4 Klebt einen Streifen Sandpapier an die
Zahnstange. Legt die Lenksäule auf die
Halterung, so daß der Verschluß das Sand-
papier berührt, und befestigt sie mit einem
Gummiband am Fahrgestell.

5 Nagelt die Scheiben mit 6 cm Durchmesser an die Vorder- und Hinterachse.
An der Lenksäule bringt ihr die Scheibe
mit 3 cm Durchmesser an. Und damit ist
die Lenkung fertig.

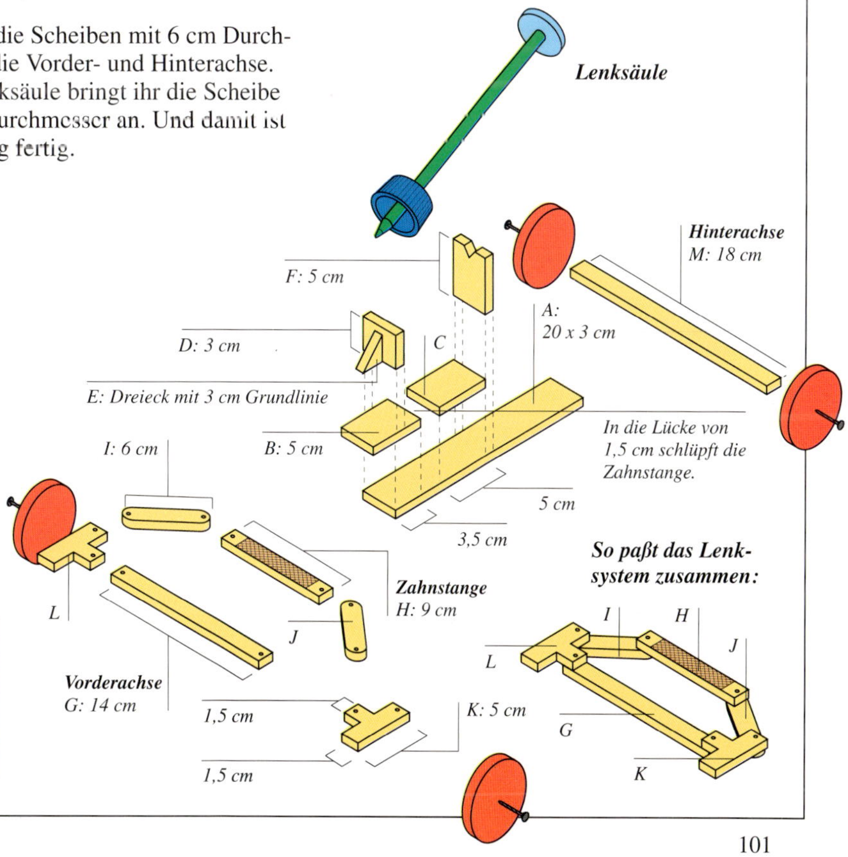

Lenksäule

Hinterachse
M: 18 cm

F: 5 cm

D: 3 cm

C

A:
20 x 3 cm

E: Dreieck mit 3 cm Grundlinie

In die Lücke von
1,5 cm schlüpft die
Zahnstange.

I: 6 cm

B: 5 cm

5 cm

3,5 cm

L

Zahnstange
H: 9 cm

J

So paßt das Lenk-
system zusammen:

I   H

L   J

Vorderachse
G: 14 cm

1,5 cm

1,5 cm

K: 5 cm

G

K

Autos 2

Gute Beschleunigungseigenschaften des Autos sind vielen Fahrern wichtig. Sobald man das Gaspedal tritt, wird dem Motor über den Vergaser oder die Einspritzpumpe mehr Kraftstoff zugeführt, so daß der Wagen schneller fahren kann. Außerdem haben moderne Autos Systeme zur Verbesserung der Sicherheit: Bremskraftverstärker und Servolenkung ersparen dem Fahrer beim Bremsen und Lenken Kraft, das Antiblockiersystem verhindert, daß der Wagen bei einer Notbremsung ins Schleudern kommt, und bei einem Zusammenstoß oder einer abrupten Bremsung verhindern die Sicherheitsgurte, daß Fahrer und Beifahrer nach vorn geschleudert werden.

EXPERIMENT
Einfacher Vergaser

Blast Luft durch einen geknickten Strohhalm, um Wasser anzusaugen und dieses dann auf ein Blatt Papier zu sprühen. Die durch den Strohhalm strömende Luft verliert durch den Schlitz Druck, so daß Wasser durch den Luftdruck in den Strohhalm drängt.

IHR BRAUCHT
● Glas ● Krug Wasser ● Schneidunterlage ● Blatt Papier ● Strohhalm ● Messer ● Schüssel

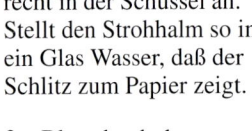

1 Macht in der Mitte des Strohhalms einen Querschlitz. Klebt das Papier senkrecht in der Schüssel an. Stellt den Strohhalm so in ein Glas Wasser, daß der Schlitz zum Papier zeigt.

2 Blast durch den Strohhalm, und biegt ihn dabei in unterschiedlichem Winkel, bis das Wasser fein aus dem Schlitz sprüht.

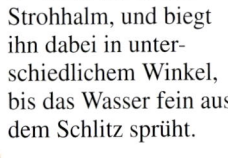

Das erste Auto

Der Verbrennungsmotor wurde 1860 von Etienne Lenoir (1822–1900) erfunden. 1885 entwickelte Karl Benz (1844–1929) einen leichten Motor, der ein Straßenfahrzeug zuverlässig antreiben konnte. Er baute auch das erste Auto – mit drei Rädern und einem Viertaktbenzinmotor.

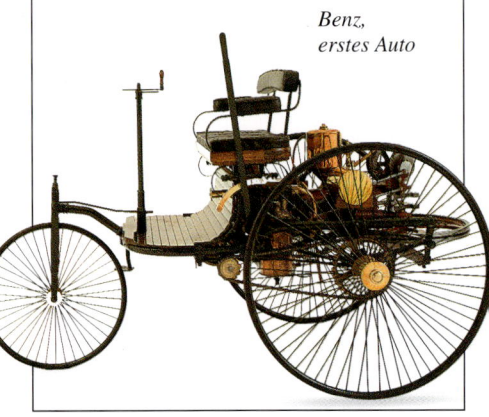

Benz, erstes Auto

Kraftstoffzufuhr

Im Vergaser wird Kraftstoff durch das Mischrohr ins Ansaugrohr geleitet, das zum Motor führt. An einer verengten Stelle, dem Lufttrichter, muß die Luft schneller strömen, und der Luftdruck nimmt ab. Dadurch wird Kraftstoff angesaugt und mit dem Luftstrom zu einem fein zerstäubten Luft-Kraftstoff-Gemisch verwirbelt. Die Drosselklappe reguliert die Menge des zum Motor strömenden Luft-Kraftstoff-Gemisches.

Das Nadelventil reguliert durch Schließen oder Öffnen die Benzinzufuhr.

Ansaugrohr

Luftstrom mit hoher Geschwindigkeit

Der Schwimmer regelt über eine Ventilnadel den Benzinzufluß zur Schwimmerkammer.

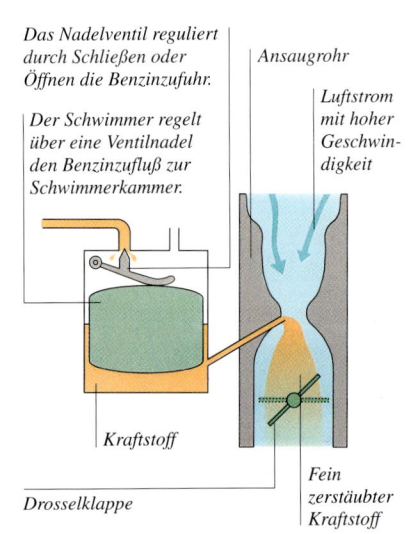

Kraftstoff

Drosselklappe

Fein zerstäubter Kraftstoff

EXPERIMENT
Sicher sitzen

 Bei diesem Experiment sollte ein Erwachsener helfen.

In einem Auto müßt ihr immer den Sicherheitsgurt anlegen. Der Gurt ist mit einer Sperre ausgerüstet, die nur dann greift, wenn ihr euch abrupt bewegt, wie bei einem Unfall. Bewegt ihr euch allerdings langsam, gibt der Gurt nach. Ihr bastelt jetzt einen Sitzgurt, der genauso funktioniert.

IHR BRAUCHT
● Holzbrett, ca. 50 x 15 cm ● Schere ● Schraubenzieher ● Rundfeile ● Bohrer und Einsatz (3 mm) ● Holzschrauben (5 mm) ● 7,5 cm lange Bolzen mit Kontermuttern ● Lineal ● Klebeband ● Garnspule ● Gummiband ● Schnur ● Schraubstock

1 Bohrt durch die Garnspule ein Loch; 90° zur Mittelachse und leicht versetzt. Vergrößert das Loch mit der Rundfeile, bis es etwas breiter als die Bolzen ist.

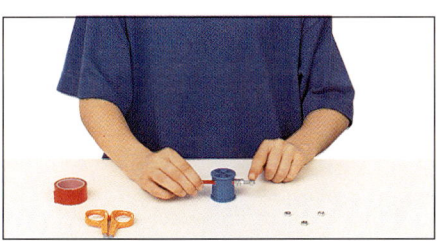

2 Macht den Schaft eines Bolzen mit Klebeband glatt, und laßt dabei am anderen Ende Platz für sechs Muttern. Schiebt ihn durch das gebohrte Loch. Setzt die Muttern als ausgleichendes Gewicht auf den Bolzen, und dreht sie fest.

3 Schraubt die Garnspule so auf das Holzbrett, daß sie drehbar gelagert ist. Am anderen Ende bringt ihr ebenfalls eine Schraube an. 5 cm von der ersten Schraube entfernt bringt ihr rechtwinklig zur ersten eine dritte Schraube an.

4 Bindet an der zweiten Schraube ein 8 cm langes Gummiband an. Mit dem losen Ende des Gummibands verknotet ihr eine 50 cm lange Schnur. Die Schnur stellt hier den Sicherheitsgurt dar; Gummi, Garnspule und Bolzen den Sperrmechanismus.

Die Garnspule dreht sich langsam, weswegen man an der Schnur ziehen kann.

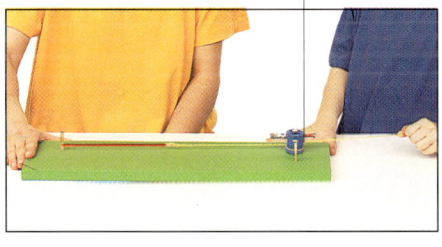

5 Achtet darauf, daß der Bolzen auf beiden Seiten gleich weit aus der Garnspule herausragt. Wickelt die Schnur einmal um die Garnspule und zieht das lose Ende langsam: Die Garnspule dreht sich.

6 Laßt die Schnur wieder los, so daß sie vom Gummi zurückgezogen wird. Jetzt zieht ihr noch einmal an der Schnur, aber schneller. Die Schnur sperrt plötzlich – genauso wie ein Sicherheitsgurt bei einem Unfall.

Die Garnspule dreht sich schnell, weswegen der Bolzen mit dem Gegengewicht nach außen schnellt und an der Schraube stoppt.

Schiffe und Boote

Einst bereiste man die Welt mit dem Schiff, jetzt nimmt man das Flugzeug. Mit dem Schiff setzt man nur noch kurze Strecken über oder unternimmt eine Kreuzfahrt. Doch für den Frachtverkehr zwischen den Kontinenten sind große Frachtschiffe unentbehrlich; Tanker versorgen die Raffinerien auf der ganzen Welt mit Rohöl. Diese Schiffe sind langsam, die Konstrukteure möchten aber die Geschwindigkeit durch Verringerung des Wasserwiderstands am Schiffsbug erhöhen. Tragflächen- und Luftkissenboote, die ihren Rumpf etwas über die Wasseroberfläche anheben, sind da schon schneller, können aber nicht größer gebaut werden. Sie werden zumeist als Fähren auf kurzen Strecken eingesetzt. Die meisten Schiffe werden durch eine Schiffsschraube (S. 20) vorangetrieben, einige – meist Vergnügungsdampfer – noch durch große Räder an der Seite. Es gibt aber auch einen Schiffsantrieb mit Hilfe eines Düsenstrahls wie bei Flugzeugen. Motoren pumpen Wasser unter hohem Druck durch eine Düse am Heck ins Wasser, so daß das Schiff voran getrieben wird.

EXPERIMENT
Stromlinienförmig

 Bei diesem Experiment sollte ein Erwachsener helfen.

Ein Schiff hat einen stromlinienförmigen Rumpf, so daß es dem Wasser wenig Widerstand entgegensetzt. Die Reibung zwischen Wasser und Rumpf erzeugt Turbulenzen, die das Schiff verlangsamen. Bei diesem Experiment lernt ihr das Strömungsverhalten von Wasser kennen.

IHR BRAUCHT
- Holzbrett, etwa 30 x 30 cm
- Handbohrer mit passendem Einsatz für den Stift ● Schraubzwinge ● Bohrunterlage
- 5 cm langen Plastikstift
- 300 g Modelliermasse
- Schüssel ● Krug Wasser
- Schere ● Klebeband
- 3 Pappstreifen, 20 x 5 cm

1 Bohrt in die Mitte der Holzplatte ein Loch, in welches der Plastikstift genau und fest hineinpaßt, und befestigt ihn darin.

2 Faltet mit den Pappstreifen einen Stern, ein Viereck und einen Tropfen. Mit diesen Formen stecht ihr aus der Modelliermasse drei Figuren aus.

Gegen den Wind kreuzen

Wenn ein Segelboot oder eine Yacht vor dem Wind liegt, bläht dieser die Segel auf und treibt das Boot vorwärts. Aber moderne Segelboote können auch ohne weiteres in einem spitzen Winkel zum Wind segeln. Der Wind bläht nämlich jedes Segel wie eine Tragfläche auf. Wenn Wind an dem aufgeblähten Segel vorbeistreicht, wird im rechten Winkel zum Wind – wie bei einem Flugzeugflügel – eine Kraft erzeugt, genau so wie der Auftrieb beim Flugzeug. Diese Kraft besteht aus zwei Komponenten: Eine Komponente treibt das Boot in den Wind. Das Gewicht des Kiels und die Bewegung des Bootsrumpfs durch das Wasser wirken gegen die Seitenabtriebskraft.

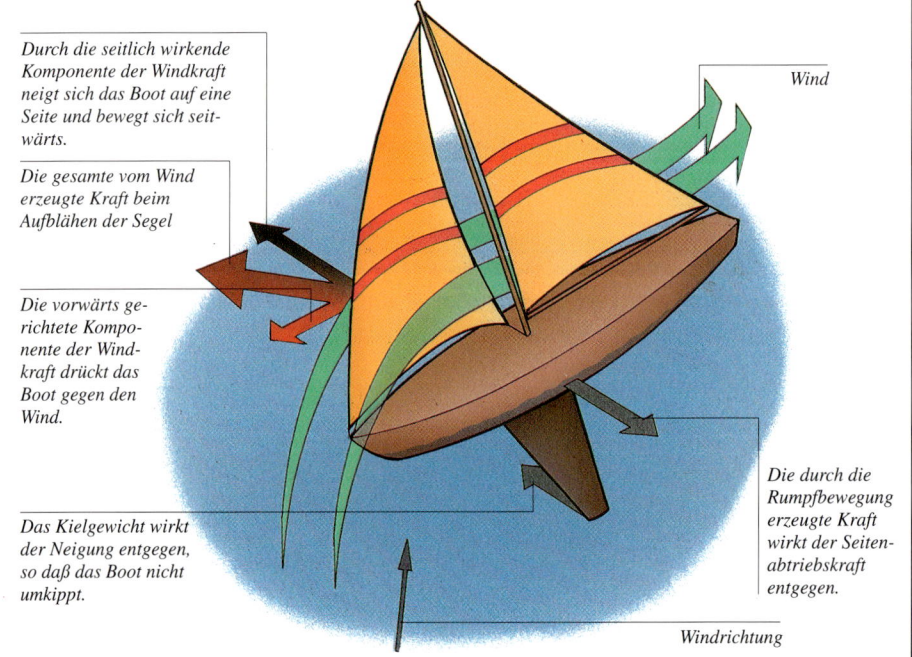

Durch die seitlich wirkende Komponente der Windkraft neigt sich das Boot auf eine Seite und bewegt sich seitwärts.

Die gesamte vom Wind erzeugte Kraft beim Aufblähen der Segel

Die vorwärts gerichtete Komponente der Windkraft drückt das Boot gegen den Wind.

Das Kielgewicht wirkt der Neigung entgegen, so daß das Boot nicht umkippt.

Wind

Die durch die Rumpfbewegung erzeugte Kraft wirkt der Seitenabtriebskraft entgegen.

Windrichtung

3 Steckt den Stern auf den Stift, und stellt das Brett schräg in die Schüssel. Gießt Wasser über den Stern, und achtet auf das abfließende Wasser. Die Sternspitzen erzeugen starke Turbulenzen.

4 Steckt jetzt das Viereck auf den Stift, und gießt wiederum Wasser über das Brett. Jetzt fließt das Wasser schon besser ab, an den Ecken entstehen jedoch immer noch Turbulenzen.

5 Jetzt steckt ihr die Tropfenform auf den Stift und wiederholt das Experiment. Man sieht deutlich, daß kaum noch Wasser spritzt. Schiffe werden daher stromlinienförmig gebaut und haben einen abgerundeten oder spitzen Bug.

Tragflächenboote

An der Anlegestelle sieht ein Tragflächenboot wie jedes andere Schiff auch aus. In Wahrheit ruht aber der Rumpf auf Tragflächen, welche Unterwasserflügeln gleichen. Beim Start fließt Wasser über diese Tragflächen, an denen eine aufwärts gerichtete, dem bei Flugzeugen erzeugten Auftrieb vergleichbare Kraft angreift und den Bootsrumpf aus dem Wasser hebt. Da es dem Wasser wenig Widerstand entgegensetzt, ist ein Tragflächenboot sehr schnell. Schiffsschrauben oder Düsen unter der Wasseroberfläche treiben das Boot nach vorne.

Tragflächen im Wasser
Hinten und vorne sind die Tragflächen zu erkennen, die das Boot aus dem Wasser heben.

Tauchboote

Die Erforschung des Meeresgrunds ist nur mit einem Tauchboot möglich. Mit Hilfe von Greifarmen und Unterwasserrobotern kann die Besatzung den Meeresboden auf der Suche nach ungewöhnlichen Lebensformen erforschen. Tauchboote werden auch zur Erforschung von Schiffswracks eingesetzt, oft um das genaue Schadensausmaß oder die Ursachen eines Unglücks festzustellen. Ein Tauchboot wird von seinem Mutterschiff zum jeweiligen Einsatzort transportiert. Es bleibt über ein Versorgungskabel mit ihm verbunden, welches Strom liefert und Steuer- oder Bildsignale überträgt. Das Tauchboot benutzt Meerwasser als Ballast und steigt so im Meer nach oben und nach unten. Es ist dank elektrischer Propeller manövrierfähig, und die Besatzung steht dauernd mit dem Mutterschiff in Verbindung. Sie kann daher im Notfall an die Oberfläche zurückkehren.

GROSSE ENTDECKUNGEN
Die Schildkröte

Der amerikanische Ingenieur David Bushnell baute im Jahre 1776 die »Turtle« (Schildkröte), ein ovales Tauchboot für militärische Zwecke. Die Besatzung bestand aus einem Mann. Zwei handbetriebene Propeller sorgten für die horizontale und vertikale Steuerung, dank Ballasttanks konnte das Tauchboot ab- und wieder auftauchen.

Senkrechter Propeller
Mine
Ruder
Pumpe
Ballasttank
Waagerechter Propeller

Die Tiefe erforschen

Tauchboote können in wesentlich größeren Tiefen operieren als Unterseeboote. Das liegt am kugelförmigen oder zylindrischen Druckkörper, der dem ungeheuren Wasserdruck, der in großen Tiefen herrscht, standhält. Die Besatzung verläßt das Tauchboot nicht, sondern benutzt klauenartige Greifarme, die Geräte halten und Meeresgetier oder Gesteinsproben fassen. Starke Scheinwerfer erleuchten die tintenschwarze Dunkelheit, die Besatzung kann durch Gucklöcher oder Videokameras sehen, was draußen vorgeht. Außerdem kann ein Unterwasserroboter losgeschickt werden, der auch Stellen erreicht, die für das Tauchboot unzugänglich sind, etwa das Innere eines Schiffswracks. Das hier gezeigte Tauchboot, in das nur ein Mann paßt, kann bis zu einer Tiefe von 700 m hinab. Ist es unbemannt, kann es über Videokameras ferngesteuert werden und bis auf eine Tiefe von 1000 m gehen. Dieses Tauchboot wird zur Wartung von Förderinseln auf hoher See eingesetzt. Die Auftriebszylinder (Ballasttanks) füllen sich mit Wasser oder Luft und lassen das Tauchboot entsprechend auf- oder abtauchen.

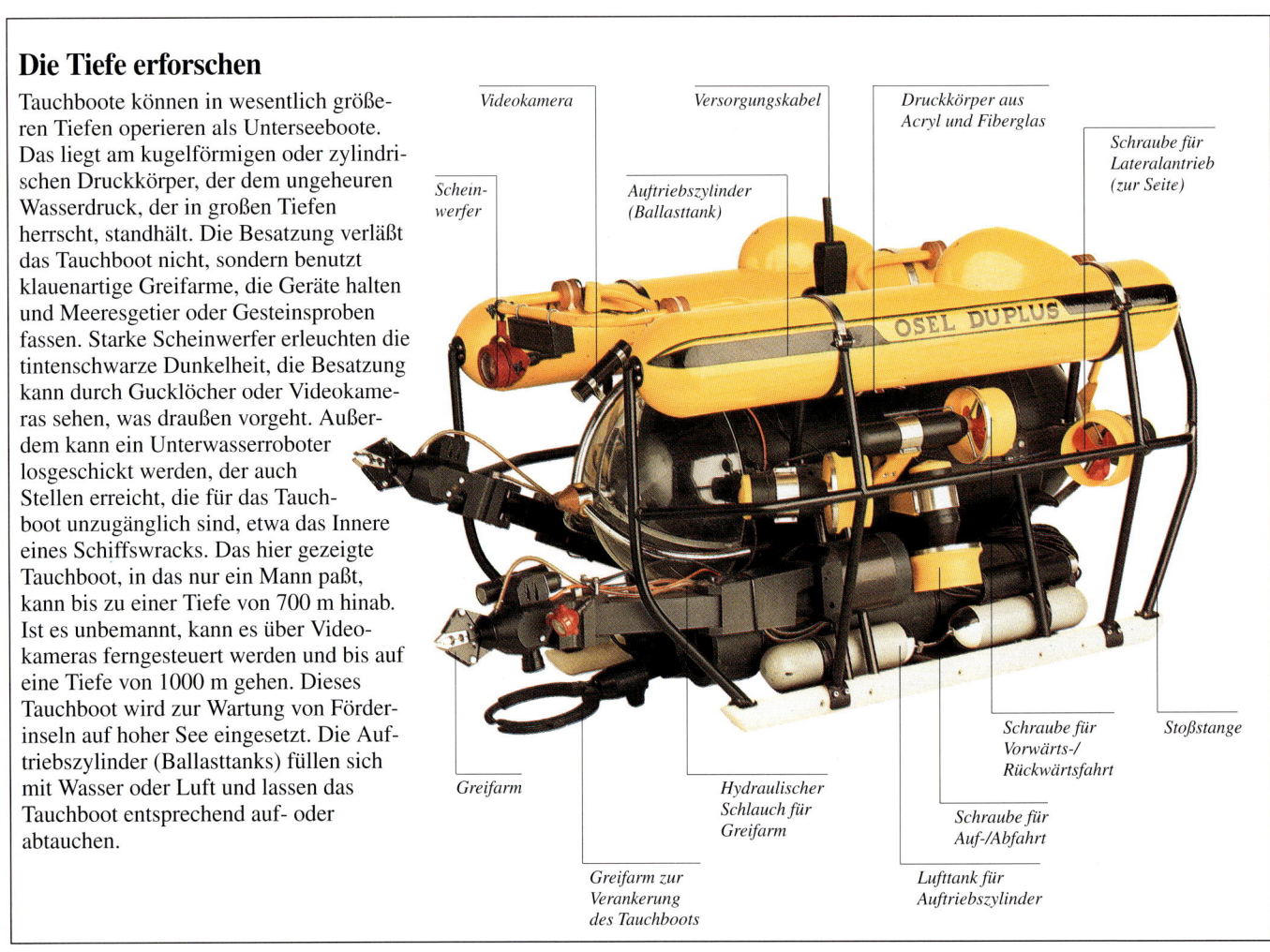

Videokamera

Versorgungskabel

Druckkörper aus Acryl und Fiberglas

Scheinwerfer

Auftriebszylinder (Ballasttank)

Schraube für Lateralantrieb (zur Seite)

OSEL DUPLUS

Greifarm

Greifarm zur Verankerung des Tauchboots

Hydraulischer Schlauch für Greifarm

Lufttank für Auftriebszylinder

Schraube für Auf-/Abfahrt

Schraube für Vorwärts-/Rückwärtsfahrt

Stoßstange

EXPERIMENT
Einfaches Tauchboot

Baut aus Modelliermasse und einem
Schlauch ein Tauchboot. Laßt es in einer
mit Wasser gefüllten Flasche sinken und
wieder aufsteigen, indem ihr die Flasche
zusammenpreßt und wieder loslaßt. Aufgrund der Druckänderung in der Flasche
tritt Wasser in den Schlauch ein oder aus,
so daß das in ihm transportierte Gewicht
sich ändert und er sinkt oder steigt. Echte
Tauchboote machen sich dieses Prinzip
zunutze, indem sie Meerwasser als Ballast
einsetzen. Soll das Tauchboot sinken, läßt
es Meerwasser in die Ballasttanks fließen
und sinkt nach unten. Soll es wieder
steigen, wird das Wasser wieder aus dem
Tank gepreßt.

IHR BRAUCHT
● Stopfnadel ● Plastikflasche ● 8 cm
langen Gummi- oder Plastikschlauch, an
einem Ende geschlossen, der in die Flasche
paßt ● etwas Modelliermasse

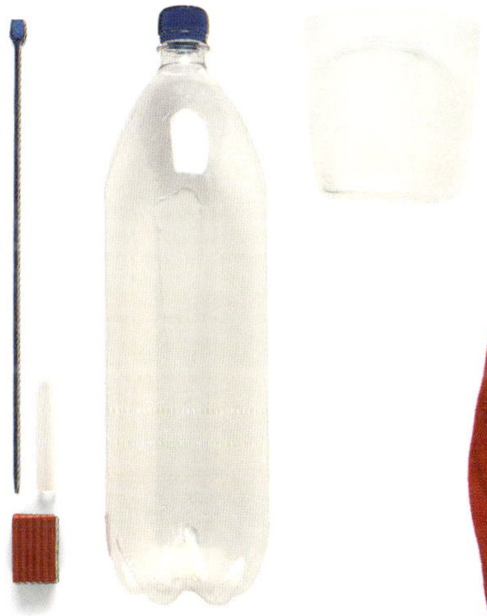

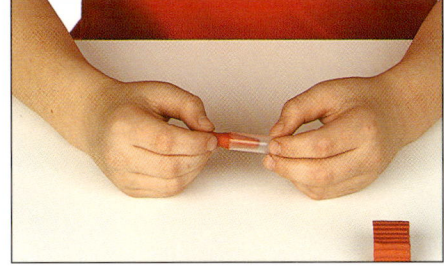

1 Drückt Modelliermasse mit den
Fingern etwa bis zur Hälfte in das offene
Ende des Schlauches.

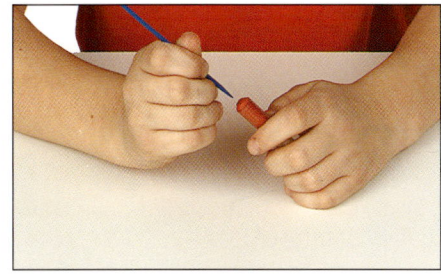

2 Stoßt mit der Nadel ein Loch in die Modelliermasse, so daß Luft hineinkann. Legt
den Schlauch in eine volle Wasserschüssel.

3 Schwimmt der Schlauch, müßt ihr noch
etwas mehr Modelliermasse nehmen. Sinkt
der Schlauch, müßt ihr etwas Modelliermasse wegnehmen, bis der Schlauch leicht
aus dem Wasser ragt.

4 Füllt eine Plastikflasche
fast bis zum Rand mit Wasser.
Steckt den Schlauch in die
Flasche, und dreht den Deckel
der Flasche fest zu. Drückt die
Flasche mit beiden Händen,
und schaut, was mit
eurem »Tauchboot«
passiert. Indem ihr
unterschiedlich
drückt, müßte der
Schlauch sinken,
wieder aufsteigen
oder schweben.

*Drückt man die
Flasche, drängt
Wasser in den
Schlauch, und
die Luftblase im
Schlauch wird
kleiner. Läßt
man wieder los,
dehnt sich die
Luftblase und
drängt das Was-
ser nach außen.*

Flugzeuge 1

Die Flügel eines Flugzeugs haben eine
spezielle, gerundete Form und sorgen auf
diese Weise für Auftrieb. Diese starke, nach
oben treibende Kraft hält das Flugzeug in der
Luft. Sie ist um so größer, je schneller das
Flugzeug fliegt. Aus diesem Grund haben
langsame Flugzeuge, wie etwa Segelflugzeu-
ge, lange Flügel, die an jeder Seite weit aus
dem Flugzeug ragen. Diese sorgen selbst bei
geringer Geschwindigkeit für viel Auftrieb.
Verkehrsflugzeuge dagegen haben pfeilför-
mige Tragflächen, die allerdings bei geringe-
rer Geschwindigkeit weniger Auftrieb erzeugen, weshalb auch die großen Flugzeuge
mit Start- und Landeklappen ausgerüstet sind,
die bei Start und Lan-
dung den Auftrieb ver-
größern.

Modernes Sportflugzeug

Der erste Flug

Der erste bemannte Flug fand im Jahre 1783 mit einem Ballon
statt. Das erste Flugzeug mit Flügeln war ein Segelflieger, der
von George Cayley (1773–1857) erbaut wurde und sich 1853
zum ersten Mal in den Himmel erhob. Er hatte bereits die Flug-
zeugform, die wir heute kennen – mit zwei Flügeln und einem
Heck. Diese Konstruktion wurde dann auch von den Gebrüdern
Wilbur und Orville Wright weiterentwickelt. Ihre Leistung
bestand darin, daß sie einen Motor bauten, der für ein Segel-
flugzeug leicht genug war. In diesem Flugzeug, das sie »Flyer«
nannten, absolvierte Orville den ersten motorisierten Flug am
17. Dezember 1903 in Kitty Hawk, North Carolina, und legte
dabei stolze 37 m zurück.

Tragfläche

Ein Flügel ist eine Tragfläche, das heißt, er
weist eine spezielle Form auf, damit sich das
Flugzeug in die Lüfte erheben kann. Die
obere Seite ist geschwungen, die untere Seite
ist fast flach – die Oberseite ist also länger
als die Unterseite. Wenn die Tragfläche die
Luft durchflügt, teilt sie den Luftstrom so,
daß ein Teil über den Flügel und einer unter
den Flügel strömt. Da sein Weg länger ist,
bewegt sich der Luftstrom an der Oberseite
schneller. Der Luftdruck sinkt, je schneller
sich Luft bewegt, und deshalb herrscht an
der Unterseite der Tragfläche ein höherer
Druck als an der Oberseite, das Flugzeug
wird dank Auftrieb nach oben getragen.
Vergrößert man den Winkel der Tragfläche
leicht, erzielt man auch mehr Auftrieb; ein
zu großer Winkel führt allerdings dazu, daß
der Luftstrom über der Tragfläche abreißt
und Turbulenzen entstehen. Die Luft an der
Oberseite ist nun nicht mehr so schnell, und
es wird weniger Auftrieb erzeugt. Das Flugzeug sackt durch. Der Einfachheit halber
wird in den beiden Diagrammen der Luftstrom und nicht die Bewegung der Tragfläche gezeigt.

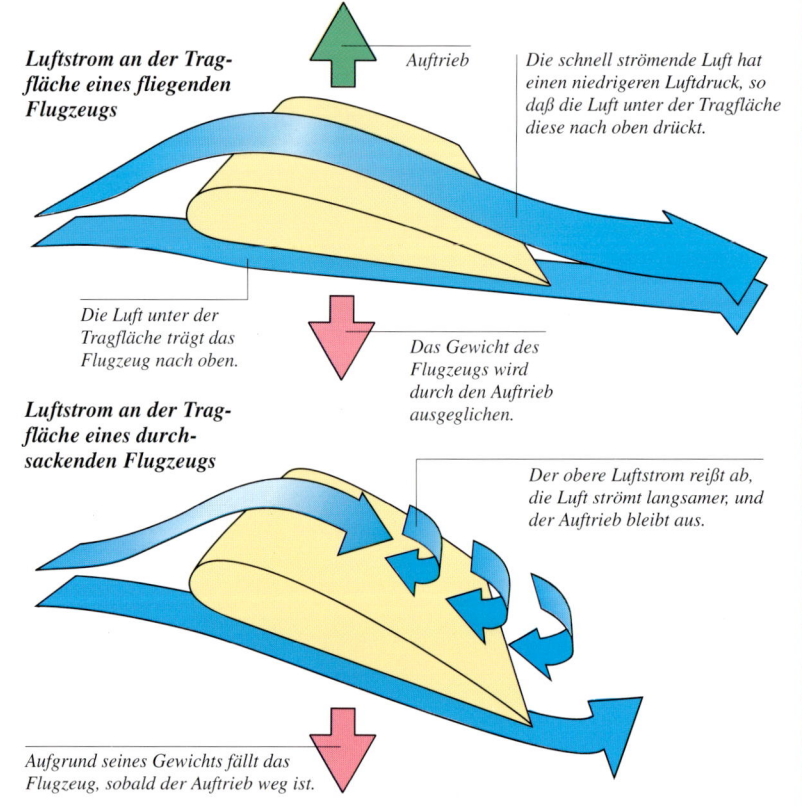

*Luftstrom an der Trag-
fläche eines fliegenden
Flugzeugs*

Auftrieb

*Die schnell strömende Luft hat
einen niedrigeren Luftdruck, so
daß die Luft unter der Tragfläche
diese nach oben drückt.*

*Die Luft unter der
Tragfläche trägt das
Flugzeug nach oben.*

*Das Gewicht des
Flugzeugs wird
durch den Auftrieb
ausgeglichen.*

*Luftstrom an der Trag-
fläche eines durch-
sackenden Flugzeugs*

*Der obere Luftstrom reißt ab,
die Luft strömt langsamer, und
der Auftrieb bleibt aus.*

*Aufgrund seines Gewichts fällt das
Flugzeug, sobald der Auftrieb weg ist.*

EXPERIMENT
Flugzeugflügel

 Bei diesem Experiment sollte ein Erwachsener helfen.

Bastelt einen Papierflügel und seht, wie an der Flügeloberseite Unterdruck entsteht und der Flügel angehoben wird. Je schneller der Luftstrom, um so mehr Auftrieb entsteht.

IHR BRAUCHT
- steifes Papier, 30 x 15 cm
- Schneidunterlage • Messer • Schere
- 2 Strohhalme • 2 Stricknadeln • Fön
- Modelliermasse • Klebeband • 15 cm breiten Pappstreifen • Lineal

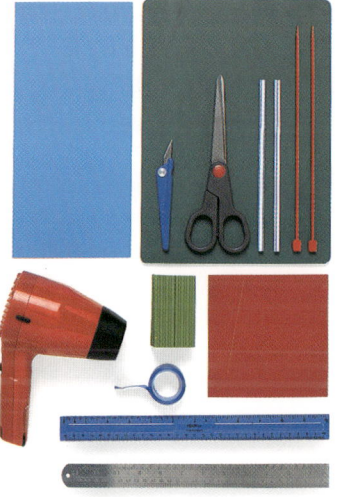

1 Faltet das Papier etwa 1 cm von der Mittellinie entfernt. Schneidet 5 cm vom Falz entfernt zwei Löcher in einem Abstand von 8 cm voneinander in das Papier.

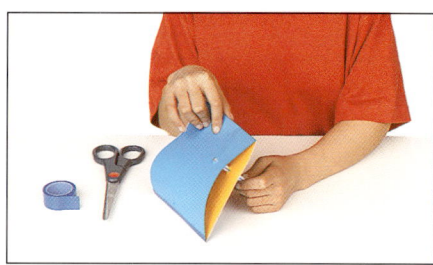

2 Klebt die beiden Papierenden zusammen, so daß ein Flügel mit einer geschwungenen Oberseite entsteht. Steckt zwei kurze Strohhalme durch die Löcher.

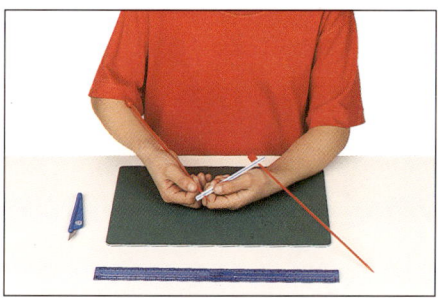

3 Schneidet etwa 8 cm voneinander entfernt zwei Schlitze in einen Strohhalm. Schiebt eine Stricknadel durch jeden Schlitz, so daß der Strohhalm an den Enden sitzt.

4 Schiebt die Stricknadeln durch die am Flügel angebrachten Strohhalme, und steckt sie etwa 8 cm voneinander entfernt in die Modelliermasse.

5 Laßt den Flügel fliegen, indem ihr Luft über die Flügeloberseite blast. Achtet darauf, daß ihr den Flügel nicht nach oben schiebt, indem ihr den Fön auf die Unterseite richtet.

Schaltet den Fön auf Kaltluft, falls dies möglich ist.

Abreißen des Luftstroms
Zeigt, daß der Luftstrom an der Flügeloberseite den Flügel fliegen läßt. Zu diesem Zweck blockiert ihr den Luftstrom an der Oberseite mit einem Stück Pappe. Der Flügel fällt nach unten. Wenn nicht, blast ihr offenbar Luft unter den Flügel.

Flugzeuge 2

Die Tragflächen halten das Flugzeug in der Luft; Höhen- und Seitenruder bestimmen die Flugrichtung. Sie sorgen für die nötige Stabilität, so daß das Flugzeug nicht seitlich, nach vorne oder nach hinten kippt. Um Flughöhe und -kurs des Flugzeugs zu lenken, bedient der Pilot die Querruder an den Tragflächen sowie das sogenannte Leitwerk, also das Seiten- und Höhenruder am Flugzeugheck. Durch sie wird der Luftstrom so abgelenkt, daß wegen der dabei auftretenden Kräfte die Richtung des Flugzeugs geändert wird. Der Pilot steuert Querruder und Leitwerk mit Steuerknüppel sowie der Seitenruderpedale. Drückt er den Steuerknüppel nach vorne oder hinten, werden die Höhenruder am Leitwerk betätigt, so daß das Flugzeug steigt oder sinkt. Über die Seitenruderpedale wird das Seitenruder gesteuert, damit das Flugzeug eine Kurve fliegen kann. Während des Kurvenflugs drückt der Pilot auch den Steuerknüppel auf eine Seite, um die Querruder an den Tragflächen zu bewegen. Dadurch kippt das Flugzeug leicht nach einer Seite ab zum besseren Kurvenflug. In kleinen Flugzeugen stehen die Bedienungselemente im Cockpit über Steuerkabel mechanisch mit den Leitflächen in Verbindung. In größeren Flugzeugen werden die Anweisungen des Piloten elektronisch an die hydraulisch betriebenen Kolben gesendet, die die Leitflächen in Bewegung setzen.

EXPERIMENT

Papierflieger

Ein pfeilförmiger Papierflieger ist schnell gebastelt und fliegt auch gut. Faltet zuerst einen Pfeil, und bringt dann an den Flügeln und am Heck Klappen an. Der Pfeil fliegt normalerweise geradeaus. Dank der Klappen kann er während des Fluges jede Richtung einschlagen, sinken, steigen und sogar rollen.

IHR BRAUCHT
- Papier, 21 x 30 cm
- 3 Büroklammern
- Schere

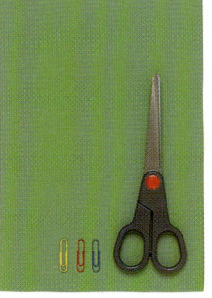

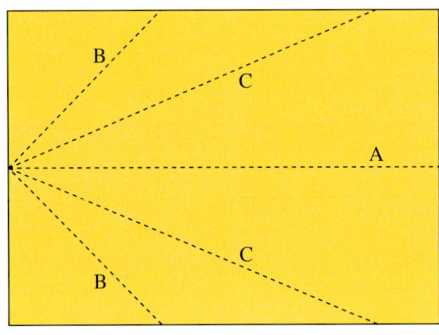

1 Faltet an der Mittellinie des Papiers entlang (A).

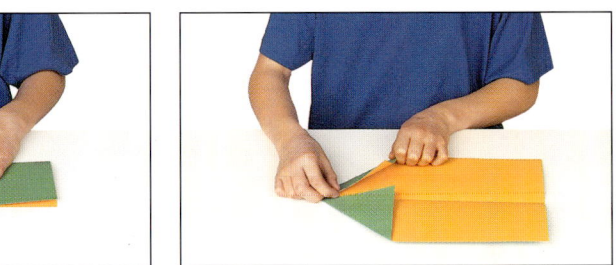

2 Jetzt faltet ihr die beiden Ecken hoch zur Mittellinie (B).

3 Jetzt kommen die Falten C dran, indem ihr die diagonalen Seiten hin zur Mittellinie faltet. Als nächstes legt ihr den Bug eures Fliegers nach innen, damit er etwas abgerundet ist.

4 Faltet die Seiten so nach unten, daß ihr 2,5 cm über der Unterseite des Fliegers zwei Flügel habt. Dann schneidet ihr an den Flügeln Klappen und am Heck ein Seitenruder ein (siehe Skizze rechts).

5 Klemmt eine oder mehrere Büroklammern über dem Seitenruder fest, um euren Flieger zu trimmen. Faltet an jedem Flügelrand etwa 1 cm hoch – das stabilisiert den Flug.

Den Flug steuern

Am Heck eines Flugzeugs ist das Seitenruder angebracht sowie das Höhenleitwerk mit zwei Höhenrudern auf jeder Seite. Sobald der Pilot Seiten- oder Höhenruder betätigt, wirkt sich das auf den Luftstrom am Heck aus. Dank des Seitenruders kann das Flugzeug eine Rechts- oder Linkskurve fliegen, während die Höhenruder das Leitwerk so senken oder heben, daß das Flugzeug sich nach oben oder unten bewegt. Die Querruder an der Rückseite der Flügel bewegen sich normalerweise entgegengesetzt – wird ein Querruder hochgeklappt, wird das andere runtergeklappt. Auf diese Weise geht das Flugzeug in die Schräglage und leitet damit seinen Kurvenflug ein.

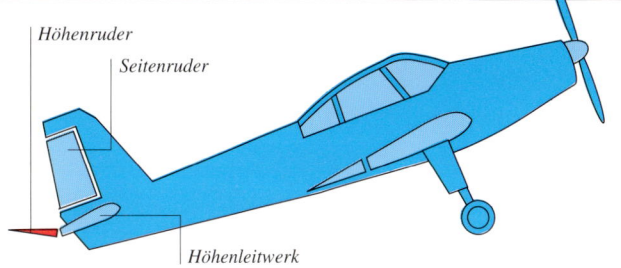

Höhenruder

Seitenruder

Höhenleitwerk

Steigflug
Klappt man das Höhenruder hoch, geht das Flugzeugheck nach unten und der Bug nach oben. Der Anstellwinkel der Tragflächen wird größer, das Flugzeug erhält dadurch mehr Auftrieb, so daß es steigt.

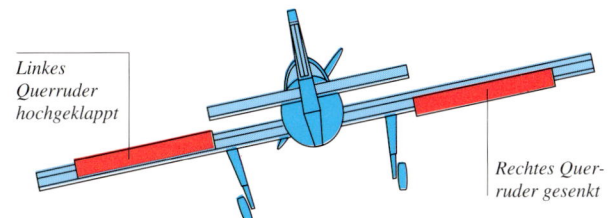

Linkes
Querruder
hochgeklappt

Rechtes Querruder gesenkt

Schräglage
Wie oben gezeigt, erhält die linke Tragfläche beim Hochklappen des linken Querruders weniger Auftrieb, während ein Absenken des rechten Querruders den Auftrieb am rechten Tragflügel erhöht. Aus diesem Grund geht das Flugzeug nach links in Schräglage.

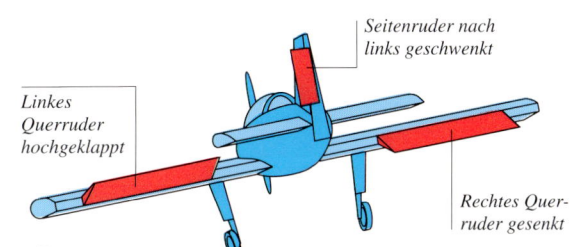

Seitenruder nach
links geschwenkt

Linkes
Querruder
hochgeklappt

Rechtes Querruder gesenkt

Kurvenflug
Wird das Seitenruder nach links geschwenkt, geht das Flugzeugheck nach rechts und der Bug nach links. Bei einer Linkskurve bringen die Querruder das Flugzeug zudem nach links in Schräglage, um den Kurvenflug zu erleichtern.

6 Startet euren Flieger, und achtet darauf, daß er geradeaus fliegt. Dann ändert ihr die Flugrichtung, indem ihr die Klappen nach oben oder unten umbiegt oder eine Klappe hochstellt und die andere absenkt. Biegt auch das Seitenruder und eine Klappe um, damit der Papierflieger im Kreis fliegt.

Haltet den Papierflieger mit dem Daumen und dem Zeigefinger am Heck.

Stabilisierende
Fläche

Klappen
Sind beide Klappen zusammen nach oben oder nach unten geklappt, arbeiten sie als Höhenruder. Ist eine Klappe nach oben und die andere nach unten geklappt, wirken sie dagegen als Querruder.

Klappe

Klappe

Klappe

Seitenruder

Büroklammer

Hubschrauber

Hubschrauber sind die erstaunlichsten Fluggeräte überhaupt. Sie können nämlich in jede Richtung fliegen und sogar in der Luft stehen. Zudem können sie fast überall starten und landen, da sie senkrecht in die Höhe steigen können. Dadurch sind sie besonders für Rettungseinsätze an Orten geeignet, die über Straßen nicht zugänglich sind. Hubschrauber besitzen zwei Rotoren, die wiederum aus einzelnen Rotorblättern bestehen. Die meisten haben einen Hauptrotor und einen kleinen Heckrotor. Der Hauptrotor hat lange, dünne Rotorblätter, die als Tragflügel (S. 108) dienen und Auftrieb geben. Der Heckrotor verhindert, daß sich der Hubschrauber aufgrund der Drehbewegung des Hauptrotors in die entgegengesetzte Richtung dreht.

EXPERIMENT

Außer Kontrolle

Dieses Experiment zeigt, daß ein Hubschrauber – hier ein Handventilator – mit nur einem Rotor außer Kontrolle gerät und sich wie wild um die eigene Achse dreht.

Aufgrund der Rotorbewegung würde die Hubschrauberkabine sich entgegengesetzt zu den Rotorblättern drehen, wenn nicht der Heckrotor ausgleichen würde.

IHR BRAUCHT
● Handventilator
● 2 Marmeladen-glasdeckel, einer etwas größer als der andere
● Murmeln ● etwas Modelliermasse

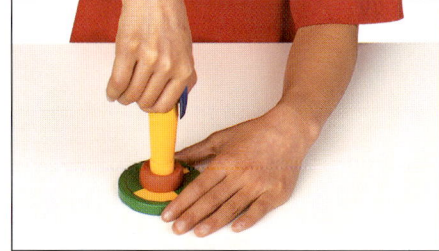

3 Steckt den Handventilator in die Modelliermasse. Setzt den großen Deckel auf den kleinen, und schaltet den Ventilator ein.

1 Legt die Murmeln in den kleineren Deckel, so daß dieser fast voll ist.

Achtet darauf, daß ihr beim Ein- und Aus-schalten des Ventilators nicht an die Rotor-blätter kommt.

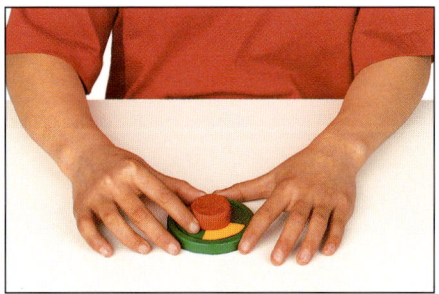

2 Preßt etwas Modelliermasse auf die Oberseite des größeren Deckels.

4 Die Rotorblätter drehen sich in eine Richtung, der große Deckel und der Rumpf des Handventilators in die andere.

EXPERIMENT

Ein fliegender Rotor

Bastelt einen Rotor und laßt ihn durch die Luft sausen. Die Rotorblätter eines echten Hubschraubers funktionieren genauso und halten ihn in der Luft. Die Rotorblätter haben die gleiche Form wie Tragflügel. Sobald sie in Drehung versetzt werden, strömt die Luft über die Rotorblätter und erzeugt dabei Auftrieb, der das Gewicht des Hubschraubers überwindet und ihn anhebt. Je langsamer sich der Rotor dreht, um so geringer ist der Auftrieb, so daß der Hubschrauber nicht mehr steigt, sondern zu sinken beginnt. Ein echter Hubschrauber nutzt Auftrieb so, daß er entweder steigt, schwebt oder sinkt.

IHR BRAUCHT
● Stahllineal ● quadratische Pappe mit 22,5 cm Seitenlänge ● 2 Farbstifte ● 15 cm langen Kunststoffstift (drehbar in einer Garnspule) ● Messer ● Garnspule ● Lineal
● Pappstreifen, 2,5 x 64 cm ● Schnur
● doppelseitiges Klebeband

Schablone für die Rotorblätter

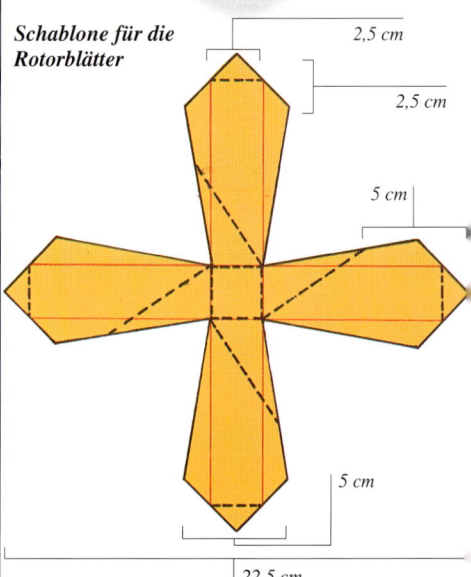

2,5 cm

2,5 cm

5 cm

5 cm

22,5 cm

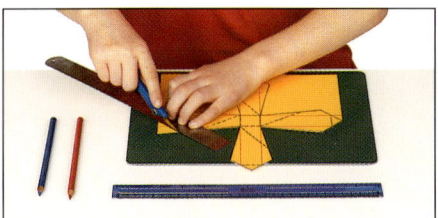

1 Mit Farbstiften kopiert ihr die Schablone von gegenüber auf die Pappe. Schneidet die Vorlage an den durchgezogenen schwarzen Linien aus.

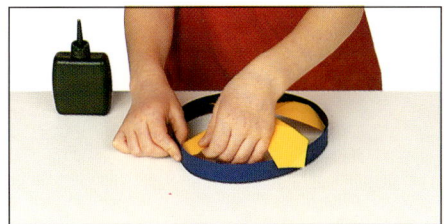

2 Biegt die Rotorblätter und die Spitzen an der gestrichelten Linie um. Klebt den Pappstreifen zu einem Kreis von 19,5 cm ⌀. Klebt die Rotorspitzen an diesem an.

3 Mit doppelseitigem Klebeband bringt ihr die Garnspule unterhalb der Mitte des Rotors an.

4 Wickelt eine etwa 60 cm lange Schnur entgegen dem Uhrzeigersinn um die Garnspule, die nach oben zeigt. Dann steckt ihr den Stift in die Garnspule.

5 Haltet den Stift mit den Rotorblättern nach oben in der einen Hand, und zieht mit der anderen Hand ruckartig an der Schnur, so daß der Rotor abhebt. Dabei muß der Stift gerade nach oben zeigen.

So fliegt ein Hubschrauber

Der Pilot kann den Anstellwinkel der Rotorblätter über zwei Steuermechanismen regeln. Mit dem einen vergrößert oder verringert sich der am Hauptrotor wirkende Auftrieb, so daß der Hubschrauber steigt, schwebt oder sinkt. Über den zweiten Steuermechanismus werden Rotor und Hubschrauber geneigt. Der Hubschrauber fliegt dann entsprechend in Richtung der Neigung. Der Pilot steuert außerdem den Heckrotor; dieser erzeugt eine seitlich wirkende Kraft, die den Hubschrauber stabilisiert.

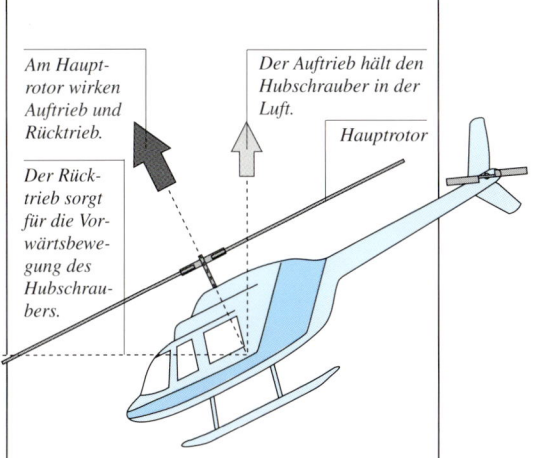

Am Hauptrotor wirken Auftrieb und Rücktrieb.

Der Auftrieb hält den Hubschrauber in der Luft.

Hauptrotor

Der Rücktrieb sorgt für die Vorwärtsbewegung des Hubschraubers.

Autopilot

Ein Flugzeug kann automatisch gesteuert werden und so die gewünschte Flugrichtung und -höhe halten wie auch Windbewegungen ausgleichen, die es von seinem Kurs abbringen könnten. Der sogenannte Autopilot hält durch Bedienen des Leitwerks das Flugzeug auf dem gewünschten Kurs. Zudem gibt es ein Leitsystem, das mit der gewünschten Flugroute programmiert wird. Dieses kann jederzeit die Position des Flugzeugs bestimmen und den Autopilot anweisen, Flughöhe- oder -richtung zu ändern, falls dies erforderlich ist. Das Leitsystem bezieht die Positionsdaten über Funk von Satelliten und Bodenstationen. Einige Systeme, die man als Trägheitsrichtsysteme bezeichnet, sind unabhängig von äußeren Bezugsdaten und messen in Abhängigkeit der Ausgangsposition des Flugzeugs die danach in der Luft ausgeführten Bewegungen.

So funktioniert ein Autopilot

Ein Autopilot zeigt Änderungen bei der Flughöhe oder -richtung mit Hilfe von Kreiselkompassen (Gyroskopen) an. Diese werden in Drehung versetzt, so daß die Welle des Kompasses immer senkrecht oder waagerecht steht. Sobald das Flugzeug die Flughöhe oder -richtung ändert, neigt sich das Gehäuse um die Welle und den Kreisel und erzeugt dabei ein Signal für die Steuerung.

Stabile Kreiselbewegung
Steckt einen Bleistift durch ein ausgeschnittenes Flugzeugmodell. Stellt ein drehendes Gyroskop auf die Bleistiftspitze. Die Welle des Gyroskops ist stabil und steht senkrecht.

Neigungen
Neigt das Flugzeug, als wollte es seine Richtung oder Flughöhe ändern. Die Welle des Gyroskops steht immer noch senkrecht, vorausgesetzt, daß sich der Kreisel schnell dreht.

EXPERIMENT

Peilungsgerät

 Bei diesem Experiment sollte ein Erwachsener helfen.

Ein Trägheitsrichtsystem arbeitet mit Beschleunigungsmessern. Diese erkennen Bewegungen in unterschiedliche Richtungen, so daß die Flugzeugposition bestimmt werden kann. Bastelt einen Beschleunigungsmesser, der eine Beschleunigung in vier Richtungen erkennen kann.

IHR BRAUCHT
● Klebstoff ● dicke Pappe ● Batterie (4,5 V)
● isolierten Draht ● Papier ● Schraubenzieher ● Scheibe aus Crea-Fix-Platte, Durchmesser etwas geringer als der der Plastikflasche ● Zirkel ● Stahllineal ● Plastikflasche von 6 cm ∅ ● Klaviersaitendraht
● Spieß ● Bleistift ● Klebeband ● Messer
● Zange ● Scheibe aus Crea-Fix (20 cm ∅)
● 4 Fassungen mit Glühbirnen ● Alufolie
● doppelseitiges Klebeband ● festen Gummiball (4 cm ∅) ● Abisolierzange

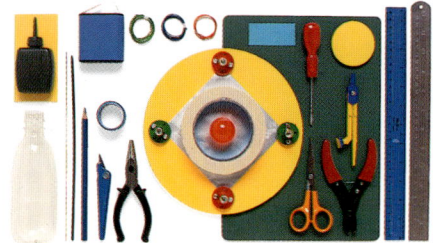

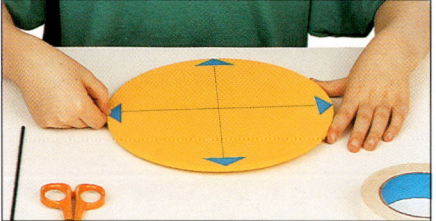

1 Klebt die kleine Scheibe zentral auf die große Scheibe. Zeichnet auf der anderen Seite der großen Scheibe ein Kreuz auf. Mit dem doppelseitigen Klebeband klebt ihr einen Papierpfeil am Ende jeder Kreuzlinie fest. Mit einem Spieß bohrt ihr ein Loch in die Mitte der Scheiben sowie vier weitere um das Kreuz herum, und zwar 2,5 cm vom Mittelpunkt entfernt.

2 Schneidet von der Plastikflasche die obere Hälfte ab. Legt ein Stück Isolierdraht um die Flasche, und meßt damit ihren Umfang. Schneidet aus Pappe vier Rechtecke mit einer Höhe von 5 cm und einer Breite von 1/5 des Flaschenumfangs aus. Knickt die kurzen Seiten an jedem Papprechteck 5 mm breit um, und bringt dazwischen doppelseitiges Klebeband an.

3 Klebt auf dieses Klebeband an jedem Pappstreifen das Ende eines 30 cm langen Drahtes, der an beiden Enden abisoliert wurde. Das Klebeband deckt ihr dann überall mit Alufolie ab. Mit Klebstoff bringt ihr diese auf Pappe geklebten Kontakte in der Flasche an, wobei die Alufolie nach innen zeigen sollte.

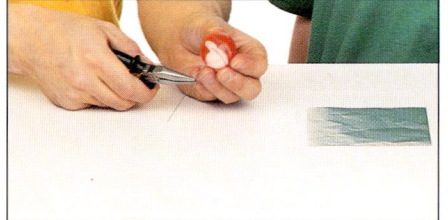

4 Schneidet ein 15 cm langes Stück Klaviersaitendraht ab. Haltet den Draht mit der Zange fest, und steckt ein Ende in den Ball. Der Draht muß so fest im Ball sitzen, daß der Ball nicht abfällt, wenn man ihn am Draht hin- und herschwingt. Wickelt den Ball und den Draht, an dem der Ball hängt, ganz mit Alufolie ein.

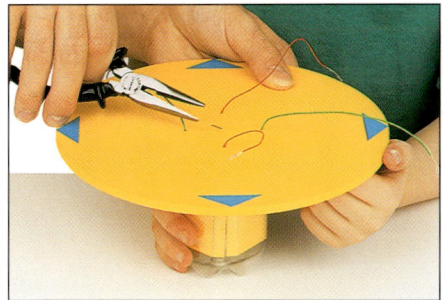

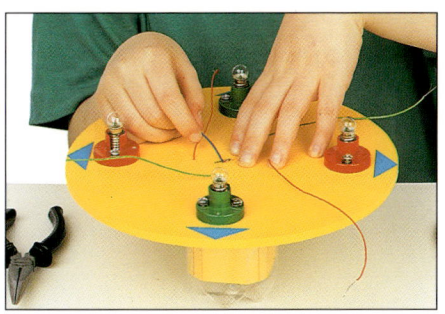

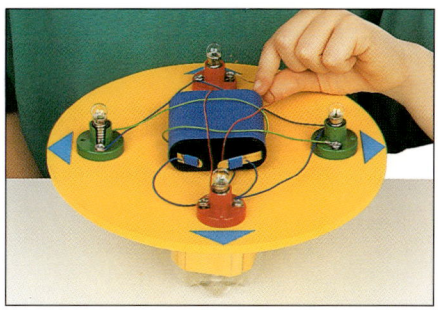

5 Steckt das andere Ende des Klaviersaitendrahtes zuerst durch das Loch in der Mitte beider Scheiben. Befestigt den Draht an der Scheibe. Fädelt jetzt die Drähte von den vier Kontakten durch die übrigen vier Löcher in den Scheiben. Schiebt die abgeschnittene Flasche auf die kleine Scheibe, und befestigt sie mit Klebeband.

6 Klebt mit Klebeband eine Fassung hinter jeden Pfeil auf der großen Scheibe. Schneidet fünf etwa 12 cm lange Drähte zurecht, und isoliert sie mit der Abisolierzange an beiden Enden ab. Wickelt das Ende eines Drahtes fest um den Klaviersaitendraht, und befestigt beide mit Klebeband, wie oben gezeigt.

7 Klebt die Batterie auf die große Scheibe. Schließt den zum Gummiball führenden Draht an einer Batterieklemme an, und klebt ihn fest. Schließt die mit den Kontakten verbundenen Drähte jeweils an der Birne an, die dem Kontakt gegenüberliegt. Was mit den übrigen Anschlußklemmen zu tun ist, seht ihr im Diagramm unten links.

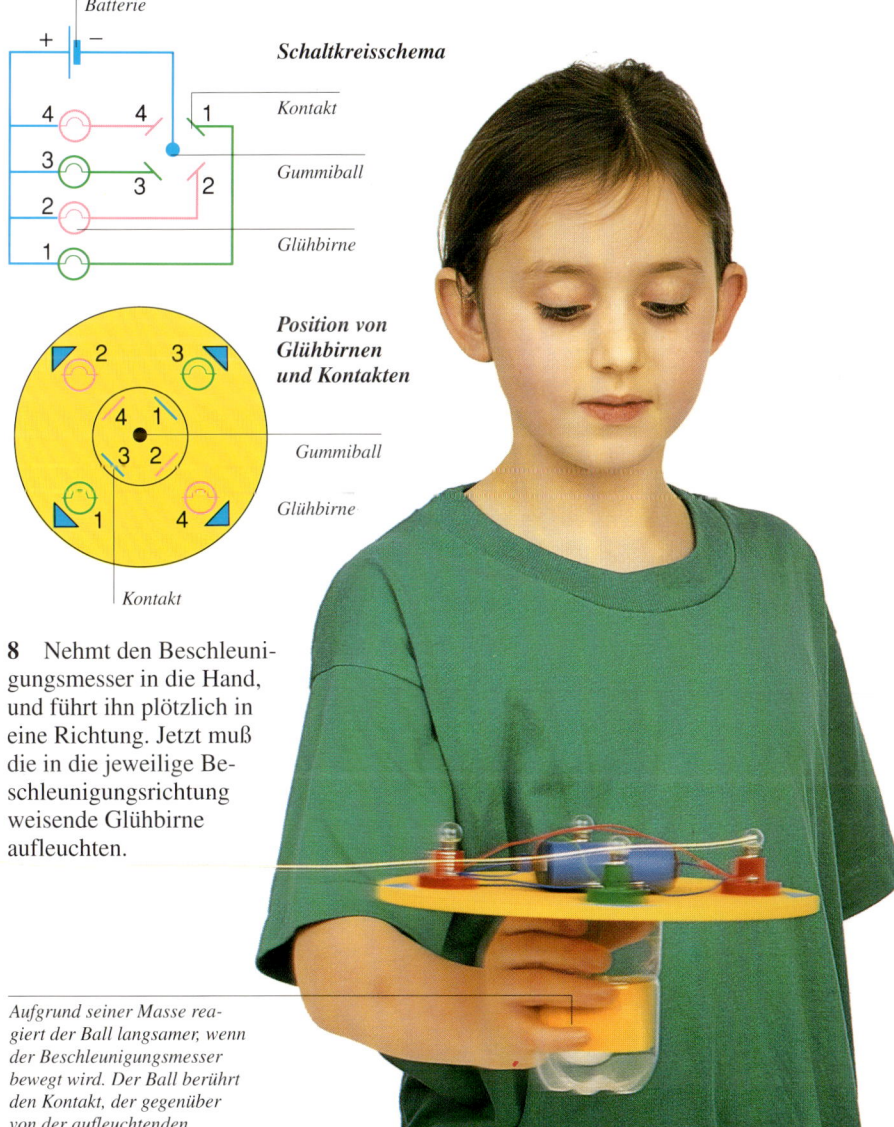

Schaltkreisschema

Position von Glühbirnen und Kontakten

8 Nehmt den Beschleunigungsmesser in die Hand, und führt ihn plötzlich in eine Richtung. Jetzt muß die in die jeweilige Beschleunigungsrichtung weisende Glühbirne aufleuchten.

Aufgrund seiner Masse reagiert der Ball langsamer, wenn der Beschleunigungsmesser bewegt wird. Der Ball berührt den Kontakt, der gegenüber von der aufleuchtenden Glühbirne liegt.

Beschleunigungmesser

Beschleunigungsmesser eines Trägheitsrichtsystems haben einen auf Federn befestigten Anker, der oberhalb von drei Spulen montiert ist. Ein elektrisches Eingangssignal an der mittleren Spule erzeugt an jeder äußeren Spule ein Ausgangssignal. Wird die Flugrichtung oder -höhe in Richtung des Beschleunigungsmessers geändert, führt dies dazu, daß der Anker nicht folgen kann und sich daher einer der äußeren Spulen nähert. Dadurch wird das Ausgangssignal an dieser Spule verstärkt. Die Signale von drei unterschiedlich gelagerten Beschleunigungsmessern gehen bei einem Computer ein, der ununterbrochen die Position des Flugzeugs (Längen- und Breitengrad, Flughöhe) ermittelt.

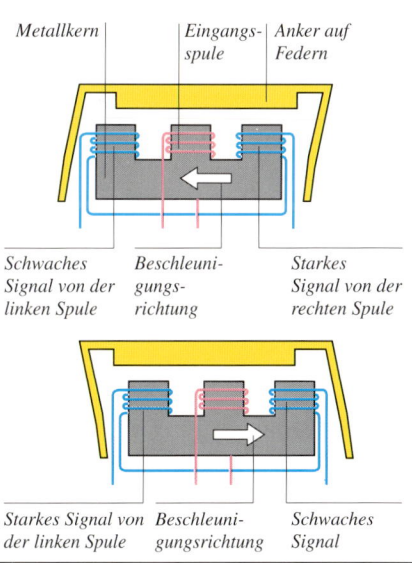

Metallkern | *Eingangsspule* | *Anker auf Federn*

Schwaches Signal von der linken Spule | *Beschleunigungsrichtung* | *Starkes Signal von der rechten Spule*

Starkes Signal von der linken Spule | *Beschleunigungsrichtung* | *Schwaches Signal*

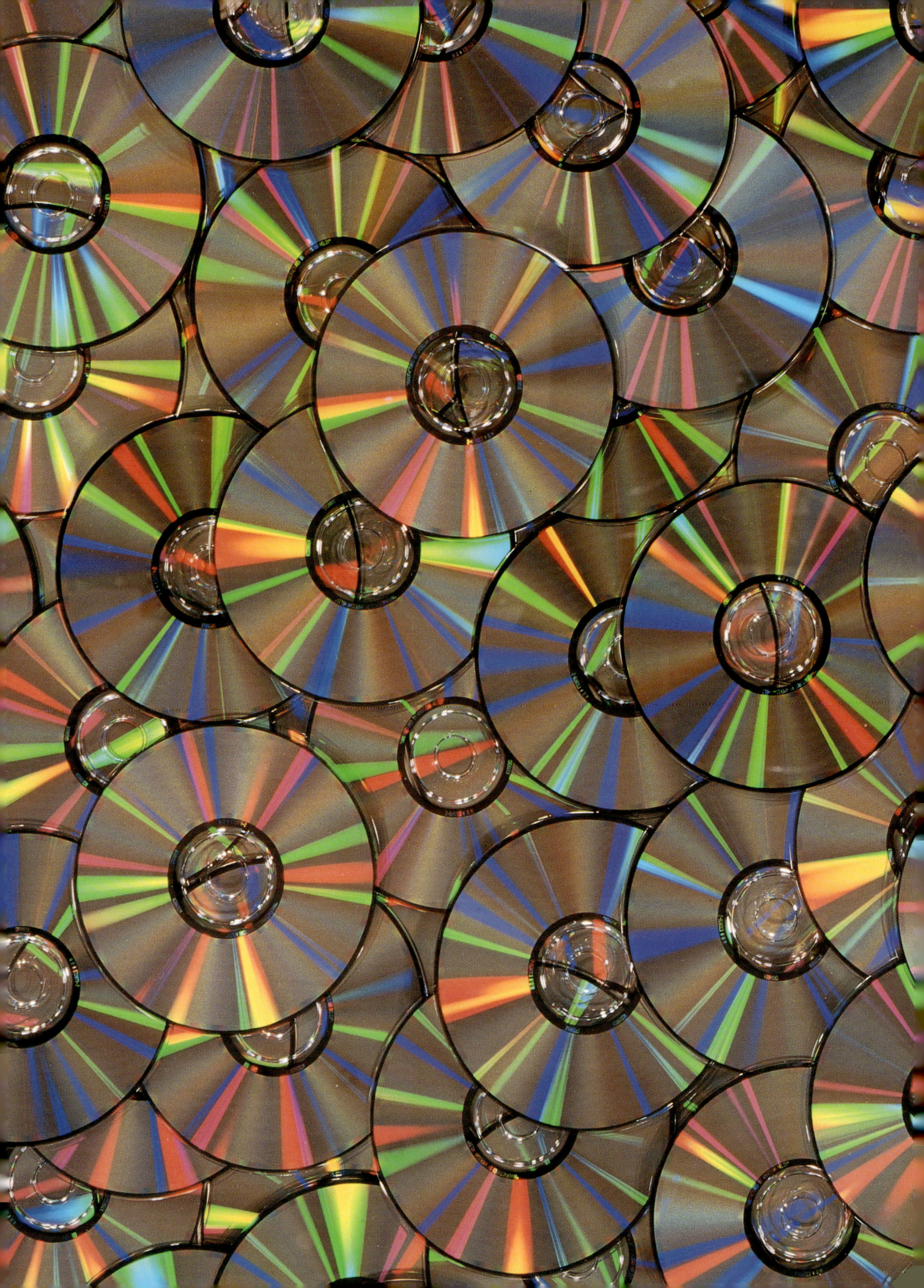

FREIZEIT

Tradition und Technologie
*Diese irische Harfe (oben) wurde 1820 gebaut, und
der Harfenbauer brachte damit die alte Tradition des
Harfenspiels in Irland wieder zu neuer Blüte.
Während man zum Musizieren noch viele traditionelle
Instrumente verwendet, ist im Bereich der
Musikaufnahme der Fortschritt groß: Schallplatten
sind völlig von CDs verdrängt worden. Die CDs
glänzen in den Regenbogenfarben, die durch das auf
den haarfeinen, spiralförmig angelegten Tonspuren
reflektierte Licht erzeugt werden.*

Unser Leben ist ohne Maschinen
kaum vorstellbar, und auch in
unserer Freizeit trifft dies zu.
Während man sich beim bloßen
Nachdenken oder Lesen einfach
so entspannen kann, kommen wir
bei anderen Freizeitaktivitäten
nicht ohne maschinelle Unterstützung aus und unterhalten uns
ganz gut dabei. Mit einem
Walkman können wir überall
Musik hören, und bei Computerspielen treten wir gegen einen
elektronischen Gegner an. Die
Technik hat auch in traditionellen
Freizeitvergnügen wie Sport
zahlreiche Verbesserungen
gebracht, da ununterbrochen
neue Ausrüstung entwickelt
wird, um die Ausübung sicherer
und angenehmer zu machen.

SPIEL UND SPASS

Technischer Fortschritt bringt uns immer mehr Maschinen, die uns bei der Arbeit und zu Hause unterstützen. Dadurch haben wir mehr Freizeit. Aber auch wenn wir einmal die Füße hochlegen, lassen wir die Technik nicht hinter uns. Wie in allen anderen Bereichen des Lebens auch, redet die Technik gerade dann mit, wenn wir abschalten und uns entspannen.

Die einen sind in ihrer Freizeit sehr aktiv, die anderen entspannen sich gerne. Bei der Freizeitgestaltung hat man jedoch wesentlich mehr Möglichkeiten als in früheren Zeiten. Manche Hobbys sind eigentlich gleichgeblieben, aber durch die Technik verfeinert worden. So versammelt man sich jetzt kaum mehr um das Wohnzimmerklavier zum Gesang, sondern schaltet seinen CD-Player ein. Früher bedurfte es für die Herstellung eines Bildes eines gewissen Maltalents, während man heute eine detailgenaue Abbildung ohne großen Zeitaufwand mit einer Kamera herstellen kann. Moderne Technik eröffnet jedoch auch ungekanntes Vergnügen: In einem Vergnügungspark auf einer halsbrecherischen Anlage fahren oder mit einem Gleitschirm durch die Lüfte schweben – diesen zum Teil ge-fährlichen Nervenkitzel hätte noch vor einem Jahrhundert kaum jemand für möglich gehalten, geschweige denn angenehm empfunden.

Sport und Training

Einige Sportarten haben sich im Laufe der Zeit kaum verändert. Viele Ballsportarten sind Jahrhunderte alt und werden immer noch genauso gespielt wie früher. Allerdings hat sich die Leistung der Spieler stark verbessert, was auch an der Ausrüstung liegt, die vielfältig verbessert wurde. Moderne Tennisschläger bestehen aus extrem festen, aber leichten, verstärkten Kunststoffen

und verleihen dem Ball eine enorme Geschwindigkeit. Kletterer und Bergsteiger kommen aufgrund verbesserter Ausrüstung immer höher hinauf und auch wieder zurück. Dank Fortschritten bei Konstruktion und Materialien hat auch der Segelsport eine Revolution erlebt – an den Rekordbooten von heutzutage haben Bootsbauer, Labor und Computer gleichermaßen Anteil. Die Technik hat uns zudem neue Wassersportarten beschert – Wasserski, Windsurfen, Parasailing – und hat es mit der Erfindung des Tauchgeräts ermöglicht, daß Freizeittaucher die Wunderwelt unter Wasser erleben können, die ansonsten nur den Berufstauchern vorbehalten war. Auch die Lüfte hat man dem Freizeitsportler erschlossen: Mit modernen Fallschirmen, Drachen und Gleitschirmen steht jedem das persönliche Flugerlebnis offen. Kraftsport- und Trainingsgeräte sind nicht nur für Profisportler

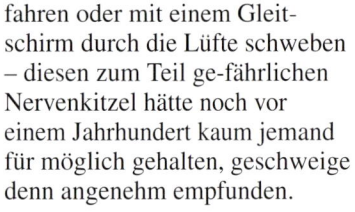

Ein Film besteht aus einer Abfolge von Bildern, die ein Projektor im Kino nacheinander auf die Leinwand wirft (S. 138). Die Bilder gehen ineinander über, so daß eine Bewegung vorgetäuscht wird. Ein ähnlicher Projektor wird beim Fernsehen eingesetzt.

Ein Lautsprecher gibt die Töne, die von einer Stereoanlage, einem Radio oder einem Fernsehgerät kommen, wieder. Die Ohrhörer eines Walkmans sind nichts anderes als kleine Lautsprecher (S. 140).

Wenn ihr eine Münze einwerft und durch Eingabe einer Zahl ein Lied auswählt, spielt die Musikbox die gewählte Platte. Diese alte Musikbox hat einen riesigen Lautsprecher und eine große Plattenauswahl. Die Platte wird auf den Drehteller gelegt und durch einen Tonabnehmer mit einer Nadel abgetastet und danach wieder im Stapel eingeordnet.

von Nutzen, sondern auch für den normalen Freizeitsportler. Das Fahrrad hat in jüngster Zeit eine beispielhafte Modernisierung erfahren, von der Radrennfahrer und Amateure profitieren: leicht zu bedienende Gangschaltungen für jedes Gelände, sichere Bremsen und stabile Rahmen aus High-Tech-Materialien. Auch beim Wandern, dem vielleicht ältesten Sport, hat die Technik Einzug gehalten. Die Entwicklung fester, aber leichterer Wanderstiefel und guter Regenkleidung erleichtern das Wandern in jeder Umgebung und bei jedem Wetter.

Kunst und Handwerk

Künstler streben nach künstlerischem Fortschritt, der Amateur betreibt seine Kunst nur aus Vergnügen. Beiden hilft die Technik. In der Musik werden herkömmliche Instrumente nach wissenschaftlichen Erkenntnissen konstruiert, so daß sie einfach und rasch auf die Ansprüche des Musizierenden reagieren. Dank der Elektronik wurden ganz neue Möglichkeiten entdeckt, Töne zu produzieren, und entsprechend eine ganz neue Musik entwickelt. Das begann zunächst mit der elektrischen Gitarre, wurde dann aber fortgeführt mit völlig neuen Instrumenten wie dem Synthesizer und anderen elektronischen Instrumenten, die eine riesige Palette an Tönen erzeugen können. Sie bieten zusammen mit Musikprogrammen für Computer eine neue Dimension der Musik.

Die Fotografie beruht ganz und gar auf der Technik. Die Bildkamera gibt es jetzt bereits als vollautomatische Kamera, mit der man auch als Anfänger gute Aufnahmen machen kann. Mit Videokamera oder Camcorder kann jedermann eigene Filme drehen und mit der entsprechenden Ausrüstung zu Hause nachbearbeiten. Maschinen erleichtern nicht nur Hobbys wie Nähen, Schreinern und Gartenarbeit, sondern auch das Berufsleben und Sportwettbewerbe. Unter Umständen kommt der Amateur sogar an den Profi heran, auf alle Fälle hat er viel Spaß dabei.

Passives Vergnügen

So wie die Technik die Bereiche des Sports und der künstlerischen Kreativität bereichert hat, hat sie auch andere Freizeitbereiche geschaffen, bei denen es ohne jede körperliche oder geistige Betätigung abgeht. Bis zum 20. Jahrhundert konnte man zur persönlichen Erbauung zum Beispiel lesen, hatte aber sonst nur begrenzte Möglichkeiten der Freizeitgestaltung. Heutzutage können wir zwischen Fernsehen, einem Videofilm oder Kino wählen. Wir hören Radio oder hören uns eine Platte, eine CD oder eine Kassette an. Auch der Computer hat einiges zu bieten: Interaktiv spielen wir mit ihm zum Beispiel Schach auf Anfänger- oder gar auf Großmeisterniveau oder sind auf dem Bildschirm sportlich aktiv. Mit der Entwicklung der virtuellen Realität tut sich eine vom Computer geschaffene Welt auf, die uns vollkommen umgibt und auf unsere Bewegungen reagiert. Und bald werden wir nicht mehr ins Kino zu gehen oder Filme zu leihen brauchen oder uns mit Fernsehprogrammen herumschlagen müssen. Die Datenautobahn, die Computer untereinander vernetzt, sorgt dafür, daß wir uns jederzeit Filme, Shows und Musik nach Wunsch bestellen können. Diese Autobahn besteht aus Glasfaserkabeln, über die Laser von zentralen Datenbanken aus Signale mit enormen Datenmengen übertragen. Alle möglichen Erfindungen haben die Freizeitgestaltung stark beeinflußt. Zuerst sorgte der elektrische Strom auch nach Sonnenuntergang für eine sichere Lichtquelle in den Häusern. In letzter Zeit spielt Strom gerade als Energiequelle für zahlreiche elektronische Geräte eine Rolle. Diese wandeln ein Bild oder einen Ton in ein elektrisches Signal um, übertragen dieses Signal oder zeichnen es auf und können

Mit seinem Tauchgerät kann ein Taucher unter Wasser bleiben, ohne einen Tauchanzug tragen zu müssen. Die Luft aus dem Zylinder wird dem Mund des Tauchers mit dem für normale Atmung richtigen Druck zugeleitet (S. 126).

es dann wieder in Bild oder Ton zurückverwandeln. Die meisten Geräte beruhten bis jetzt auf Analogtechnik, was zu verzerrten Bildern, Rauschen und dergleichen führen kann. Die Digitaltechnik – bekannt von den CD-Spielern – bietet jedoch eine stark verbesserte Übertragungs- und Wiedergabequalität. Bald werden Radio, Fernsehen und Video auf Digitaltechnik umgestellt. Bild und Klang werden mit vollkommener Klarheit lebensecht wiedergegeben, und Radio sowie Fernsehen werden eine größere Anzahl an Sendern empfangen können.

Eine E-Gitarre besitzt einen Tonabnehmer, der beim Zupfen an den Metallsaiten elektrische Tonsignale erzeugt. An den Tonabnehmer angeschlossene Verstärker und Lautsprecher wandeln diese Signale in Töne um. Mit dem Verstärker lassen sich auch Lautstärke und Klang der E-Gitarre steuern.

Mit einem Kraftsportgerät wie diesem könnt ihr zu Hause eure Muskeln trainieren. Speziell konstruierte Trainingsgeräte bilden bestimmte Körperpartien besonders heraus oder dienen der allgemeinen Fitneß.

Sonnenbrille

Unsere Augen stellen sich ganz von selbst auf helles Licht ein. Die Pupillen ziehen sich zusammen, und es kann dann weniger Licht in die Augen eindringen. An sonnigen Tagen ist das Licht jedoch oft so stark, daß man zusätzlich eine Sonnenbrille trägt. Die einfachste Sonnenbrille besteht aus dünnen, eingedunkelten Kunststoffscheiben oder Gläsern, die einen Großteil des Lichts absorbieren. Sonnenbrillen mit Polarisationsfilter absorbieren ebenfalls Licht, filtern aber zusätzlich grelles Licht heraus, das von glänzenden Flächen reflektiert wird und sehr lästig sein kann. Selbsttönende Gläser färben sich bei Sonnenlicht dunkel und bei schwächerem Lichteinfall wieder zur normalen Farbe zurück. Diese Gläser eignen sich besonders für Brillenträger. Eine Brille mit selbsttönenden Gläsern kann man nämlich immer tragen, eine zusätzliche Sonnenbrille ist dann nicht mehr vonnöten.

Glitzernder Schnee

Berggipfel und viele Berghänge liegen oft über den Wolken. Die Sonne scheint hier sehr hell, und der weiße Schnee reflektiert wesentlich mehr Sonnenlicht als etwa eine grüne Bergwiese oder der nackte Boden. Skifahren oder Bergsteigen ist daher ohne Sonnenbrille oft gar nicht möglich.

EXPERIMENT
Hell und dunkel

Das Experiment zeigt, wie selbsttönende Gläser auf Sonnenlicht reagieren. Die Gläser enthalten eine durchsichtige Silbermischung, wie sie auch beim Fotografieren bei jedem Film verwendet wird. Aufgrund der im Sonnenlicht enthaltenen, unsichtbaren ultravioletten Strahlen spaltet sich diese durchsichtige Silbermischung auf und bildet schwarzes Silber, das heißt, die Brillengläser verdunkeln sich. Ist die Strahlung weniger stark, etwa wenn es bewölkt ist, bildet sich das schwarze Silber wieder zur durchsichtigen Silbermischung zurück, und die Brillengläser werden wieder heller.

IHR BRAUCHT
● Schneidunterlage
● Brille mit selbsttönenden Gläsern
● Pappe ● Klebeband ● Messer
● Bleistift ● Schere

1 Ein Stück Pappe soll über ein Brillenglas passen. Schneidet eine Figur aus, und klebt die Pappe dann auf ein Brillenglas.

2 Legt die Brille ein paar Minuten lang in die Sonne. Danach nehmt ihr das aufgeklebte Stück Pappe wieder ab und vergleicht die beiden Brillengläser miteinander.

EXPERIMENT
Zaubertrick

Sonnenbrillen mit Polarisationsfilter heißen so, weil sie polarisiertes Licht herausfiltern. Polarisiertes Licht entsteht, wenn Lichtstrahlen reflektiert werden, etwa von Wasser. Polarisiertes Licht sieht für das Auge aus wie normales Licht, bei ihm schwingen aber alle Strahlen in einer Ebene. Das vom Wasser reflektierte Sonnenlicht ist polarisiert und kann daher mit der entsprechenden Sonnenbrille herausgefiltert werden. Das folgende Experiment mit Glühbirne und Sonnenbrille mit Polarisationsfilter zeigt dies.

IHR BRAUCHT

● Brille mit Polarisationsfilter ● kleinen, hellen Gegenstand ● große, flache Schüssel ● Krug Wasser ● Schreibtischlampe

1 Legt einen kleinen Gegenstand mit heller Farbe in eine große, flache, mit Wasser gefüllte Schüssel. Jemand muß die Lampe im Winkel von 40° auf das Wasser richten. Schaut so in die Schüssel, daß ihr die sich im Wasser spiegelnde Glühbirne seht.

2 Guckt zuerst ohne Sonnenbrille ins Wasser. Unter Umständen müßt ihr euch erst den richtigen Blickwinkel suchen, so daß die Reflektion der Glühbirne den kleinen Gegenstand im Wasser verdeckt und dieser nicht zu sehen ist.

3 Jetzt setzt ihr die Sonnenbrille auf. Das polarisierte Licht, das von der Wasseroberfläche reflektiert wird, wird von der Sonnenbrille herausgefiltert, so daß ihr den im Wasser liegenden Gegenstand wieder sehen könnt.

Wenn ihr den Kopf etwas nach oben oder unten bewegt, seht ihr den Gegenstand leichter.

Brillen mit Polarisationsfilter

Licht kann man sich als Energiewellen vorstellen. Die Wellen schwingen normalerweise in allen Ebenen. Polarisiertes Licht schwingt hingegen nur in einer Ebene. Das von der hier gezeigten Glühbirne stammende Licht (und auch das Sonnenlicht) ist normales, unpolarisiertes Licht, wobei allerdings nur die waagerechten und senkrechten Ebenen dargestellt sind. Sobald die Lichtstrahlen auf die Wasseroberfläche treffen, werden sie polarisiert. Nur die waage-

rechten Strahlen werden von der Wasseroberfläche wieder abgestrahlt. Die senkrechten Strahlen dringen in das Wasser ein und spiegeln sich am Gefäßboden wider. Die Brillengläser mit dem Polarisationfilter filtern die waagerechten Strahlen heraus, so daß die von der Oberfläche reflektierten Strahlen verschluckt werden. Die Brille läßt nur senkrecht schwingende Strahlen durch, das heißt, der Gegenstand am Boden wird wieder sichtbar.

Glühbirne

Waagerecht polarisierte Strahlen

Unpolarisiertes Licht (schwingt in allen Ebenen, hier sind nur die waagerechte und senkrechte Ebene dargestellt)

Wasseroberfläche

Senkrecht polarisierte Strahlen

Das vom Gefäßboden abgestrahlte Licht wird vom Licht, das von der Wasseroberfläche reflektiert wird, verdeckt.

Ohne Sonnenbrille

Die senkrecht polarisierten Strahlen läßt die Brille durch.

Polarisierende Linse

Mit Sonnenbrille

Die waagerecht polarisierten Strahlen werden herausgefiltert.

Das vom Gefäßboden reflektierte Licht ist sichtbar.

Drachen

Spannt ein viereckiges Stück Papier, Folie oder Stoff über einen leichten Rahmen – und schon habt ihr einen einfachen Drachen. Es gibt aber auch hochkompliziert gebaute Drachen in phantastischen Formen. Wie auch immer sie aussehen, alle Drachen funktionieren nach dem gleichen Prinzip. Der Wind weht den Drachen hoch in den Himmel, da er aber an einer langen Schnur hängt, fliegt er nicht davon. Oft ist die Oberfläche des Drachens gebogen, so daß die darüber hinwegströmende Luft wie bei einer Tragfläche (S. 108) zusätzlichen Auftrieb erzeugt. Darüber hinaus werden Drachen oft mit einem langen Schwanz versehen, der der Stabilisierung dient, und außerdem können Drachen auch mit Lenkschnüren ausgerüstet sein und dann steigen und sinken oder im Kreis fliegen. Mit der entsprechenden Ausrüstung versehen werden Drachen auch zum Versprühen von Pflanzenschutzmitteln, für Luftaufnahmen und zum Sammeln von Wetterdaten eingesetzt. Moderne Wetterdrachen erreichen sogar Rekordhöhen von bis zu 10 km.

Plastikdrachen

 Bei diesem Experiment sollte ein Erwachsener helfen.

Bastelt einen einfachen Drachen aus einer starken Plastikfolie und einem Holzstab. Ein Freund soll den Drachen in den Wind halten, bevor ihr ihn steigen laßt (Bei stetigem Wind sollte er gut fliegen). Je nach Windstärke steigt oder sinkt der Drachen. Sinkt der Drachen zu schnell, könnt ihr ihn vielleicht in der Luft halten, indem ihr an der Leine zieht und damit den auf den Drachen wirkenden Luftdruck erhöht.

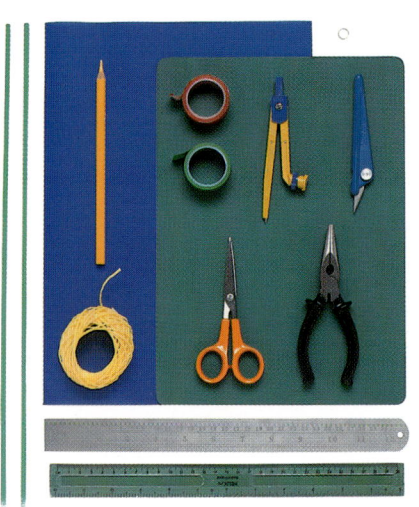

IHR BRAUCHT
● zwei 56 cm lange, viereckige Holzstäbe mit 3 mm Seitenlänge ● starke Plastikfolie, 64 x 56 cm ● Stift ● Klebeband ● Zirkel ● runden Ring aus Metall ● Messer ● Schere ● Zange ● Schneidunterlage ● starren Draht ● Stahllineal ● Lineal

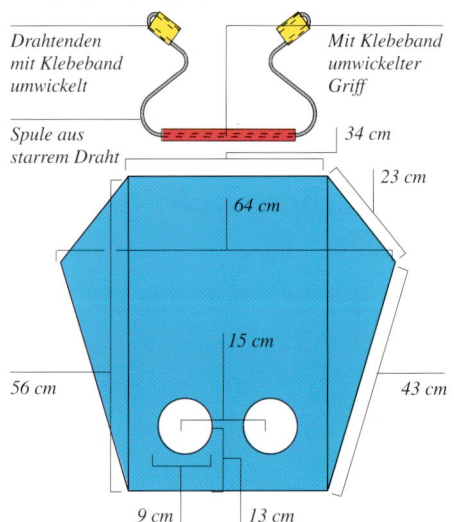

Drahtenden mit Klebeband umwickelt

Mit Klebeband umwickelter Griff

Spule aus starrem Draht

34 cm

64 cm · 23 cm

15 cm · 43 cm

56 cm

9 cm · 13 cm

So fliegt ein Drachen

Ein Drachen ist so in einem bestimmten Winkel aufgehängt, daß er den Wind nach unten ableitet. Dabei entsteht eine Kraft, die den Drachen nach oben und nach rückwärts drückt. Der Zug an der Leine wirkt der Windkraft entgegen. Die beiden Kräfte gleichen sich fast aus, es bleibt nur ein geringer Auftrieb übrig, der größer als das Gewicht des Drachens ist. Steigt der Drachen, nehmen Winkel und Auftrieb ab. Sobald Auftrieb und Gewicht des Drachens gleich groß sind, steht der Drachen in der Luft.

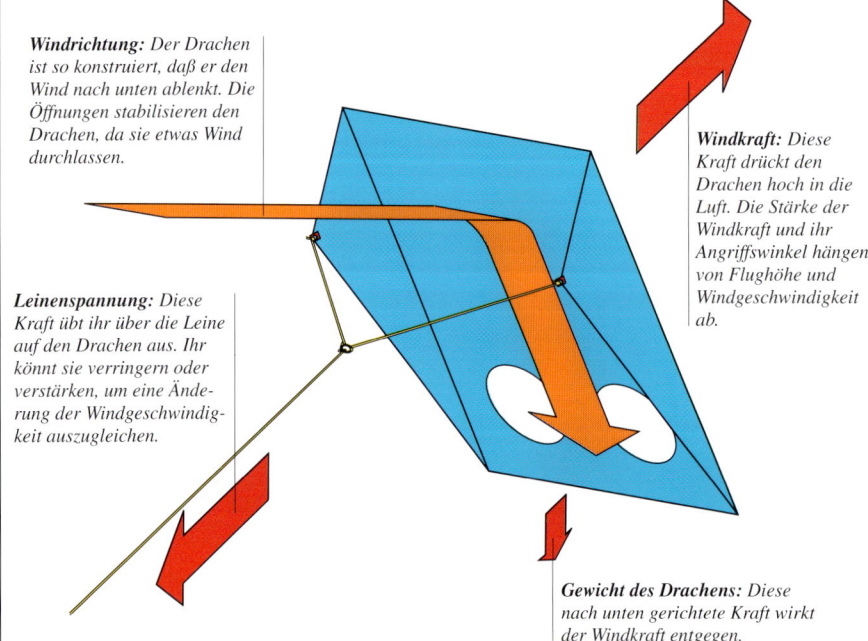

Windrichtung: Der Drachen ist so konstruiert, daß er den Wind nach unten ablenkt. Die Öffnungen stabilisieren den Drachen, da sie etwas Wind durchlassen.

Windkraft: Diese Kraft drückt den Drachen hoch in die Luft. Die Stärke der Windkraft und ihr Angriffswinkel hängen von Flughöhe und Windgeschwindigkeit ab.

Leinenspannung: Diese Kraft übt ihr über die Leine auf den Drachen aus. Ihr könnt sie verringern oder verstärken, um eine Änderung der Windgeschwindigkeit auszugleichen.

Gewicht des Drachens: Diese nach unten gerichtete Kraft wirkt der Windkraft entgegen.

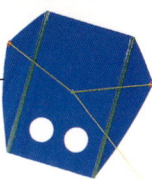

Parasailing

In vielen Badeorten kann man nicht nur schwimmen und tauchen, sondern auch fliegen. Bei Parasailing gleitet man wie ein Vogel durch die Lüfte. Man wird an einen großen, fallschirmähnlichen Drachen angeschnallt und dann über eine lange Leine von einem Motorboot gezogen. Der Drachen steigt nach oben und nimmt seinen Passagier mit. Der gegen den Drachen drückende Wind hält ihn wie einen ganz normalen Drachen in der Luft. Das Motorboot fährt mit konstanter Geschwindigkeit, so daß der Drachen nicht an Höhe verliert. Um den Flug zu beenden, wird das Boot langsamer, so daß der Drachen sinkt und man ganz sanft im Wasser landet.

Sicherer Gleitflug
Der hier verwendete Drachen ähnelt einem Fallschirm. Reißt die Leine, sinkt der Drachen ganz langsam nach unten, und man landet sicher im Wasser.

1 Übertragt die Vorlage auf der anderen Seite auf eure Plastikfolie, und schneidet sie aus. Klebt die beiden Holzstäbe mit Klebeband auf die Folie.

2 Verstärkt die äußeren Ränder des Drachens mit Klebeband. Mit einem Zirkel stecht ihr in jeder Ecke ein kleines Loch aus, vergrößert es mit einem Bleistift.

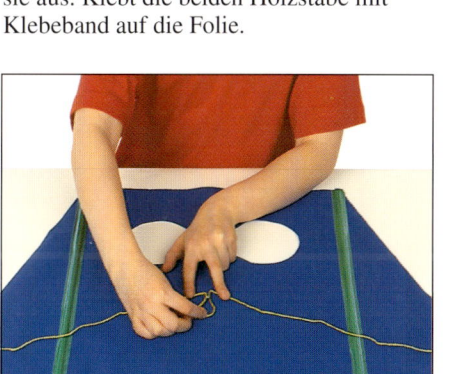

3 Bindet die beiden Enden einer 85 cm langen Leine an den beiden kleinen Löchern fest. Macht in der Mitte der Schnur eine Schlinge, und zieht diese durch den runden Ring. Führt die Schlinge noch einmal über den Ring, und zieht sie fest.

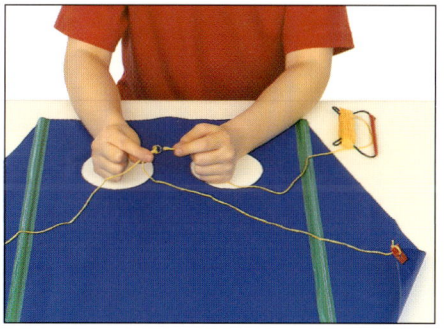

4 Mit der Zange biegt ihr den Draht vorsichtig zu einer Spule für die Leine. Klebt die Drahtenden und den Griff mit Klebeband ab. Bindet eine Leine – mindestens 25 m – an der Spule fest, und wickelt sie auf. Das andere Ende bindet ihr an den Ring.

Richtet den Griff so zum Drachen, daß ihr die Leine leicht abwickeln könnt.

Haltet den Drachen auf Armlänge.

5 Sucht euch an einem leicht windigen Tag eine freie Fläche, an der keine Bäume, Gebäude oder Stromleitungen stehen. Bei Gewitter darf man nie Drachen steigen lassen. Stellt euch mit dem Rücken zum Wind, haltet die Spule in einer Hand und den Drachen in der anderen. Laßt den Drachen los, und gebt ihm Leine, so daß der Wind den Drachen davontragen kann. Fliegt der Drachen nicht gerade, holt ihr ihn wieder ein und schiebt den Ring in die entgegengesetzte Richtung, in die der Drachen zieht.

Metalldetektoren

Viele Leute, die mit einem Metalldetektor herumlaufen, suchen nach vergrabenen Schätzen, finden aber nur wertlose Metallgegenstände. Der Detektor weist lediglich auf verborgenes Metall hin, kann aber natürlich dessen Wert nicht erkennen und nicht zwischen rostigen Nägeln und Geldstücken unterscheiden. Den Detektorkopf mit einer elektrischen Spule hält man etwas über den Boden, in den ein von der Spule erzeugtes Magnetfeld dringt. Trifft es auf Gegenstände aus Eisen, Stahl oder anderen Metallen, wird im Metall ein schwacher elektrischer Strom und damit ein eigenes Magnetfeld erzeugt, das die Empfangsspule im Detektorkopf erkennt. Es wird ein schwaches elektrisches Signal in der Spule ausgelöst, das empfindliche elektronische Bauelemente erkennen und den Fund mit einer Leuchtanzeige oder über ein Meßgerät anzeigen. Mit Metalldetektoren werden auch mit Metallteilen verunreinigte Nahrungsmittel ausfindig gemacht und aus dem Verkehr gezogen.

Suche im Sand

 Bei diesem Experiment sollte ein Erwachsener helfen.

Baut einen Metalldetektor, mit dem ihr Gegenstände aus Eisen oder Stahl aufspüren könnt. Metall stört das Magnetfeld eines Detektors und erzeugt in der Spule um den Magnet ein schwaches elektrisches Signal, das verstärkt wird und den Summer aktiviert. Lest vorher die Seiten 10 und 11 durch.

IHR BRAUCHT: ● große Glas- oder Plastikschüssel ● Sand ● Klebeband ● Säge ● etwa 50 g Modelliermasse ● einen oder mehrere starke Magnete ● Schere ● Schneidunterlage ● Steckbord mit Grundplatte ● Operationsverstärker TL071 ● NPN-Transistor (BC108 oder gleichwertig) ● Kupfer-Lack-Draht ● Isolierten Draht ● zwei Batterien (9 V) und Steckverbinder ● Büroklammern aus Stahl ● Summer ● Zange ● Abisolierzange ● große Plastikflasche mit Griff

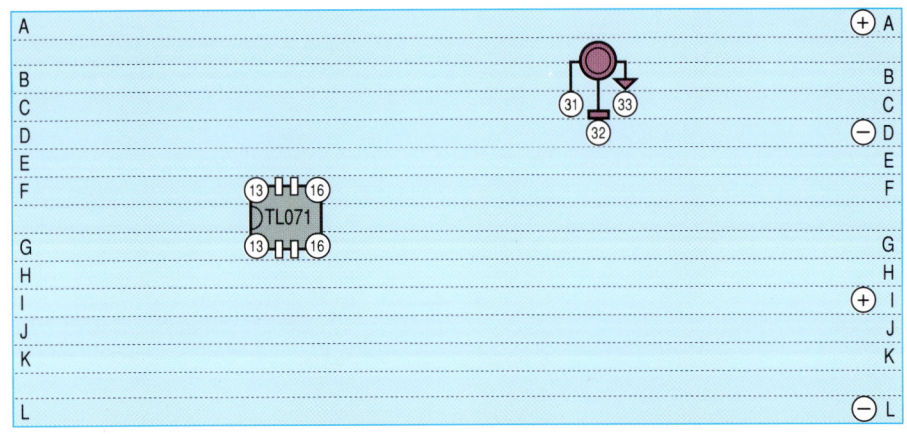

Drähte
A14–B14 A31–B31 E15–E32
F47–G47 H15–H47 K16–L16

Batterieanschlüsse
Damit der Detektor funktioniert, sind zwei 9-V-Batterien erforderlich. Die erste wird zwischen A47 (+) und D47 (−) angeschlossen, die zweite zwischen I47 (+) und L47 (−).

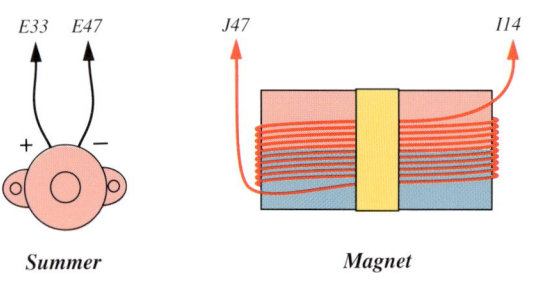

Summer   **Magnet**

1 Bittet einen Erwachsenen, die Flasche im Abstand von 5 cm über dem Flaschenboden bis auf ein kleines Stück durchzusägen. Der Boden soll jedoch noch fest an der Flasche hängen.

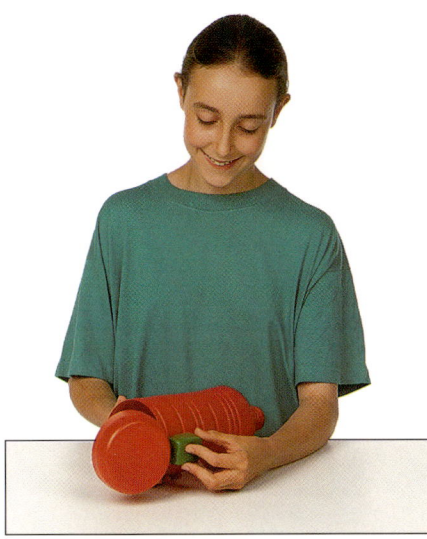  

2 Biegt den Flaschenboden im Winkel von 90° nach unten – er bildet den Detektorkopf. Klebt einen Würfel aus Modelliermasse darunter. Wickelt den Kupfer-Lack-Draht 200mal um den Magnet; die Polseiten bleiben frei.

3 Beim Wickeln am Anfang und Ende je 15 cm Draht herausstehen lassen und die Enden dieser freien Stücke jeweils abisolieren. Mit dem Isolierdraht stellt ihr den Anschluß zum im Diagramm gezeigten Schaltkreis auf dem Steckbord her.

4 Sind Summer und Spule am Steckbord angeschlossen, befestigt ihr Grundplatte und Steckbord, Summer und Batterien mit Modelliermasse in der Flasche. Bringt den Magnet und die Spule in der Flasche an – ein Pol soll nach unten zeigen.

5 Bittet einen Freund, die Büroklammern aus Stahl in der Sandschüssel etwa 1 cm unter der Oberfläche zu verstecken. Haltet den Detektorkopf etwa 1 cm darüber. Der Summer wird aktiviert, sobald der Detektor auf ein Metallobjekt stößt.

Detektion durch Induktion

Metalldetektoren arbeiten mit elektromagnetischer Induktion, die durch elektrischen Strom in einem Metallobjekt verursacht wird. Induktion tritt auf, wenn der Gegenstand sich im Magnetfeld befindet und sich in diesem bewegt. Dieses Prinzip wird bei vielen Elektrogeräten genutzt, so auch bei anderen Detektoren. Fahrkarten- und Getränkeautomaten überprüfen den Münzwert durch Bestimmung des verwendeten Metalltyps und der vorhandenen Metallmenge. Ampeln können Autos an deren Metallgehalt erkennen.

Verkehrszählung
Verkehrsampeln können Fahrzeuge erkennen und zählen, wenn sie mit einer stromführenden Drahtschleife unter der Fahrbahn verbunden sind. Wie die Spule eines Metalldetektors spürt auch sie das Metall in jedem vorbeifahrenden Auto auf und sendet ein Signal an die Ampel.

Tauchgeräte

Mit der richtigen Ausrüstung und Ausbildung kann man fast wie ein Fisch unter Wasser schwimmen. Das Atmen unter Wasser wird durch ein Tauchgerät ermöglicht, welches so funktioniert, daß man über ein Mundstück Luft aus der Sauerstoffflasche am Rücken einatmet. Zwei Drosselventile gewährleisten, daß der Druck der eingeatmeten Luft dem Wasserdruck entspricht, der mit zunehmender Wassertiefe ansteigt. Wären Wasser- und Luftdruck unterschiedlich, könnte man nicht mehr atmen, da der Wasserdruck die Lungenbläschen zerdrücken würde.

EXPERIMENT

Tauchgerät

Bei diesem Experiment sollte ein Erwachsener helfen. Ein aufgeblasener Ballon ist die Sauerstoffflasche, ein Becher der Taucher und ein Gefäß mit Wasser das Meer. Den über den Becher ge-spannten Ballon drückt ihr rein und raus – der Taucher atmet aus und ein. Die Ventile öffnen und schließen sich, Luft wird von der Sauerstoffflasche zum Taucher gesaugt und die ausgeatmete Luft ins Meer abgegeben.

IHR BRAUCHT

● Gefäß ● Plastikbecher ● 10 cm biegsamen, weiten Plastikschlauch ● 1 m langen, schmalen, biegsamen Plastikschlauch, der in den weiten Schlauch paßt ● Handbohrer mit 5-mm-Einsatz ● Klebeband ● 1 großen und 2 kleine Ballons ● 30 cm starren Draht ● Schraubstock ● Trichter mit 10 cm breiter Öffnung ● Rundfeile ● Zange ● Korken, der sich in den Ausgießer des Trichters schieben läßt ● Kugel, die sich im breiten Schlauch frei bewegen kann ● Vaseline ● Klebstoff ● doppelseitiges Klebeband ● zwei Pappscheiben mit 5 cm Durchmesser

1 Bohrt seitlich in den Trichter ein Loch. Feilt es mit der Rundfeile so weit aus, daß ein Ende des schmalen Plastikschlauchs gerade ganz eng schließend hineingeht.

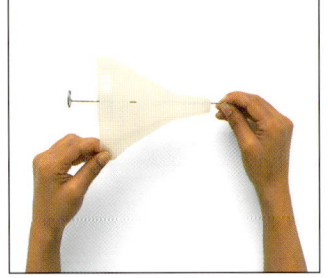

2 Mit der Zange biegt ihr ein Drahtende im 90°-Winkel zum übrigen Draht zu einer Windung. Schiebt das andere Drahtende durch den Trichter in das schmale Korkenende.

3 Steckt den Korken auf den Draht, so daß er eng im Trichter sitzt und die Spirale auf einer Höhe mit dem Trichterrand liegt. Markiert den Draht am Korkenaustritt.

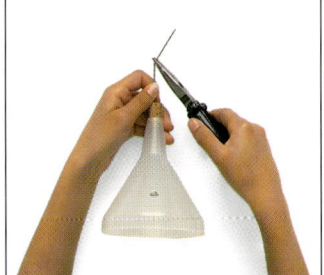

4 Biegt den Draht an der Markierung im Winkel von 90°. Klebt den Korken an der Drahtkrümmung fest. Schneidet den aus dem Korken hervorstehenden Draht ab.

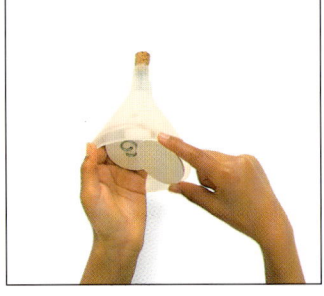

5 Schneidet vom Rand zur Mitte einen Schlitz in eine Pappscheibe. Schiebt den Draht durch den Schlitz zur Mitte, so daß die Windung auf der Scheibe liegt. Darauf klebt ihr mit doppelseitigem Klebeband die zweite Scheibe.

6 Klebt doppelseitiges Klebeband auf die Scheiben. Schneidet von einem kleinen Ballon die untere Hälfte ab, spannt sie über die Trichteröffnung, und befestigt sie mit Klebeband. Schiebt die Scheiben mitten auf den Ballon.

7 Bohrt mit dem 5-mm-Einsatz in einem Abstand von 5 cm zwei kleine Löcher in den unteren Teil des Plastikbechers. Mit der Rundfeile vergrößert ihr diese so, daß der schmale Einlaß- und Auslaßschlauch gerade hineinpaßt.

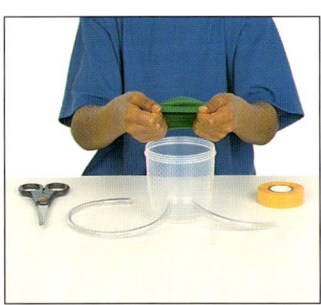

8 Schiebt Auslaß- (15 cm) und Einlaßschlauch (45 cm) durch die Löcher im Becher. Verknotet das Mundstück eines kleinen Ballons. Schneidet die andere Hälfte ab. Spannt den Ballon über den Becher, und klebt ihn fest.

Tauchgerät

Das Mundstück des Tauchers ist an ein Drosselventil ange-schlossen, das beim Einatmen Luft aus der Druckluftflasche freigibt. Das Umgebungswas-ser drückt auf eine flexible Membran im Drosselventil, so daß die eingeatmete Luft unter dem gleichen Druck wie das Wasser steht. Der gleiche Luftdruck herrscht in der Lunge des Tauchers. Ein Reduzierventil bildet die Ver-bindung zwischen Drossel-ventil und Druckluftflasche. Dieses Ventil reduziert den Druck der an das Drosselven-til gelieferten Luft so weit, daß er etwas über dem Was-serdruck liegt.

Beim Einatmen
geht der Luftdruck im Drosselventil zurück. Der Wasser-druck drückt die Membran ein, wodurch sich das Mem-branventil öffnet und Luft vom Reduzierventil einläßt.

Beim Ausatmen
wird der Druck im Drosselventil größer als der Wasser-druck. Das Membranventil schließt sich, das Auslaß-ventil öffnet sich und gibt die verbrauchte Luft ab.

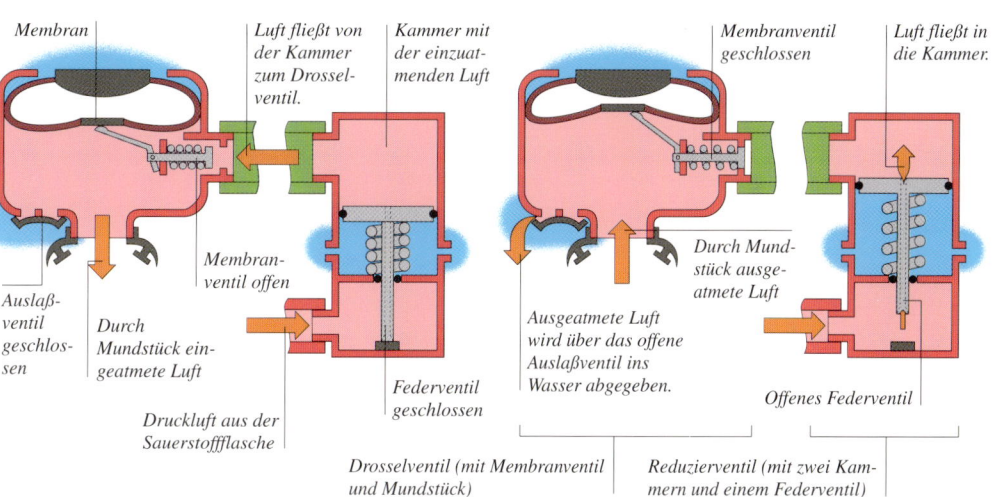

Membran · *Luft fließt von der Kammer zum Drossel-ventil.* · *Kammer mit der einzuat-menden Luft*

Membranventil geschlossen · *Luft fließt in die Kammer.*

Auslaß-ventil geschlos-sen · *Durch Mundstück ein-geatmete Luft* · *Membran-ventil offen*

Federventil geschlossen · *Druckluft aus der Sauerstoffflasche*

Durch Mund-stück ausge-atmete Luft

Ausgeatmete Luft wird über das offene Auslaßventil ins Wasser abgegeben. · *Offenes Federventil*

Drosselventil (mit Membranventil und Mundstück) · *Reduzierventil (mit zwei Kam-mern und einem Federventil)*

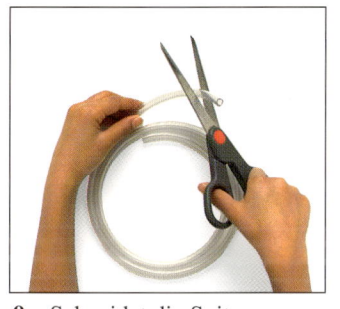

9 Schneidet die Spitze eines 40 cm langen, schmalen Schlauchstücks schräg ab. Bastelt ein Einwegventil (wie hier rechts oben gezeigt), das auf den Auslaßschlauch paßt.

Gerade abgeschnittener, schmaler Auslaß wird hier geschmiert. · *Weiter, 10 cm langer Schlauch* · *Schräg abgeschnittener, schmaler Schlauch wird hier geschmiert.*

Die Kugel sitzt im breiten Schlauch (siehe oben). · *Dieses Ende legt ihr in das Wasser-gefäß.*

Einwegventil

Ist der Ballon aufgeblasen, achtet darauf, daß der Korken immer noch im Trichter sitzt. Über den Korken wird die Abgabe von Luft aus dem großen Ballon reguliert.

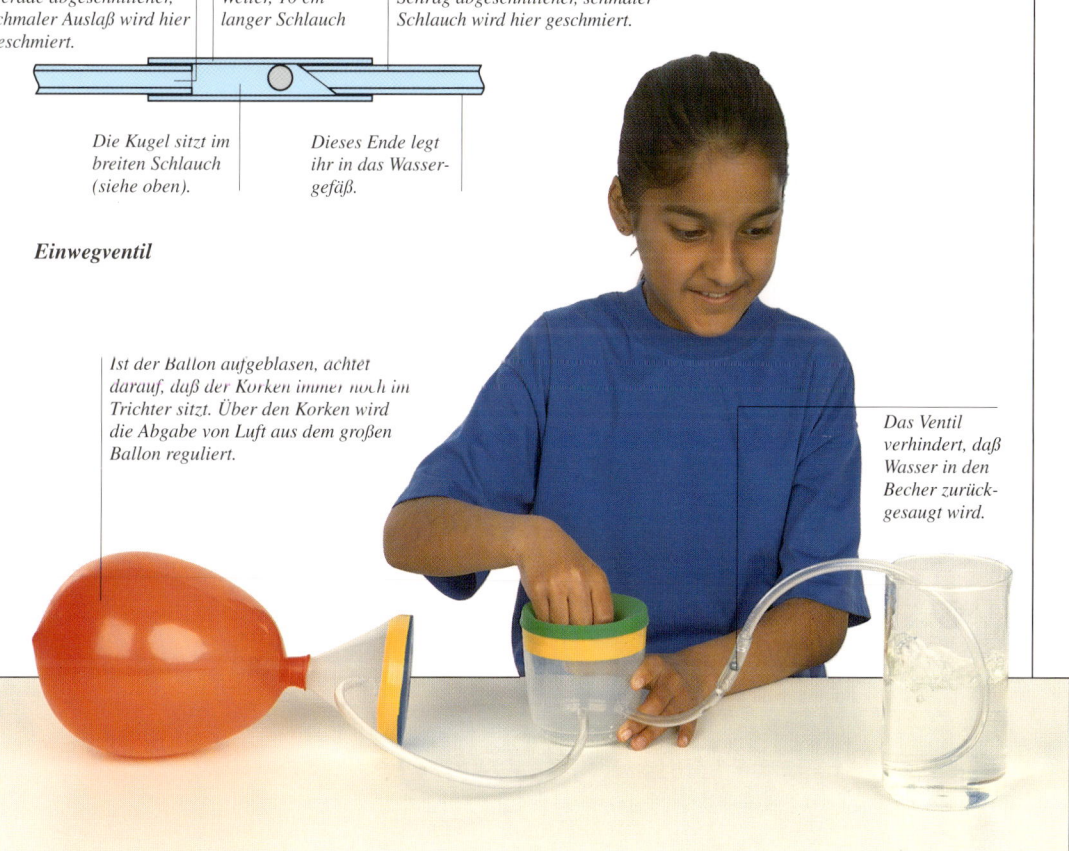

Das Ventil verhindert, daß Wasser in den Becher zurück-gesaugt wird.

10 Schiebt einen großen Ballon so weit wie möglich über die Trichtertülle, und klebt ihn mit Klebeband fest. Schmiert ein kurzes Stück schmalen Schlauch ein, und schiebt es in das Loch am Trichter.

11 Drückt den Ballon auf dem Trichter ein, und blast den großen Ballon durch den Schlauch auf; er soll aufgeblasen bleiben. Nehmt den schmalen Einlaßschlauch aus dem Trichter. Schmiert sein loses Ende mit Vaseline ein, und schiebt es wieder in das Loch am Trichter. Den Auslaß-schlauch steckt ihr jetzt in das Wassergefäß. Zieht den Knoten des über den Becher gezoge-nen Ballons fest, und zieht ihn langsam nach unten oder nach oben.

Blasinstrumente

Will man einem Blasinstrument einen Ton entlocken, muß man durch ein Mundstück oder Mundloch Luft in ein Rohr blasen. Dadurch schwingt die Luftsäule im Rohr und erzeugt einen Ton. Die Tonhöhe hängt davon ab, wie lang die Luftsäule ist und wie kräftig man in das Rohr bläst. Man unterscheidet Holz- und Blechblasinstrumente. Holzblasinstrumente bestehen aus einem Holz- oder Metallrohr mit einer Reihe von Grifflöchern an der Seite. Öffnet oder verschließt man diese Grifflöcher mit den Fingern, ändert sich die Länge der Luftsäule. Blechblasinstrumente bestehen aus einem langen, gekrümmten Metallrohr ohne Grifflöcher.

Waldhorn
Dieses Horn besteht aus zwei gekrümmten Metallrohren; zusammen 9 m lang.

Blechblasinstrumente

Bläst man in ein Horn, eine Trompete oder eine Posaune, wird die Luftsäule im ganzen Rohr in Schwingung versetzt. Durch Änderung des Lippendrucks können nur bestimmte Töne erzeugt werden, die Harmonik. Sollen andere Töne gespielt werden, muß die Länge der Luftsäule verändert werden. Bei einer Posaune erzielt man diesen Effekt mit einem Posaunenzug. Andere Blechblasinstrumente verfügen über Ventile, denen eine Rohrbogenverlängerung zugeordnet ist. Ein Horn hat drei Ventile, mit deren Kombination man sechs weitere Töne spielen kann.

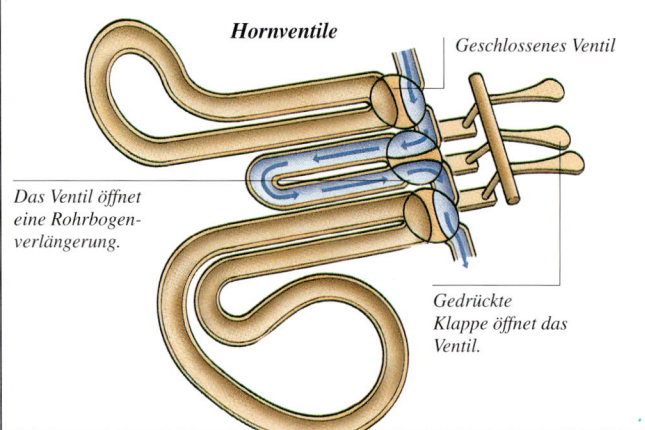

Hornventile

Geschlossenes Ventil

Das Ventil öffnet eine Rohrbogenverlängerung.

Gedrückte Klappe öffnet das Ventil.

Ein Horn aus Schlauch

 Bei diesem Experiment sollte ein Erwachsener helfen.

Nehmt ein Stück Schlauch, und bringt einen glockenförmigen Trichter als Endstück und ein Anschlußteil als Mundstück an. Blast durch eure zusammengepreßten Lippen in das Mundstück. Je nachdem, wieviel Lippendruck ihr aufbringt, könnt ihr diesem Horn ein paar Töne, vielleicht sogar eine Fanfare entlocken.

IHR BRAUCHT
● Säge ● Stück Schlauch ● Schraubstock
● Trichter mit einer Tülle, die in den Schlauch paßt ● Anschlußteil aus Gummi

Der Schalltrichter verbessert den Klang des Horns.

Schlauchmusik
Schneidet von einem Schlauch ein 1 bis 2 m langes Stück ab. Steckt die Tülle des Trichters in ein Ende und das Anschlußteil in das andere. Rollt den Schlauch auf, legt den Mund geschlossen an das Anschlußteil, und blast durch die halb geschlossenen Lippen in den Schlauch.

Selbstgebastelte Flöte

Bei diesem Experiment sollte ein Erwachsener helfen.
Bastelt eine einfache C-Dur-Flöte. Schürzt die Lippen – so als wolltet ihr »O« sagen, setzt sie leicht über dem Mundloch an, und blast etwas Luft über die Kante in das Mundloch. Spielt verschiedene Töne, indem ihr mit den Fingern immer andere Grifflöcher abdeckt, wodurch die Länge der in der Flöte schwingenden Luftsäule verändert wird. Stimmen könnt ihr die Flöte durch Verschieben des Korkens am Ende.

IHR BRAUCHT: ● Lineal ● 30 cm langes, starres Kunststoffrohr von 2 cm ⌀ ● Rundfeile ● Handbohrer ● Bohrer (3 mm und 5 mm) ● Korken ● Stift ● Schraubstock

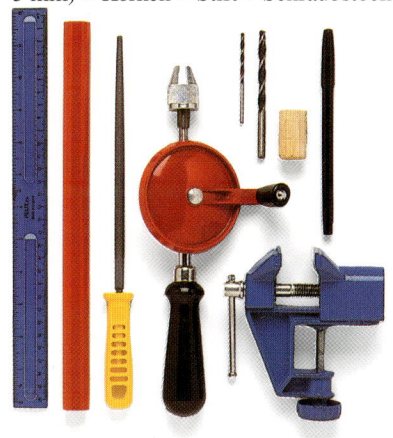

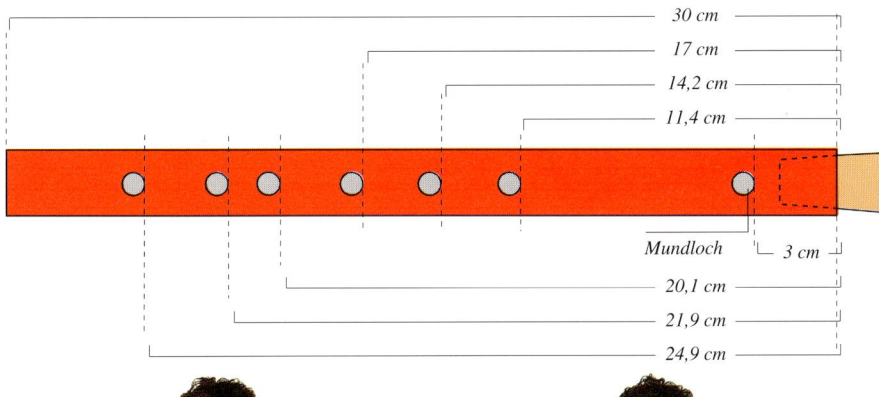

30 cm
17 cm
14,2 cm
11,4 cm
Mundloch — 3 cm
20,1 cm
21,9 cm
24,9 cm

1 Markiert anhand der oben genannten Maße an der Seite des Rohrs sieben kurze Linien. Die vorgegebenen Maße solltet ihr ganz genau einhalten.

2 Bohrt mit dem 3-mm-Bohrer eine Reihe von Löchern jeweils 3 mm von jeder Markierung in Richtung auf das dem Korken gegenüberliegende Rohrende.

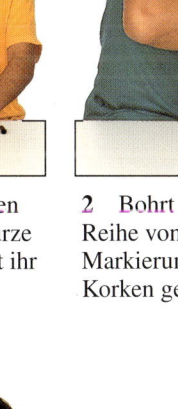

3 Mit dem 5-mm-Bohrer und der Feile weitet ihr diese Löcher auf 7 mm aus. Der Lochrand sollte gerade noch bis zur Markierung reichen.

4 Schneidet den Korken so zurecht, daß er fest im Rohr sitzt. Er sollte bis zum Rand des ersten Grifflochs zu schieben sein.

5 Setzt die Lippen am Mundloch an, und blast gleichmäßig in das Rohr, bis ein Ton erzeugt wird, was mit Übung gelingt. Deckt alle Grifflöcher ab, und hebt einen Finger nach dem anderen – so spielt ihr sieben der acht Noten aus der C-Dur-Tonleiter.

Saiteninstrumente

Bei einem Saiteninstrument zupft man straff gespannte Saiten, wie bei einer Gitarre, oder man streicht mit einem Bogen über die Saiten, wie bei einer Geige. Bei einem Klavier schlagen mit der Klaviatur verbundene Hämmer gegen die Saiten. Immer geht es darum, Saiten in Schwingungen zu versetzen, die wiederum den Resonanzkörper zum Schwingen bringen. Die schwingenden Saiten selbst erzeugen nur einen schwachen Ton; diesen verstärkt der Resonanzkörper. Die Tonhöhe hängt von der Dicke, Länge und Spannung der jeweiligen Saite ab. Eine dünne, kurze oder stärker gespannte Saite erzeugt einen höheren Ton als eine dicke oder lange Saite. Ein Gitarren- oder Geigenspieler verändert die Länge der schwingenden Saite, indem er sie gegen ein Griffbrett drückt.

So funktionieren Saiteninstrumente

Saiteninstrumente wie die Harfe haben zahlreiche Saiten unterschiedlicher Länge. Andere haben weniger Saiten, dafür ein Griffbrett mit dünnen Metallbünden, die in regelmäßigem Abstand auf dem Griffbrett sitzen. Mittels der Bünde werden die Saiten in einzelne Abschnitte eingeteilt, die jeweils einer bestimmten Note entsprechen. Zupft man eine Saite, ohne sie gegen einen Bund zu drücken, schwingt die ganze Saite vom Steg bis hin zum Sattel und erzeugt einen bestimmten Ton. Zupft man die gleiche Saite noch einmal, drückt sie aber gegen den 12. Bund in der Mitte zwischen Steg und Sattel, wird ein um eine Oktave höherer Ton erzeugt, da die schwingende Saite halbiert wird. Geigen haben bundlose Griffbretter. Hier muß der Musiker die Position jeder Note auch ohne Bund kennen.

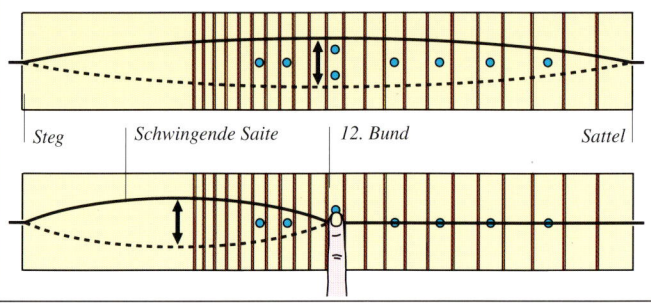

Steg　　Schwingende Saite　　12. Bund　　Sattel

EXPERIMENT

Selbstgebastelte Gitarre

 Bei diesem Experiment sollte ein Erwachsener helfen.

Ihr bastelt eine Gitarre mit vier Saiten, mit der ihr Melodien und Akkorde spielen könnt. Jede Saite wird gestimmt, indem ihr sie anzupft und mit Hilfe der Schrauböse lockerer oder fester spannt. Drückt die zweite Saite gegen den fünften Bund. Diese Saite müßt ihr so stimmen, daß sie genauso klingt wie die nicht gedrückte erste Saite. Dann stimmt ihr die dritte Saite am fünften Bund entsprechend der jetzt nicht gedrückten zweiten Saite. Dann stimmt ihr die vierte Saite entsprechend. Genauso stimmt man eine Baßgitarre oder die tieferen vier Saiten einer sechssaitigen Gitarre.

IHR BRAUCHT
● 2 m langes Holzbrett mit den Maßen 1,5 x 4,5 cm ● Rundfeile ● dünne Feile ● Schere ● 18 Hartholzstifte, 4,5 cm lang, viereckig mit 2 mm Seitenlänge ● 15 cm langen Hartholzstift, 10 x 3 mm ● Stift ● Schraubstock ● Bogensäge

● Gitarrensaiten aus Nylon (E, B und 2 A) ● Sperrholzplatte (40 x 60 x 0,3 cm) ● Schneidunterlage ● Bohrunterlage ● 4 kleine Schrauben ● Schraubenzieher ● 4 Schraubösen ● Klebstoff ● Klebepunkte ● Block und Bleistift ● Taschenrechner ● Hammer ● Feinsäge ● Messer ● Stifte ● Handbohrer mit Bohrern (1,5 mm und 3 mm) ● Schleifklotz ● Lineal ● langes Stahllineal

Resonanzkörper　20 cm　　5 cm　　C

20 cm

D: 17 cm

25 cm

B: 27 cm　4,5 cm

F: 30 cm

Das kreisförmige Loch mit einem Durchmesser von 15 cm wird aus der Mitte der Gitarrenvorderseite ausgesägt.

E: 25 cm

C: 25,5 cm

A: 75 cm

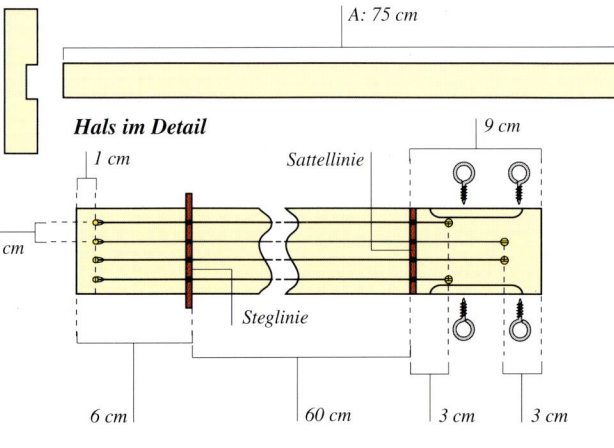

Hals im Detail　　Sattellinie　　9 cm

1 cm

1 cm

Steglinie

6 cm　　60 cm　　3 cm　　3 cm

1 Sägt den Hals (A) wie gegenüber gezeigt aus der 1,5 cm dicken Holzplatte aus. Markiert die Linien für den Sattel und den Steg an. Rechnet aus, wieviel $^{17}/_{18}$ des Abstands zwischen diesen beiden Linien sind. Die erste Bundlinie zeichnet ihr in diesem Abstand von der Steglinie ein.

2 Rechnet aus, wieviel $^{17}/_{18}$ des Abstands zwischen der Steglinie und der ersten Bundlinie sind. Die zweite Bundlinie zeichnet ihr in diesem Abstand ein. Diesen Rechenschritt führt ihr so oft aus, bis ihr 18 Bundlinien markiert habt; dabei geht ihr jeweils von der letzten Bundlinie aus.

3 Mit dem 3-mm-Bohrer bohrt ihr vier Löcher hinter der Sattellinie in den Hals und außerdem auf jeder Seite jeweils zwei Löcher für die Schraubösen. Richtet euch dabei genau nach der Abbildung auf der gegenüberliegenden Seite unten. Rundet die Halskanten mit einer Feile.

4 Bohrt mit dem 1,5-mm-Bohrer vier Löcher jeweils 1 cm voneinander entfernt an der Steglinie durch den Hals. Die Löcher sollen von oben schräg durch den Hals bis zu dessen Endkante führen. Achtet darauf, daß sie parallel liegen und an den hinter dem Sattel gebohrten Löchern ausgerichtet sind.

5 Klebt an jeder Bundmarkierung einen viereckigen Holzstift (2 mm Seitenlänge) an. Schleift diese Stifte so ab, daß der erste Bund (hinter der Sattellinie) höher ist als der zweite, der zweite wiederum höher als der dritte und so weiter bis zum letzten Bund. Prüft mit dem Lineal, ob die Bundhöhe zur Steglinie hin gleichmäßig abnimmt.

6 Setzt die Schrauben und Schraubösen in die vorgesehenen Bohrlöcher am Hals ein. Von dem 3 mm dicken Hartholzstück werden 4,5 cm als Sattel verwendet und an der Sattellinie angeklebt. Feilt in einem Abstand von jeweils 1 cm vier kleine Kerben in den Sattel, aber etwas höher als der erste Bund.

7 Sägt aus dem 1,5 cm dicken Holzbrett wie links gezeigt die vier Holzteile B – D. Bei B und D schneidet ihr eine Aussparung von 4,5 x 1,2 cm für den Hals aus. Sägt die drei Gitarrenteile E – F aus der Sperrholzplatte. Mit Stiften und Kleber bringt ihr die Teile B – E am Gitarrenhals an. Setzt die Rückwand F auf.

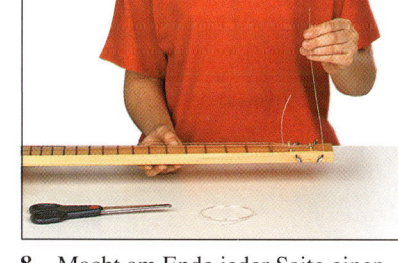

8 Macht am Ende jeder Saite einen Knoten. Führt die Saite durch die schrägen Löcher im Hals hin zum Sattel. Zieht die Saiten an den Schrauben fest, und bindet sie an die Schraubösen. Aus dem 3-mm-Brett schneidet ihr einen Steg von 6 cm x 8 mm zurecht und feilt in einem Abstand von jeweils 1 cm vier kleine Kerben in den Steg.

9 Schiebt den Steg an der Steglinie unter die Saiten. Führt die Saiten über die Kerben im Steg und im Sattel. Schwingen die Saiten gegen einen Bund, müßt ihr eine höhere Brücke aussägen. Mit den Klebepunkten markiert ihr die Bundpositionen. Jetzt stimmt ihr die Gitarre, und los geht's …

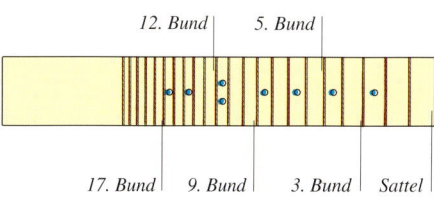

12. Bund | 5. Bund

17. Bund | 9. Bund | 3. Bund | Sattel

Drückt man mit dem Finger gegen den Bund, kann man unterschiedliche Noten erzeugen.

Wenn ihr die Saiten einzeln zupft, spielt ihr eine Melodie; wenn ihr mehrere anschlagt, einen Akkord.

Schlaginstrumente

Soll ein Schlaginstrument tönen, muß man mit der bloßen Hand oder einem Stock – bei der Pauke mit einem Schlegel – dagegen schlagen. Dadurch bringt man das Instrument zum Schwingen. Bei Trommeln schwingt auch die Luft in der Trommel mit. Oft sind diese Schwingungen eher ein Geräusch als ein klarer Ton; so etwa der Schlag eines Beckens oder das Rasseln eines Tamburins. Aber bei manchen Schlaginstrumenten kann man auch eindeutige Töne hervorbringen. So verfügen Trommeln und Pauken über ein Fell, das zur Erzeugung eines bestimmtes Tons entsprechend gespannt werden kann. Und das Xylophon hat Holzplatten, die jeweils auf einen bestimmten Ton abgestimmt sind.

Sprechende Trommel
Drückt man beim Schlagen dieser nigerianischen Trommel gleichzeitig auf die Riemen, variieren die Töne, und die Trommel klingt wie manche afrikanische Sprachen.

EXPERIMENT

Minipauke

IHR BRAUCHT
- Korken mit einem Längsloch in der Mitte
- Schmirgelpapier • großes Stück Kunststoffolie • langes Gummiband • 30 cm langen Stab, der in den Korken paßt • Plastikschüssel (etwa 30 cm ⌀)

Eine Pauke besteht aus einer großen Schüssel, über die das Paukenfell gespannt wird und die einen tiefen Ton von sich gibt. Spannt man das Fell straffer, wird der Ton höher.

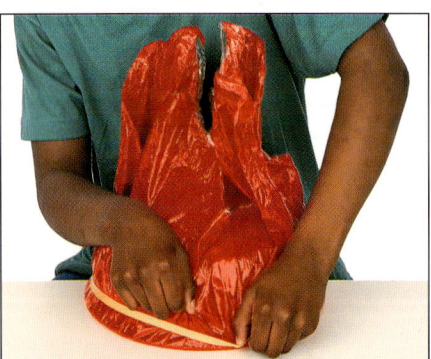

1 Spannt die Kunststoffolie straff über die Schüssel. Mit einem Gummiband gleich unter dem Schüsselrand klemmt ihr die Folie fest. Die übrige Kunststoffolie rafft ihr so zusammen, daß sich ein Griff ergibt.

2 Mit dem Schmirgelpapier reibt ihr die Kanten des Korkens ab. Steckt den Korken auf den Stab, und schon habt ihr einen Schlegel. Schlagt mit dem Schlegel gegen eure Pauke. Durch Ziehen an der Folie könnt ihr die Tonhöhe ändern.

Tschingdarassabum

Gong
Dieser reich verzierte Gong aus Borneo hängt an einer Schnur. Mit dem Schlegel schlägt man genau auf die Mitte. Damit versetzt man die Bronzescheibe in Schwingung, so daß es einen langen, anhaltenden, tiefen Ton gibt. Auch beim Becken wird der Ton so erzeugt.

Tabla
Trommeln verfügen über ein Trommelfell, gewöhnlich aus Kunststoff oder Tierfell, das über einen an einer Seite offenen Zylinder gespannt wird. Diese kleine Trommel aus Indien wird mit der bloßen Hand geschlagen. Das Fell wird mit Hilfe der seitlich angebrachten Lederriemen gespannt.

Sansa oder Daumenklavier
Dieses Instrument aus Afrika und Südamerika spielt man, indem man die Metallzungen mit beiden Daumen zum Schwingen bringt. Da diese Zungen verschieden lang sind, geben sie verschiedene Töne von sich.

Maracas
Manchen Schlaginstrumenten kann man nur durch Schütteln ein Geräusch entlocken. Maracas sind Rasseln, die mit Perlen oder Samenkörnern gefüllt sind. Sie stammen aus Südamerika.

Glocken
Der in der Glocke angebrachte Klöppel schwingt hin und her, schlägt an den Glockenrand und bringt die Glocke zum Schwingen; kleinere klingen hell, größere dunkel.

EXPERIMENT

Selbstgebasteltes Xylophon

Bei diesem Experiment sollte ein Erwachsener helfen.

Der Name »Xylophon« kommt aus dem Griechischen und bedeutet »Holz klingt«. Das Xylophon besteht aus einer Reihe von Holzplättchen, die so gelagert sind, daß sie schwingen, sobald man gegen sie schlägt. Jedes Plättchen gibt – je nach Größe und Gewicht – einen anderen Ton von sich. Ein leichteres Plättchen schwingt nämlich schneller und erzeugt dadurch einen höheren Ton. Ihr baut jetzt ein Xylophon, auf dem ihr die acht Noten einer Tonleiter und damit schon viele einfache Melodien spielen könnt. Mit den beiden Holzstäben schlagt ihr nacheinander auf die Plättchen. Schlagt ihr gleichzeitig auf zwei verschiedene Plättchen, ertönt ein Akkord.

IHR BRAUCHT
- Holzstreifen, 3 cm x 8 mm
- Lineal ● zwei 30 cm lange Stäbe, die in die Korken passen ● Holzplatte (40 x 30 x 1 cm)
- Stift ● Feinsäge
- 3 cm lange Stifte
- Hammer ● Gummibänder ● Schraubstock ● etwas Modelliermasse ● 2 Korken mit einem Längsloch in der Mitte

1 Zeichnet auf die Holzplatte zwei schräge Linien (siehe Zeichnung). In einem Abstand von jeweils 4,5 cm schlagt ihr mit dem Hammer neun Stifte entlang dieser Linien in den Holzblock.

2 Spannt entlang jeder Stiftreihe ein Gummiband, das auf halber Stifthöhe liegen sollte. Die Gummibänder sollten so straff gespannt sein, daß sie die 3 cm breiten Holzplättchen tragen können.

3 Sägt insgesamt acht Plättchen aus den 3 cm breiten Holzstreifen gemäß den unten angegebenen Maßen zurecht. Die fertigen Plättchen legt ihr zwischen den Stiftreihen auf die Gummibänder.

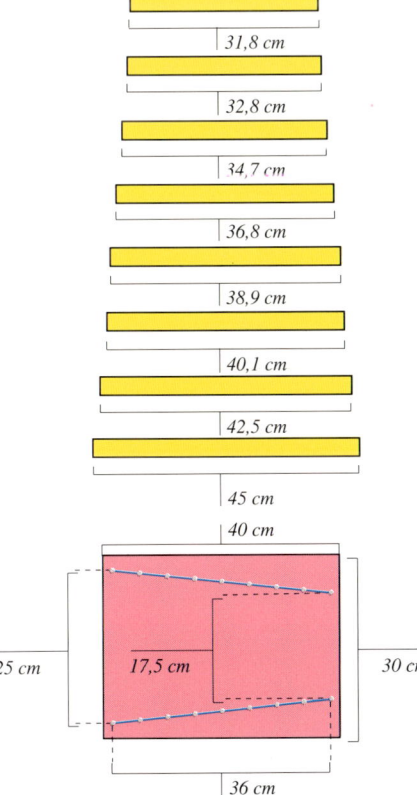

31,8 cm

32,8 cm

34,7 cm

36,8 cm

38,9 cm

40,1 cm

42,5 cm

45 cm

40 cm

25 cm   *17,5 cm*   30 cm

36 cm

4 Mit Schmirgelpapier reibt ihr die scharfen Kanten der Korken ab. Steckt in jeden Korken einen Stab – und schon habt ihr die beiden Schlaghölzer.

5 Spielt auf den Plättchen eine Tonleiter – es sollte sich nach Dur anhören. Klingt der von einem Plättchen erzeugte Ton zu niedrig, verkürzt ihr das Plättchen durch Abschleifen mit dem Schmirgelpapier ein wenig. Ist der Ton zu hoch, klebt ihr etwas Modelliermasse an die Enden des jeweiligen Plättchens. Jetzt könnt ihr auch kleine Melodien auf eurem Xylophon spielen.

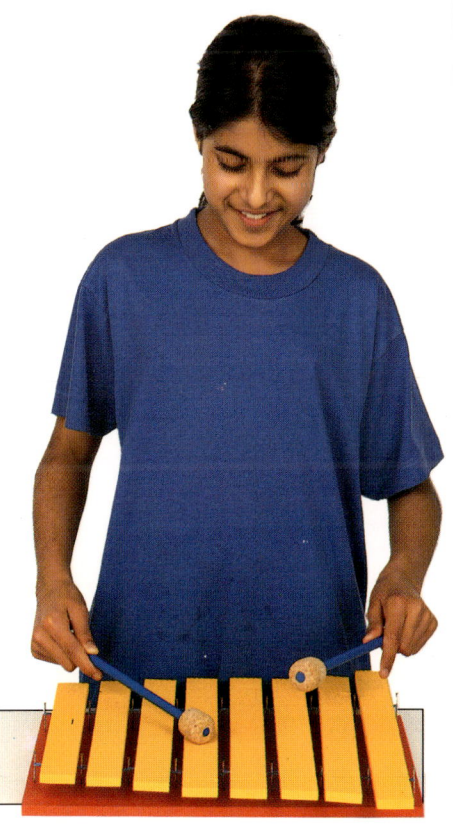

Fotoapparat

Beim Druck auf den Auslöser öffnet sich hinter der Linse kurz ein Verschluß. Das Licht des Motivs vor der Kamera trifft auf die Linse, die ein Abbild davon auf den Film hinter dem Verschluß wirft. Die Blende, eine Öffnung hinter der Linse, wird je nach Lichteinfall weiter oder enger eingestellt, so daß die richtige Lichtmenge auf den Film trifft. Verschluß und Blende werden oft von einer Automatik geregelt.

Pappkamera

Bei diesem Experiment sollte ein Erwachsener helfen.

Wie auf einem Film ein Bild entsteht, erfahrt ihr mit dieser Pappkamera. Ein Vergrößerungsglas dient als Linse, Pauspapier als Film. Wie bei einer echten Kamera verschiebt ihr die Linse beim Scharfstellen.

IHR BRAUCHT

● Vergrößerungsglas mit Metallfassung ● Bleistift ● Pappe ● Stahllineal ● Lineal ● Schneidunterlage ● Pauspapier ● Messer ● Crea-Fix-Platte, etwa 30 x 20 cm ● Klebeband ● Schere

1 Lenkt das Licht von einer fernen Lichtquelle durch das Vergrößerungsglas auf die Crea-Fix-Platte. Ist das Bild scharf, meßt ihr den Abstand zwischen Linse und Platte und ermittelt so die Brennweite.

2 Legt ein Rechteck aus Pappe in der gleichen Länge wie die Brennweite der Linse und der zweifachen Breite ihres Umfangs um die Linsenfassung, und klebt es fest. Die Höhe des Zylinders entspricht der Brennweite.

3 Schneidet ein zweites Rechteck aus – genauso groß wie das erste, nur 2 cm länger. Faltet an der längeren Seite 1 cm um. Teilt die Pappe parallel zur Längsseite in vier Teile ein, und faltet daraus eine Schachtel.

Zum Scharfstellen naher Motive schiebt ihr die Linse raus, bei ferneren Motiven wieder rein.

4 Schneidet 2 cm vom Rand zwei Schlitze in zwei gegenüberliegende Seiten der Schachtel. Schiebt durch diese Schlitze ein Blatt Pauspapier – in Schachtelbreite und 2 cm länger als breit, und klebt es straff gespannt an.

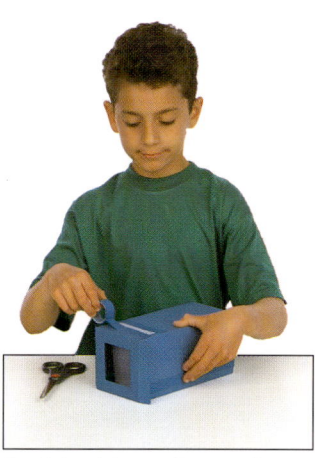

5 Schneidet aus Pappe ein Viereck mit vier Laschen als Deckel aus. Genau aus der Mitte des Deckels schneidet ein Viereck heraus, welches etwas kleiner als die Schachtel selbst sein muß. Klebt den Deckel auf das Ende mit den Schlitzen.

6 Für das andere Ende macht ihr einen ähnlichen Deckel, schneidet aber einen Kreis mit einem etwas größeren Durchmesser als dem des Pappzylinders aus. Man sollte den Zylinder hin- und herschieben können.

7 Schiebt den Pappzylinder durch den Kreis in die Schachtel. Guckt durch das viereckige Loch in die Schachtel hinein. Wenn ihr jetzt die Linse hin- oder herschiebt, könnt ihr das Bild auf dem Pauspapier scharf einstellen.

EXPERIMENT
Verschluß

 Bei diesem Experiment sollte ein Erwachsener helfen.

Mit einer Kamera kann man Standbilder von sich bewegenden Objekten aufnehmen, da der Verschluß sich im Bruchteil einer Sekunde öffnet und schließt. Viele Kameras haben einen Verschluß, bei welchem ein schmaler Schlitz schnell über den Film wandert.

IHR BRAUCHT
- Stahllineal • Lineal
- Bleistift • Schneidunterlage
- Messer • Gummiball • doppelseitiges Klebeband • Teile aus fester Pappe: Rahmen 25 x 10 cm, Schieber 25 x 8 cm, 2 Streifen von 25 x 2 cm und 2 Streifen von 25 x 1 cm

Einäugige Spiegelreflexkamera

Eine der beliebtesten Kameras ist die einäugige Spiegelreflexkamera. Der Vorteil bei dieser Kamera liegt darin, daß der Sucher das von der Linse fokussierte Motiv zeigt, und zwar so, wie es auf dem Bild letztendlich aussehen wird. Die vom Motiv ausgehenden Lichtstrahlen treffen auf die Linse, werden vom Spiegel ins Sucherprisma reflektiert und von dort durch das Sucherokular in das Auge des Fotografen gelenkt. Bei Betätigung des Auslösers hebt sich der Spiegel, der Verschluß öffnet sich, und das Licht trifft auf den Film, welcher genau das gerade gesehene Motiv abbildet.

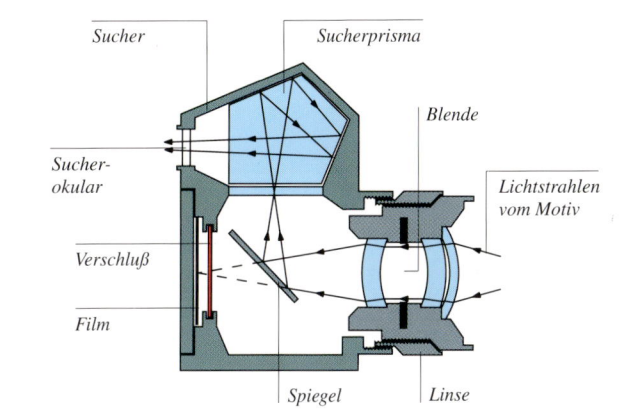

Sucher · Sucherprisma · Blende · Sucherokular · Lichtstrahlen vom Motiv · Verschluß · Film · Spiegel · Linse

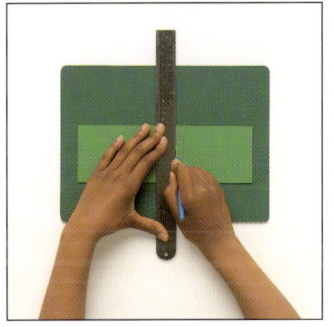

1 Markiert auf dem Schieber eine senkrechte Mittellinie. Macht etwa 2 cm links von der Mittellinie einen senkrechten Schlitz von 1 cm Breite in den Schieber.

2 Macht in die Mitte des Rahmens einen 1 cm breiten, senkrechten Schlitz (siehe oben). Dreht den Rahmen um, und schneidet ein kleines halbkreisförmiges Loch aus.

3 Klebt einen schmalen Streifen unten an den Rahmen. Legt den Schieber genau so drauf, daß er mit dem Streifen abschließt, ohne ihn festzukleben. Klebt den anderen Streifen oben am Schieber fest.

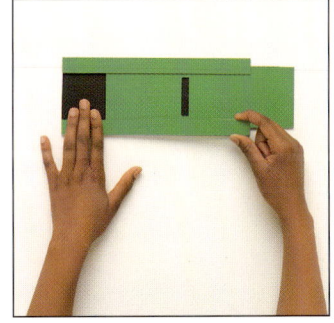

4 Klebt jeweils einen der beiden großen Streifen auf die kleinen Streifen auf. Achtet darauf, daß die Kanten der großen Streifen müssen mit den Kanten des Rahmens abschließen müssen.

5 Ein Freund soll einen Ball auf dem Tisch hüpfen lassen. Guckt durch den Schlitz im Rahmen, und schiebt den Schieber schnell hin und her. Wenn die Schlitze in Schieber und Rahmen auf gleicher Höhe sind, scheint der Ball mitten in der Luft stehenzubleiben. Der Verschluß läßt das Licht nur über einen sehr kurzen Zeitraum zu eurem Auge durch. Der Ball legt währenddessen eine sehr kurze Strecke zurück und scheint zu schweben.

Kino 1

Wie kommt es, daß sich die Bilder auf der Kinoleinwand bewegen? Ganz einfach – sie bewegen sich gar nicht. Ein Kinofilm besteht aus einem langen Streifen mit Einzelbildern, die nacheinander mit einer Geschwindigkeit von 24 Bildern pro Sekunde auf die Leinwand projiziert werden. Jedes Bild verweilt im Auge etwas länger als auf der Leinwand, ihr seht es also noch, wenn bereits das nächste Bild erscheint. Die Einzelbilder verschmelzen so ineinander, und da jedes Bild sich leicht vom vorherigen unterscheidet, entsteht der Eindruck, daß sich die Dinge auf der Leinwand bewegen. Fernsehen und Video funktionieren ganz genauso, wobei allerdings pro Sekunde 25 Einzelbilder übertragen werden; nach der US-amerikanischen Norm 30 pro Sekunde.

EXPERIMENT
Als die Bilder laufen lernten …

 Bei diesem Experiment sollte ein Erwachsener helfen.

Bastelt einen einfachen Filmprojektor, und macht mit 16 Einzelbildern einen »Film«. Beim Abspielen des »Films« im Projektor fangen die Bilder an zu laufen. Durch Schlitze hindurch seht ihr die Bildfolge genauso wie bei einem echten Filmprojektor, der eine Reihe von Bildern auf die Leinwand wirft.

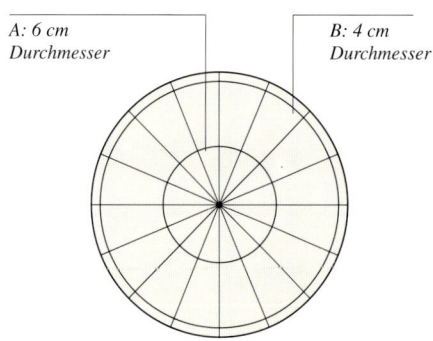

A: 6 cm Durchmesser *B: 4 cm Durchmesser*

IHR BRAUCHT
● Stahllineal ● Messer ● Stricknadel
● etwas Modelliermasse ● Pappschachtel, mindestens 25 cm hoch, etwa 28 cm tief, aus beiden Seiten wird ein breiter Streifen herausgeschnitten ● Strohhalm ● Farbstift
● Zirkel ● Schere ● Schneidunterlage
● 2 Pappscheiben von 16 cm Durchmesser (eine weiß, eine schwarz) ● Winkelmesser
● doppelseitiges Klebeband

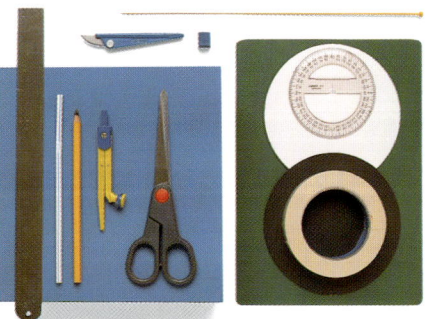

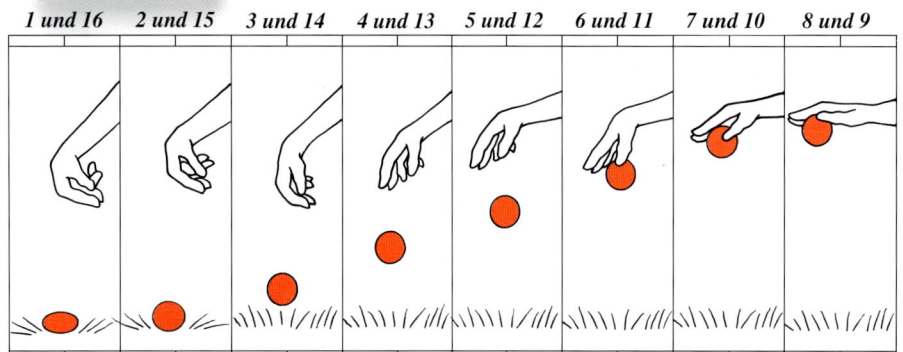

1 und 16	2 und 15	3 und 14	4 und 13	5 und 12	6 und 11	7 und 10	8 und 9

EXPERIMENT
Wagenrad

In einem Film sehen die Räder einer fahrenden Kutsche immer so aus, als würden sie anhalten oder nur sehr langsam drehen. Wenn die Kamera ein Wagenrad aufnimmt, zeigt jedes Einzelbild die Speichen in einer bestimmten Position. Bei einer bestimmten Geschwindigkeit entspricht die im zweiten Bild festgehaltene Speichenposition genau der des ersten Bildes oder weicht nur geringfügig von ihr ab – daher diese seltsame optische Täuschung. Ihr könnt den gleichen Effekt mit künstlichem Licht erzeugen, das in rascher Folge aufblitzt, so daß ihr mehrere Einzelbilder seht.

1 Übertragt die Schablone (links) auf beide Pappscheiben. Schneidet entlang jeder Kreislinie von Kreis A zu Kreis B einen 3 mm breiten Schlitz in die schwarze Scheibe.

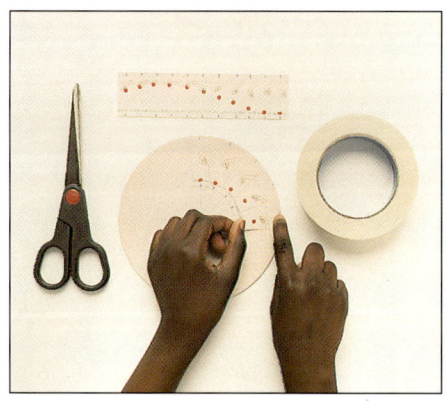

2 Malt die acht Bilder (links) zweimal auf Papier ab oder kopiert sie. Schneidet die Bilder dann aus, und klebt sie in der genannten Folge an den Linien zwischen Kreis A und B auf die weiße Scheibe.

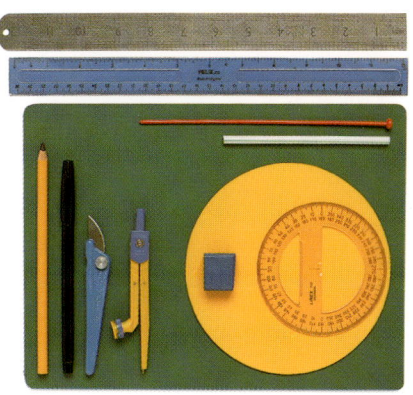

IHR BRAUCHT: ● Stahllineal ● Lineal
● Schneidunterlage ● Stricknadel ● Stroh-
halm ● Bleistift ● Stift ● Messer ● Zirkel
● Pappscheibe von 16 cm Durchmesser
● Modelliermasse ● Winkelmesser

1 Übertragt die Schablone, welche auf
der gegenüberliegenden Seite abgebildet
ist, auf eine Pappscheibe. Malt zwischen
den Kreisen A und B einen Strich auf jede
Kreislinie. Steckt die Stricknadel mit der
Spitze durch die Mitte der bemalten Scheibe. Steckt den Strohhalm auf die Stricknadel. Setzt etwas Modelliermasse auf die
Stricknadelspitze.

2 Führt das Experiment bei künstlichem
Licht aus. Haltet den Strohhalm mit einer
Hand fest, und versetzt mit der anderen
die Stricknadel in eine schnelle Drehung.
Die Striche auf der rotierenden Scheibe
sind meist verschwommen, manchmal
sieht es jedoch so aus, als würden sie kurz
stoppen oder sich langsam vorwärts oder
rückwärts drehen.

3 Stecht in 15 cm Höhe ein Loch in
die Mitte jedes Seitenteils, und weitet es
mit der Stricknadel aus. Macht 3 cm über
einem Loch einen 4 cm hohen und 3 mm
breiten Schlitz.

*Steckt ein Kügelchen
Modelliermasse auf die
Spitze der Stricknadel.*

4 Weitet die Löcher an den Seitenteilen
so weit aus, daß man die Stricknadel
drehen kann. Schiebt die Stricknadel und
die durch Distanzstücke aus Strohhalmen
getrennten Scheiben in der gezeigten
Reihenfolge durch die Löcher.

5 Richtet einen Schlitz in der ersten
Scheibe am Schlitz in der Schachtel und
dann ein Bild auf der zweiten Scheibe an
den beiden Schlitzen aus. Haltet die Scheiben in dieser Position, und befestigt sie mit
Modelliermasse an der Stricknadel. Dreht
an der Stricknadel, guckt durch den seit-
lichen Schlitz auf die Scheiben, und seht
euch euren »Film« an.

Kino 2

Eine Kinokamera enthält eine Rolle Film, die wie bei einem Fotoapparat (S. 134) an einer Linse und einem Verschluß – der Flügelblende – vorbeigeführt wird. Die Flügelblende öffnet und schließt das Filmfenster 24mal pro Sekunde, so daß eine Sequenz von 24 Einzelbildern entsteht. Im Kino wird der Film von einem Projektor abgespielt, der die 24 Einzelbilder in einer Sekunde auf die Leinwand wirft – und schon laufen die Bilder. Zeitlupenaufnahmen werden mit hoher Bildrate aufgenommen und mit niedriger Bildrate wiedergegeben.

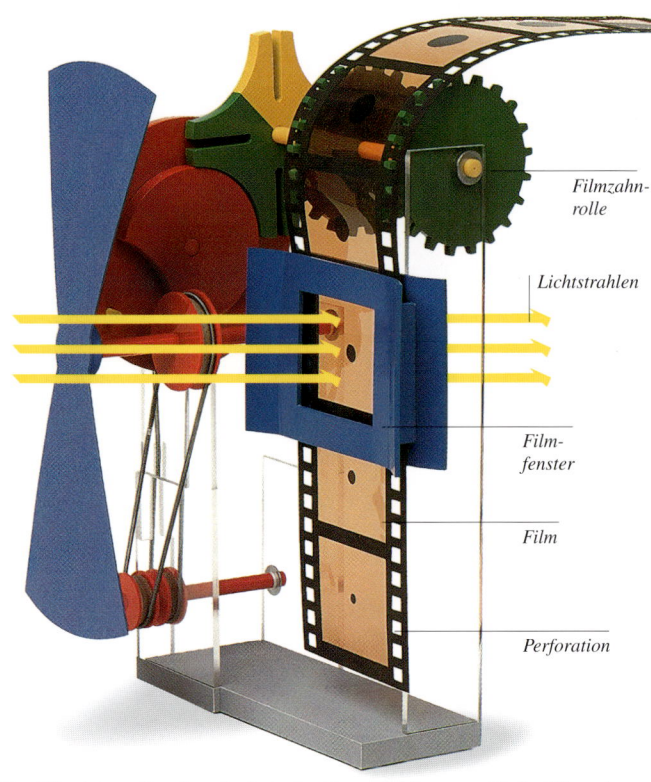

Filmzahn-rolle

Lichtstrahlen

Film-fenster

Film

Perforation

Filmtransport

Im Kino läuft der Film nicht gleichmäßig durch den Projektor. Vielmehr wird er für jedes Bild angehalten, und bewegt sich erst dann ruckartig weiter zum nächsten Bild. Damit jedes Bild scharf eingestellt ist, muß es für einen kurzen Zeitraum auf der Leinwand verbleiben; andererseits dürfen die Zuschauer aber nicht sehen, wie der Film von einem Bild zum nächsten springt. Zu diesem Zweck schirmt während des Bildwechsels eine Flügelblende im Projektor das Licht ab.

1. Der Film ist am Rand perforiert. An dieser Lochung greift die Filmzahn-rolle ein, die den Film weiterdreht. Der Film passiert ein Filmfenster, das genauso groß ist wie jedes Bild.

Ton und Bild

Der Projektor wirft dank einer sehr starken Lampe und einem hochwertigen Objektiv ein helles, scharfes Bild auf die Leinwand. Der Ton beim Tonfilm wird entweder auf dem Film selbst auf einer optischen Ton-spur neben den Bildern aufgenommen. Ein Tonabtastgerät im Projektor tastet die Tonspur ab und erzeugt ein elektri-sches Signal, das an die Lautspre-cher hinter der Leinwand über-tragen wird. Dies geschieht, indem Licht von einer Lampe durch die Tonspur auf das Abtastgerät scheint. Die Spur ändert die das Abtastgerät erreichende Licht-intensität. Dort wird das Licht in ein elektrisches Signal umgewandelt. Andere Filme wiederum haben Magnet-tonspuren wie Kassetten. Das Tonabtast-gerät befindet sich nicht am Filmfenster, so daß die Spur gleichmäßig abgetastet wird. Spielfilme bestehen aus mehreren Spulen, die auf zwei Projektoren gezeigt werden – der eine fängt an, wenn der andere aufhört. In vielen Kinos jedoch werden alle Filme zu einer großen Rolle aneinandergeklebt.

Durch den Wärmeabzug entweicht die im Lampen-haus entste-hende Wärme.

Zuführspule

Magnetton-abtastgerät

Objektiv

Lichttonab-tastgerät

Lampen-haus

Aufwickel-spule

Kinoprojektor

Einzelbild

Perfo-rierung

Lichtton-spur

Teil eines Films

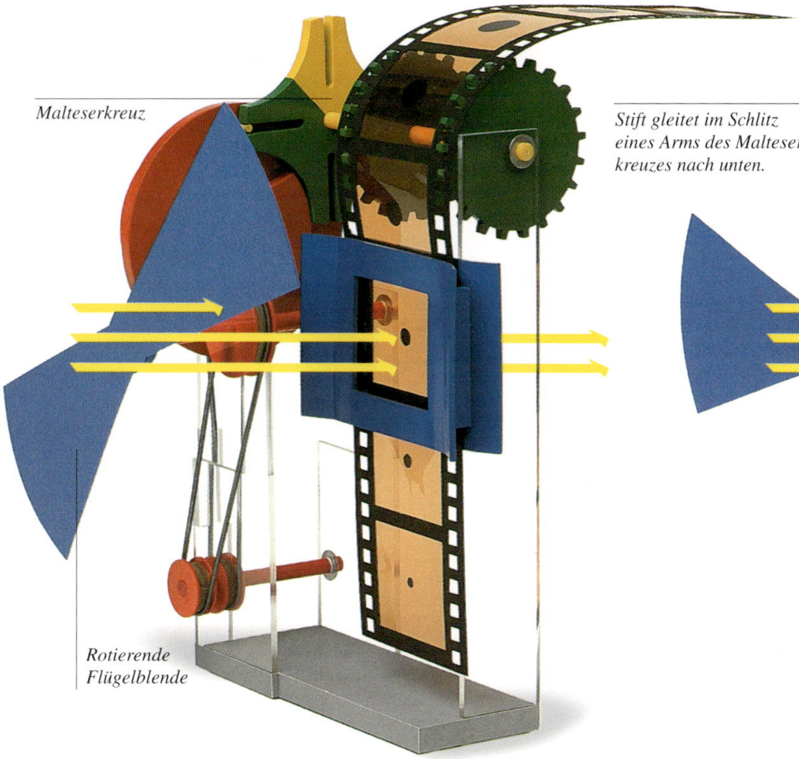

Malteserkreuz

Stift gleitet im Schlitz eines Arms des Malteserkreuzes nach unten.

Das Malteserkreuz dreht die Filmzahnrolle.

Rotierende Flügelblende

2. *Der Film wird angehalten, während das Objektiv das Bild auf die Leinwand wirft. Bei diesem Modell dreht sich eine Riemenscheibe beständig weiter und treibt die angeschlossene Flügelblende an.*

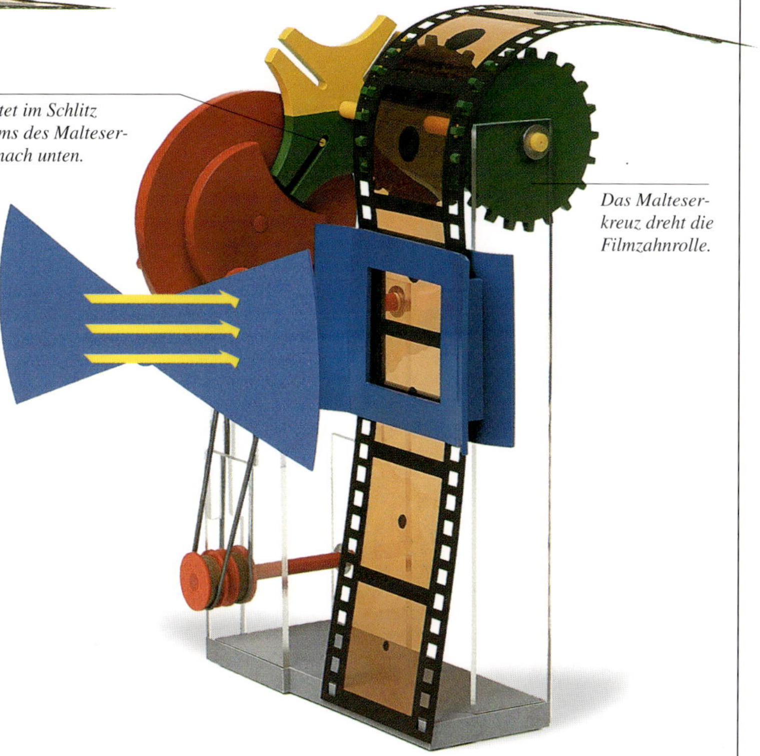

3. *Ein Stift an der Riemenscheibe greift in das Malteserkreuz ein und dreht es. Das Kreuz dreht die Filmrolle weiter. Dabei schirmt die Flügelblende vor dem Filmfenster den Lichtstrahl ab.*

4. *Nach einer Vierteldrehung hüpft der Stift aus dem Schlitz im Malteserkreuz. Das Kreuz stoppt, der Film wird im Filmfenster angehalten. Die Flügelblende unterbricht den Lichtstrahl.*

5. *Der Filmstreifen beginnt sich wieder zu bewegen, die Flügelblende streicht am Filmfenster vorbei, und das nächste Bild wird auf die Leinwand projiziert. Dieser gesamte Ablauf dauert nur $\frac{1}{24}$ Sekunde.*

Mikrofone und Lautsprecher

Kassettenrekorder, Platten-spieler, Kino, Fernsehgeräte, Radios – sie alle geben Stim-men, Musik und die Geräu-sche unserer Umgebung wieder. Die Tonwiedergabe fängt gewöhnlich in einem Studio an, wo ein Mikrofon einen Ton in ein elektrisches Signal umwandelt und dieses gespeichert wird. Ein Laut-sprecher setzt später das Signal wieder in Schallwellen um, die wir hören können.

EXPERIMENT
Drehmagnetmikrofon

 Bei diesem Experiment sollte ein Erwachsener helfen.
Bastelt ein Mikrofon, mit dem ihr eure Stimme aufnehmen könnt. Es besteht aus einer Ballonmembran, die einen Magnet in einer Drahtspule bewegt. Dabei ändert sich das Magnetfeld und erzeugt ein elektrisches Signal in der Spule, das an einen Rekorder geleitet wird. Das Mikrofon funktioniert auch als Lautsprecher.

IHR BRAUCHT
● großen Ballon ● isolierte Litze
● Feinsäge ● Kassette ● dünnen Kupfer-Lack-Draht (die Isolierung kann durchsichtig sein) ● starken Stabmagnet mit Polen an den Enden
● Schraubstock ● Kassettenrekorder mit Mikrofon- und Kopfhörerbuch-sen ● Viereck aus Pappe, Seitenlänge 15 cm ● Schneidunterlage ● Zange
● Abisolierzange ● Klebeband ● Gum-miband ● Monostecker, der in die Mikrofon- und Kopfhörerbuchsen paßt
● Schere ● Messer ● Plastiktrichter mit etwa 10 cm Durchmesser ● Sandpapier

1 Klemmt den Trichter im Schraubstock fest. Sägt den Trichterhals und soviel vom Trichter selbst ab, wie erforderlich ist, damit der Stabmagnet längs durch das Loch paßt.

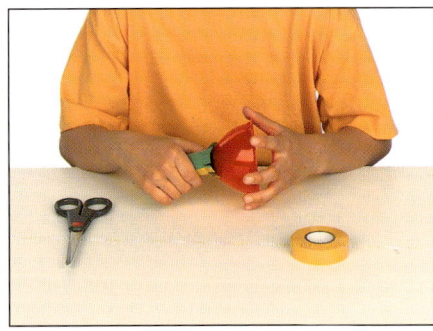

2 Rollt die Pappe so zu einer 15 cm lan-gen Röhre, daß sie in das Loch paßt. Macht drei 2,5 cm breite Laschen in ein Ende der Röhre, und steckt dieses in den Trichter. Klebt die Laschen innen an.

3 Schneidet von einem großen Ballon das Mundstück und die obere Hälfte ab. Verknotet das Mundstück so mit einem Gummiband, daß dieses vom Mundstück herunterhängt.

4 Schiebt den Magnet in den Ballon hinein und bis zum Knoten vor. Zieht den Ballon um den Magnet herum fest, und befestigt ihn daran mit Klebeband. Dabei muß mindestens 5 cm Ballonmembran überstehen.

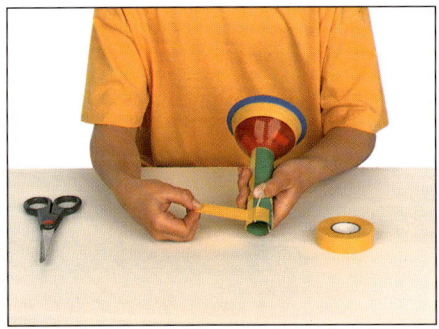

5 Zieht das verknotete Ballonende durch den Trichter in die Röhre. Befestigt das offene Ende des Ballons mit Klebeband am Trichterrand. Zieht das Gummiband aus der Röhre, und klebt es so an, daß der Magnet frei in der Röhre aufgehängt ist.

6 Wickelt den Kupfer-Lack-Draht etwa 250mal dort um die Röhre, wo der Magnet baumelt, und laßt an jedem Ende etwa 20 cm frei. Klebt die ersten und letzten Wicklungen mit Klebeband an die Röhre. Schneidet überschüssigen Draht ab.

7 Zieht von jedem freien Drahtende an der Spule etwa 1 cm Isolierung ab. Isoliert auch die Enden von zwei 60 cm langen Litzen ab. Schließt an jedes Spulenende einen Draht an, indem ihr die beiden zusammendreht und mit Klebeband isoliert.

Lautsprecher
Steckt den Stecker nicht in die Mikrofon-, sondern in die Kopfhörerbuchse. Haltet den Trichter ans Ohr, spielt eine Kassette ab, und regelt die Lautstärke.

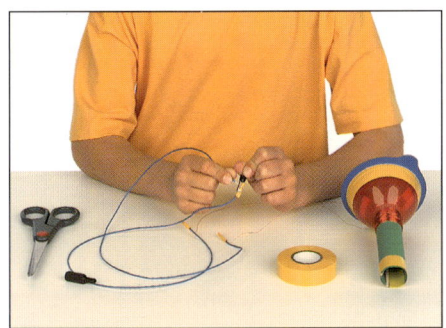

8 Zieht die isolierte Hülle vom Stecker ab, so daß die beiden Kontakte freiliegen. Dreht die freien Drahtenden mit je einem Kontakt zusammen und isoliert mit Klebeband. Setzt die Hülle wieder auf den Stecker.

9 Steckt den Stecker in den Mikrofoneingang am Kassettenrekorder. Legt eine Leerkassette ein, und drückt auf »Aufzeichnen« oder »Record«. Haltet das Mikro in etwa 10 cm Entfernung vor den Mund, und sprecht oder singt laut hinein. Haltet das

Band an, spult es zurück, und laßt eure Aufnahme laufen. Da dieses selbstgebastelte Mikrofon nicht sehr empfindlich ist, wird die Aufnahme zwar nicht kristallklar sein, aber dennoch sollte der Gesang oder das Gesprochene verständlich sein.

Bewegliche Spulen

Viele Mikrofone und Lautsprecher bestehen aus einem fest montierten Magnet und einer beweglichen Spule. Die auf das Mikro treffenden Schallwellen versetzen die Spule im Magnetfeld in Bewegung. Dies erzeugt ein elektrisches Signal mit einer je nach Schwingungseingang variierenden Stromstärke. Wird dieses Signal an einen Lautsprecher geleitet, erzeugt es ein unterschiedlich starkes Magnetfeld in dieser Spule. Dieses Feld bringt zusammen mit dem Magnetfeld die Spule zum Schwingen. Die Spule versetzt die Konusmembran in Bewegung, die die Luft zum Schwingen bringt und die ursprünglichen Schallwellen erzeugt. Drehmagnetmikrofon und -Lautsprecher funktionieren nach dem gleichen Prinzip.

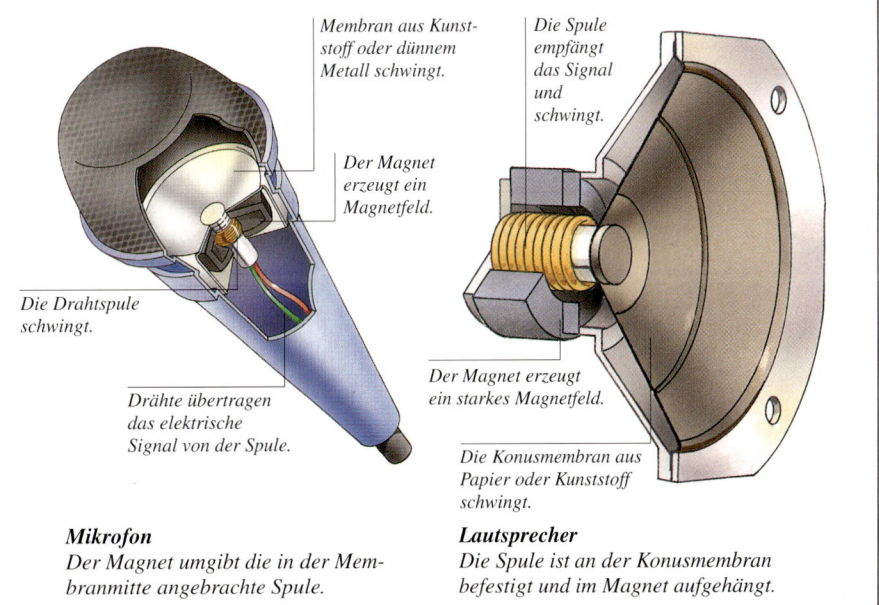

Membran aus Kunststoff oder dünnem Metall schwingt.

Die Spule empfängt das Signal und schwingt.

Der Magnet erzeugt ein Magnetfeld.

Die Drahtspule schwingt.

Drähte übertragen das elektrische Signal von der Spule.

Der Magnet erzeugt ein starkes Magnetfeld.

Die Konusmembran aus Papier oder Kunststoff schwingt.

Mikrofon
Der Magnet umgibt die in der Membranmitte angebrachte Spule.

Lautsprecher
Die Spule ist an der Konusmembran befestigt und im Magnet aufgehängt.

Verstärker

Kassettenrekorder, Plattenspieler, Radios und Fernsehgeräte arbeiten alle mit Schwachstromsignalen (S. 144). Sie enthalten Verstärker, die die schwachen Signale für Lautsprecher und Kopfhörer verstärken. Verstärker bestehen aus Transistoren, die mit Hilfe von Strom aus einer Batterie oder mit Netzstrom die Spannung der elektrischen Signale erhöhen. Das Schwachstromsignal und der stärkere Strom gehen beide beim Transistor ein. Das Signal, dessen Stärke je nach wiederzugebendem Ton variiert, läßt auch die Stromstärke des vom Netz oder der Batterie kommenden Stroms schwanken. Der starke Strom wird zur verstärkten Kopie des schwachen Signals und reicht zum Betreiben von Lautsprecher und Kopfhörer aus. Über den Lautstärkenregler wird der Grad der Verstärkung reguliert, indem man die Gesamtstärke des verstärkten Signals anhebt oder verringert.

Transistorverstärker

 Bei diesem Experiment sollte ein Erwachsener helfen.

Zeigt, wie ein Transistor Schwachstrom verstärkt. Zuerst baut ihr den auf der nächsten Seite gezeigten Schaltkreis nach, der über eine Batterie mit Strom versorgt wird. Markiert den am Minuspol der Batterie angeschlossenen Emitter des Transistors mit einem Etikett. Dann schickt ihr unter Umgehung des Transistors einen schwachen Strom durch den Schaltkreis, so daß die Glühbirne schwach aufleuchtet. Der Strom wird durch eine Salzwasserlösung abgeschwächt. Als nächstes nehmt ihr den Transistor hinzu, der sogleich mehr Strom von der Batterie fordert, so daß die Glühbirne hell aufleuchtet. Ein Widerstand begrenzt den Strom so, daß der Transistor selbst keinen Schaden nimmt.

IHR BRAUCHT

● Batterie (4,5 V) ● Schere ● Klebeband
● isolierten Kupferdraht ● Abisolierzange
● NPN-Transistor BC108 oder gleichwertig ● Crea-Fix-Platte, etwa 30 x 20 cm
● Glühbirne (4,5 V) mit Fassung ● Plastikschüssel ● Pappe ● Salz ● 5 Krokodilklemmen ● 2 kleine Schrauben ● Schraubenzieher ● Widerstand 220R ● Zange

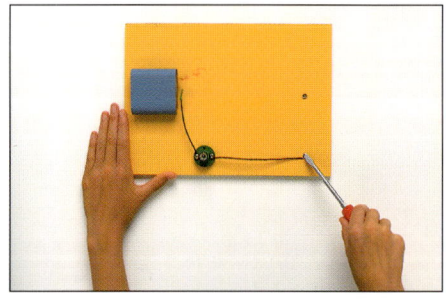

1 Steckt zwei Schrauben auf das Brett (siehe oben). Isoliert die Enden von zwei 12 cm langen Drähten ab, und schließt damit den Minuspol der Batterie an einen Glühbirnenkontakt, den anderen Kontakt an die Schraube in der Ecke an.

Netzstrom

Kollektor

Basis

Emitter

Transistorgehäuse

Starker Emitterstrom

–   +   +

Schwaches Signal

Verstärkung eines schwachen Signals
Ein schwaches Signal läßt starken Strom durch.

Starker Netzstrom

Emitterstrom wird proportional zum Basissignal verstärkt.

Verstärktes Signal senkt den Widerstand der Basis.

–   +   +

Verstärkung des Emitterstroms
findet statt, wenn das Basissignal verstärkt wird.

So funktioniert ein Transistor

Ein Transistor besteht aus drei Schichten einer Halbleitersubstanz, in aller Regel Silizium. Die äußeren Schichten (Kollektor und Emitter) sind an eine starke Stromquelle angeschlossen. Das Mittelstück (Basis) setzt dem Stromfluß durch den Transistor Widerstand entgegen. Geht an der Basis jedoch ein schwaches elektrisches Signal ein, verringert sich ihr Widerstand, so daß starker Strom in den Kollektor, durch die Basis und den Emitter fließen kann. Mit der Signalstärke variiert auch die Stromstärke; der Strom ist also eine verstärkte Kopie des schwachen Signals.

Im Zaum halten
Beim Verstärker steuert eine kleine Kraft eine größere. Bei Spraydosen regelt leichter Fingerdruck den unter Druck stehenden Inhalt.

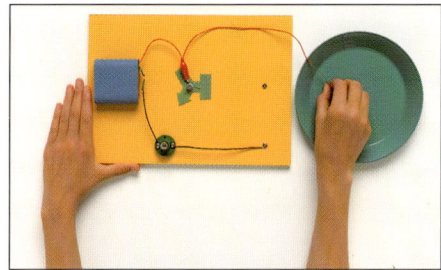 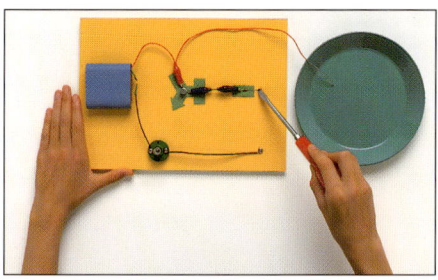 

2 Klemmt zwei 20 cm lange Drähte mit abisolierten Enden an einer Krokodilklemme an. Einen Draht schließt ihr an den Pluspol der Batterie an. Hängt das lange abisolierte Ende des anderen Drahts in die Schüssel. Am Kollektorpin des Transistors bringt ihr die Krokodilklemme an.

3 Klemmt eine Krokodilklemme an den Basispin des Transistors. Einen Pin des Widerstands wickelt ihr fest um die freie Schraube, den anderen schließt ihr an eine Krokodilklemme an. Mit einem kurzen Draht mit abisolierten Enden schließt ihr die beiden Klemmen zusammen.

4 Isoliert zwei Drahtlängen ab. Legt ein langes, abisoliertes Ende in die Schüssel, und klemmt das andere Ende an eine Krokodilklemme. Den zweiten Draht schließt ihr mit einer Klemme an den Emitterpin des Transistors sowie an der freien Klemme der Glühbirnenfassung an.

5 Klemmt den losen Draht von der Schüssel an die mit der Glühbirne verbundene Eckschraube. Füllt warmes Wasser in die Schüssel. Die beiden abisolierten Drahtenden sollen im Wasser liegen, sich aber nicht berühren. Gebt langsam etwas Salz in die Schüssel. Hört damit auf, sobald die Glühbirne schwach zu leuchten beginnt. Jetzt wandert kein Strom durch den Transistor, auch wenn er an die Batterie angeschlossen ist.

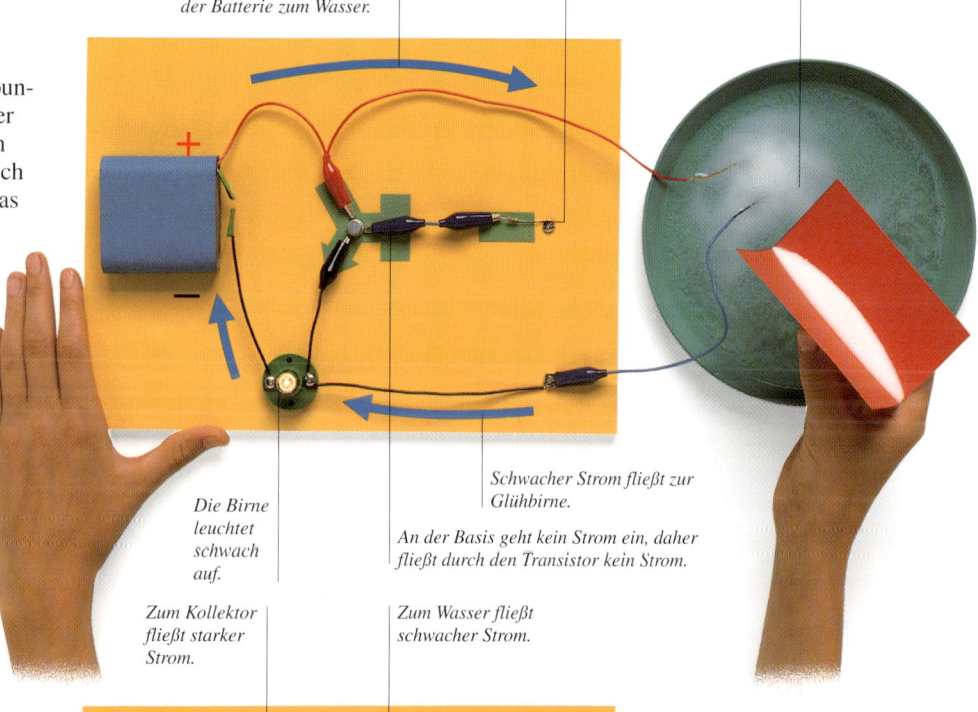

Schwacher Strom fließt von der Batterie zum Wasser.

Schutzwiderstand

Salzwasser

Die Birne leuchtet schwach auf.

Zum Kollektor fließt starker Strom.

Schwacher Strom fließt zur Glühbirne.

An der Basis geht kein Strom ein, daher fließt durch den Transistor kein Strom.

Zum Wasser fließt schwacher Strom.

6 Löst den zwischen der Schüssel und der Eckschraube verlaufenden Draht, und klemmt ihn an die zweite Schraube, an der der Widerstand angeschlossen ist. Die beiden abisolierten Drähte sollen im Wasser liegen, sich aber nicht berühren. Durch diesen neuen Anschluß geht an der Transistorbasis ein schwacher Strom ein, weswegen der Kollektor mehr Strom von der Batterie abzieht und die Glühbirne heller leuchtet.

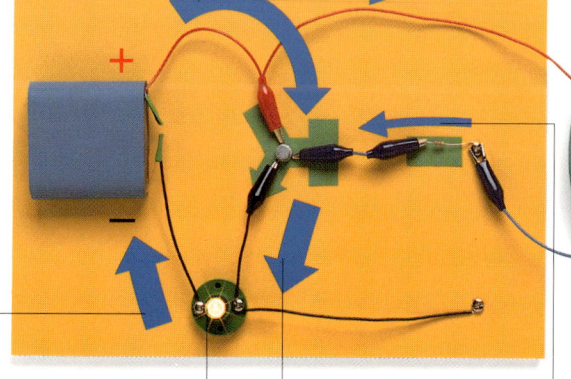

Zur Batterie fließt mehr Strom zurück.

Die Glühbirne leuchtet hell auf.

Vom Emitter zur Glühbirne fließt starker Strom.

An der Basis geht (aufgrund des Widerstands) sehr schwacher Strom ein.

Tonaufnahmen

Musikhören nimmt bei vielen Menschen einen wichtigen Platz in ihrer Freizeit ein. Dank Walkman können wir überall Musik hören, und dank häuslicher Stereoanlage klingt die Musik so, als fände die Aufführung der Sänger und Musiker mitten im Raum statt. Tonaufnahmen sind für Filmmusik, Videos und Musik- und Sprechunterhaltung in Radio und Fernsehen erforderlich. Man unterscheidet dabei zwischen analogem und digitalem Aufnahmeverfahren.

Aufnahme

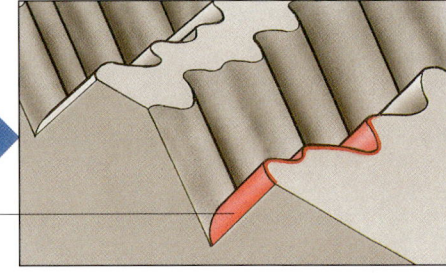

Rillenwände

Grammophonplatte

Bei einer Grammophonplatte werden analoge elektrische Signale in gleichfalls analoger Form als lange Schlangenlinie auf der Plattenoberfläche aufgezeichnet und dann gespeichert. Ein Schneidekopf zeichnet die Signale vom Mikrofon als eine spiralenförmige Rille auf der Platte auf. Die Konturen der Rille ändern sich je nach Signalstärke. Die beiden Signale werden an den gegenüberliegenden Wänden der Rille aufgezeichnet.

Analoges elektrisches Signal mit unterschiedlicher Stärke

Die ursprünglichen Schallwellen

Mikrofon

Magnetfeld vom Aufnahmekopf

Magnetspur auf dem Band

Magnetband

Beim Tonband werden elektrische Signale in magnetischer Form gespeichert. Bei analoger Aufzeichnung erzeugt ein Aufnahmekopf zwei Magnetfelder, die je nach Signal schwanken. Die unterschiedliche Magnetfeldstärke wird in zwei Spuren auf das Band übertragen. Bei digitaler Aufzeichnung werden die Signale 1000mal pro Sekunde gemessen, die Ergebnisse in Binärzahlen umgewandelt und als magnetische Impulse auf Band gespeichert.

Tonaufnahmen

Tonaufnahmen fangen mit dem Mikrofon an, das den Ton in elektrische Signale umwandelt, die von einem Aufzeichnungssystem gespeichert werden. Bei Stereoaufnahmen wird ein Signalpaar erzeugt. Die Signale sind analog, also fortlaufend, und variieren je nach Frequenz (Tonhöhe) und Lautstärke des Tons. Sie werden entweder mit einem analogen System (Platten oder Kassetten) oder einem digitalen System (CDs, Minidisks oder Bänder) gespeichert.

Binärmessungen und elektrischer Aus-Ein-Impuls

4 7 5 6 4 1 4

| 1 | 0 | 0 | 1 | 1 | 1 | 1 | 0 | 1 | 1 | 1 | 0 | 1 | 0 | 0 | 0 | 0 | 1 | 1 | 0 | 0 |

Pit

Elektrischer Aus-Ein-Impuls

Compact Disc

Auf CDs werden die analogen elektrischen Signale als eine spiralenförmige Spur aus Pits (Eindruckstellen) und flachen Erhebungen gespeichert. Die Signalstärke wird 1000mal pro Sekunde gemessen. Die Meßergebnisse werden als Aus-Ein-Impulse, die Einsen oder Nullen darstellen, in Binärzahlen umgewandelt. Ein von den Impulsen gesteuerter Laser brennt Pits in die Scheibe und läßt flache Bereiche frei, die als eine oder mehrere Einsen erkannt werden. Eine Spur enthält beide Signale.

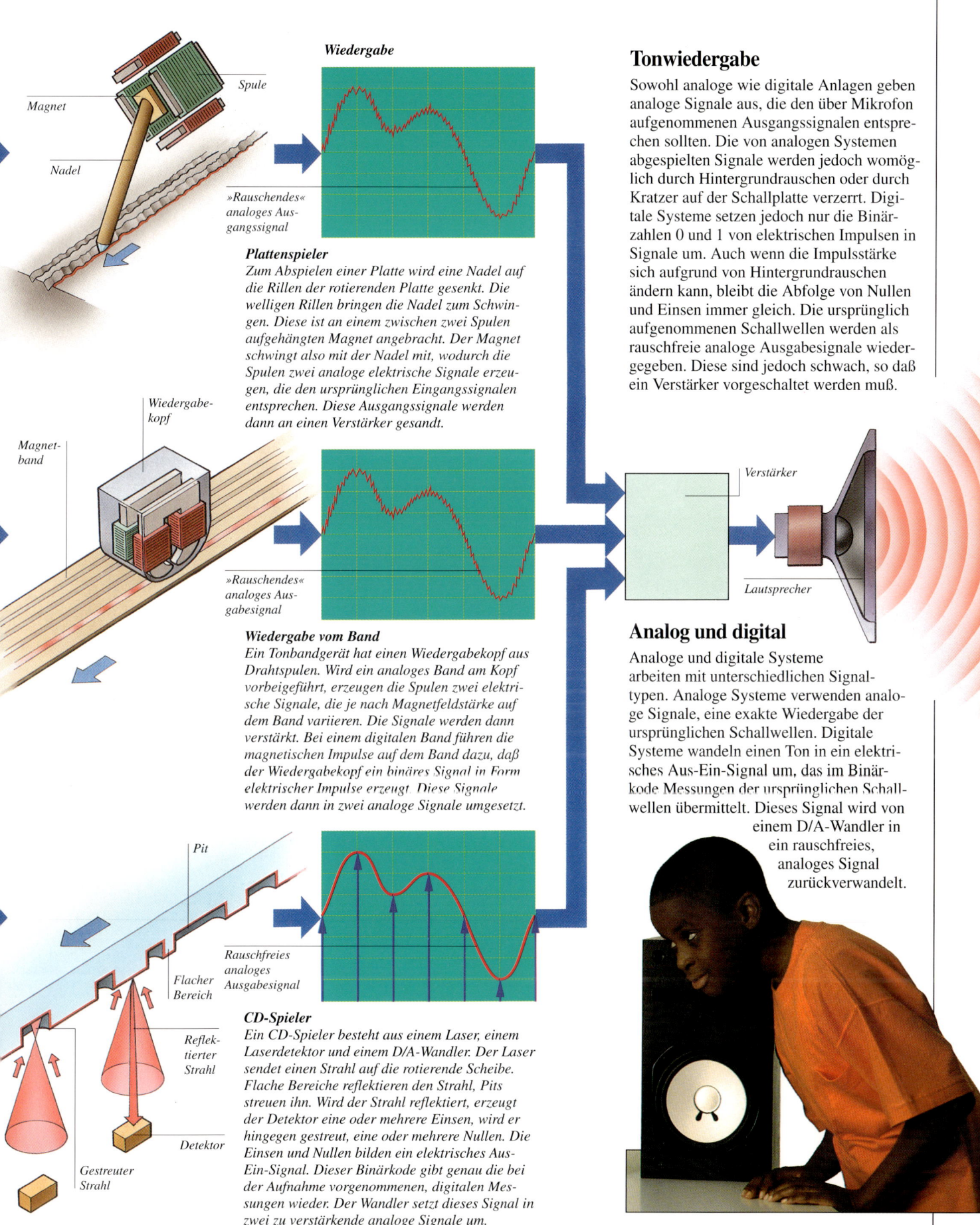

Magnet

Spule

Nadel

Wiedergabe

»Rauschendes« analoges Ausgangssignal

Plattenspieler
Zum Abspielen einer Platte wird eine Nadel auf die Rillen der rotierenden Platte gesenkt. Die welligen Rillen bringen die Nadel zum Schwingen. Diese ist an einem zwischen zwei Spulen aufgehängten Magnet angebracht. Der Magnet schwingt also mit der Nadel mit, wodurch die Spulen zwei analoge elektrische Signale erzeugen, die den ursprünglichen Eingangssignalen entsprechen. Diese Ausgangssignale werden dann an einen Verstärker gesandt.

Wiedergabekopf

Magnetband

»Rauschendes« analoges Ausgabesignal

Wiedergabe vom Band
Ein Tonbandgerät hat einen Wiedergabekopf aus Drahtspulen. Wird ein analoges Band am Kopf vorbeigeführt, erzeugen die Spulen zwei elektrische Signale, die je nach Magnetfeldstärke auf dem Band variieren. Die Signale werden dann verstärkt. Bei einem digitalen Band führen die magnetischen Impulse auf dem Band dazu, daß der Wiedergabekopf ein binäres Signal in Form elektrischer Impulse erzeugt. Diese Signale werden dann in zwei analoge Signale umgesetzt.

Pit

Flacher Bereich

Reflektierter Strahl

Detektor

Gestreuter Strahl

Rauschfreies analoges Ausgabesignal

CD-Spieler
Ein CD-Spieler besteht aus einem Laser, einem Laserdetektor und einem D/A-Wandler. Der Laser sendet einen Strahl auf die rotierende Scheibe. Flache Bereiche reflektieren den Strahl, Pits streuen ihn. Wird der Strahl reflektiert, erzeugt der Detektor eine oder mehrere Einsen, wird er hingegen gestreut, eine oder mehrere Nullen. Die Einsen und Nullen bilden ein elektrisches Aus-Ein-Signal. Dieser Binärkode gibt genau die bei der Aufnahme vorgenommenen, digitalen Messungen wieder. Der Wandler setzt dieses Signal in zwei zu verstärkende analoge Signale um.

Tonwiedergabe
Sowohl analoge wie digitale Anlagen geben analoge Signale aus, die den über Mikrofon aufgenommenen Ausgangssignalen entsprechen sollten. Die von analogen Systemen abgespielten Signale werden jedoch womöglich durch Hintergrundrauschen oder durch Kratzer auf der Schallplatte verzerrt. Digitale Systeme setzen jedoch nur die Binärzahlen 0 und 1 von elektrischen Impulsen in Signale um. Auch wenn die Impulsstärke sich aufgrund von Hintergrundrauschen ändern kann, bleibt die Abfolge von Nullen und Einsen immer gleich. Die ursprünglich aufgenommenen Schallwellen werden als rauschfreie analoge Ausgabesignale wiedergegeben. Diese sind jedoch schwach, so daß ein Verstärker vorgeschaltet werden muß.

Verstärker

Lautsprecher

Analog und digital
Analoge und digitale Systeme arbeiten mit unterschiedlichen Signaltypen. Analoge Systeme verwenden analoge Signale, eine exakte Wiedergabe der ursprünglichen Schallwellen. Digitale Systeme wandeln einen Ton in ein elektrisches Aus-Ein-Signal um, das im Binärkode Messungen der ursprünglichen Schallwellen übermittelt. Dieses Signal wird von einem D/A-Wandler in ein rauschfreies, analoges Signal zurückverwandelt.

Radio

Die Töne und die Musik aus dem Radio kommen von einem Mikrofon oder einer Musikabspielanlage des eingestellten Senders (S. 144). Diese Geräte erzeugen elektrische Signale, die der Sender als Funkwellen ausstrahlt. Sie breiten sich mit Lichtgeschwindigkeit aus und erreichen euer Radio, das die Funksignale in elektrische Signale umsetzt. Die elektrischen Signale wiederum betreiben den Lautsprecher des Radios, der sie wieder in Töne zurückverwandelt.

EXPERIMENT

Abstimmgerät

Jeder Sender strahlt eine Funkwelle innerhalb seines schmalen Frequenzbereichs aus. Diese erzeugt in der Antenne ein elektrisches Signal, weil sie die Elektronen in der Antenne im gleichen Frequenzbereich zum Schwingen bringt. Da an der Antenne ständig Hunderte von Signalen eingehen, werden unerwünschte Signale über einen Abstimmkreis herausgefiltert. Die Elektronen in diesem Schaltkreis können nur in einem Frequenzbereich schwingen, der durch die Senderwahl am Radio bestimmt wird. Bei diesem Experiment stellen die grünen Pendel die Elektronen in der Antenne dar, die von unterschiedlichen Signalen in Schwingung versetzt werden. Das rote Pendel steht für die Elektronen im Abstimmkreis.

IHR BRAUCHT
● Tisch ● Schnur ● gleich große Stücke Modelliermasse, 4 grün und 1 rot ● Schere

Rundfunk

Ein Rundfunksender kombiniert das elektrische »Tonsignal« von einem Mikrofon, CD-Spieler oder Tonbandgerät mit einem elektrischen »Trägersignal« im Hochfrequenzbereich. Mit dem Tonsignal wird entweder die Amplitude (Stärke) des Trägersignals (Amplitudenmodulation, AM, Mittelwelle) oder seine Frequenz (Frequenzmodulation, FM, UKW) abgewandelt. Das so modulierte Signal wird in eine vom Sendeapparat auszustrahlende Funkwelle umgesetzt. Diese variierende Funkwelle erzeugt in der Antenne jedes Radios im Bereich des betreffenden Senders ein elektrisches Signal unterschiedlicher Stärke. Ein Schaltkreis im Radio trennt das Hochfrequenz-Trägersignal vom Niederfrequenz-Tonsignal und sendet letzteres zu einem Lautsprecher.

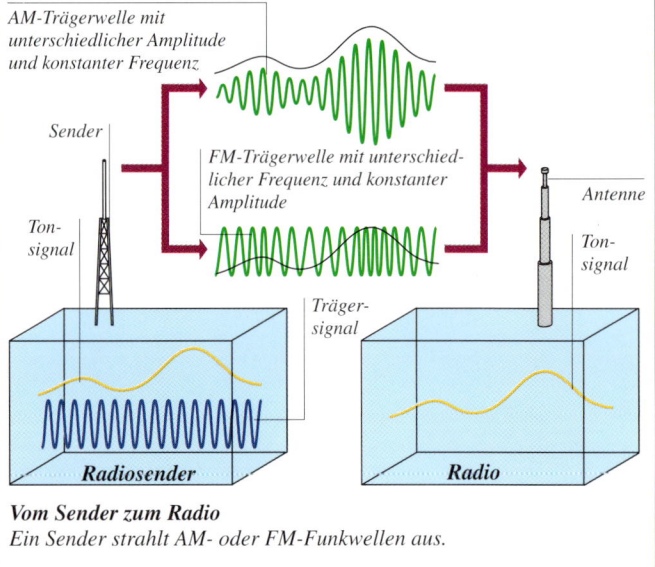

AM-Trägerwelle mit unterschiedlicher Amplitude und konstanter Frequenz

Sender

FM-Trägerwelle mit unterschiedlicher Frequenz und konstanter Amplitude

Antenne

Ton-signal

Ton-signal

Träger-signal

Radiosender

Radio

Vom Sender zum Radio
Ein Sender strahlt AM- oder FM-Funkwellen aus.

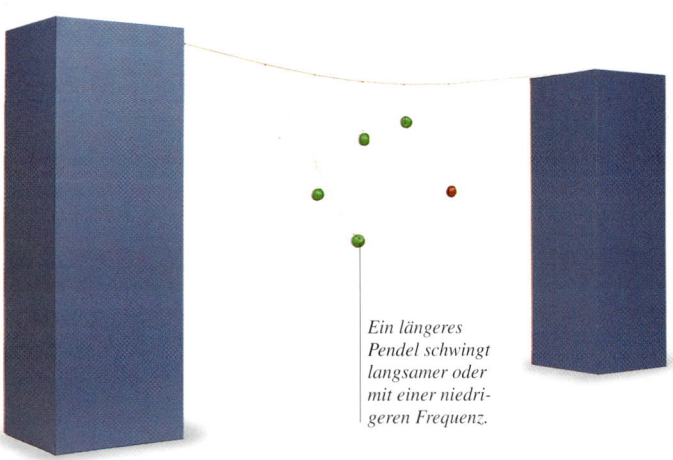

Ein längeres Pendel schwingt langsamer oder mit einer niedrigeren Frequenz.

Beide Pendel schwingen mit der gleichen Geschwindigkeit oder Frequenz.

1 Schneidet vier unterschiedlich lange Schnüre ab, und befestigt an allen eine Kugel aus grüner Modelliermasse. Macht mit einer Kugel aus roter Modelliermasse ein fünftes Pendel, das genauso lang ist wie eines der anderen. Hängt die Pendel an einer straff gespannten Schnur auf. Laßt die grünen Pendel nacheinander schwingen. Da sie unterschiedlich lang sind, schwingen sie mit unterschiedlicher Geschwindigkeit oder Frequenz.

2 Die grünen Pendel stellen die Elektronen in einer Antenne dar, die von unterschiedlichen Signalen in Schwingung versetzt werden. Das rote Pendel stellt die Elektronen des Abstimmkreises dar. Nur wenn ein grünes Pendel mit der gleichen Länge (und Frequenz) wie das rote schwingt, überträgt sich seine Bewegung über die Schnur auf das rote Pendel und versetzt es in Schwingungen der gleichen Frequenz.

EXPERIMENT
Funken und Knacken

Erzeugt und sendet Funkwellen. Zuerst schließt ihr zwei Drähte an eine Batterie an, ein Draht ist an eine Metallfeile angeschlossen, der andere wird darüber geführt. Sobald Funken fliegen, werden Funkwellen vom dabei an- und ausgeschalteten Strom erzeugt. Das elektrische »Tonsignal« wird in eine Funkwelle umgewandelt. Eine Antenne empfängt die Wellen und erzeugt ein Knacken. Ihr könnt keine Musik, sondern nur Rauschen übertragen, da eure Funkwellen nicht moduliert sind.

IHR BRAUCHT
● Batterie (4,5 V) ● Litze ● Abisolierzange ● Klebeband ● Schere ● tragbares Radio ● Feile

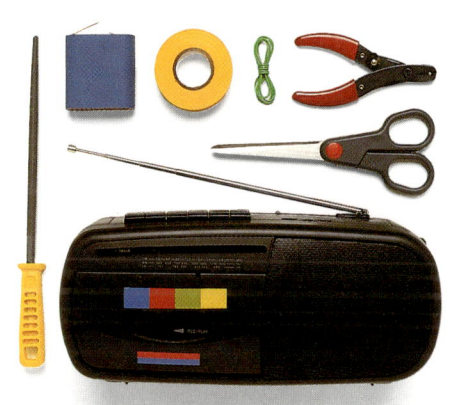

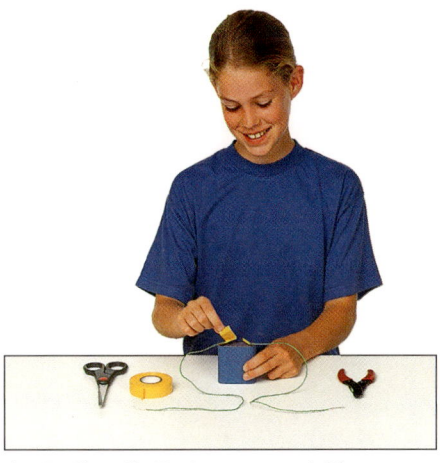

1   Isoliert die Enden von zwei 30 cm langen Drähten ab. Befestigt jeweils ein abisoliertes Ende an den Batteriepolen.

2   Klebt ein loses Drahtende kurz unterhalb des Griffs der Metallfeile an, so daß ein elektrischer Kontakt entsteht.

Die Antenne empfängt die von den Funken erzeugten Funksignale.

Zwischen dem Draht und den Rippen der Feile fliegen Funken.

3   Stellt das Radio auf einen AM- oder FM-Sender ein, und stellt ihn neben die Feile. Franst das lose Drahtende aus, und streicht es über die Feile.

GROSSE ENTDECKER
Guglielmo Marconi

An Funken entdeckte der deutsche Wissenschaftler Heinrich Hertz (1857–1894) im Jahre 1888 die Funkwellen. Sechs Jahre später machte sich der britische Wissenschaftler Oliver Lodge (1851–1940) diese Entdeckung zunutze und übertrug mit Morsezeichen die erste Funkmeldung zwischen zwei Gebäuden. Der italienische Erfinder Guglielmo Marconi (1874–1937) entschloß sich, ein Radio als Mittel zur direkten weltweiten Kommunikation zu bauen. 1895 begann er, 1901 konnte Marconi eine Funkmeldung über den Atlantik senden. Die Modulation, dank derer Töne über Radiosender ausgestrahlt werden können, wurde 1906 vom kanadischen Ingenieur Reginald Fessenden (1866–1932) erfunden.

Marconi mit seinem Radio im Jahre 1896

Fernsehen 1

Das Bild auf dem Fernsehschirm wird von einer Fernsehkamera vor Ort oder im Studio oder von einem Camcorder erzeugt. Die Kamera setzt das auftreffende Licht und die Farben des Motivs in elektrische Signale um. Diese Signale werden dann über vom Sender ausgestrahlte Funkwellen (S. 146) an euer Gerät zu Hause übertragen. Das Funksignal kann auch über einen Nachrichtensatelliten weitervermittelt werden, bevor es von einer Fernsehantenne oder Satellitenschüssel empfangen wird, die die Funkwellen dann wieder in die ursprünglichen elektrischen Signale umsetzt. Dieses Signal geht an das Fernsehgerät, wo schließlich das entsprechende Bild erzeugt wird. Bei Kabelfernsehen werden die elektrischen Signale vom Fernsehsender über Kabel direkt an die Fernsehgeräte übertragen. Beim Videogerät werden Bilder genauso auf ein Magnetband aufgenommen wie Töne beim Tonbandgerät (S. 144).

Das Innenleben eines Fernsehgeräts
Hier seht ihr das Innenleben eines Fernsehgeräts aus den 30er Jahren mit seinen Röhren und Bauelementen, die die von der Antenne weitergegebenen elektrischen Bild- und Tonsignale verarbeiten. Diese werden dann zur Bildröhre (oben) und zum Lautsprecher (unten) geleitet.

EXPERIMENT

Abtasten

 Bei diesem Experiment sollte ein Erwachsener helfen.

Obwohl im Fernsehen augenscheinlich ein sich bewegendes Bild gezeigt wird, geschieht in Wirklichkeit ganz etwas anderes. Das Bild wird nämlich in Einzelteile zerlegt, so daß eine Abfolge von 25 Einzelbildern pro Sekunde über den Bildschirm läuft. Diese Einzelbilder werden so rasch gezeigt, daß es nach einer Bewegung aussieht. Jedes Einzelbild besteht dabei aus 625 waagerechten Zeilen. Die Kamera tastet das Motiv vor der Linse 25mal in der Sekunde ab, teilt das Bild in Zeilen auf und bestimmt für jede Zeile die sich ändernden Farb- und Lichtstufen. Über den Fernsehschirm rast ein Lichtstrahl, der 25mal pro Sekunde jede Zeile in der richtigen Reihenfolge von oben nach unten nachfährt. Farbe und Lichtintensität des Lichtstrahls variieren. Er bewegt sich so schnell, daß das menschliche Auge nur ein sich bewegendes Vollbild wahrnimmt. Bei diesem Experiment seht ihr, wie beim Abtasten ein Bild in einzelne Zeilen zerlegt wird, die so schnell nacheinander gezeigt werden, daß man das ganze Bild sieht.

IHR BRAUCHT
● Dias ● großes Blatt weißes Papier ● Diaprojektor

1 Schiebt ein Dia in den Projektor. Haltet das Blatt Papier ein paar Schritte vom Projektor entfernt in den Lichtstrahl. Verdunkelt das Zimmer, und projiziert ein ganzes, scharf eingestelltes Bild vom Dia auf das

Papier – womöglich müßt ihr die Position des Papiers leicht ändern. Markiert am Fußboden den Abstand des Papiers von der Linse. Rollt das Papier fest zu einem Stab zusammen.

Die Anfänge des Fernsehens

An der Erfindung des Fernsehens waren viele Erfinder
beteiligt: Die ersten praktischen Fernsehvorführungen wurden
1925 von Karolus in Deutschland, in England von Baird und in
den USA von Jenkins durchgeführt. 1931 schuf Zworykin in
den USA den ersten elektronischen Bildabtaster, und im Jahre
1935 schließlich wurde in Deutschland das erste regelmäßige
Fernsehprogramm ausgestrahlt. Auch das Farbfernsehen wurde
in den 30er Jahren entwickelt, die ersten Sendungen in Farbe
wurden 1941 in den USA ausgestrahlt.
Seither hat das Fernsehen seinen Sieges-
zug um die ganze Welt angetreten und
ist nicht mehr aus dem täglichen Leben
wegzudenken.

Vladimir Zworykin
*Zworykin hält die Bildröhre einer
der ersten Fernsehkameras.*

So funktioniert eine Fernsehkamera

Die Linse einer Fernsehkamera bildet das einfallende Farbbild auf
einer lichtempfindlichen Röhre ab. Camcorder (tragbare Kameras)
und einige Studiokameras erstellen das Bild auf einer Gruppe von
winzigen, lichtempfindlichen Ladungsspeicherelementen (CCD-
Bildwandler). Die CCDs tasten das Bild 25mal pro Sekunde ab
und wandeln die Helligkeitsinformationen im Bild in elektrische
Signale um. Eine Farbfernsehkamera enthält drei CCD-Gruppen,
die auf die rote, grüne und blaue Lichtmenge im Bild reagieren,
und halbdurchlässige Spiegel, die diese Farben voneinander trennen. Elektronische Bauelemente setzen die drei Farbsignale dann
zu einem einzigen elektrischen Bildsignal zusammen, das mit
einem Tonsignal über Funkwellen von einem Sender ausgestrahlt
wird. Die Signale modulieren die Funkwellen, so daß sie die Bild-
und Tonsignale übertragen können – genauso wie bei der Übertragung von Tonsignalen (S. 146). Die Signale können vor der Ausstrahlung auf Band gespeichert werden. Bei einem Camcorder
werden die Bild- und Tonsignale direkt auf den Film in der Kamera
übertragen.

Ausstrahlung des Signals

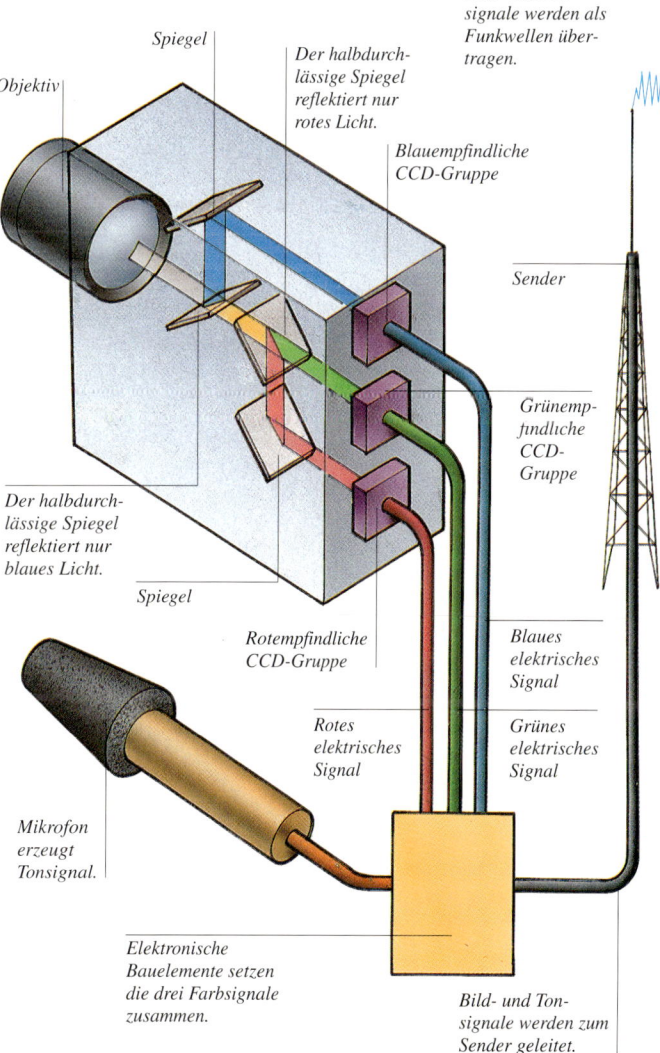

Bild- und Ton-
signale werden als
Funkwellen über-
tragen.

Spiegel

*Der halbdurch-
lässige Spiegel
reflektiert nur
rotes Licht.*

*Blauempfindliche
CCD-Gruppe*

Objektiv

Sender

*Grünemp-
findliche
CCD-
Gruppe*

*Der halbdurch-
lässige Spiegel
reflektiert nur
blaues Licht.*

Spiegel

*Rotempfindliche
CCD-Gruppe*

*Blaues
elektrisches
Signal*

*Rotes
elektrisches
Signal*

*Grünes
elektrisches
Signal*

*Mikrofon
erzeugt
Tonsignal.*

*Elektronische
Bauelemente setzen
die drei Farbsignale
zusammen.*

*Bild- und Ton-
signale werden zum
Sender geleitet.*

2   Bittet einen Freund, sich an der Markierung aufzustellen und
den Stab rasch durch den Projektorkegel zu schwenken. Auf dem
Stab ist eine Folge von waagerechten Bildausschnitten zu sehen.
Die Ausschnitte verschwimmen ineinander, so daß ihr ein ganzes
Bild seht.

Fernsehen 2

Von dem Fernsehsender, den man jeweils eingestellt hat, empfängt das Fernsehgerät Bild- und Tonsignale, die mittels Funkwellen oder per Kabel übertragen werden. Die Signale für jeden Fernsehkanal bewegen sich in ihrem genau festgelegten Frequenzbereich (S. 146), und das Gerät wählt die auf der entsprechenden Frequenz übertragenen Signalpaare für Ton- und Bildwiedergabe. Auch einen Videorekorder kann man auf einen Sender einstellen und die Signalpaare auf Band aufzeichnen; sie werden dann bei der Wiedergabe an das Fernsehgerät gesendet.

So funktioniert ein Fernsehgerät

Die über die Fernsehantenne empfangenen Signale trennt ein Schaltkreis in Bild und Ton auf. Das Tonsignal geht an den Lautsprecher, das Bildsignal wird in drei Farbsignale mit Informationen über die roten, grünen und blauen Lichtanteile des Bildes aufgespalten. Diese Signale gehen zur Bildröhre und steuern dort über drei Elektronenkanonen die Intensität der auf den Fernseh-

schirm gelenkten Elektronenstrahlen und auch die Spulen, die mit Magnetfeldern die Strahlen so lenken, daß sie die Abtastlinien des Bildes markieren (S. 149). Die Strahlen werden durch die Schlitze in einer Lochmaske auf Reihen aus winzigen Leuchtstreifen gelenkt und lassen diese aufleuchten. Es entstehen so gleichzeitig drei Bilder in Rot, Grün und Blau, die vom Auge zu einem Bild zusammengefaßt werden.

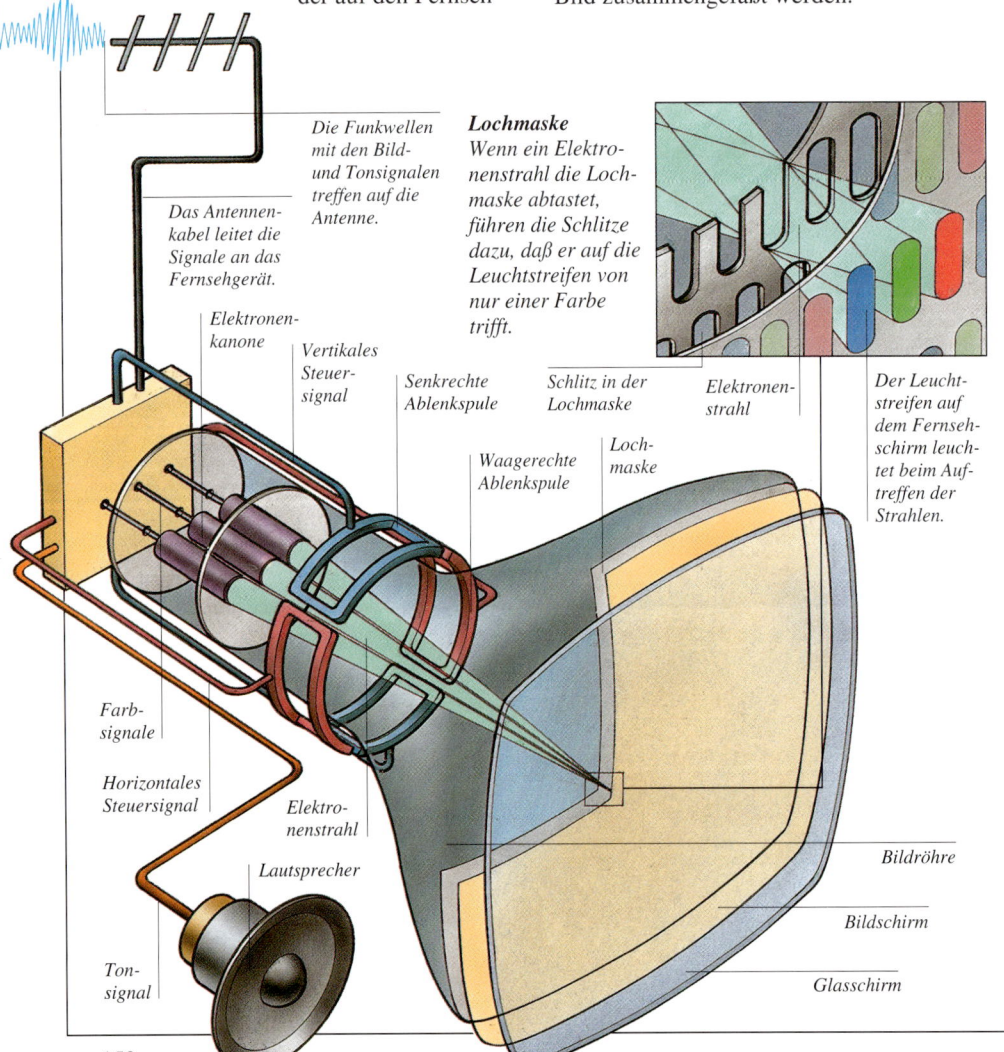

Die Funkwellen mit den Bild- und Tonsignalen treffen auf die Antenne.

Das Antennenkabel leitet die Signale an das Fernsehgerät.

Elektronenkanone

Vertikales Steuersignal

Senkrechte Ablenkspule

Waagerechte Ablenkspule

Lochmaske
Wenn ein Elektronenstrahl die Lochmaske abtastet, führen die Schlitze dazu, daß er auf die Leuchtstreifen von nur einer Farbe trifft.

Schlitz in der Lochmaske

Lochmaske

Elektronenstrahl

Der Leuchtstreifen auf dem Fernsehschirm leuchtet beim Auftreffen der Strahlen.

Farbsignale

Horizontales Steuersignal

Elektronenstrahl

Lautsprecher

Tonsignal

Bildröhre

Bildschirm

Glasschirm

Schirm 10 x 35,5 cm

1,5 cm über und unter den Schlitzen frei lassen

2,1 cm   5 mm   2,3 cm   1,7 cm

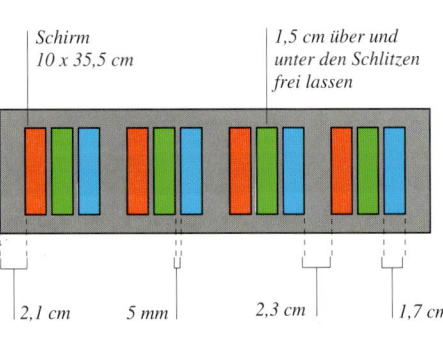

Lochmaske 10 x 35,5 cm

6,2 cm   5,7 cm   1,5 cm

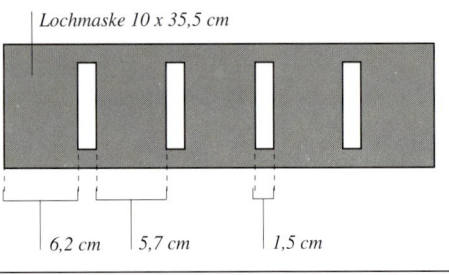

1 Mit dem Stahllineal und dem Messer schneidet ihr anhand der unten links gezeigten Schablone vier Schlitze in die schwarze Pappe. Daraus macht ihr die Lochmaske.

2 In die weiße Pappe macht ihr zwölf rechteckige Schlitze (siehe unten links). Klebt die verschiedenfarbigen Zellophanstreifen wie gezeigt über die Schlitze – fertig ist der Fernsehschirm.

Flimmerfreie Bilder

Obwohl ein Fernsehgerät 25 Vollbilder pro Sekunde zeigt, besteht jedes Bild aus zwei aufeinanderfolgenden Teilbildern mit den geraden und den ungeraden Zeilen. Kamera und Fernsehgerät tasten während der ersten $1/50$ Sekunde die 313 ungeraden Zeilen und dann in der gleichen Zeit die 312 geraden Zeilen ab – daraus entsteht dann das Vollbild. Ihr könnt zwar 25 Vollbilder pro Sekunde sehen, diese bestehen jedoch aus insgesamt 50 einzelnen Bildern. Dank diesem technischen Trick, den man Zeilensprungverfahren nennt, wird ein Flimmern der Einzelbilder ausgeschaltet.

3 Klebt an jeder Schmalkante der Lochmaske im rechten Winkel einen Abstandhalter längs an. Die Lochmaske klebt ihr auf die Bodenplatte, so daß die Abstandhalter mit der schmalen Vorderkante der Platte abschneiden und die Lochmaske zurückgesetzt ist. Klebt die Seitenteile an der Bodenplatte fest und – parallel zur Maske – den Schirm auf die Vorderseite.

4 Klebt den grünen Punkt 1 cm vom hinteren Rand entfernt auf die Mitte der Bodenplatte. Den blauen Punkt klebt ihr auf derselben Höhe etwa 2 cm von der Seite entfernt an, die dem ersten roten Zellophanstreifen am nächsten liegt. 2 cm vom anderen Seitenteil entfernt bringt ihr den roten Punkt an. Klebt den Deckel über Schirm und Maske.

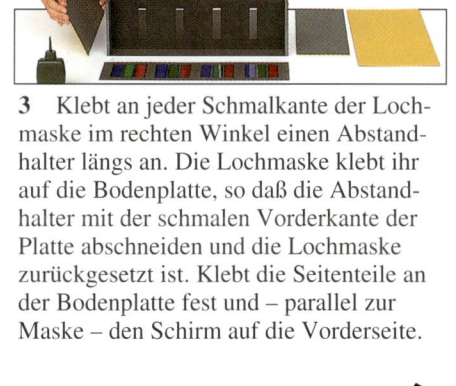

Fotos von einem Fernsehbild sind üblicherweise unvollständig, weil sich der Kameraverschluß meistens schließt, bevor alle Zeilen abgebildet sind.

5 Dunkelt den Raum ab. Legt die Lampe hinter den roten Punkt. Haltet sie schräg, so daß sie die ganze Lochmaske ausleuchtet. Schaut von oben auf den Schirm.

6 Legt die Taschenlampe genau hinter den grünen Punkt, so daß sie auf die Mitte der Lochmaske gerichtet ist. Schaut wieder von oben auf den Schirm.

7 Legt die Lampe hinter den blauen Punkt. Haltet sie schräg, so daß sie die ganze Lochmaske ausleuchtet, und schaut wiederum von oben auf den Schirm.

KOMMUNIKATIONS-TECHNIK UND DATENVERARBEITUNG

Ganz schön aktiv!
*Ein Computer (oben) verarbeitet Daten
blitzschnell, da elektrische Signale
rasend schnell durch die elektronischen
Bauelemente eines Computers flitzen.
Dank Glasfaserkabel (links) können Computer,
Telefone und andere Geräte, die Daten
elektronisch verarbeiten, über Lichtsignale
miteinander kommunizieren, da diese
Kabel in ihren winzigen Glasfäden riesige
Datenmengen übertragen.*

Geräte wie Telefone,
Faxgeräte und Computer
ändern das Alltagsleben vieler
Menschen. Mittlerweile
können wir Daten – Töne,
Worte, Bilder, Zahlen – fast
ohne Verzögerung in
alle Welt senden und beliebig
verarbeiten. Kommuni-
kationstechnik und Daten-
verarbeitung verändern
auch das Arbeitsleben und
wirken sich auch in der
Freizeit aus. Wir stehen am
Anfang eines neuen Zeit-
alters, in dem ein umfang-
reicher und sofortiger
Austausch von Informationen
weltweit möglich ist und
alle Länder näher zusammen-
rücken läßt.

DAS ELEKTRONIKZEITALTER

Große historische Abschnitte bezeichnet man in der Geschichtswissenschaft oft als Zeitalter. In diesem Jahrhundert gab es bereits das Atomzeitalter mit der Entdeckung und Nutzung der Atomenergie sowie das Zeitalter der Raumfahrt mit den ersten Flügen ins All. Jetzt leben wir im Elektronikzeitalter, in dem Systeme von bisher nicht dagewesener Komplexität und Funktionalität im Taschenformat entwickelt werden.

Die Kommunikationstechnik begann 1832 mit der Erfindung des Telegrafen. Mit diesem konnte man Nachrichten als elektrische Signale über eine Leitung an einen Empfänger senden. Bei den ersten Telegrafen wurde die Nadel am Empfänger von einem Stromstoß bewegt. Die Nadel zeigte auf die Buchstaben an der Vorderseite, woraus man dann die Nachricht zusammensetzen konnte. Diese Telegrafen waren sehr unpraktisch und langsam, und sie wurden rasch durch Geräte ersetzt, die mit Morsezeichen arbeiteten. Der Telegraf war das erste Gerät, mit dem das Grundkonzept der Kommunikationstechnik realisiert wurde: Die Infor-

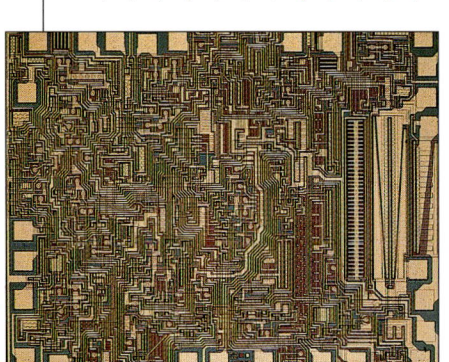

Elektronische Systeme enthalten Mini-bauelemente, die wie hier auf einen Mikrochip gepackt sind und elektronische Signale übertragen und steuern. Elektronen sind so winzig und so schnell, daß eine Maschine hochkompliziert, doch sehr klein sein kann und sofort Ergebnisse liefert.

mation wird in eine Reihe von Signalen umgewandelt, an den Zielort übertragen und dort wieder in die ursprüngliche Form zurückverwandelt.

Hardware

Seit dem Ende des 19. Jahrhunderts wirkt sich die Kommunikationstechnik immer mehr auf das Alltagsleben aus. Zuerst kam das Telefon ins Haus, dann Grammophon, Radio, Fernsehgerät, Tonbandgerät und Computer. Ohne Telefon ist heutzutage Büroarbeit nicht mehr vorstellbar. Gleich wichtig sind mittlerweile Fotokopierer, Computer und Faxgerät.

Alle diese Geräte sind die Hardware der Kommunikationstechnik. Mit ihrer Hilfe können wir uns über große Entfernungen unterhalten, lernen und wichtige Daten austauschen, so daß wir leichter und effizienter arbeiten können. Alle diese Geräte erfüllen dabei vier grundsätzliche Aufgaben. Die erste ist das Senden und Empfangen von Daten in Ton-, Text- oder Bildform. Die weiteren Aufgaben sind das Speichern und Kopieren dieser Daten und schließlich ihre Weiterverarbeitung in nützlicher Form – Datenverarbeitung und Computer.

Datenautobahnen

Das weltweite Netz aus Fernmeldeleitungen bildet den Hauptkanal für die Datenübermittlung. Doch es überträgt nicht nur Stimmen über Telefon. Bildtelefone können das Bild des Anrufers senden und empfangen, während Fax-Geräte eine Fernkopie

Diese Satellitenschüsseln übermitteln Signale an Satelliten auf einer Umlaufbahn um die Erde, von wo dann Daten in die ganze Welt übertragen werden können.

von Bildern und Dokumenten erstellen. Computer können über Fernmeldeleitungen miteinander verbunden oder zu einem großen Netzwerk zusammengeschlossen werden. Diese Netzwerke übertragen Nachrichten oder »elektronische Post« und Geschäftsdaten und bieten Zugriff auf Daten-

Datenverarbeitung *kann den Behinderten helfen. Der stumme Wissenschaftler Stephen Hawking äußert seine Gedanken über einen Computer.*

banken mit enormen Datenmengen.

Das Fernmeldenetz überträgt einige Daten als elektrische Signale über Metallkabel – wie der gute alte Telegraph. Es arbeitet aber auch mit Funkverbindungen und Glasfaserkabeln. Bei Funknetzen werden die Signale in Funk- oder Mikrowellen verwandelt. Glasfasernetze bestehen aus Lichtwellenleitern, also langen Fasern aus Glas. Durch sie flitzen die per Laser in Lichtsignale umgewandelten Daten. Glasfasern werden im Fernmeldenetz die größte Rolle spielen, da sie viel mehr Daten in wesentlich besserer Qualität übertragen können als Kabel- oder Funkverbindungen. Jetzt

beginnt man damit, Glasfasern auch in den Haushalten zu verlegen, so daß jeder Zugang zur Datenautobahn haben wird. Dann kann man einkaufen oder sich ärztlich untersuchen lassen, ohne das Haus verlassen zu müssen.

Kopieren und Speichern

Mit einem Kopiergerät kann man sofort eine Schwarzweiß- oder Farbkopie von einem Bild oder einem Dokument machen. Die Kopie wird – anders als ein Foto – mittels statischer Elektrizität erstellt.

Speichern ist ein wesentlicher Teil der Datenverarbeitung. Die Daten werden als Signale kodiert, die wiederum in magnetischer Form auf Platten mit Magnetbeschichtung abgelegt werden. Dabei unterscheidet man zwei Typen: Eine Festplatte ist fest montiert, eine Diskette hingegen kann man einschieben und wieder herausnehmen.

In einem Mikrochip werden Daten als elektrische Signale gespeichert, auf CDs (CD-ROMs) als lichtreflektierende Struktur. CDs können ungeheure Datenmengen speichern – eine mehrbändige Enzyklopädie paßt auf eine handtellergroße Scheibe, und dennoch findet der Computer jeden Eintrag sofort. Daher

Diese »binäre Zählbox« *zeigt, wie man Dezimalzahlen in die von Computern verwendeten Binärzahlen umwandelt (S. 164).*

glauben auch viele Experten, daß CD's eines Tages an die Stelle von Büchern treten werden und auch ein Buch wie dieses nur noch als CD-ROM erscheinen wird, jedenfalls aber als herkömmliches Buch und als CD-ROM. Auf CDs lassen sich auch Signale, die Fotos und Filme darstellen, speichern.

Computer

Ein Computer kann nicht nur Daten verarbeiten, sondern auch andere Kommunikationsgeräte steuern. Im Gegensatz zu anderen Maschinen kann er für eine Vielzahl an Aufgaben herangezogen werden, beispielsweise zur Textverarbeitung, zum Spielen, zur Finanzkalkulation und zum Abspielen von Musik. Das beruht darauf, daß ein Computer als Gerät unfertig ist. Erst über die Computerprogramme erhält er seine Funktion. Diese Programme – auch Software genannt – geben ihm die unterschiedlichsten Anweisungen, wie er welche Daten verarbeiten, weitergeben oder Speichern soll. Dabei ist der Computer eine »digitale« Maschine: Er wandelt Daten in Signale aus Binärzahlen (»Bits«) um. Die Digitaltechnik wird auch bei anderen Geräten wie CD-Spielern eingesetzt und hält derzeit Einzug bei Funk und Fernsehen. Sie ist schnell und liefert beste Qualität.

Wirtschaft und Handel *– hier die Börse – sind mittlerweile ohne Datenverarbeitung nicht mehr vorstellbar.*

Diese Kinder *nehmen an einem Spiel teil, das zeigt, wie ein Computerprogramm funktioniert (S. 174).*

Kopiergeräte

Ist euch schon einmal aufgefallen, daß der Schirm eines Fernsehgeräts schnell staubig wird? Der Bildschirm ist nämlich mit statischer Elektrizität geladen und zieht dadurch Staubteilchen aus der Luft förmlich an. Nach dem mehr oder minder gleichen Prinzip stellt ein Kopiergerät Kopien her. Dank statischer Elektrizität bleiben nämlich Teilchen eines schwarzen Puders, des sogenannten Toners, an einem Blatt Papier haften und erzeugen so eine Schwarzweißkopie des Dokuments. Der Toner wird dann auf dem Papier so fixiert, daß er – im Gegensatz zu dem Staub auf dem Fernsehschirm – nicht mehr abgewischt werden kann. Auch Farbkopien werden auf diese Weise hergestellt, wobei ein Farbkopierer mit drei zusätzlichen Tonern in den Farben Magenta (rotblau), Zyan (blaugrün) und Gelb arbeitet. Die drei zusätzlichen Bilder, die in diesen Farben gedruckt werden, überlappen mit der Schwarzweißkopie und ergeben zusammen eine Farbkopie.

Farbkopien

Farbkopien werden mit den vier Tonerfarben Magenta, Zyan, Gelb und Schwarz erstellt. In einem Farbkopierer dreht sich die Walze viermal – einmal für jede Farbe. Bei jeder Drehung wird das kopierte Bild in einer anderen Farbe von der Walze auf das gleiche Blatt Papier übertragen. Die Kopien in Magenta, Zyan und Gelb werden hergestellt, indem das vom Dokument reflektierte, weiße Licht durch einen grünen, roten oder blauen Filter geleitet wird. Die letzte Kopie wird mit ungefiltertem, weißem Licht und unter Verwendung von schwarzem Toner ausgeführt. Die vier Farben verschmelzen in unterschiedlichem Mischungsverhältnis zu einer Farbkopie der jeweiligen Vorlage.

EXPERIMENT
Ballonkopierer

Mit einem Ballon und Talkumpuder wird gezeigt, wie ein Kopiergerät funktioniert. Stellt einen Kreis her, der mit statischer Elektrizität aufgeladen ist, indem ihr einen Bereich am Ballon reibt, und entladet dann die durch die Reibung entstandene statische Elektrizität in der Mitte. Der Ballon nimmt Pulver an und bildet dabei den Buchstaben O, den ihr dann auf ein Blatt Papier übertragen könnt. In einem echten Kopiergerät verhält sich eine mit statischer Elektrizität aufgeladene Walze wie euer Ballon.

IHR BRAUCHT: ● Papier in dunkler Farbe ● Graphitbleistift ● Talkumpuder ● Tablett ● 2 Ballons ● Stift ● Wollhandschuh

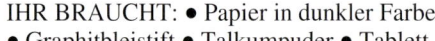

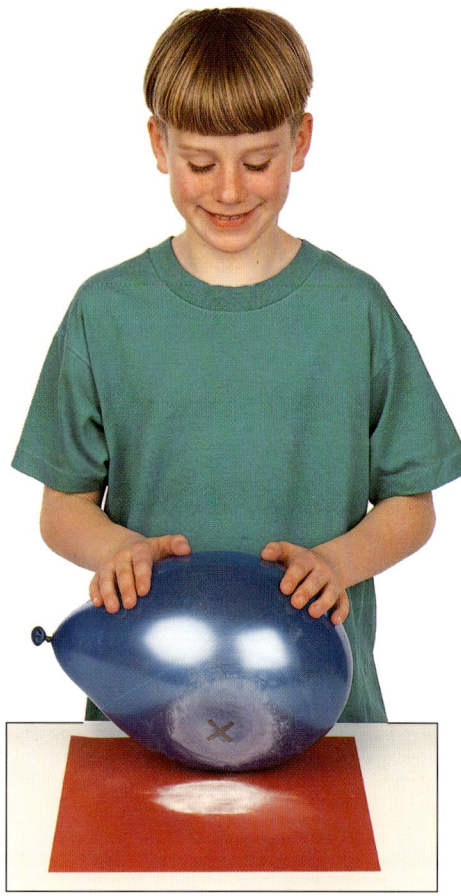

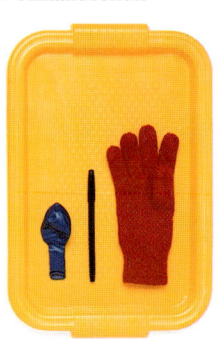

1 Zeichnet mit einem Stift ein Kreuz auf einen aufgeblasenen Ballon. Zieht den Wollhandschuh an, und reibt um das Kreuz herum einen Kreis auf den Ballon. Wenn ihr fest reibt, lädt sich dieser Bereich mit statischer Elektrizität auf.

2 Schüttet etwas Talkumpuder auf ein Tablett. Ein Freund soll jetzt das Tablett kräftig hin- und herrütteln, damit sich über dem Tablett eine Wolke aus Talkumpuder bildet. Haltet den Ballon mit dem Kreuz nach unten über das Tablett.

3 Der Talkumpuder in der Wolke wird vom Bereich der statischen Elektrizität angezogen. Hat sich am Ballon genügend Puder festgesetzt, rollt ihr den Ballon so auf dem farbigen Papier ab, daß der Puder auf das Papier übertragen wird.

Farbbilder

Magenta

Zyan

Gelb

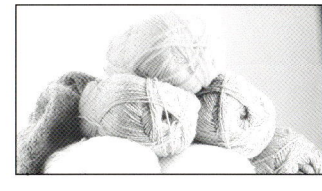

Schwarz

Kopierabfolge

Magenta

Magenta und Zyan

Magenta, Zyan und Gelb

Magenta, Zyan, Gelb und Schwarz

4 Ihr wiederholt Schritt 1 mit dem zweiten Ballon. Ist der Ballon aufgeladen, haltet ihr einen Graphitbleistift über das aufgezeichnete Kreuz. Dadurch wird ein Teil der Elektrizität entladen, was ihr womöglich mit einem leisen Klick hören könnt.

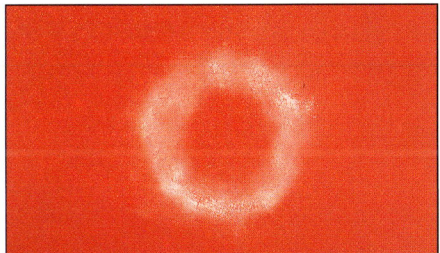

5 Jetzt führt ihr Schritt 2 und 3 nochmals aus. Durch das Graphit wurde die Mitte des Kreises entladen. Nur noch der geladene Kreis zieht jetzt den Talkumpuder an, so daß auf dem Papier zum Schluß ein »O« zu sehen ist.

So funktioniert ein Schwarzweißkopierer

Legt man eine Schwarzweißvorlage auf das Glasfenster eines Kopiergeräts und drückt auf die Taste »Kopieren«, wird die gesamte Vorlage von unten mit dem Licht einer Leuchtstoffröhre angestrahlt. Die weißen Stellen auf dem Dokument reflektieren dieses Licht durch ein Spiegelsystem und eine Linse, während die schwarzen Bereiche das Licht absorbieren. Die Linse projiziert ein Abbild der Vorlage auf eine elektrisch geladene Walze. Die Walze dreht sich, während die Vorlage abgetastet wird, und das von den weißen Bereichen im Dokument reflektierte Licht hebt die Ladung dort auf, wo es auf die Walze trifft. Auf der Walze sind also nur noch die Stellen elektrisch geladen, die den schwarzen Bereichen auf dem Dokument entsprechen. Diese geladenen Stellen ziehen das über eine Walze zugeführte, schwarze Tonerpulver an und bilden auf der Walze eine Kopie der Vorlage. Ein stark geladenes Blatt Papier zieht dann den Toner wiederum von der Walze ab. Der Toner auf dem Blatt Papier wird mit Wärme fixiert, so daß er später nicht mehr abgewischt werden kann. Ist das Dokument farbig oder weist es Graustufen auf, reflektieren diese farbigen oder grauen Stellen je nach dem, wie dunkel sie sind – mehr oder weniger Licht.

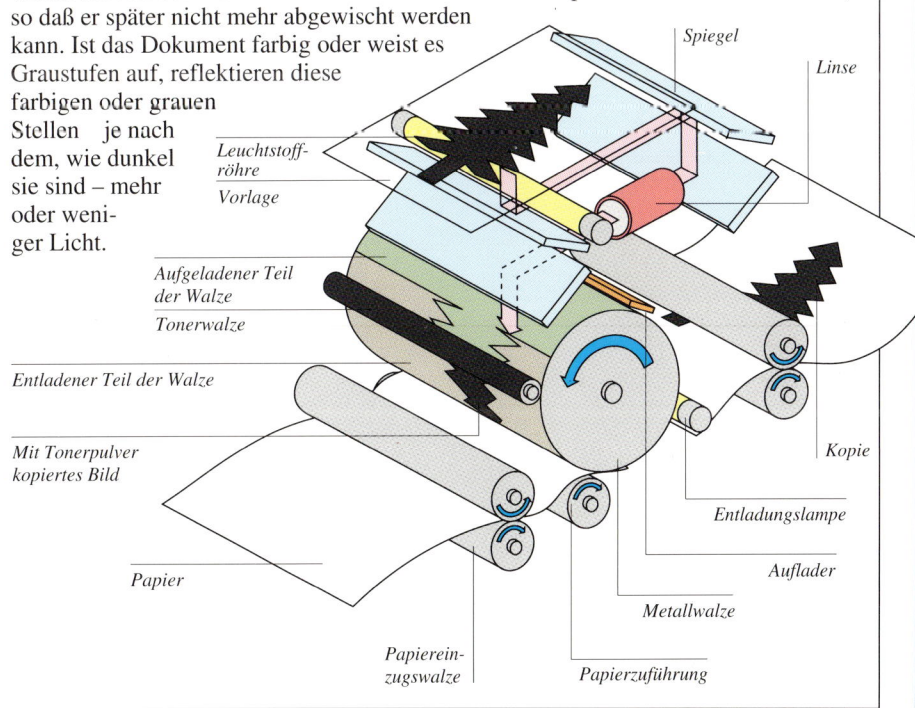

Spiegel

Linse

Leuchtstoffröhre

Vorlage

Aufgeladener Teil der Walze

Tonerwalze

Entladener Teil der Walze

Mit Tonerpulver kopiertes Bild

Papier

Papiereinzugswalze

Papierzuführung

Metallwalze

Kopie

Entladungslampe

Auflader

Telefon

Wenn ihr mit jemandem telefonieren wollt, nehmt ihr den Hörer ab und wählt eine Nummer. Was ihr sprecht, wird in ein elektrisches Signal umgewandelt und am anderen Ende wieder in eure Stimme. Meist geht das Signal zur Vermittlungsstelle, wo der Anruf weitergeleitet wird. Dazwischen kann das Signal jedoch in Lichtimpulse oder Funkwellen umgewandelt werden. Lichtimpulse werden über Glasfaserkabel übertragen, Funkwellen bei Ferngesprächen über Satelliten. Das Signal wird in einer Bodenstation in Funkwellen umgesetzt, die zu einem Satelliten in 36 000 km Höhe gesandt werden, dann zurück zu einer anderen Bodenstation, wo das Funksignal dann wieder in ein elektrisches zurückverwandelt wird. Mobiltelefone senden Funkwellen direkt an ein Netz aus Funkstationen, die diese zum anderen Teilnehmer weiterleiten. Bei Bildtelefonen, die bereits hergestellt werden und deren allgemeine Einführung sicher demnächst kommt, kann man den Anrufer nicht nur sprechen, sondern auch auf einem Fernsehschirm sehen.

So funktioniert ein Telefon

Ein Mikrofon in der Sprechmuschel wandelt eure Stimme in ein elektrisches Signal um. Dieses wandert über eine oder mehrere Vermittlungsstellen und schließlich zum Telefon am anderen Ende der Leitung. Hier setzt eine schwingende Membran in einem kleinen Lautsprecher in der Hörmuschel das Signal wieder in eure Stimme um.

Lautsprecher *Hörmuschel*

Handgerät
Dieses Telefon besteht aus einem Tastenblock, über den man eine Nummer eingeben kann, einer Hör- und einer Sprechmuschel. Innen seht ihr ein Mikrofon, einen Lautsprecher und eine Leiterplatte mit elektronischen Bauelementen, die die gewählten Nummern weiterverarbeiten.

Das Mikrofon enthält eine dünne Metallscheibe, die beim Sprechen schwingt, dabei die Stromstärke abwandelt und ein elektrisches Signal erzeugt.

Leiterplatte *Sprechmuschel*

Glasfaserkabel

Viele Fernmeldeleitungen bestehen jetzt anstelle von Kupferkabeln aus Glasfaserkabeln. Diese enthalten sehr dünne, durchsichtige Glasfasern, über die jeweils ein Lichtsignal übertragen wird. Elektrische Fernmeldesignale werden von einem Laser in digitale Lichtimpulse umgewandelt. Der Vorteil dieser Übertragungstechnik besteht darin, daß kein Rauschen auftritt. Am anderen Ende der Leitung werden die Lichtsignale wieder in elektrische Signale verwandelt. Glasfaserkabel sind nicht nur schneller als Kupferkabel, sondern haben auch eine größere Reichweite und können riesige Datenmengen übertragen. Mit der Entwicklung der Datenautobahn werden uns diese Kabel Dienstleistungen per Video direkt ins Haus bringen.

Reflexion
Das in ein Glasfaserkabel geleitete Licht wird im Glaskern reflektiert. Probiert dieses Prinzip aus, indem ihr euch mit einem Freund an ein Glasfenster stellt. Steht ihr beide vor dem Fenster, wird euer Freund nur schwach gespiegelt, da bei diesem Winkel die meisten Lichtstrahlen das Glas passieren. Steht ihr vor dem Fenster euch gegenüber, werden die meisten Lichtstrahlen vom Glas gespiegelt.

Glasfaserkabel
Ein Glasfaserkabel besteht aus einem Glaskern in einer Glashülle. Ein Lichtimpuls, der mit einem Grenzwinkel von 82° oder größer zur Senkrechten an der Kernwandung auftrifft, kann die Hülle nicht durchdringen und wird ohne Verluste innen an der Kernwand – genauer gesagt, zwischen Kern und Hülle – reflektiert.

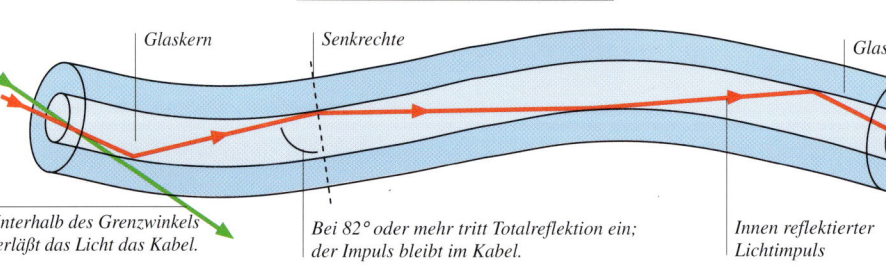

Glaskern *Senkrechte* *Glashülle*

Unterhalb des Grenzwinkels verläßt das Licht das Kabel.

Bei 82° oder mehr tritt Totalreflexion ein; der Impuls bleibt im Kabel.

Innen reflektierter Lichtimpuls

EXPERIMENT
Lichtleiter

Bei diesem Experiment sollte ein Erwachsener helfen.

Mit einem Plastikschlauch und Wasser zeigt ihr, wie ein Glasfaserkabel funktioniert. Der Schlauch ist die Glashülle des Kabels. Er wird mit Wasser gefüllt, das den Glaskern darstellt. Das in den Schlauch eindringende Licht wird am Schnittpunkt zwischen Wasser und Schlauch teilweise reflektiert und im Schlauch weitergeleitet.

IHR BRAUCHT

● Schreibtischlampe ● Schneidunterlage ● Küchenfolie, viereckig, Seitenlänge 15 cm ● matte, schwarze Farbe ● Pinsel ● Klebeband ● etwas Modelliermasse ● Schere ● Messer ● 30 cm langen, biegsamen Plastikschlauch ● große Pappschachtel ● Schüssel Wasser

1 Malt die Schachtel innen schwarz an. Mit dem Messer schneidet ihr an der Schmalseite kurz über dem Boden ein kleines Loch für den Schlauch aus.

2 Taucht den Schlauch in die Schüssel, bis er ganz mit Wasser gefüllt ist. Schließt ein Ende mit Folie und dem Klebeband wasserdicht ab. Nehmt den Schlauch mit dem offenen Ende nach oben so aus der Schüssel, daß das Wasser im Schlauch bleibt.

3 Steckt den Schlauch durch das Loch, so daß das geschlossene Ende drinnen ist und das andere etwa 2,5 cm aus der Schachtel ragt. Dichtet das Loch innen und außen mit Modelliermasse ab. Haltet das offene Schlauchende immer nach oben.

4 Dreht den Schlauch in der Schachtel so, daß er sich krümmt und das Schlauchende nach oben zeigt. Richtet die Schreibtischlampe auf das offene Schlauchende, und dunkelt den Raum ab.

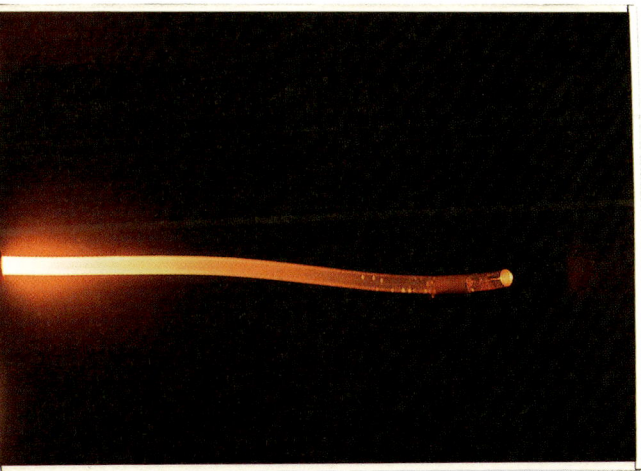

Ihr könnt auch die Schachtel abdecken und vorsichtig reingucken. Das Licht wandert durch das Wasser und wird genauso wie bei der Lichtübertragung in Glasfaserkabeln von der Wandung reflektiert.

Faxgeräte

Als Faksimile bezeichnet man die genaue Kopie eines Originals. Ein Faxgerät (von »facsimile«) übermittelt ein Schriftstück über eine Fernsprechleitung an ein anderes Gerät. Das Original wird durch das Sendegerät geführt, und aus dem Empfangsgerät am anderen Ende der Leitung kommt eine Fernkopie. Im Sende-Faxgerät läuft das Original über einen Scanner, der das Dokument in Hunderte von Zeilen von winzigen Quadraten aufteilt und sich jedes Quadrat einzeln vornimmt. Während das Original über den Scanner läuft, wird es von einer Lichtquelle angestrahlt, und der Scanner mißt die Lichtmenge, die von jedem Quadrat reflektiert wird. Dadurch bestimmt er, wie dunkel das jeweilige Quadrat ist. Der Scanner sendet ein elektrisches Signal aus, wenn ein Quadrat ganz oder teilweise dunkel ist. Im Empfangs-Faxgerät steuert dieses Signal einen Druckkopf, der entsprechend schwarze Quadrate auf das Papier setzt. Derzeit sind Fernkopien nur in Schwarzweiß möglich, in Zukunft wird es aber auch Faxgeräte geben, die Farbkopien übertragen.

Kreise und Quadrate

Das Fax, das beim Experiment auf dieser Seite übertragen wird, ist nicht sehr genau. Das liegt daran, daß das Gerät mit einer sehr niedrigen Auflösung arbeitet und die Vorlage nur in 64 Quadrate einteilt. Ein echtes Faxgerät arbeitet mit einer hohen Auflösung und teilt die Seite in etwa zwei Millionen Quadrate ein. Dadurch sind die Fernkopien von Dokumenten oder Bildern so scharf, daß man sie problemlos lesen und erkennen kann.

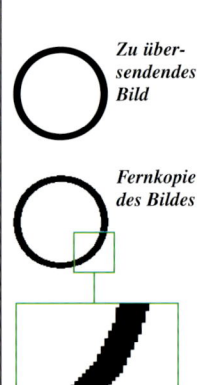

Zu übersendendes Bild

Fernkopie des Bildes

Vergrößerung der Kopie zeigt die einzelnen Quadrate.

EXPERIMENT
Ein Fax schicken

Zwei Leute können zusammen ein einfaches Faxgerät basteln und sich gegenseitig eine Nachricht übermitteln. Das Gerät sendet und empfängt immer nur jeweils einen Buchstaben oder eine Zahl, funktioniert aber im Prinzip wie ein echtes Faxgerät.

IHR BRAUCHT
- Lineal ● Crea-Fix-Platte ● Klebstoff ● Schere ● Messer ● Klebeband ● isolierten Draht ● Schraubenzieher ● zwei Schalter ● Summer (3 – 9 V Gleichstrom) ● Glühbirne mit Fassung ● Schneidunterlage ● Papier ● Batterie (4,5 V) ● Abisolierzange ● Farbstifte ● Stahllineal

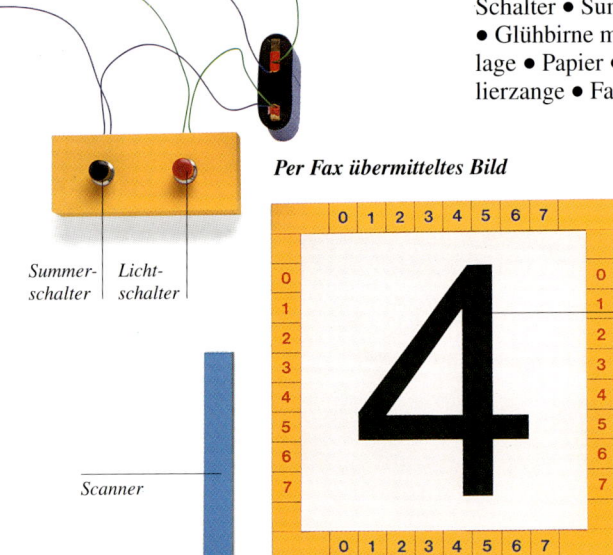

Summerschalter *Lichtschalter*

Scanner

Per Fax übermitteltes Bild

Das Bild, das übermittelt werden soll, sollte ein paar gekrümmte oder diagonale Linien aufweisen.

1 Mit einem Messer schneidet ihr aus der Crea-Fix-Platte zwei Quadrate mit einer Seitenlänge von 24 cm aus. Auf die Ränder jedes Quadrats klebt ihr insgesamt jeweils vier aus der Crea-Fix-Platte geschnittene Streifen mit den Abmessungen 22 x 2 cm.

2 Jeden Rand teilt ihr – wie oben zu sehen – in jeweils acht Bereiche ein. Die Trennlinien sollten 2 cm voneinander entfernt sein. Tragt an dieser Skala die Zahlen von 0 bis 7 ein, wobei ihr bei den waagerechten Skalen links und bei den senkrechten Skalen oben beginnt.

Das Innenleben eines Faxgeräts

Will man ein Fax senden, legt man das Original mit der bedruckten Seite nach unten in den Einzug des Faxgeräts und gibt auf der Tastatur die Faxnummer des Empfängers ein. Ist das Faxgerät am anderen Ende der Leitung empfangsbereit, zieht eine Walze die zu sendenden Seiten des Originals nacheinander ein und führt sie über einen Scanner. Die elektrischen Signale, die beim Abtasten jeder Seite entstehen, werden an das zweite Gerät übermittelt, die diese als Kopie auf Papier druckt. Das hier gezeigte Gerät enthält Thermopapier und einen Thermodruckkopf, in dem eine Reihe winziger elektrischer Heizelemente einzelne Stellen auf dem unter dem Kopf durchgeführten Papier erwärmen. Wo das Papier erwärmt wurde, bilden sich schwarze Punkte, so daß zum Schluß eine Kopie der im ersten Gerät eingelegten Vorlage vom zweiten Gerät erstellt wird.

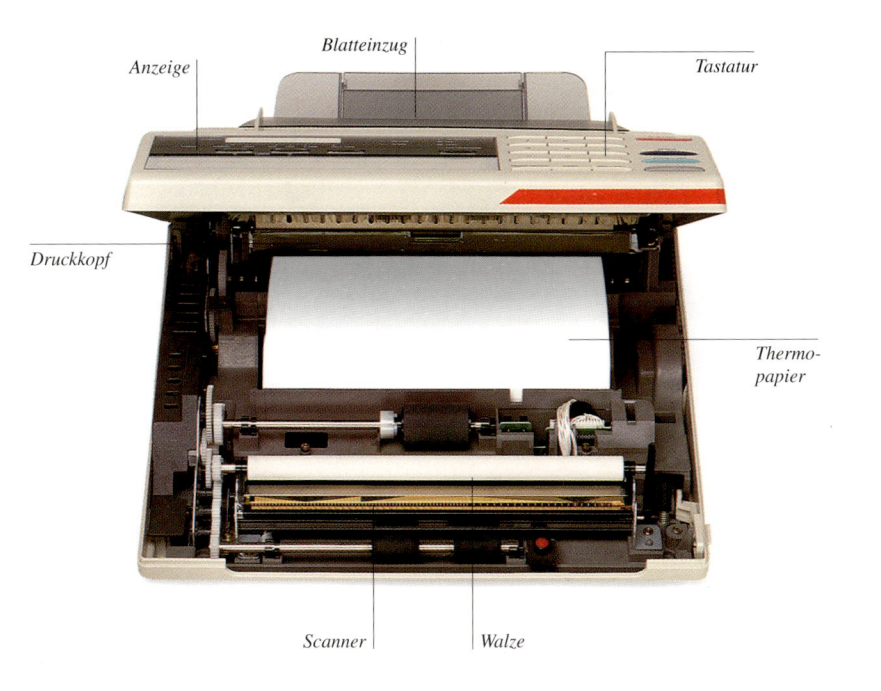

Anzeige · Blatteinzug · Tastatur · Druckkopf · Thermopapier · Scanner · Walze

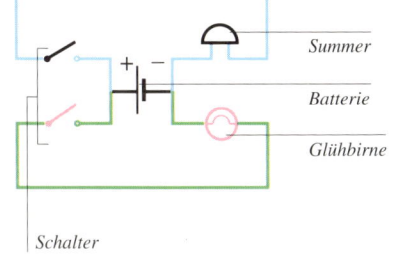

Summer · Batterie · Glühbirne · Schalter

3 Schneidet aus der Crea-Fix-Platte zwei Quadrate von 6 cm und dann aus beiden in der Mitte ein 2 cm hohes und breites Fenster aus. Klebt an jedes Quadrat vier aus der Platte geschnittene Arme (18 x 2 cm). Dies ist euer Scanner und Drucker.

4 Schneidet vier mehrere Meter lange Drähte ab, und isoliert diese an den Enden ab. Mit diesen Drähten, einer Glühbirne, einem Summer, einer Batterie und zwei Schaltern baut ihr einen Schaltkreis auf, wie er im Schema zu sehen ist.

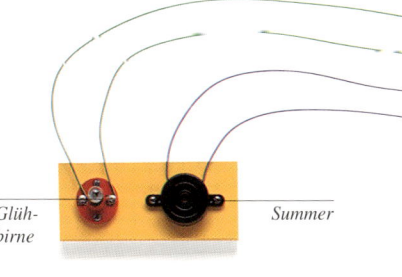

Glüh-birne · Summer

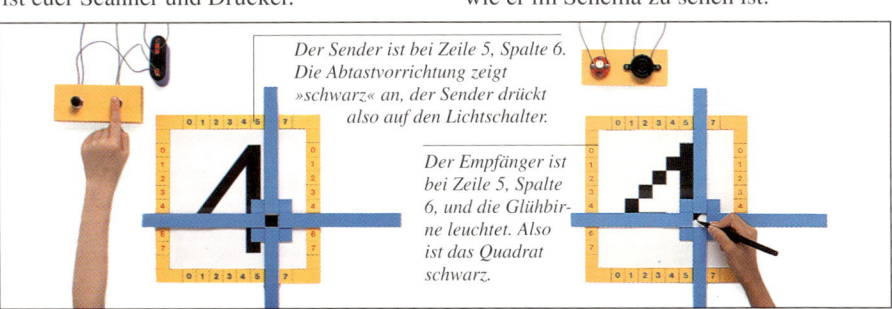

Der Sender ist bei Zeile 5, Spalte 6. Die Abtastvorrichtung zeigt »schwarz« an, der Sender drückt also auf den Lichtschalter.

Der Empfänger ist bei Zeile 5, Spalte 6, und die Glühbirne leuchtet. Also ist das Quadrat schwarz.

5 Malt einen fetten Buchstaben oder eine große Zahl auf ein Blatt Papier, und befestigt es am Sendegerät. Im Empfangsgerät spannt ihr ein leeres Blatt Papier ein. Stellt Abtastvorrichtung beziehungsweise Drucker bei beiden Maschinen auf Zeile 0, Spalte 0 ein. Der Absender drückt beim Start auf den Summer. Ist der Bereich im

Fenster der Abtastvorrichtung über 50 % schwarz, betätigt der Absender den Schalter für die Glühbirne. Leuchtet die Glühbirne auf, malt der Empfänger das entsprechende Quadrat im Fenster des Druckkopfs aus. Mit dem Summer signalisiert der Absender, daß er mit dem nächsten Quadrat weitermacht.

Empfangene Fernkopie

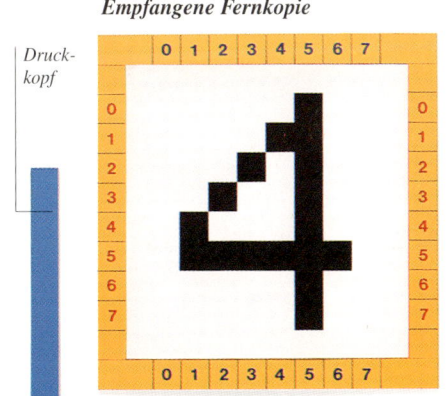

Druck-kopf

Computersysteme

Ein Computer ist eigentlich keine Maschine für sich, sondern besteht aus vier miteinander verbundenen Einheiten. Über die Eingabeeinheit werden dem Computer Daten eingegeben, wobei als Eingabeeinheit üblicherweise eine Tastatur oder eine Maus dient. Der Speicher besteht aus einer Festplatte und mehreren Chips, die zusammen Daten und Programme (Anweisungen zur Ausführung bestimmter Aufgaben) speichern. Von Disketten können noch mehr Daten und Programme in den Speicher geladen werden. Der Prozessor verwaltet oder verarbeitet die Daten wie vom Programm vorgegeben. Das Ergebnis geht zur Ausgabeeinheit, wo es auf dem Bildschirm dargestellt wird, ausgedruckt wird oder auf seiner Basis weitere Arbeitsschritte ausgeführt werden, zum Beispiel andere Maschinen gestartet. Alle diese Geräte bezeichnet man als Hardware und die Programme, die der Hardware Anweisungen geben, als Software.

Computersoftware

Ohne Software ist ein Computersystem nutzlos. Die für das Funktionieren des Systems benötigte Software ist meistens auf einer Diskette, die man in den Computer einschiebt, gespeichert. Sie enthält die Programme, die den Computer eine bestimmte Aufgabe ausführen lassen. Das kann ein Spiel, Textverarbeitung oder auch Buchhaltung sein. Die Software kann auch nützliche Daten enthalten, wenn es sich etwa um eine riesige Datenbank handelt, oder Text und Bilder, mit denen man lernen kann. Die Programme können auch auf einer Festplatte im Computer gespeichert werden. Auch die Mikrochips im Computer sind Träger von Software.

Disketten
Disketten (oben) bestehen aus einer biegsamen Kunststoffscheibe in einem Plastikgehäuse. Eine CD-ROM (unten) ist eine Kompaktdiskette, die Daten, Bilder und Musik enthält.

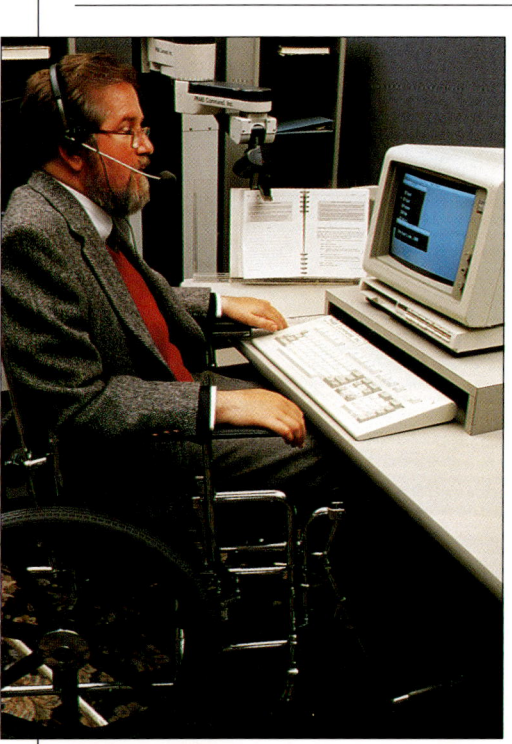

Spracherkennung
Ein Mikrofon leitet die Tonsignale an den Computer weiter, der sie analysiert. Er vergleicht jeden Ton mit der im Speicher festgehaltenen Tonfolge von Wörtern und erkennt Übereinstimmungen.

Eingabegeräte

Bei fast allen Computern ist Tastatur und Maus, also Eingabegeräte, die per Hand zu bedienen sind, Standard. Es gibt aber inzwischen auch Computer, die über ein von der Stimme bedientes Eingabegerät verfügen, man also keine Daten oder Anweisungen eintippen muß. So ein Computer ist mit einer Spracherkennungseinheit ausgerüstet, die Stimmen analysieren und Worte in den Computer eingeben kann. Computer können sogar lesen. Strichkodeleser tasten Drucksachen oder sogar Handschriftliches ab und setzen dies in Buchstaben und Zahlen um. Und Computer können über ein Modem miteinander kommunizieren. Dieses Eingabe-/Ausgabegerät verbindet die Computer über Fernmeldeleitungen. Es kann Daten und Programme direkt von anderen Computern übernehmen oder an diese senden. Über ein Modem stellt der Computer den Anschluß zu weltumspannenden Netzwerken her.

Jede Taste auf der Tastatur gibt ein Zeichen (Buchstabe, Zahl, Symbol) an den Computer weiter.

Über die Maus kann man Anweisungen erteilen.

Zeichenerkennung
Dieser tragbare Notepad erkennt die mit dem Magnetgriffel geschriebenen Notizen. Der Computer wandelt Handschrift in Druckzeichen, Skizzen in saubere Diagramme und geometrische Figuren um.

Ausgabegeräte

Das gängigste Ausgabegerät ist der Bildschirm, der entweder einem Fernsehschirm gleicht oder eine Flüssigkristallanzeige sein kann. Über einen Drucker kann man Text und Bilder ausdrucken. Computer können auch sprechen, indem sie die Rechenergebnisse in Sprachsignale umsetzen und zu den angeschlossenen Lautsprechern senden. Eine Ausgabeeinheit – eine computergesteuerte Maschine zum Beispiel – kann auch eine Bewegung ausführen.

Anzeige in Blindenschrift
Ist eine Anzeige in Blindenschrift angeschlossen, können Blinde auch mit einem Standardcomputer arbeiten. Diese spezielle Ausgabeeinheit besteht aus einer Reihe von Zellen mit Erhebungen, die die Zeichen der Blindenschrift darstellen. Der Blinde liest eine Zeile durch Abtasten der Zellen.

Roboterarm
Dieser Roboter wird von einem Computer gesteuert, der den Arm bewegt und ihn exakte Bewegungen ausführen läßt.

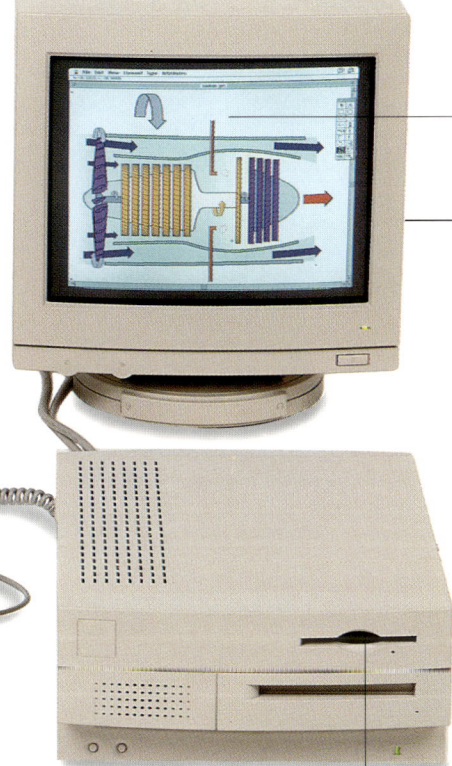

Der Bildschirm kann Farbbilder, Texte und Diagramme anzeigen.

Speicher und Prozessoren

Ein Computer kann große Datenmengen und Programme auf einer im Computer befindlichen Festplatte speichern. Dort kann jederzeit auf sie zugegriffen werden. Der Prozessor besteht aus einem oder mehreren Mikrochips, die der wichtigste Bestandteil seiner komplizierten Leiterplatten sind. Mehrere Prozessoren können zu einem leistungsstarken Supercomputer zusammengeschaltet werden.

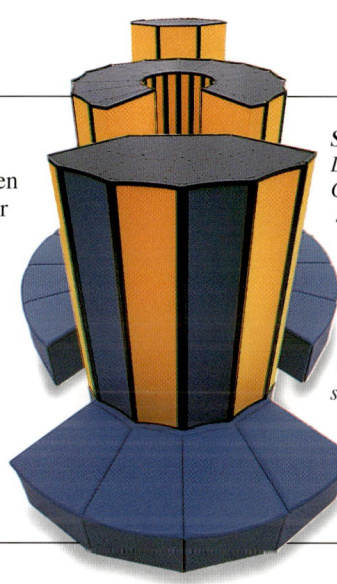

Supercomputer
Der Supercomputer Cray ist ein leistungsstarker Computer, der komplizierte Berechnungen rasch ausführen kann. Eine seiner wichtigsten Aufgaben ist die Wettervorhersage, für die er riesige Datenmengen rasch verarbeiten muß.

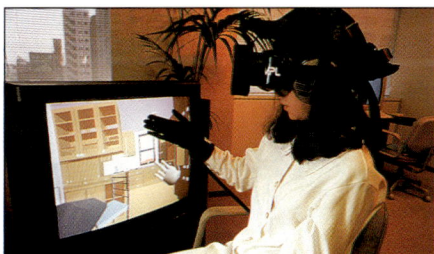

Disketten steckt man in dieses Laufwerk. Sie dienen als externes Speichermedium für Daten und Programme, besonders zur Sicherung der Daten von der Festplatte.

Komplettsysteme

Viele Maschinen sind computergesteuert und sind eigentlich selbst schon eigenständige Computersysteme. Bei einer automatischen Kamera zum Beispiel ist der Belichtungsmesser die Eingabeeinheit; sie verfügt außerdem über ein gespeichertes Programm und einen Prozessor, der die richtige Belichtungsdauer ermittelt, sowie Ausgabemechanismen, die die Blende und den Verschluß steuern. Dann wären da noch elektronische Musiksysteme, die beim Spielen Noten speichern, diese verarbeiten und dann beliebig wiedergeben können, oder automatische Navigationssysteme in einem Flugzeug (Autopilot) und in der Schiffahrt.

Virtuelle Realität

Virtuelle Realität
Mit Körpersensoren als Eingabeeinheit sowie Kopfhörer und Brille als Ausgabeeinheit hat der Anwender Zugang zur virtuellen Realität, wo er sich in einer vom Computer erzeugten Welt bewegt, hier zum Beispiel in einer Küche.

Musiksystem   *Dieses Keyboard kann Musik speichern und wieder abspielen und klingt dabei fast so echt wie das eingestellte Instrument.*

Computertastatur

Wer mit einem Computer arbeitet, gibt seine Daten zumeist über eine Tastatur ein. Über Tastendruck wird der Computer mit Buchstaben, Zahlen, Satzzeichen und anderen Symbolen »gefüttert«. Diese erscheinen dann auf dem Bildschirm. Über die Tastatur kann man auch direkt Befehle eingeben, besonders bei Computerspielen. Die Tastatur gibt nämlich für jede Taste ein elektrisch kodiertes Signal aus. Dieses wird an den Prozessor des Computers (S. 172) weitergeleitet und entweder im Speicher abgelegt oder an den Bildschirm oder den Drucker weitergegeben, so daß dort die Buchstaben oder Zahlen erscheinen. Jedes Signal ist als Binärzahl kodiert. Der Computer arbeitet mit Binärzahlen, da sich diese leichter in elektrische Signale umsetzen lassen als Dezimalzahlen.

EXPERIMENT

Zählbox

Bei Binärzahlen gibt's im Gegensatz zum Dezimalsystem mit den Zeichen für 0 bis 9 nur zwei Zeichen, nämlich 0 und 1. Im Dezimalsystem stellen die Ziffern einer Zahl (von rechts nach links) die Einer, Zehner, Hunderter, Tausender etc. dar. Die Dezimalzahl 1001 besteht also aus 1 Einer, 0 Zehnern, 0 Hundertern und 1 Tausender. Im Binärsystem stellen die Ziffern einer Zahl (von rechts nach links) die Zahlen 1, 2, 4, 8 usw. dar, also jeweils eine Verdopplung pro Stelle. Die Binärzahl 1001 besteht also aus 1 x Eins, 0 x Zwei, 0 x Vier und 1 x Acht – und das entspricht der Dezimalzahl 9. Jede Ziffer einer Binärzahl wird als Bit bezeichnet, 1001 besteht also aus vier Bits. Mit der im folgenden Bild gezeigten Zählbox könnt ihr jede Dezimalzahl von 0 bis 15 in die entsprechende Binärzahl umrechnen. In einem Computer wird dieser Binärkode durch Ein- und Ausschalten von elektrischem Strom umgesetzt. 1 bedeutet »Ein«, 0 bedeutet »Aus«. Die Binärzahl 1001, die der Dezimalzahl 9 entspricht, wird also durch das elektrische Signal ein-aus-aus-ein dargestellt.

IHR BRAUCHT
● Stift ● 15 Tischtennisbälle ● Schachtel mit Deckel mit Platz für vier Bälle nebeneinander und acht Bälle hintereinander ● Messer ● Kleber

1 Nehmt eine Reihe von Bällen (das Mädchen hier hat fünf Bälle genommen). Je nachdem, wie viele ihr nehmt, versucht ihr nun, die erste Bahn (für acht Bälle) zu füllen. Ist sie voll, macht ihr mit den übrigen Bällen bei der nächsten weiter.

2 Könnt ihr eine Bahn nicht mit euren Bällen vollmachen, laßt sie leer, und macht mit der nächstkürzeren weiter. In unserem Bild kann der letzte Ball die Bahn für zwei Bälle nicht vollmachen und gehört daher in die Bahn für einen Ball.

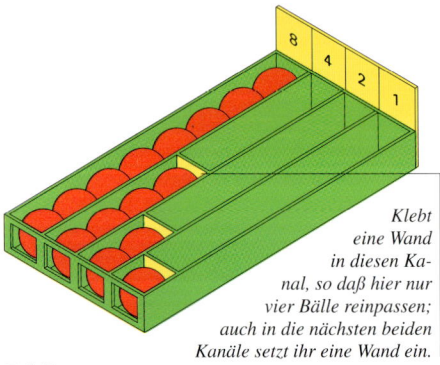

Klebt eine Wand in diesen Kanal, so daß hier nur vier Bälle reinpassen; auch in die nächsten beiden Kanäle setzt ihr eine Wand ein.

Zählbox
Schneidet die Schachtel auf die Höhe der Bälle zurecht, nur an einem Ende laßt ihr einen höheren Rand stehen. Aus dem Deckel schneidet ihr drei Streifen, die ihr in die Schachtel so einklebt, daß vier Bahnen entstehen. In diesen Bahnen sollten (von links nach rechts) acht, vier, zwei und schließlich ein Ball Platz finden. Klebt in die Bahn für vier und zwei Bälle sowie in die für einen Ball eine Wand ein, damit keine weiteren Bälle mehr hineinpassen. Schreibt die Anzahl der Bälle, die maximal in einer Bahn Platz finden, auf den überstehenden Rand. Vorn an jeder Bahn schneidet ihr ein Fenster aus.

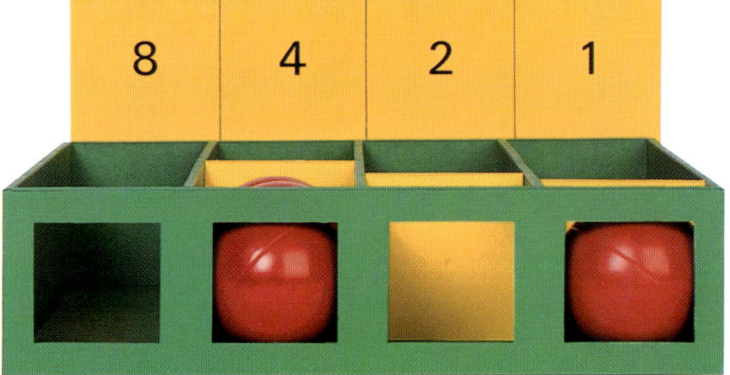

3 Die Fenster der Schachtel zeigen den der jeweiligen Dezimalzahl (Anzahl der Bälle) entsprechenden Binärkode. Ist in einem Fenster ein Ball zu sehen, heißt das 1, ein leeres Fenster steht im Binärkode für 0. Die fünf Bälle hier lassen sich also durch die Binärzahl 0101 darstellen.

EXPERIMENT

Selbstgebastelte Tastatur

 Bei diesem Experiment sollte ein Erwachsener helfen.

Jetzt baut ihr eine Tastatur, bei der jeder einzelnen Taste ein elektrisches Signal zugeordnet ist. Eure Tastatur besteht aus acht Tasten und läßt Glühbirnen mit dem Binärkode für jede Taste aufleuchten.

IHR BRAUCHT

● Stahllineal ● drei Glühbirnen (2,5 V) mit Fassung und dazugehörigen Schrauben ● Zirkel ● Flachkopfklammern ● zwei Kartonstücke (20 x 8 cm) ● Schraubenzieher ● isolierten Draht ● Bodenplatte aus Crea-Fix für die Fassungen der Glühbirnen ● Alufolie ● doppelseitiges Klebeband ● Klebeband ● Batterie (3 V) ● Abisolierzange ● Schere ● Lineal

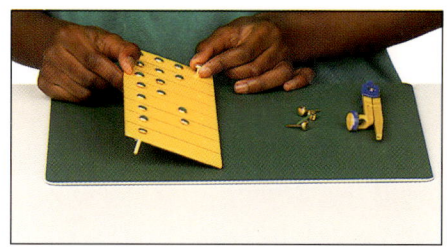

1 Zeichnet auf einem Karton Trennlinien für die acht Tasten an. Bohrt mit dem Zirkel Löcher in den anderen, und zwar an den Stellen, die auf unserer Schablone als Kontakte eingezeichnet sind.

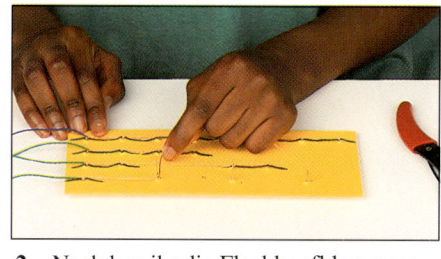

2 Nachdem ihr die Flachkopfklammern in die Löcher gesteckt habt, schließt ihr unten am Karton kurze Drahtstücke an die vier Reihen mit Klammern an. Von jedem Draht sollten etwa 30 cm herausschauen.

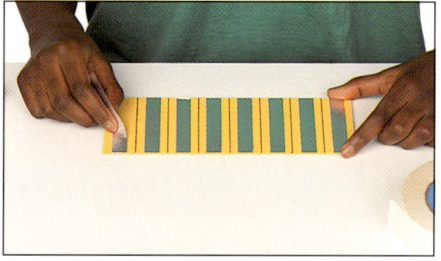

3 Mit doppelseitigem Klebeband klebt ihr ein Stück Alufolie mit der glänzenden Seite nach oben auf jede der acht Tasten auf dem ersten Karton.

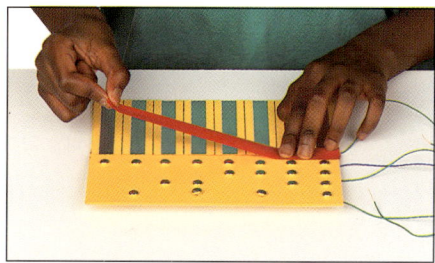

4 Klebt die beiden Kartons mit Klebeband so zusammen, daß die Alufolie und die Köpfe der Klammern nach oben zeigen und das Klebeband wie ein Scharnier wirkt.

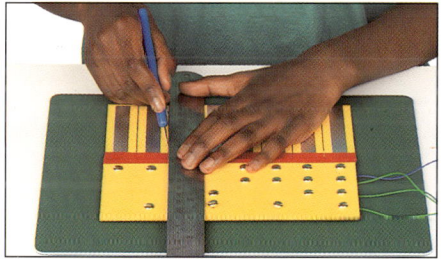

5 Mit Messer und Stahllineal schneidet ihr sieben Trennlinien zwischen den Streifen aus Alufolie ein, so daß ihr am Schluß acht Tasten habt. Schneidet nicht in das Scharnier!

6 Bezeichnet von links nach rechts die Tasten mit 0 bis 7. Faltet die Tasten so über die Stifte, daß erst bei Druck auf eine Taste der Kontakt zum darunterliegenden Stift hergestellt wird.

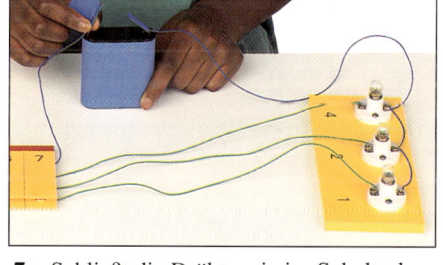

7 Schließt die Drähte wie im Schaltschema links unten gezeigt an die Glühbirnen und die Batterie an. Die Glühbirnen dürfen nur dann aufleuchten, wenn man auf eine Taste drückt.

8 Drückt nacheinander auf jede Taste, und beobachtet, wie der Schaltkreis die Dezimalzahl auf jeder Taste in die entsprechende Binärzahl umsetzt. Die Glühbirnen (mit der Markierung 4, 2 und 1) geben den Binärkode an, indem sie aufleuchten oder wieder ausgehen. Die Folie unter jeder Taste stellt den Kontakt zu bestimmten Flachkopfklammern her, die einen Schaltkreis zu den richtigen Glühbirnen schließen. Bei einer echten Tastatur steht jede Taste mit bestimmten Drähten in Verbindung, die dann das entsprechende elektrische »Aus-Ein«-Signal erzeugen, das den Binärkode für diese Taste bildet.

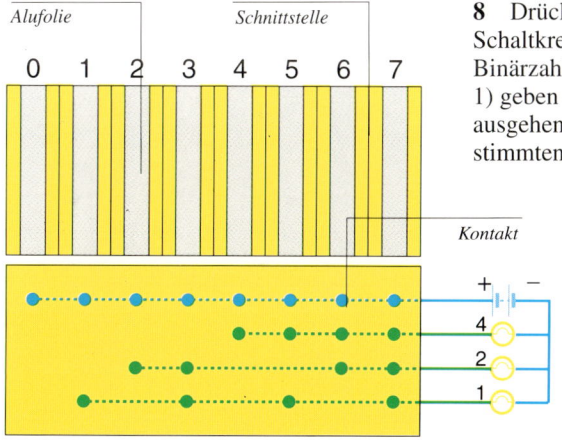

Alufolie *Schnittstelle*

| 0 | 1 | 2 | 3 | 4 | 5 | 6 | 7 |

Kontakt

+ −
4
2
1

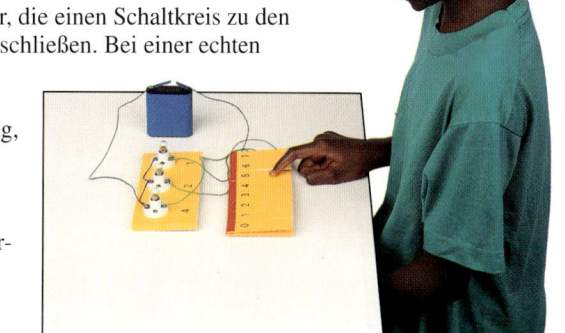

Strichkodeleser und Maus

An der Supermarktkasse führt die Kassiererin jede Ware an einem besonderen Licht vorbei, und Warenbezeichnung und -preis werden sofort angezeigt. Die Kasse enthält nämlich ein Gerät – den Strichkodeleser –, das die senkrechten schwarzen Striche – den sogenannten Strichkode – auf einem Etikett ablesen kann. Der Strichkodeleser ist als Eingabeeinheit an den Computer im Supermarkt angeschlossen, der den Warenbestand verwaltet. Jeder Strichkode stellt eine einmalige Kodenummer dar, die vom Leser erkannt und zum Computer geleitet wird, der die Produktdaten sucht und dann an der Kasse ausgibt. Auf diese Weise weiß der Computer über alle Warenabgänge Bescheid, und entsprechend kann nachbestellt werden.

Strichkode
Der Strichkodeleser kann ein Handgerät sein oder unter einem Fenster am Band an der Kasse montiert sein.

EXPERIMENT

Den Kode knacken

 Bei diesem Experiment sollte ein Erwachsener helfen.

Baut einen Strichkodeleser. Der Strichkode besteht aus vier schwarzen Strichen, die eine Binärzahl mit vier Bits (S. 164) und Start- und Stopp-Zeichen darstellen. Ein schwarzer Strich bedeutet eine 1, der weiße Zwischenraum eine 0. Der Lichtstrahl des Lesers tastet den Strichkode ab, ein Entschlüßler wandelt das reflektierte Licht in ein elektrisches Ein-Aus-Signal um. Dieses Signal geht an einen Summer, der die im Strichkode enthaltene Binärzahl ausgibt. Lest vorher die Seiten 10 und 11.

IHR BRAUCHT
● Draht für Steckborde ● Lineal ● Bleistift ● Zange ● Abisolierzange ● farbige Pappe ● weißes und schwarzes Papier ● Klebeband ● doppelseitiges Klebeband ● Schere ● Stift und Block ● Summer (9 V) ● NAND-Chip 4011B ● NPN-Transistor BC108 ● Drehwiderstand 5K ● zwei Krokodilklemmen ● Steckbord mit Grundplatte ● Batterie (9 V) und Anschluß ● Taschenlampe ● Photodiode

Strichkodevorlage

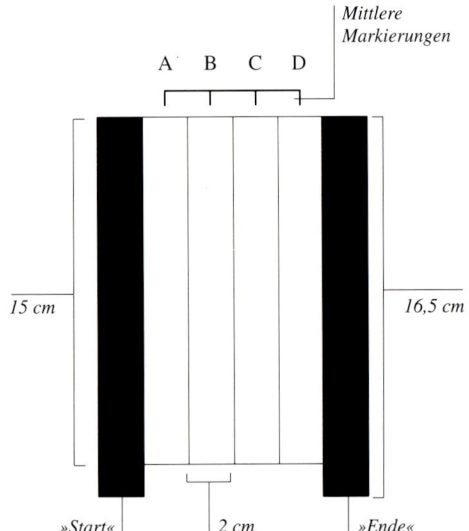

Computermaus

Oft ist es einfacher, mit der Maus zu arbeiten als mit der Tastatur. Während man die Maus über eine Unterlage schiebt, vollzieht ein meist pfeilförmiger Cursor diese Bewegung auf dem Bildschirm nach. Den Cursor kann man auf ein Symbol richten, das für einen Arbeitsschritt steht. »Klicken« bedeutet, auf eine Maustaste zu drücken, damit der Computer den gewünschten Schritt ausführt. Wie ein Strichkodeleser kann eine Maus Ein-Aus-Lichtimpulse an den Computer senden.

»Blitzlichtgewitter«
Bewegt man die Maus, rollt eine Kugel in ihr mit. Sie ist über zwei Walzen mit zwei Schlitzrädern verbunden, die sich mit ihr drehen. Dabei leuchten LEDs durch die Schlitze und erzeugen so aufblitzende Lichtstrahlen. Von Photodioden an der Rückseite jedes Rades werden diese Strahlen in elektrische Signale umgewandelt, die den Cursor auf dem Bildschirm steuern.

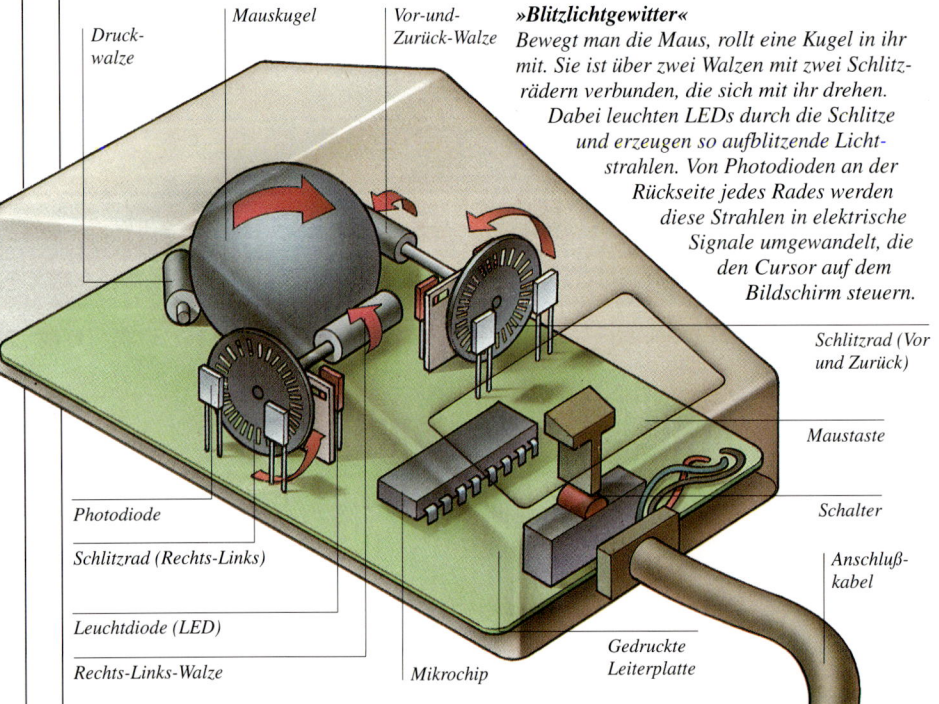

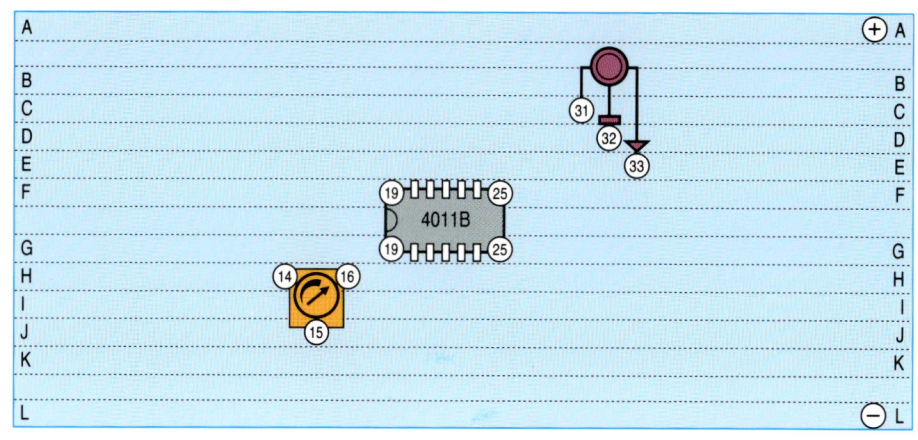

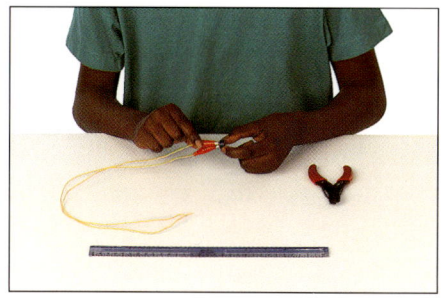

1 Meßt zwei 45 cm lange Drähte aus, und schneidet sie ab. Isoliert die Enden ab; nehmt dafür die Abisolierzange. An einem Ende bringt ihr jeweils eine Krokodilklemme an und klemmt jeweils eine an das entsprechende Beinchen der Photodiode.

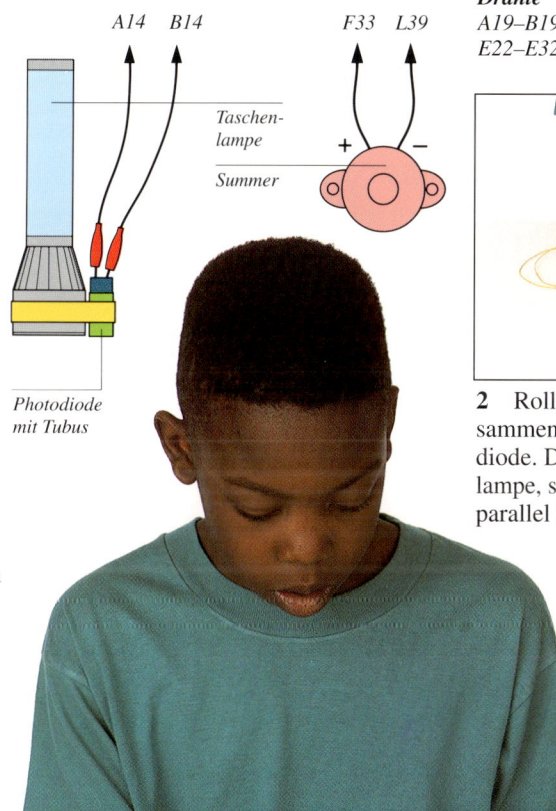

Taschen-lampe

Summer

Photodiode mit Tubus

Drähte
A19–B19	A31–B31	D20–D21	E14–E20
E22–E32	F14–G14	K15–L15	K25–L25

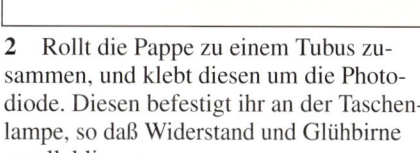

2 Rollt die Pappe zu einem Tubus zusammen, und klebt diesen um die Photodiode. Diesen befestigt ihr an der Taschenlampe, so daß Widerstand und Glühbirne parallel liegen.

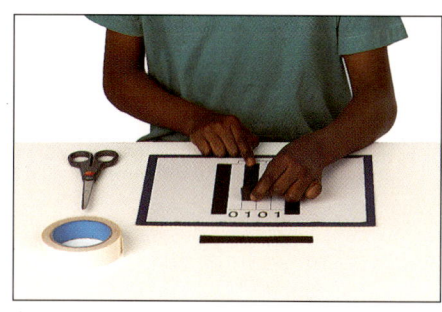

3 Zeichnet die Vorlage gegenüber auf weißem Papier nach. Markiert die vier mittleren Balken mit 1 oder 0, klebt schwarze Papierstreifen über die mit 1 bezeichneten Balken. Kennzeichnet sie mit A–D.

4 Schließt die Drähte vom Leser an das Steckbord an. Schaltet die Taschenlampe ein. Haltet den Leser senkrecht 2,5 cm über das weiße Papier. Stellt den Drehwiderstand so ein, daß der Summer noch nicht aktiviert wird. Er soll sich melden, wenn der Leser über einem dunklen Balken steht, und über einem weißen Balken wieder aufhören.

5 Während ein Freund auf den Summer achtet, führt ihr den Leser von links nach rechts über den Kode. Der erste und der letzte Summerton stehen für den Start- und Endkode. Bei jedem Balken sagt ihr den dazugehörigen Buchstaben. Ist der Summer aktiv, schreibt euer Freund eine 1, wenn nicht, eine 0.

Mikrochip

Computer und zahlreiche andere elektronische Geräte enthalten Mikrochips, die oft auch nur als Chips bezeichnet werden. Die meisten Chips sehen aus wie Tausendfüßer mit einem rechteckigen, schwarzen Körper und einer Reihe von Metallbeinchen an der Seite. Die Beinchen, Pins genannt, passen in eine Leiterplatte, wo der Chip an Signalleitungen angeschlossen wird. Diese Leitungen übertragen die elektrischen Signale, die der Chip speichert oder verarbeitet. Teile des Speichers und des Prozessors eines Computers bestehen aus Mikrochips. Das Herzstück eines Chips ist ein kleines Stück Silizium – ein Halbleiter (S. 187) –, das Tausende oder gar Millionen winziger Bauteile enthält, die miteinander zu einem Schaltkreis verbunden sind. Man spricht von einer integrierten Schaltung, da die einzelnen Bauelemente nicht getrennt voneinander, sondern als eine Einheit hergestellt werden.

Logische Verknüpfungen

Mikrochips enthalten logische Verknüpfungen, auch Gatter genannt, die aus diversen Bauelementen wie etwa Transistoren bestehen. Sie verarbeiten einen Strom an elektrischen Impulsen, die der Taktgeber des Computers ausgibt, wobei sie einige Impulse passieren lassen oder anderen sozusagen den Weg versperren. Dabei wandeln sie die Taktimpulse in eine Abfolge von Aus-Ein-Impulsen um, die Signale im Binärkode bilden. Über eine Kombination aus logischen Verknüpfungen kann man Aufgaben erledigen, zum Beispiel Binärzahlen addieren. Die Boolesche Verknüpfungstafel erläutert die drei üblichen logischen Verknüpfungen, von denen jede über zwei Eingabekanäle verfügt.

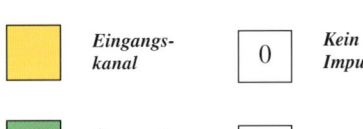

	Eingangskanal	
0		Kein Impuls
	Ausgangskanal	
1		Impuls

UND-Verknüpfung
Diese Verknüpfung öffnet sich und erzeugt ein Ausgangssignal, sobald sie zwei Eingangsimpulse empfängt. Ist dagegen nur ein oder gar kein Eingangsimpuls vorhanden, bleibt diese Verknüpfung geschlossen.

0	0	0
0	1	0
1	0	0
1	1	1

ODER-Verknüpfung
Diese Verknüpfung öffnet sich und erzeugt ein Ausgangssignal, sobald sie einen Eingangsimpuls empfängt. Geht dagegen kein Impuls ein beziehungsweise empfängt sie zwei Eingangsimpulse, bleibt diese Verknüpfung geschlossen.

0	0	0
0	1	1
1	0	1
1	1	0

NICHT-Verknüpfung
Diese Verknüpfung öffnet sich und erzeugt ein Ausgangssignal, wenn sie keinen oder einen Eingangsimpuls empfängt. Gehen dagegen zwei Eingangsimpulse ein, bleibt diese Verknüpfung geschlossen.

0	0	1
0	1	1
1	0	1
1	1	0

Mikrochip

Diese vergrößerte Ansicht der integrierten Schaltung eines Chips zeigt ein Gewirr aus elektronischen Minibauelementen und -leitungen. Dank der ungeheuren Anzahl an Bauelementen kann ein Chip große Datenmengen speichern und komplizierte Berechnungen ausführen. Ein Chip wird über den Taktgeber in einem Computer ständig mit einem Strom aus elektrischen Impulsen »gefüttert«. Diese Impulse werden im Chip in Kodesignale verwandelt, die über die Leitungen auf der integrierten Schaltung zwischen den Bauelementen hin- und herflitzen. Der Chip speichert und verarbeitet die Signale und kann damit Berechnungen ohne jegliche Verzögerung ausführen. Die Taktgeschwindigkeit wird in Megahertz (MHz) gemessen – ein Computer mit einer Taktgeschwindigkeit von 33 MHz verarbeitet also 33 Millionen Impulse pro Sekunde. Mit einem schnellen Taktgeber hat ein Computer eine hohe Verarbeitungsgeschwindigkeit.

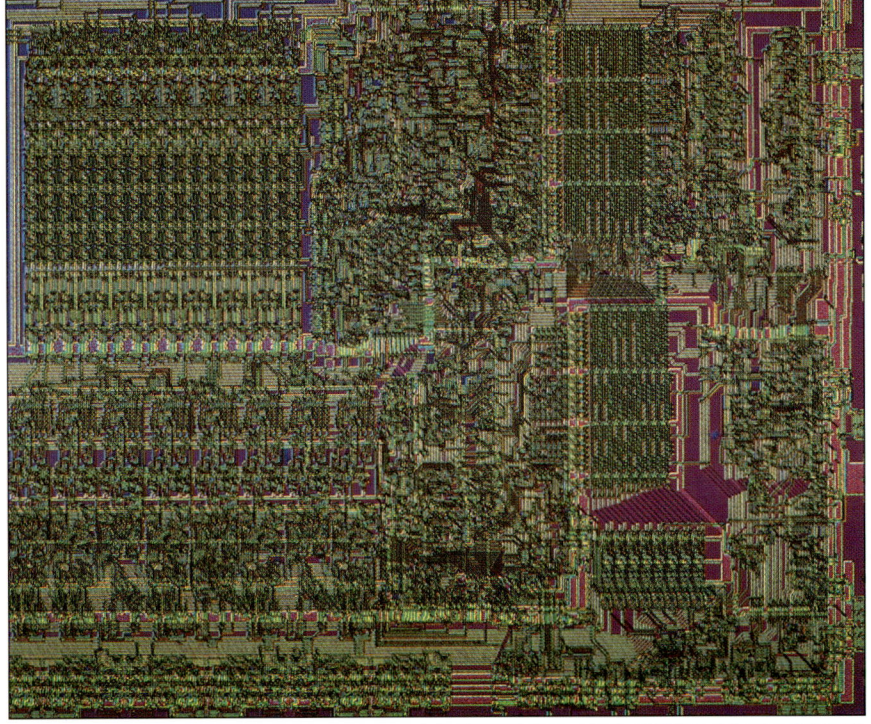

So funktioniert eine UND-Verknüpfung

Die farbigen Kugeln stellen die elektrischen Impulse dar – gelb steht für den Eingangsimpuls, und grün kennzeichnet einen vom Taktgeber des Computers gesandten Impuls. Der Taktimpuls kann eine Verknüpfung nur dann passieren und zu einem Ausgangssignal werden, wenn zwei Eingangsimpulse

Eingangskanal

Ausgangskanal

an der Verknüpfung ankommen. Die Nullen und Einsen einer Booleschen Verknüpfungstabelle stellen die elektrischen Impulse in einem Mikrochip dar – 0 bedeutet, daß kein Eingangsimpuls eingetroffen ist oder kein Taktimpuls passiert. 1 hingegen heißt, daß ein Eingangsimpuls empfangen wurde oder ein Taktimpuls durch die Verknüpfung läuft.

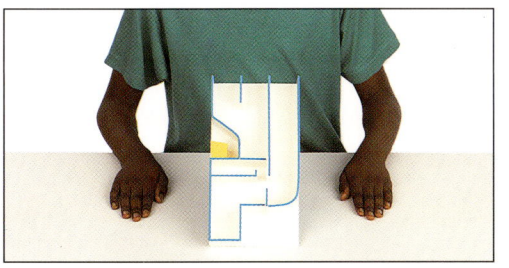

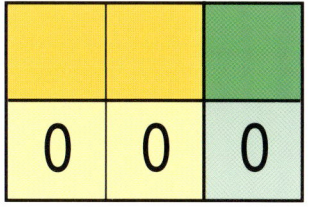

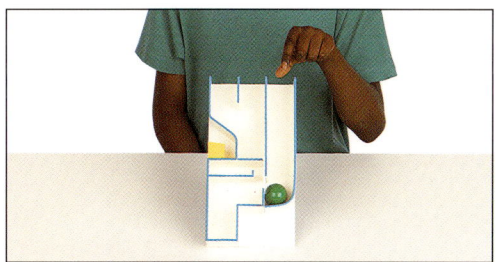

Keine Eingangsimpulse
In der ersten Zeile der Booleschen Verknüpfungstabelle geht an keinem der beiden Eingangskanäle der logischen Verknüpfung ein elektrischer Impuls ein.

Kein Ausgangssignal
Die Verknüpfung bleibt geschlossen, so daß der Taktimpuls die Verknüpfung nicht passieren und zu einem Ausgangssignal werden kann.

Eingangsimpuls am rechten Kanal
In der zweiten Zeile der Booleschen Verknüpfungstabelle geht am rechten Eingangskanal der logischen Verknüpfung ein elektrischer Impuls ein.

Kein Ausgangssignal
Die Verknüpfung bleibt immer noch geschlossen, so daß der Taktimpuls die Verknüpfung wiederum nicht passieren kann.

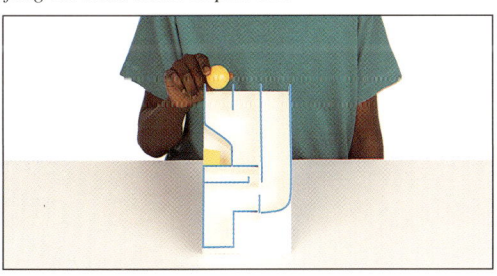

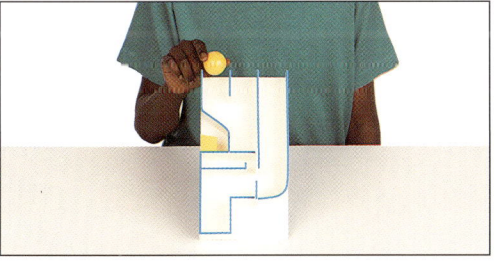

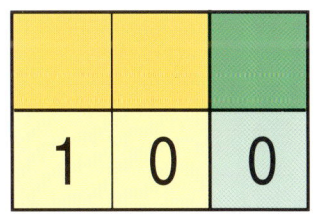

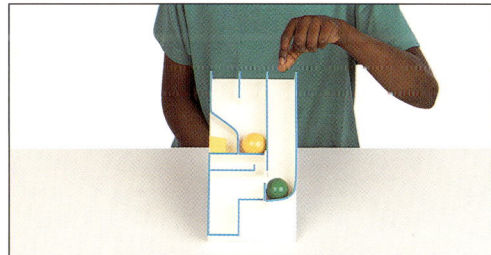

Eingangsimpuls am linken Kanal
In der dritten Zeile der Booleschen Verknüpfungstabelle geht am linken Eingangskanal der logischen Verknüpfung ein elektrischer Impuls ein.

Kein Ausgangssignal
Die Verknüpfung ist noch geschlossen, so daß der Taktimpuls die Verknüpfung auch dieses Mal nicht passieren kann.

Die beiden Bälle, die die Eingangssignale darstellen, sind zusammen schwer genug, um die Wippe, also die Verknüpfung, zu öffnen.

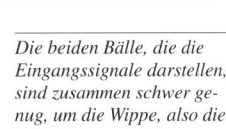

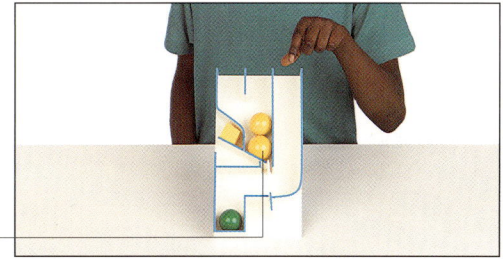

Zwei Eingangsimpulse
In der vierten Zeile der Booleschen Verknüpfungstabelle geht an jedem der beiden Eingangskanäle ein elektrischer Impuls ein.

Ein Ausgangssignal
Die beiden Eingangsimpulse öffnen die Verknüpfung, so daß der Taktimpuls passieren und zu einem Ausgangssignal werden kann.

Computerspeicher

In den Speicher eines Computers passen riesige Daten-mengen, zum Beispiel eine ganze Enzyklopädie. Der Speicher besteht aus mehreren verschiedenen Bestandteilen, die nicht nur Daten speichern. Die Bausteine des Festspeichers (ROM-Chips) geben dem Computer grundlegende Arbeitsanweisungen; dieser Speicher ist ein Nur-Lese-Speicher und kann nicht verändert werden. RAM-Chips, die Bausteine des Arbeitsspeichers, enthalten das gerade genutzte Programm und Daten, die jederzeit bearbeitet werden können. Auf der Festplatte, also dem Hauptspeicher eines Computers, werden Programme und Daten dauerhaft gespeichert, können bei Bedarf aber durch den Computerbenutzer geändert werden. Auch CD-ROMs speichern Programme und Daten, die aber – anders als bei einer Floppy-disk-Diskette – nicht gelöscht oder geändert werden können.

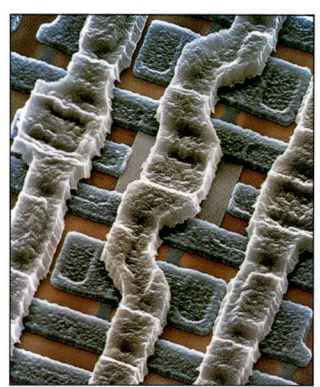

Ein RAM-Chip, aus der Nähe betrachtet, zeigt ein Netz aus Speicherzellen und Leitungen.

In einem Laufwerk

Ein Computer verfügt über zwei Laufwerke, eines für Disketten und ein Festplattenlaufwerk mit hermetisch abgeschlossenen Platten, um diese vor Staub zu schützen. Beim Schreiben springt ein Schreib-/Lesekopf an eine Adresse auf der magnetisierten Plattenoberfläche. Während ein Motor die Platte dreht, empfängt der Schreib-/Lesekopf elektrische Signale im Binärkode, die er als Magnetsignale auf der Platte aufzeichnet. Beim Abruf der Daten geht er wieder an die entsprechende Adresse zurück, liest die Magnetsignale und wandelt sie wieder in elektrische Signale um.

Festplattenlaufwerk

Schreib-/Lesekopf

Magnetplatte

RAM-Chip

Ein Computer verarbeitet Daten in Form elektrischer Ein-Aus-Signale, die Binärziffern darstellen. Jede Zahl besteht aus acht Bits (Einsen oder Nullen). Acht Bits sind ein Byte – ein RAM-Chip kann Millionen von Bytes speichern. Dieses

Modell zeigt den Aufbau eines Chips mit seinen Reihen aus acht Speicherzellen, wobei jede Reihe ein Byte speichert (dargestellt durch farbige Kugeln). Jeder Zeile ist eine Adresse zugewiesen. Die zu speichernden Signale fließen über einen Satz von

Datenleitungen zur ausgewählten Reihe, werden gespeichert und gehen über andere Leitungen wieder ab.

Eine Kugel steht für eine 1, eine leere Zelle für eine 0.

Acht Datenleitungen senden elektrische Signale, die ein Byte (eine Binärziffer aus acht Bits) darstellen, an den Speicher.

Reihe mit acht Speicherzellen

Diese Zahlen geben den Dezimalwert jedes der acht Bits in einem Byte an.

Adressen-Nummer

Ein-Aus-Signal verläßt die Speicherzellenreihe bei Adreßnummer 2.

Das Byte wird über acht Datenleitungen vom Speicher übermittelt.

1 Der Computer schreibt (sendet) die Binärziffer 01000101 (Dezimalzahl 69) per Impuls in den Speicher. Der Speicher enthält bereits die Ziffern 10101101 bei Adresse 2 und die 11110010 bei Adresse 4.

2 Der Computer wählt eine (leere) Adresse aus, in der die Daten gespeichert werden sollen. Hier wird die Ziffer 01000101 in die leeren Speicherzellen in Adresse 3 geschrieben, also dort gespeichert.

3 Der Computer liest eine Ziffer aus dem Speicher. Das Byte wird von der markierten Speicherzelle aus über Datenleitungen zurückgesandt. Hier wird die Ziffer 10101101 (Dezimalzahl 173) von Adresse 2 abgerufen.

EXPERIMENT

Diskettenlaufwerke

Computer teilen Daten in kleine Einheiten wie etwa Bytes auf und speichern jede Einheit für sich auf einer Magnetplatte. Baut ein Modell eines Floppy-disk-Laufwerks, an welchem deutlich wird, wie der Computer Daten speichert und wieder abruft. Während ihr die Speicherplatte dreht, könnt ihr Daten ins Sichtfenster schreiben und wieder ablesen, wie es der Schreib-/Lesekopf beim Disketten-laufwerk auch tut.

IHR BRAUCHT

- Pappscheibe von 24 cm Durchmesser ● Schere ● Messer
- Schneidunterlage
- 3 Holzspieße
- Strohhalm ● Zirkel
- Pappquadrat, 4 cm Seitenlänge ● Notiz-block ● Stift ● Blei-stift ● Pappbecher
- Lineal ● Stahllineal

1 Kopiert die Vorlage unten auf die Papp-scheibe. Schneidet vom Strohhalm zwei 4 cm lange Stücke ab. Bastelt einen Spur-arm, indem ihr zwei Spieße in 2,5 cm Abstand seitlich durch die beiden Strohhal-me stecht. Den dritten stecht ihr unten durch den Pappbecher.

2 Stellt den Becher auf den Kopf, und setzt die Scheibe auf den Spieß. In das Vier-eck aus Pappe schneidet ihr ein quadrati-sches Fenster mit 2 cm Seitenlänge. Faltet die Pappe um die Spieße, das Fenster soll in der Mitte liegen. Spießt einen Strohhalm am Becher auf.

3 Sucht euch eine Dezimalzahl. Wandelt jede ihrer Ziffern in eine vier Bits umfas-sende Binärziffer um (S. 182), und schreibt diese jeweils in einen Datenblock auf der Scheibe. Zeichnet Spur und Sektor jedes Blocks nacheinander auf – so habt ihr ein Verzeichnis.

Eine Spur ist der Bereich zwischen zwei aneinander-grenzenden Kreisen. Diese Scheibe hat vier Spuren.

Ein Sektor ist ein torten-stuckähnlicher Abschnitt auf der Scheibe. Diese Scheibe hat acht Sektoren.

Dreh-richtung

Ein Datenblock ist ein Teil einer Spur in einem Sektor. Diese Scheibe besteht aus 32 Blöcken.

4 Ruft jetzt die Daten ab. Benutzt das Verzeichnis, um den ersten Datenblock zu finden (etwa Spur 3, Sektor 2). Dreht die Scheibe, und schiebt das Fenster über den Datenblock, notiert die binäre Zahl. Lest alle anderen Blöcke, und wandelt alle binären Zahlen in Dezimale um. Alle Dezimal-ziffern nacheinander sind die gespeicherte Zahl.

Prozessor

Ein Prozessor des Computers zerlegt dessen Aufgaben in einzelne Berechnungen mit Binärzahlen. Ein im Speicher abgelegtes Programm sagt dem Prozessor, was mit den von der Eingabeeinheit geschickten Daten geschehen soll. Die Anweisungen und Daten sind elektrische Signale, die binäre Zahlen darstellen (S. 164). Der Prozessor ist ein Mikrochip und wird daher als Mikroprozessor bezeichnet. Er verarbeitet Daten mit Lichtgeschwindigkeit und schickt das Ergebnis als neue Signale an die Ausgabeeinheit, den Bildschirm oder den Drucker.

Binärer Abakus

Bastelt einen Abakus, der binäre Zahlen wie ein Prozessor addiert. Mit ihm addiert ihr zwei Vier-Bit-Zahlen bis maximal 1111 (Dezimalzahl 15), indem ihr jeden Schieber nach oben oder unten versetzt, so daß in jedem Fenster eine 0 (dunkelgrün), eine 1 (hellgrün) oder eine 1 als Übertrag (rot) erscheint. Der Abakus geht nach den Regeln der binären Addition vor. Zwei Eingabebits ergeben ein Gesamt- und ein Übertragsbit.

Die Regeln sind:

A: 0 und 0 ist 0, Übertrag 0
B: 0 und 1 ist 1, Übertrag 0
C: 1 und 0 ist 1, Übertrag 0
D: 1 und 1 ist 0, Übertrag 1

Auf dem Foto unten wird die grüne Binärzahl 0100 (Dezimal 4) eingegeben, dann Binär 0101 (Dezimal 5) gelb hinzuaddiert. Beginnt rechts, und addiert jedes Zahlenpaar einzeln.

IHR BRAUCHT
● Messer ● Stift ● Schneidunterlage ● Lineal ● Stahllineal ● Schere ● Klebstoff ● farbigen Karton ● farbiges Papier

Schieber und Quadrate
Bastelt vier Schieber, die zwischen den Rahmen und die Grundplatte passen. Schneidet vier dunkelgelbe Quadrate (0) und vier hellgelbe Quadrate (1) aus.

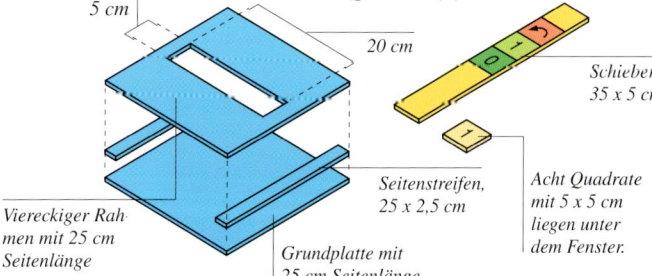

5 cm

20 cm

Schieber, 35 x 5 cm

Seitenstreifen, 25 x 2,5 cm

Viereckiger Rahmen mit 25 cm Seitenlänge

Grundplatte mit 25 cm Seitenlänge

Acht Quadrate mit 5 x 5 cm liegen unter dem Fenster.

1 Stellt die zu addierenden Binärzahlen in der grünen und gelben Reihe ein. Wird eine gelbe 1 addiert, zieht ihr den Schieber ein Quadrat nach unten, bei einer 0 nicht.

2 Beginnt rechts im ersten Fenster. Hier ist eine 0 zu sehen. Addiert eine 1 dazu, indem ihr den Schieber nach unten zieht. Die 0 im Fenster wird zu einer 1 – Regel B.

3 Weiter mit Fenster 2 – eine 0. Da ihr eine 0 addiert, bleibt der Schieber stehen, die 0 im Fenster ändert sich nicht – Regel A.

4 Weiter mit Fenster 4 – eine 1. Addiert eine 1 dazu, indem ihr den Schieber nach unten zieht. Der rote Pfeil heißt, daß eine 1 auf das nächste Fenster übertragen wird – Regel D.

5 Bei Übertrag 1 zieht man den Schieber im nächsten Fenster links nach unten und den vorigen nach oben – eine 0 erscheint. Die 0 in Fenster 8 wird zu 1, Fenster 4 zeigt eine 0.

6 In Fenster 8 addiert ihr 0. Dieses Fenster zeigt eine 1, die auch stehenbleibt – Regel C. Das Endergebnis ist 1001 (Dezimalzahl 9).

EXPERIMENT
Halbaddierer

In einem Prozessor gehen Halbaddierer beim Addieren von zwei Bits (Nullen oder Einsen) nach den vier Regeln der binären Addition (links) vor. Baut einen Halbaddierer, bei welchem ODER- und UND-Gatter jeweils die Summe oder den Übertrag ermitteln. Drückt man bei dem unten gezeigten Schaltkreis auf den Eingabeschalter (gelb), wird eine 1 eingegeben, wenn nicht, eine 0. Leuchtet die Eingabe-LED (gelb), die Summen-LED (grün) oder die Übertrags-LED auf, bedeutet das eine 1, leuchtet keine auf, eine 0. Lest vorher die Seiten 10 und 11 durch.

IHR BRAUCHT
- Steckbord mit Grundplatte ● Batterie (9 V) und Anschluß ● Draht für Steckbord ● Zange ● Abisolierzange ● zwei einpolige Momentausschalter als Arbeitskontakt ● zwei NPN-Transistoren BC108
- EOR-Chip CMOS 4070B
- AND-Chip CMOS 4081B
- eine rote, eine grüne und zwei gelbe LEDs
- zwei Widerstände 10K
- vier Widerstände 220R

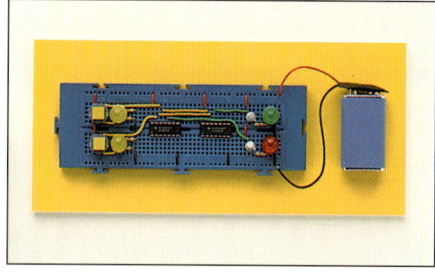

1 Drückt auf keinen der gelben Eingabeschalter links. Keine der LEDs leuchtet auf, das heißt: 0 und 0 ist 0, Übertrag 0 – Regel A.

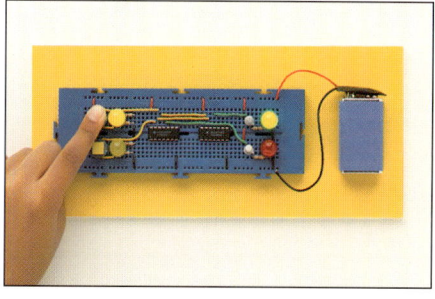

2 Drückt nur auf den oberen Eingabeschalter. Die obere Eingabe-LED und die Summen-LED leuchten auf, das heißt: 1 und 0 ist 1, Übertrag 0 – Regel C.

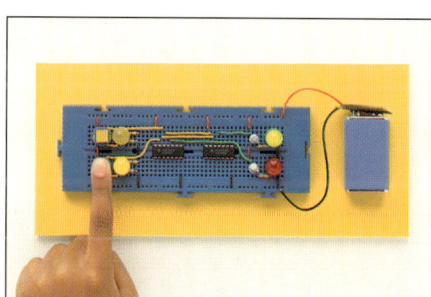

3 Drückt nur auf den unteren Eingabeschalter. Die untere Eingabe-LED und die Summen-LED leuchten auf, das heißt: 0 und 1 ist 1, Übertrag 0 – Regel B.

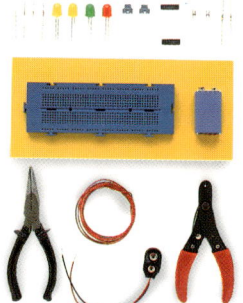

Widerstände 220R
C10–C13 H10–H13 F41–F44 K41–K44

Widerstände 10K
E8–E13 J8–J13

Drahtanschlüsse

A3–B3	A17–B17	A29–B29	A39–B39
B5–B19	C19–C30	C32–C40	D18–D31
E18–G5	E20–H40	F3–G3	F5–F8
F39–G39	F46–G46	K5–K8	F13–G13
K13–L13	K23–L23	K35–L35	K46–L46

Volladdierer

Jeder Halbaddierer in einem Prozessor kann jeweils nur zwei Bits (binäre 0 oder 1) addieren, indem er eine von jeder der beiden Binärzahlen zusammenzählt. Zur Addition von zwei ganzen Binärzahlen wird eine Kette aus Halbaddierern und ODER-Gattern zu einem Volladdierer zusammengeschlossen. Ein Übertragsbit von einem Halbaddierer geht zum nächsten Glied in der Kette. Diese Volladdierer können zwei Ziffern von je vier Bits addieren.

 Halbaddierer

ODER-Gatter (0 wird nur ausgegeben, wenn beide Eingaben 0 sind.)

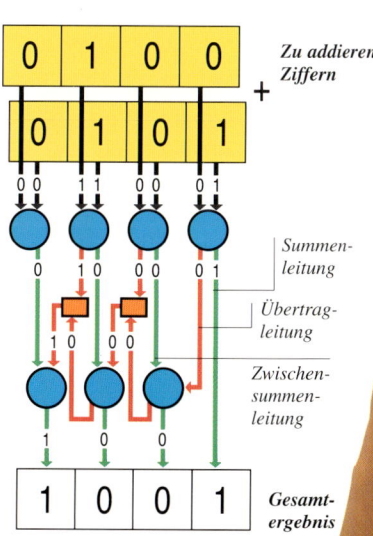

4 Drückt auf beide Eingabeschalter gleichzeitig. Die beiden Eingabe-LEDs und die Übertrags-LED leuchten auf, das heißt: 1 und 1 ist 0, Übertrag 1 – Regel D.

Computerprogramm

Ohne ein Programm kann ein Computer nicht arbeiten. Ein Programm besteht aus einer Reihe von im Speicher, auf einer Diskette oder einem Mikrochip gespeicherten Befehlen. Sie weisen den Prozessor an, die erforderlichen Berechnungen auszuführen und andere Einheiten wie Bildschirm oder Drucker zu steuern. Die Programmanweisungen werden von einem Programmierer in einer bestimmten Computersprache geschrieben. Das Programm kann dann auf anderen Computern installiert werden, die die Anweisungen in elektrische Signale umsetzen. Der Programmierer muß sich die Abfolge der in einem Programm erforderlichen Arbeitsschritte genau überlegen und dabei alle in Betracht kommenden Möglichkeiten berücksichtigen. Tut er das nicht, liefert der Computer falsche oder nicht eindeutige Ergebnisse. Unten seht ihr zwei Suchprogramme, die in einer langen Liste nach einem bestimmten Eintrag suchen. Ein Programm ist langsam, das andere schnell.

Suchspiel

Findet heraus, wie die beiden Suchprogramme funktionieren. Das eine ist einfach, aber langsam, das andere etwas komplizierter, aber schnell. Mindestens 15 Leute schreiben ihr Alter in Monaten auf ein Stück Papier und stellen sich nach Alter geordnet auf. Zwei Sucher wählen eine Altersangabe aus und suchen dann mittels der Programme nach der richtigen Person. Die Anweisungen beider Programme seht ihr in den Flußdiagrammen gegenüber. Jeder Sucher findet heraus, ob die Altersangaben einander entsprechen, indem er eine von der anderen abzieht. Ist das Ergebnis 0, ist die Person gefunden. Computerprogramme stützen ihre Entscheidungen auf ähnliche Zahlenvergleiche.

IHR BRAUCHT
● Pappe ● Schere ● Schnur ● Stift ● Notizblock

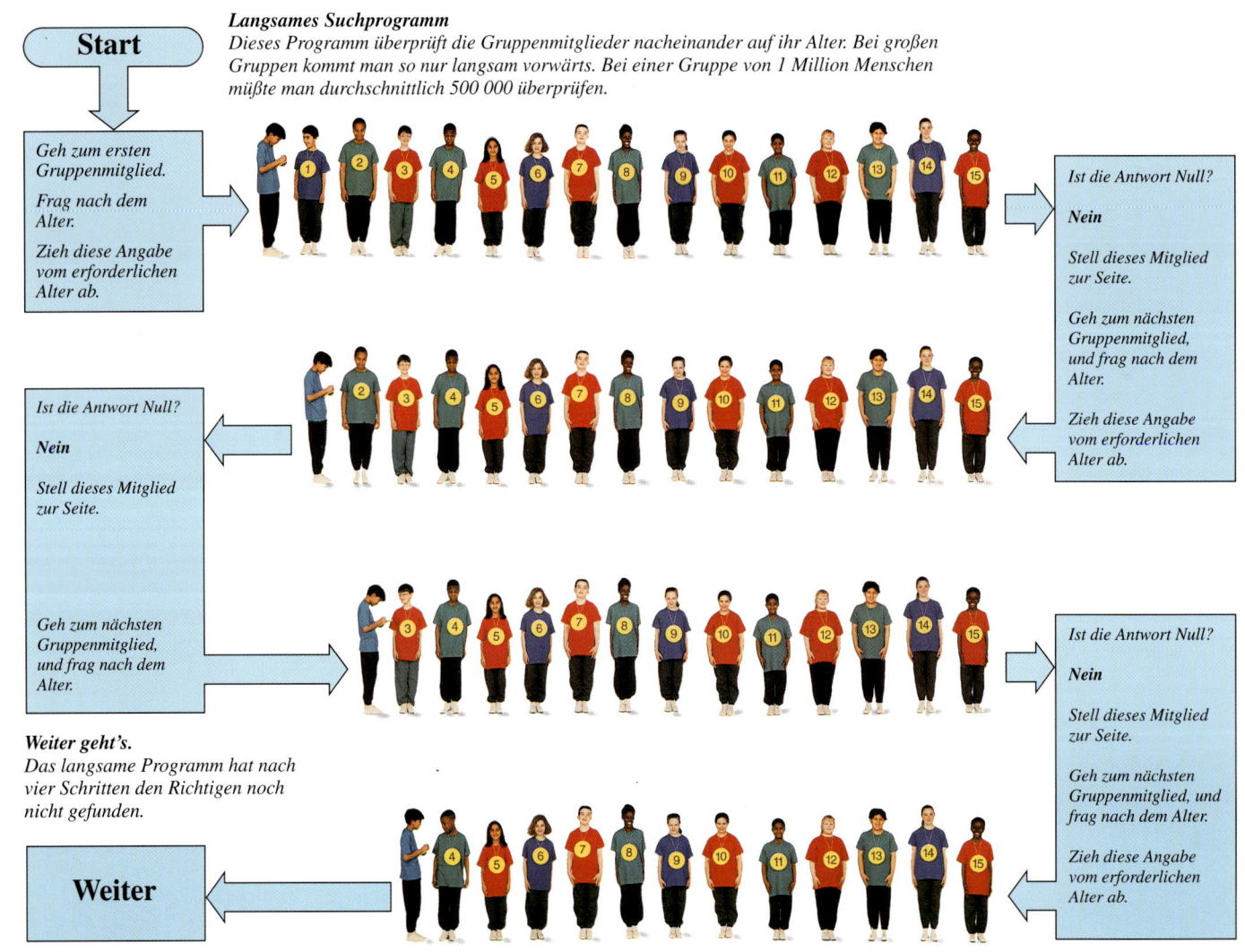

Start

Langsames Suchprogramm
Dieses Programm überprüft die Gruppenmitglieder nacheinander auf ihr Alter. Bei großen Gruppen kommt man so nur langsam vorwärts. Bei einer Gruppe von 1 Million Menschen müßte man durchschnittlich 500 000 überprüfen.

Geh zum ersten Gruppenmitglied.

Frag nach dem Alter.

Zieh diese Angabe vom erforderlichen Alter ab.

Ist die Antwort Null?

Nein

Stell dieses Mitglied zur Seite.

Geh zum nächsten Gruppenmitglied, und frag nach dem Alter.

Zieh diese Angabe vom erforderlichen Alter ab.

Ist die Antwort Null?

Nein

Stell dieses Mitglied zur Seite.

Geh zum nächsten Gruppenmitglied, und frag nach dem Alter.

Ist die Antwort Null?

Nein

Stell dieses Mitglied zur Seite.

Geh zum nächsten Gruppenmitglied, und frag nach dem Alter.

Zieh diese Angabe vom erforderlichen Alter ab.

Weiter geht's.
Das langsame Programm hat nach vier Schritten den Richtigen noch nicht gefunden.

Weiter

Flußdiagramme

Ein Flußdiagramm zeigt den Ablauf eines Computerprogramms. Die rechts abgebildeten beiden Diagramme zeigen die Anweisungen, nach denen die beiden Suchprogramme vorgehen, sowie die Reihenfolge, in der sie ausgeführt werden. Beide Diagramme enthalten eine Schleife, die eine Reihe von Anweisungen wiederholt. Am Beginn jeder Schleife muß als Antwort »Ja« oder »Nein« stehen. Bei »Nein« führt das Programm die Schleife aus. Bei der Antwort »Ja« dagegen verläßt das Programm die Schleife – die Lösung ist gefunden.

Langsame Suche

START → Geh zum ersten/nächsten Gruppenmitglied. → Frag nach dem Alter. → Zieh das angegebene Alter vom erforderlichen Alter ab. → Ergebnis »Null«? — Nein → Stell die Person zur Seite. (zurück zur Schleife) / Ja → STOPP

Schnelle Suche

START → Geh zum Gruppenmitglied in der Mitte. → Frag nach dem Alter. → Zieh das angegebene Alter vom erforderlichen Alter ab. → Ergebnis »Null«? — Nein → Ergebnis eine positive Zahl? — Ja → Stell die untere Hälfte der Gruppe zur Seite. / Nein → Stell die obere Hälfte der Gruppe zur Seite. / Ja → STOPP

Start

Geh zur Person in der Mitte der Gruppe.

Frag nach dem Alter.

Zieh das angegebene Alter vom erforderlichen Alter ab.

Schnelles Suchprogramm

Dieses Programm halbiert die zu überprüfende Gruppe bei jedem Schritt und ist daher bei großen Gruppen schneller. Bei 1 Million Personen wäre die richtige nach höchstens 20 Befragungen gefunden.

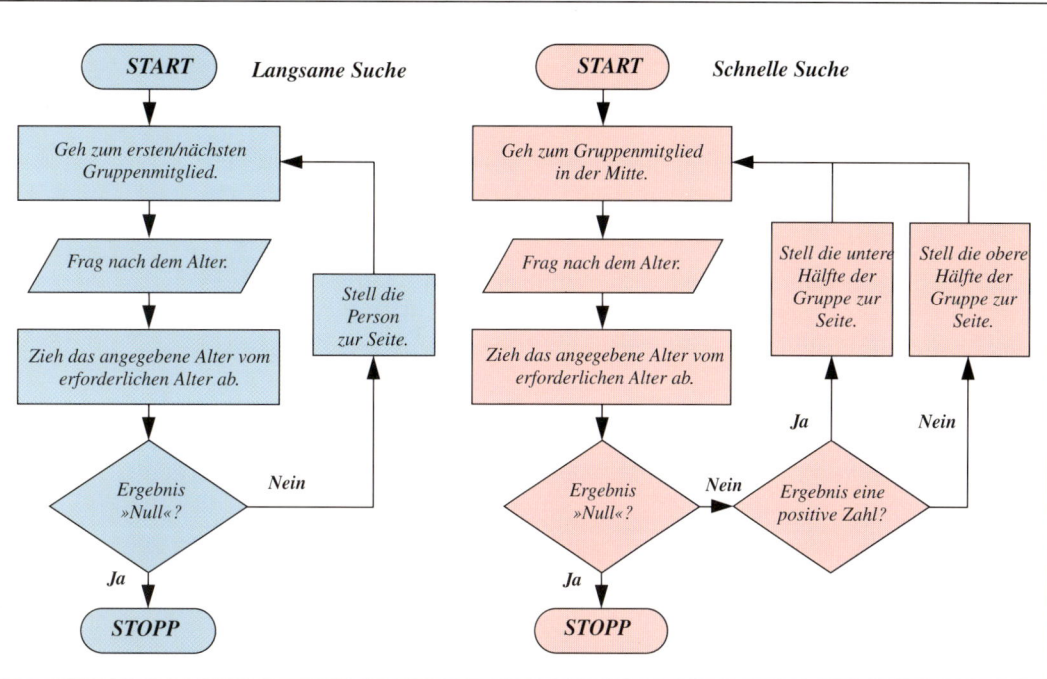

Ist das Ergebnis Null, eine negative oder positive Zahl?

Positive Zahl

Stell die untere Gruppenhälfte zur Seite.

Geh zur nächsten Person in der Mitte, und frag nach dem Alter.

Zieh das angegebene Alter vom erforderlichen Alter ab.

Ist das Ergebnis Null, eine negative oder positive Zahl?

Negative Zahl

Stell die obere Gruppenhälfte zur Seite.

Geh zur nächsten Person in der Mitte, und frag nach dem Alter.

Zieh das angegebene Alter vom erforderlichen Alter ab.

Ist das Ergebnis Null, eine negative oder positive Zahl?

Positive Zahl

Stell die untere Gruppenhälfte zur Seite

Geh zur nächsten Person in der Mitte, und frag nach dem Alter.

Zieh das angegebene Alter vom erforderlichen Alter ab.

Suche beendet! *Nach vier Schritten hat das schnelle Suchprogramm die richtige Person gefunden; das langsame brauchte elf.*

Ist das Ergebnis Null, eine negative oder positive Zahl? **Null!**

Stopp

Bildschirm und Drucker

Alle Computer geben die von ihnen gefundenen Ergebnisse als Text oder Bild auf einem Bildschirm oder als Ausdruck auf Papier aus, wobei die Darstellung jeweils aus winzigen Punkten besteht. Die vom Computer ermittelten Daten werden als Binärzahlen (Nullen und Einsen) kodiert, die als elektrische Ein-Aus-Signale zur Ausgabeeinheit geschickt werden. Der Bildschirm und entsprechend der Drucker erzeugt für jede binäre 1 einen dunklen Punkt und läßt für jede binäre 0 einen Punkt hell. Zusammen ergeben die Punkte Buchstaben, Zahlen oder Bilder. Bei den meisten Bildschirmen werden Bilder wie beim Fernsehgerät (S. 150) erzeugt – also mit einer Elektronenkanone. Laptops und Taschenrechner haben Flüssigkristallanzeigen (S. 185), die helle oder dunkle Punkte mit polarisiertem Licht erzeugen.

IHR BRAUCHT
- 65 cm lange, viereckige Holzleiste mit 2 cm Seitenlänge ● Sperrholzleiste, 70 x 4,5 cm ● Sperrholzplatte, 25 x 19 cm ● zwei Abstandhalter aus Sperrholz, 4,8 x 5,5 cm ● grüne Pappe, 10 x 15 cm ● Bleistift ● Säge ● Kleber ● Lineal ● Schraubstock ● Schere

Anzeige mit sieben Balken

 Bei diesem Experiment sollte ein Erwachsener helfen.

Die von der Flüssigkristallanzeige eines Taschenrechners angezeigten Zahlen bestehen aus dunklen Ziffern auf hellem Hintergrund. Jede Zahl von 0 bis 9 besteht aus höchstens sieben dunklen Teilstrichen oder Balken. Im Mikrochip eines Taschenrechners ist jeder Dezimalzahl eine aus sieben Bits bestehende Binärzahl zugewiesen. Diese wird als elektrisches Ein-Aus-Signal an die Anzeige gesandt. Die stromführenden Segmente verdunkeln sich und zeigen zusammen mit den anderen die Zahl an.

	A	B	C	D	E	F	G
0	1	1	1	1	1	1	0
1	0	1	1	0	0	0	0
2	1	1	0	1	1	0	1
3	1	1	1	1	0	0	1
4	0	1	1	0	0	1	1
5	1	0	1	1	0	1	1
6	0	0	1	1	1	1	1
7	1	1	1	0	0	1	0
8	1	1	1	1	1	1	1
9	1	1	1	1	0	1	1

1 Sägt aus der Sperrholzleiste zwei 25 cm lange und zwei 10 cm lange Stücke heraus. Klebt sie kantenbündig auf die Sperrholzplatte, so daß sich ein Rechteck von 16 cm x 10 cm ergibt. Dann zersägt ihr die Holzleiste in vier 7,9 cm lange und drei 5,5 cm lange Klötze.

2 Klebt bei jedem Klotz einen Streifen grünes Papier auf eine Längsseite. Legt die langen Klötze an die Innenwände des Rahmens, so daß sich die Zahl 8 ergibt. Klebt die Abstandhalter in den Lücken an. Setzt jeden Klotz mit einer unbeklebten Seite nach oben in den Rahmen. Wählt aus der obigen Tabelle eine Zahl von 0 bis 9.

3 In der obigen Tabelle wurde jedem der sieben Blöcke ein Buchstabe von A bis G zugeordnet. Setzt den Binärkode in der entsprechenden Zeile um, indem ihr den jeweiligen Klotz bei 1 mit der grünen Seite nach oben legt oder ihn bei 0 nicht umdreht.

Nadeldrucker

Der Druckerkopf mit Hammer und Nadelsäule fährt quer über das Papier und druckt eine Zeile nach der anderen, wobei der Text oder das Druckbild als Binärzahlen (0 und 1) kodiert ist. Bei einer 1 wird ein elektrischer Impuls an einen Elektromagnet gesandt, der Hammer betätigt eine Nadel. Die Nadel schießt nach vorne auf ein Farbband und druckt einen Punkt auf das Papier. Um einen Buchstaben zu drucken, werden nebeneinander Reihen von verschiedenen Punkten gedruckt.

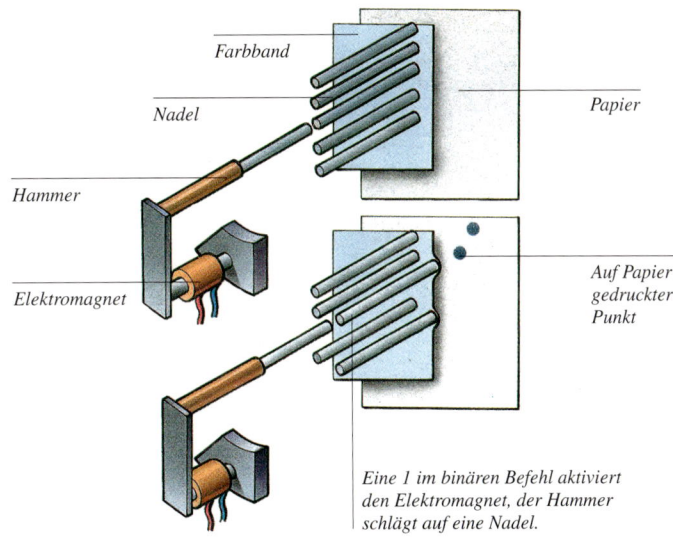

Farbband

Nadel

Papier

Hammer

Elektromagnet

Auf Papier gedruckter Punkt

Eine 1 im binären Befehl aktiviert den Elektromagnet, der Hammer schlägt auf eine Nadel.

Niedrige bis mittlere Auflösung
Drucker mit neun Nadeln bieten nur eine niedrige Auflösung oder Schärfe. 24-Nadel-Drucker sind besser.

Tintenstrahldrucker

Wie beim Nadeldrucker flitzt auch hier ein Druckerkopf über das Papier und spritzt dabei feine Tintenpünktchen in senkrechten Reihen aufs Papier. Der Druckerkopf ist mit kleinen, mit einem Heizelement ausgestatteten Tintendüsen bestückt. Der zu druckende Text ist in Binärzahlen (0 und 1) kodiert. Bei einer 1 empfängt das Heizelement einen elektrischen Impuls. Die Tinte wird rasch erwärmt, dehnt sich dabei aus, so daß die Düse einen winzigen Tintenstrahl auf das Papier schießt.

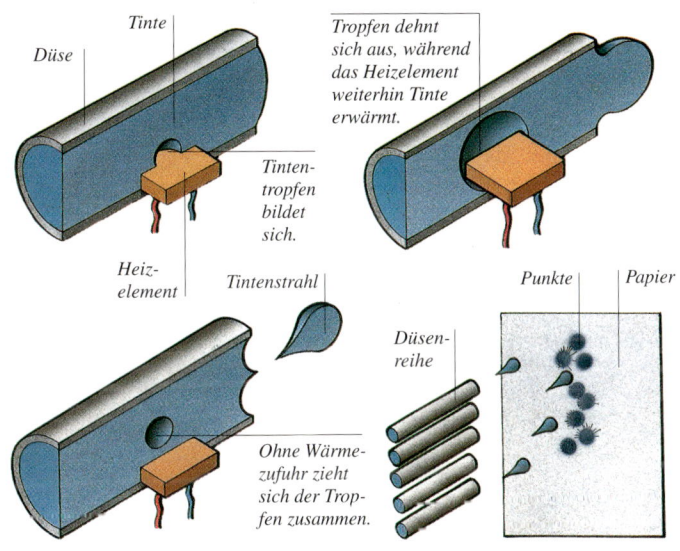

Düse

Tinte

Tropfen dehnt sich aus, während das Heizelement weiterhin Tinte erwärmt.

Tintentropfen bildet sich.

Heizelement

Tintenstrahl

Punkte

Papier

Düsenreihe

Ohne Wärmezufuhr zieht sich der Tropfen zusammen.

Gute Auflösung
Tintenstrahldrucker bilden kleinere Pünktchen als Nadeldrucker und bieten eine gute Auflösung.

Laserdrucker

Ein Laser feuert einen Lichtstrahl, der durch einen binären Befehl aus- und eingeschaltet wird, auf einen rotierenden Spiegel. Der Strahl trifft auf eine sich drehende, mit statischer Elektrizität aufgeladene Trommel und wird dabei fortlaufend von Linsen scharfgestellt. Wo der Strahl auf die Trommel trifft, wandelt er die negative Ladung der statischen Elektrizität in eine positive Ladung um. Der Toner bleibt an den positiv geladenen Stellen an der Trommel hängen und ergibt beim Druck auf Papier das gewünschte Bild.

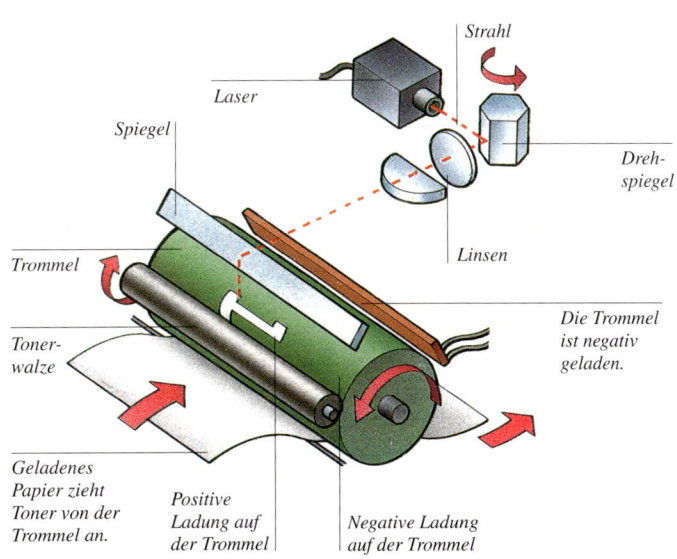

Strahl

Laser

Spiegel

Drehspiegel

Linsen

Trommel

Die Trommel ist negativ geladen.

Tonerwalze

Geladenes Papier zieht Toner von der Trommel an.

Positive Ladung auf der Trommel

Negative Ladung auf der Trommel

Sehr hohe Auflösung
Laserdrucker bilden sehr kleine Druckpunkte. Von allen Druckertypen bieten sie die beste Auflösung.

Selbstgebauter Computer 1

Baut einen einfachen Computer, der euch zeigt, wie die Hauptbestandteile eines Computers funktionieren und ineinandergreifen. Der Computer hat eine Eingabeeinheit, über die ihr zwei Zahlen eingeben könnt, die im Speicher abgelegt werden. Dann werden sie vom Prozessor addiert und das Ergebnis auf dem Bildschirm angezeigt. Das Programm – die Addition von zwei Zahlen – ist fest in den Computer eingebaut und kann nicht geändert werden.

IHR BRAUCHT

- 2 Papprechtecke, 10 x 5 cm ● Stahllineal
- Schere ● 5 Crea-Fix-Platten, 7 x 5 cm x 5 mm ● Schneidunterlage ● schwarzen Filzstift
- Crea-Fix-Platte, 30 x 20 cm ● Pauspapier, 10 x 7 cm ● 2 einpolige Momentausschalter als Arbeitskontakte ● zweifacher 4-Bit-Signalspeicher 4508B ● 7 grüne LEDs
- vierpoliger DIL-Umschalter ● NAND-Glied 4011B ● Signalspeicher/Treiber 4511B für BCD auf 7er Kode ● 4-Bit-Addierglied 4008 ● Batterie (9 V) mit Steckverbindung
- 2 Steckborde ● 7 Widerstände 220R
- 16 Widerstände 10 K ● Klebeband
- Draht ● doppelseitiges Klebeband ● Zirkel
- Messer ● Abisolierzange ● Zange

EXPERIMENT

Selbstgebastelter Computer

Zuerst befestigt ihr die beiden Steckborde mit doppelseitigem Klebeband an der Grundplatte. Steckt Mikrochips, Schalter und Widerstände auf die Borde, und führt die Drähte bei der Installation sauber um die Bauelemente herum. Baut eine Anzeige mit 7 Leuchtdioden (siehe gegenüber). Schließt die Drähte von der Anzeige an dem oberen Bord an – schon ist der Computer einsatzbereit.

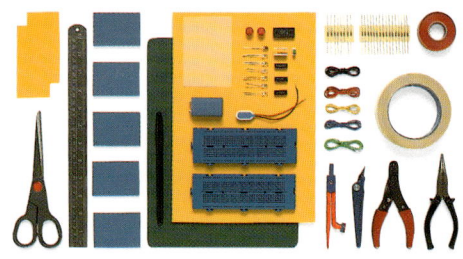

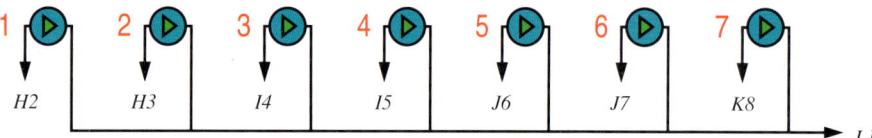

Oberes Steckbord

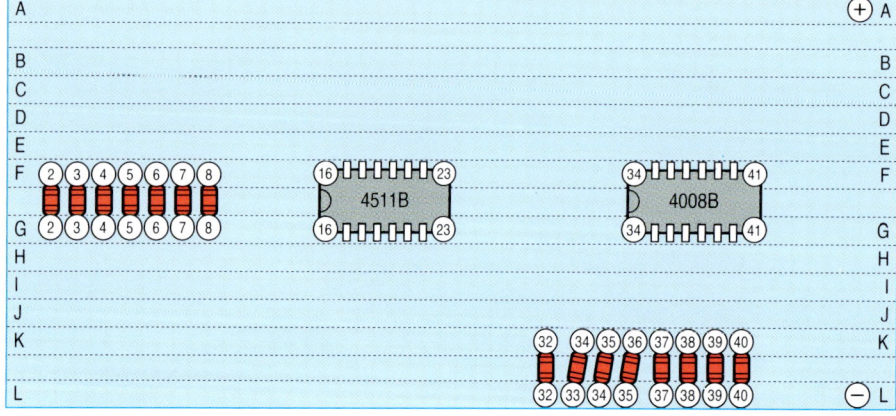

Unteres Steckbord

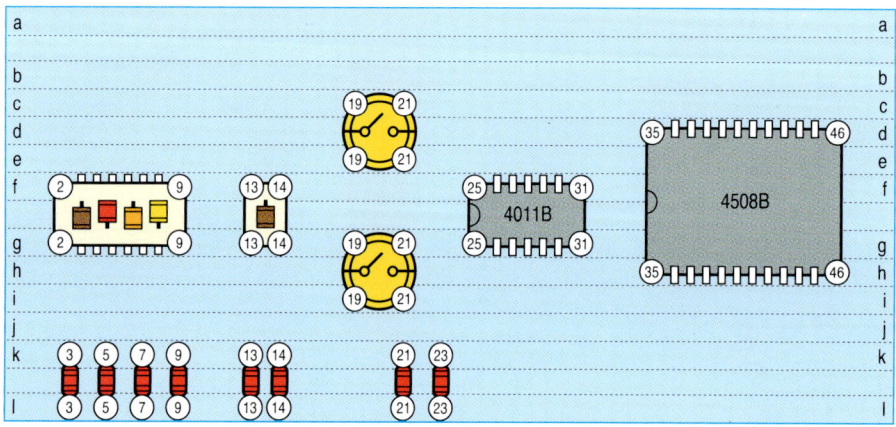

Oberes Bord – Widerstände 220 R

F2–G2	F3–G3	F4–G4	F5–G5
F6–G6	F7–G7	F8–G8	

Oberes Bord – Widerstände 10K

K32–L32	K34–L33	K35–L34	K36–L35
K37–L37	K38–L38	K39–L39	K40–L40

Unteres Bord – Widerstände 10K

k3–l3	k5–l5	k7–l7	k9–l9
k13–l13	k14–l14	k21–l21	k23–l23

Oberes Bord – Drähte

A16–B16	A34–B34	B2–B19	B3–B20
B37–I21	C4–C21	C5–C22	C38–J17
D6–D23	D39–K16	E7–E17	E8–E18
E16–H18	E35–G32	E40–K22	E41–H41
H20–H23	I18–I19	K23–L23	K41–L41

Unteres Bord – Drähte

a2–h2	a13–b13	a19–b19	a25–b25
a35–b35	b3–c37	b5–c39	b21–c26
b37–j44	b39–j42	b41–j40	b43–j38
b45–i13	c7–c47	c9–c43	c28–c44
c46–i46	d26–d27	e2–e3	e4–e5
e6–e7	e8–e9	e13–e14	f19–g19
f21–g23	g21–h25	h4–h6	i2–i4
i6–i8	i25–i26	i35–j46	j14–k36
j27–j37	k31–l31	k46–l46	

Verbindungsdrähte

A1–a1	H32–k45	H34–b36	H36–b38
H38–b40	H40–b42	I35–k43	J37–k41
J39–k39	L2–l1		

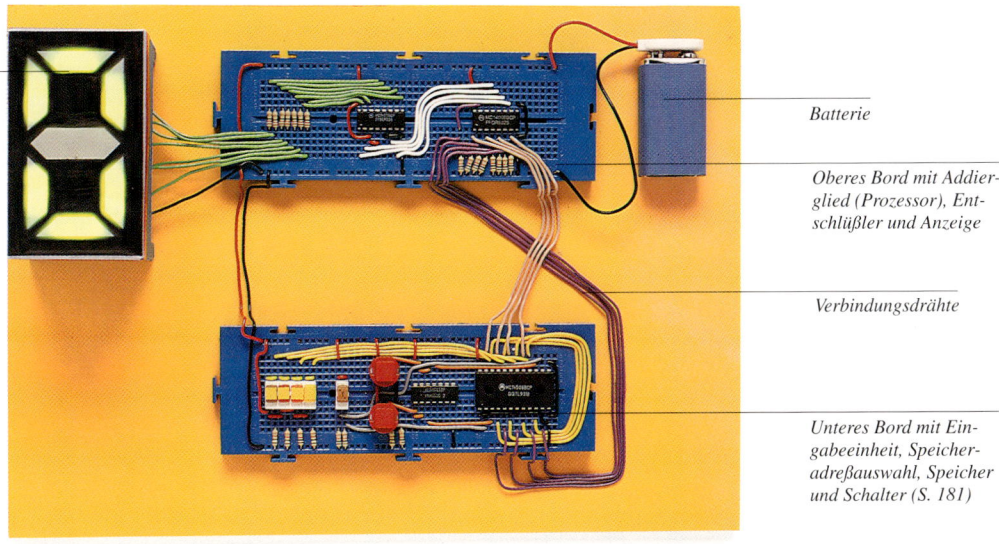

LED-Anzeige mit sieben Segmenten für die Zahlen von 0 bis 9

Komplexe Schaltung, einfache Addition

Euer selbstgebastelter Computer besitzt alle wichtigen Bestandteile eines handelsüblichen Geräts. Und all diese Bestandteile und Verdrahtung braucht euer Computer, um selbst die einfachste mathematische Berechnung durchzuführen. Ein Mikrochip in einem echten Computer besteht jedoch aus so komplizierten Schaltkreisen, daß sie Millionen von Berechnungen in einer Sekunde ausführen können (S. 168).

Batterie

Oberes Bord mit Addierglied (Prozessor), Entschlüßler und Anzeige

Verbindungsdrähte

Unteres Bord mit Eingabeeinheit, Speicheradreßauswahl, Speicher und Schalter (S. 181)

Vorlage für LED-Grundplatte und Anzeige mit sieben Segmenten

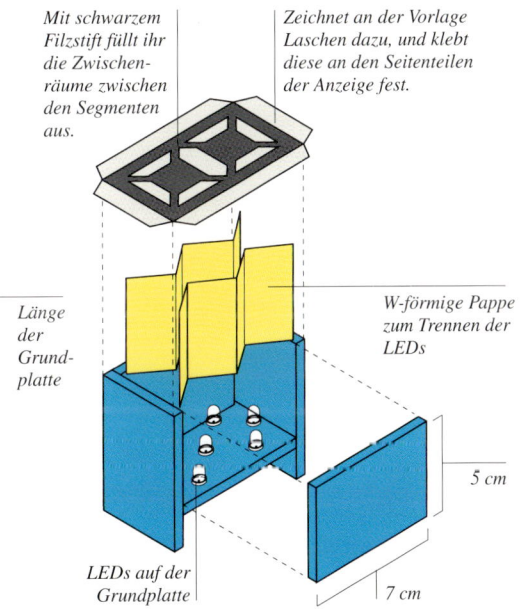

1
6 2
7
5 3
4

Länge der Grundplatte

Diagramm für LED-Anzeige

Mit schwarzem Filzstift füllt ihr die Zwischenräume zwischen den Segmenten aus.

Zeichnet an der Vorlage Laschen dazu, und klebt diese an den Seitenteilen der Anzeige fest.

W-förmige Pappe zum Trennen der LEDs

LEDs auf der Grundplatte

5 cm

7 cm

1 Zeichnet die Vorlage für die LED-Grundplatte und die Position der roten Punkte auf einer der fünf Crea-Fix-Platten (das kleinere Rechteck zwischen den Linien) nach, und malt die roten Punkte auf. Mit einem Zirkel stecht ihr nebeneinander zwei Löcher durch die auf der Platte markierten roten Punkte. Schiebt die beiden Pins einer LED vorsichtig durch jedes Lochpaar, so daß diese fest auf der Platte sitzen.

2 Verbindet die Kathodenpins der 7 LEDs mit 6 kurzen Drähten; wickelt die abisolierten Drahtenden jeweils um den Nachbarpin. Schließt acht längere Drähte an die Anodenpins und einen Kathodenpin an, so daß ein Ende jedes Drahts freibleibt.

3 Klebt die vier Crea-Fix-Seitenteile wie oben gezeigt auf die Platte mit der Anzeige. Faltet die beiden Pappstücke jeweils zu einer W-förmigen Trennwand, und setzt diese dann wie gezeigt zwischen die LEDs in der Anzeige.

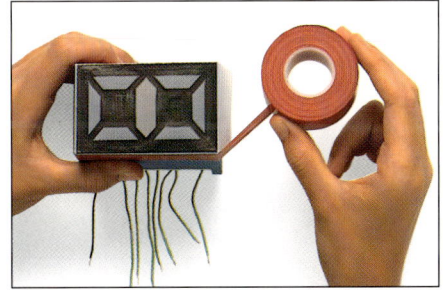

4 Kopiert die Vorlage auf Pauspapier, legt es über die Anzeige, und klebt die Laschen fest. Schließt die Drähte der Anzeige an das obere Bord an, schneidet überstehenden Draht ab. Die Anzeige sollte bei Anschluß der Batterie eine 0 anzeigen.

Selbstgebastelter Computer 2

Der von euch gemäß den Anweisungen auf den vorigen beiden Seiten selbstgebastelte Computer ist nun einsatzbereit. Er kann die eingegebenen Zahlen anzeigen und jeweils zwei Zahlen addieren. Da das Anzeigeelement jedoch nur aus einer Stelle besteht, darf die Gesamtsumme 9 nicht übersteigen.

EXPERIMENT
So läuft euer Computer

Mit eurem Computer könnt ihr zwei Zahlen zwischen 0 und 9 addieren, wobei die Gesamtsumme aber nicht größer als 9 sein darf. Zuerst müßt ihr die beiden Dezimalzahlen in Binärzahlen mit vier Bits umrechnen (S. 164). Dann gebt ihr die beiden Binärzahlen in den Computer ein. Die Zahlen werden gespeichert und in Dezimalen an der Anzeige gezeigt, wenn ihr einschaltet. Vom Speicher gehen die Zahlen zum Addierer, wo sie addiert werden. Das Ergebnis geht dann an den Entschlüßler, der die Binärzahlen des Ergebnisses in eine Dezimalzahl umwandelt, die dann auf der Anzeige erscheint.

Der erste Computer
Der britische Ingenieur Charles Babbage (1791–1871) erfand 1833 den ersten programmierbaren Computer, die »analytische Maschine«. Er konstruierte eine mechanische Maschine, die für verschiedene mathematische Berechnungen programmiert werden konnte, aber nie gebaut wurde. Der Vorläufer der heutigen Computer war der englische Colossus (oben), der erste elektronische Computer. Er wurde 1943 mitten im Zweiten Weltkrieg gebaut, um feindliche Funksprüche zu entschlüsseln. Die ersten Computer waren riesige Maschinen mit Unmengen an Drähten, Elektronenröhren und anderen Bauelementen.

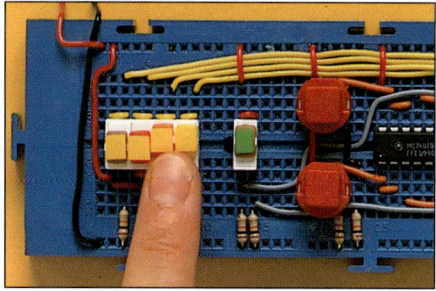

1 Setzt den Adreßschalter auf die obere Position (A). Stellt die einzugebende 4-Bit-Zahl an den Datenschaltern ein: Oben bedeutet 1 und unten 0. Im obigen Bild wurde die Binärziffer 0011 (Dezimalzahl 3) eingestellt.

2 Drückt auf den Schalter A. Die eingegebene Nummer (nicht größer als 1001 – Dezimalzahl 9) wird zum Speicher, dann zum Addierer geschickt und dort zu 0000 (von Adresse B) addiert. Das Ergebnis wird entschlüsselt und angezeigt.

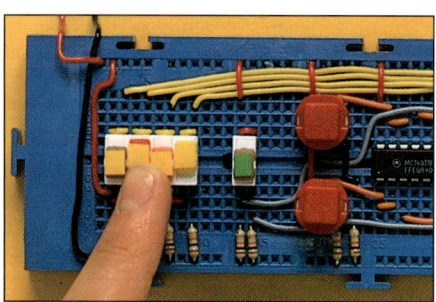

3 Schiebt den Adreßschalter auf die untere Position (B). Mit den Datenschaltern stellt ihr die zweite einzugebende Zahl ein. Oben auf dem Bild seht ihr die Einstellung für die Binärziffer 0101 (Dezimalzahl 5).

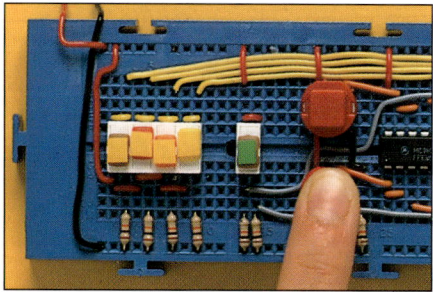

4 Drückt auf den Schalter B. Die eingegebene Nummer (nicht größer als 1001 – Dezimalzahl 9) geht zum Speicher, dann zum Addierer und wird dort zu 0000 (von Adresse A) hinzugezählt. Das Ergebnis wird entschlüsselt und angezeigt.

So funktioniert der Computer

Eingabeeinheit, Speicher, Prozessor und Ausgabeeinheit sind über Datenleitungen miteinander verbunden, die Binärzahlen in Form eines elektrischen Stromflusses übertragen. Alle Datenleitungen mit Ausnahme der Leitung zur Anzeige bestehen aus vier Drähten, von denen jeder je ein Bit (0 oder 1) einer Binärzahl überträgt. Wird eine 1 eingegeben, wird diese durch den Stromfluß im Draht dargestellt. Eine 0 dagegen wird dadurch dargestellt, daß kein Strom fließt.

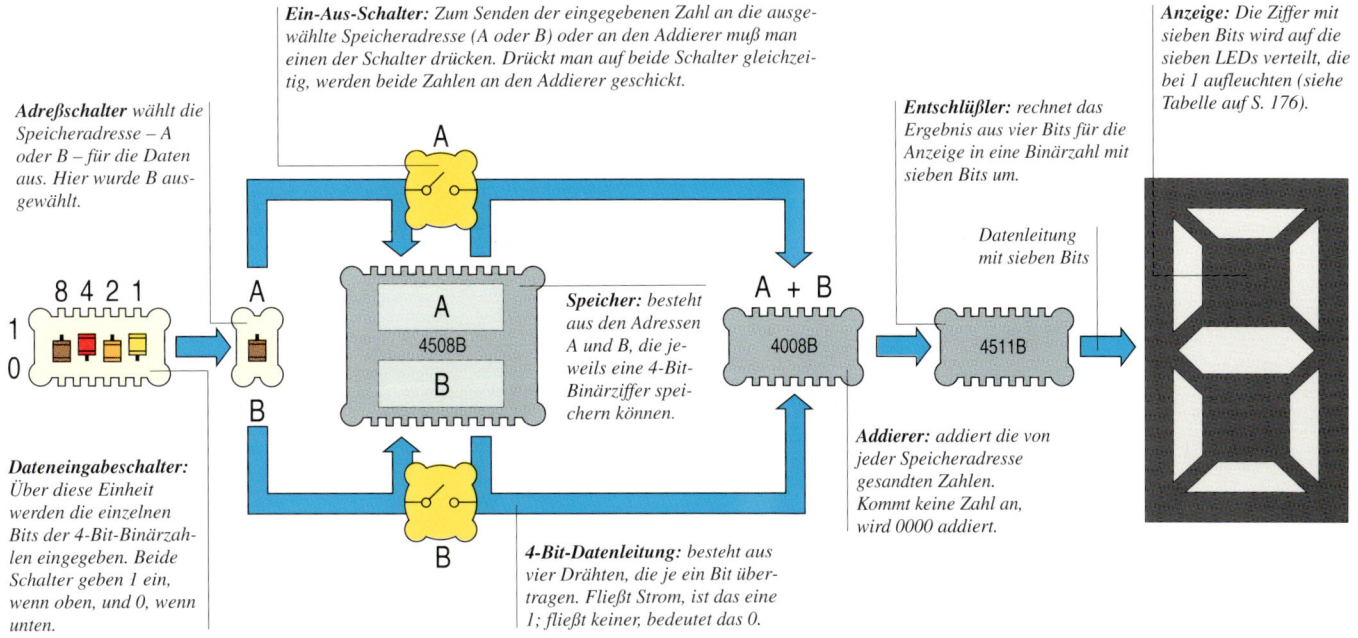

Ein-Aus-Schalter: *Zum Senden der eingegebenen Zahl an die ausgewählte Speicheradresse (A oder B) oder an den Addierer muß man einen der Schalter drücken. Drückt man auf beide Schalter gleichzeitig, werden beide Zahlen an den Addierer geschickt.*

Adreßschalter *wählt die Speicheradresse – A oder B – für die Daten aus. Hier wurde B ausgewählt.*

Anzeige: *Die Ziffer mit sieben Bits wird auf die sieben LEDs verteilt, die bei 1 aufleuchten (siehe Tabelle auf S. 176).*

Entschlüßler: *rechnet das Ergebnis aus vier Bits für die Anzeige in eine Binärzahl mit sieben Bits um.*

Datenleitung mit sieben Bits

Speicher: *besteht aus den Adressen A und B, die jeweils eine 4-Bit-Binärziffer speichern können.*

Addierer: *addiert die von jeder Speicheradresse gesandten Zahlen. Kommt keine Zahl an, wird 0000 addiert.*

Dateneingabeschalter: *Über diese Einheit werden die einzelnen Bits der 4-Bit-Binärzahlen eingegeben. Beide Schalter geben 1 ein, wenn oben, und 0, wenn unten.*

4-Bit-Datenleitung: *besteht aus vier Drähten, die je ein Bit übertragen. Fließt Strom, ist das eine 1; fließt keiner, bedeutet das 0.*

8 4 2 1

A

4508B

B

A + B

4008B

4511B

Siebenteilige LED-Anzeige
Der Addierer schickt fortwährend eine 7-Bit-Binärzahl (eine Kombination von sieben Nullen und Einsen) an die sieben LEDs der Anzeige. Bei einer 1 fließt Strom zum LED und erleuchtet es. Der 7-Bit-Binärkode für die Dezimalzahl 8, die hier angezeigt wird, ist 1111111, und es leuchten alle LEDs – siehe die Liste auf Seite 176.

5 Drückt gleichzeitig auf die Schalter A und B. Die Summe der von A und B kommenden Zahlen – hier die Binärzahl 1000 (Dezimalzahl 8) – wird angezeigt. Ist sie größer als 9, erfolgt keine Anzeige.

Glossar der Fachbegriffe

Die Einträge auf den folgenden Seiten erläutern viele der in diesem Buch verwendeten allgemeinen Begriffe. Ein *kursiv* gedruckter Begriff – sei es im Text zu einem Stichwort oder danach – wird im Glossar noch einmal gesondert erläutert. Viele hier nicht aufgeführten Begriffe findet ihr im Stichwortverzeichnis (S. 188–191).

Adresse   Eine Zahl, die angibt, wo bestimmte Informationen oder *Daten* im *Speicher* eines Computers abgelegt werden. Jede Adresse besteht aus einem oder mehreren *Bytes* und trägt eine einmalige Zahl.

Analog   In der Elektronik wird mit diesem Begriff ein andauerndes, veränderliches Signal oder ein System bezeichnet, das mit solchen Signalen arbeitet. In der Zeitmeßtechnik heißt eine Uhr analog, die die Uhrzeit mit Hilfe eines herkömmlichen Ziffernblatts und Zeigern anzeigt. *Siehe Digital.*

Antenne   Der Teil eines Radiosenders oder -empfängers, der Funkwellen wie etwa Radio und Fernsehprogramme sendet oder auffängt.

Atom   Ein äußerst kleines Teilchen der Materie. Die gesamte Materie besteht aus diesen Teilchen. Es gibt etwa 100 verschiedene Atome, von denen jedes ein Teilchen der verschiedenen Substanzen ist, die dic gesamte Materie ausmachen.

Auftrieb   Die Kraft, die ein Flugzeug, einen Hubschrauber und einen Ballon in die Höhe steigen läßt.

Ausdehnung   Eine Erhöhung des Volumens. Feste und flüssige Stoffe dehnen sich genauso wie Gase bei Erwärmen aus, wenn sie nicht von einem verschlossenen Behälter daran gehindert werden. Beim Abkühlen ziehen sich die festen und flüssigen Stoffe sowie *Gas* wieder zusammen.

Ausgabe (engl. output)   In der Informatik die vom Computer ermittelten Ergebnisse oder *Daten* oder der Vorgang der Ausgabe dieser Ergebnisse oder Daten über ein Gerät wie Bildschirm oder Drucker. *Siehe Eingabe.*

Bauelement   In der Elektronik ein Teil wie etwa ein *Transistor* oder ein *Widerstand*, mit dem elektrische *Schaltkreise* gebaut werden.

Bild   Die Abbildung einer Szene oder eines Gegenstands, die von einer Linse oder einem Spiegel erzeugt wird. Das Bild kann auf einer Oberfläche, wie auf einem Bildschirm, gezeigt werden. Oder man sieht es, indem man durch die Linse oder auf den Spiegel blickt. Auch bei einem Fernsehschirm oder beim Bildschirm eines Computers spricht man von Bildern.

Bimetallstreifen   Ein aus zwei Metallen (zum Beispiel Messing und Eisen) bestehender Streifen, der sich bei Erwärmung in unterschiedlichem Maß ausdehnt und bei Abkühlung wieder zusammenzieht. Dadurch biegt sich der Streifen bei Wärme und nimmt bei Kälte wieder seine ursprüngliche Form an.

Binärkode   Mit diesem Kode arbeiten Computer, die *Daten* verarbeiten und speichern, indem sie sie in *Binärzahlen* aus Nullen und Einsen umsetzen. Jede Zahl wird von einem digitalen Kodesignal dargestellt, das bei einem Mikrochip aus elektrischen Ein-Aus-Signalen, bei einem Magnetband oder einer Diskette oder *Festplatte* aus magnetischen Ein-Aus-Signalen oder bei einer *CD* oder einer *CD-ROM* aus einer Abfolge von mikroskopisch kleinen Vertiefungen und flachen Stellen besteht.

Binärzahl   Eine Zahl, die aus den beiden Ziffern 0 und 1 besteht. In einer Binärzahl ist jede Zahl doppelt so groß wie die Zahl rechts davon. *Siehe Binärkode.*

Bit   Abkürzung für den englischen Begriff »Binärausdruck«. Jede Ziffer (0 oder 1) aus einer Binärzahl oder jeder Ein-Aus-Impuls in einem Binärkodesignal stellt ein Bit dar. Eine Binärzahl aus acht Bits hat acht Stellen, zum Beispiel 10011011.

Blende   Eine Öffnung mit variablem Durchmesser vor der *Linse* eines Fotoapparats. Indem sie unterschiedlich viel Licht durch die Linse passieren läßt, steuert sie die Helligkeit des Bildes.

Byte   Ein Binärkodesignal mit acht *Bits* oder Ein-Aus-Impulsen. Ein Computer zerlegt Binärkodesignale in Bytegruppen. *Siehe Megabyte.*

CD-ROM   ist die Abkürzung für den englischen Begriff »Compact Disc Read-Only

Binärkode und -zahlen
Rechts stehen die Dezimalzahlen 0 bis 15 mit der dazugehörigen Binärzahl. In einer Binärzahl hat eine 1 von rechts nach links den Wert 1, 2, 4, 8 usw.; der Wert verdoppelt sich also mit jeder Stelle weiter links. Eine Null bedeutet, daß die entsprechende Stelle keinen Wert hat. Die Binärzahl 1101 stellt also 8+4+0+1, also die Dezimalzahl 13, dar. Das rosafarbene Band veranschaulicht die Binärzahlen als Kode, zum Beispiel als elektrische Ein-Aus-Impulse.

8	4	2	1	
0	0	0	0	0
0	0	0	1	1
0	0	1	0	2
0	0	1	1	3
0	1	0	0	4
0	1	0	1	5
0	1	1	0	6
0	1	1	1	7
1	0	0	0	8
1	0	0	1	9
1	0	1	0	10
1	0	1	1	11
1	1	0	0	12
1	1	0	1	13
1	1	1	0	14
1	1	1	1	15

Memory«. Auf einer *Compact Disc* werden Programme und Daten gespeichert, die dann im Computer genutzt werden.

Chip   *Siehe Mikrochip.*

Compact Disc (CD)   Eine Platte, auf der Musik oder Daten als *Binärkode* in einer Abfolge von mikroskopisch kleinen Vertiefungen und flachen Bereichen aufgezeichnet wird. Herkömmliche Musik-CDs mit 12 cm Durchmesser können bis zu 600 *Megabyte* Daten speichern – das entspricht etwa 75 Minuten Musik. *Siehe CD-ROM.*

Dampf   Ein *Gas*, das bei der *Verdampfung* an der Oberfläche einer Flüssigkeit entsteht.

Daten   Jegliche Informationen wie Text, Zahlen oder Bilder, die Dinge beschreiben, quantifizieren oder bestimmen. Messungen, Namen und Adressen sind zum Beispiel Daten.

Datenautobahn   Ein weltumspannendes Netzwerk, das Computer miteinander verbindet und so Daten, Unterhaltung und Dienstleistungen auf Anforderung direkt ins Haus liefert.

Dezimalzahl   Eine Zahl mit einer oder mehreren der zehn Ziffern 0 bis 9, beispielsweise 385. Ziffern an jeder Stelle in einer Dezimalzahl besitzen den zehnfachen Wert der Ziffer rechts davon. Bei 385 zum Beispiel steht 3 für 300, 8 für 80 und 5 für 5.

Dieselmotor   Ein Motor, bei dem sich das Kraftstoff-Luft-Gemisch durch hohe *Kompression* selbst entzündet.

Differential   Eine besondere Anordnung von Zahnrädern im Getriebe eines Autos, es ermöglicht, daß die Räder bei Kurvenfahrt auf beiden Seiten mit unterschiedlicher Geschwindigkeit drehen.

Digital   In der Elektronik ein elektrisches Ein-Aus-Signal, dessen Impulse Binärzahlen darstellen, oder ein System, das mit solchen Signalen arbeitet. In der Uhrentechnik spricht man von einer *digitalen Anzeige*, wenn die Ziffern von eins bis null selbst im Anzeigefeld dargestellt werden. *Siehe Analog, Binärkode.*

Diskette   Eine rotierende Scheibe, auf der ein Computer Daten speichert; Festplatte oder Floppy disk. Binärkodes werden in der Magnetbeschichtung der Diskette als magnetische Strukturen gespeichert.

Drehkolben   Der bewegliche Teil einer Drehkolbenpumpe.

Druck   Die auf eine bestimmte Fläche wirkende Kraft.

Eingabe (engl. input)   In den Computer eingegebene *Daten* oder der Vorgang der Dateneingabe über eine Vorrichtung wie die Tastatur. *Siehe Ausgabe.*

Elektrischer Impuls   Ein kurzer Stromstoß als *elektrisches Signal*, das durch Ein- und Ausschalten von elektrischem Strom verursacht wird.

Elektrischer Strom   Elektrische *Ladung* (Elektronen) fließt von einer Stromquelle wie zum Beispiel einer Batterie oder einer Steckdose zu einem Stromverbraucher.

Elektrisches Signal   Variabler *elektrischer Strom*, der *Daten*, *Licht* oder Ton darstellen kann. Die Stromstärke kann beständig variieren, wie bei einem analogen Signal, oder aus einer Reihe von Ein-Aus-Impulsen bestehen, wie bei einem *digitalen* Signal. *Siehe elektrischer Impuls.*

Elektrizität   Eine Energieform, die auf elektrischer *Ladung* basiert. Man unterscheidet fließenden *Strom* und *statische Elektrizität.*

Elektrode   Ein Teil eines elektrischen Geräts, das *Elektronen* empfängt oder abgibt.

Elektromagnet   Ein Magnet, der aus einer um einen Eisenstab gewundenen *Spule* besteht. Der Stab wird zum Magnet, sobald *elektrischer Strom* durch die Spule fließt. Das Magnetfeld des Stabes ist verschwunden, sobald kein Strom mehr fließt.

Elektron   Ein winziges Teilchen mit einer negativen elektrischen Ladung. Elektronen sind Bausteine der Atome. Sobald sich Elektronen von einem Atom lösen, können sie sich an einem Nichtleiter ansammeln, der dann mit statischer Elektrizität negativ *geladen* wird, oder sie fließen durch einen Leiter und bilden so *elektrischen Strom.*

Energie   Das Vermögen, eine Arbeit auszuführen, das heißt, eine Kraft aufzubringen. Es gibt mehrere Energieformen – elektrische Energie, Wärmeenergie, Lichtenergie, *kinetische Energie*, um ein paar zu nennen. Kraftstoff wird oft als Energie bezeichnet; in Wirklichkeit handelt es sich hier jedoch um einen Energieträger und nicht um die Energie selbst.

Fernmeldetechnik   Eine Technologie, die sich mit der Nachrichtenübermittlung über weite Strecken beschäftigt. Dabei wird Telefon-, Funk- und Satellitentechnik eingesetzt.

Festplatte   *Siehe Diskette.*

Flaschenzug   Eine oder mehrere Rollen mit einer Rille, durch die ein Seil läuft, mit dem eine Last gehoben werden kann. Bei zwei oder mehr Rollen verringert sich die Kraft, die zum Heben der Last aufgewendet werden muß.

Flüssigkristall   Eine spezielle Flüssigkeit mit einer kristallähnlichen Struktur. Setzt man einen Flüssigkristall unter Strom, wirkt sich das auf seine Lichtdurchlässigkeit aus. Auf diesem Prinzip baut eine Flüssigkristallanzeige auf.

Frequenz   Die Geschwindigkeit, mit der ein Gegenstand vor- und zurückschwingt (wie bei einem Pendel), oder die Rate, mit der die Stärke eines *elektrischen Signals*, einer Schall- oder einer Funkwelle schwankt. Die Frequenz wird in

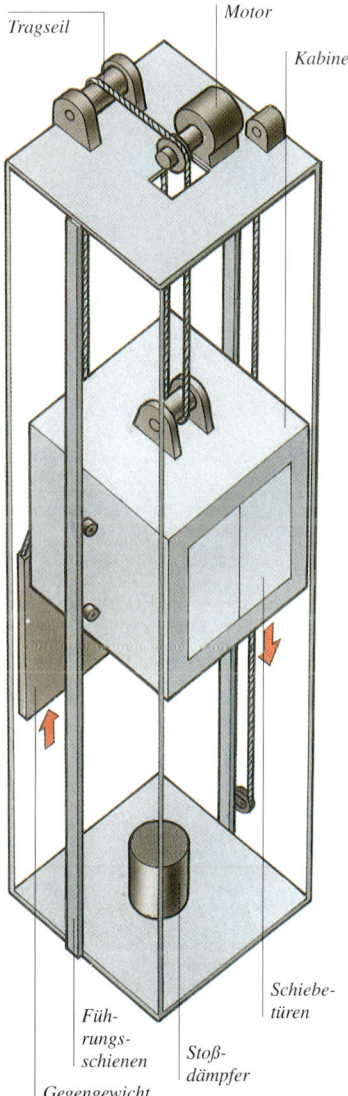

Tragseil   *Motor*

Kabine

Führungsschienen   *Stoßdämpfer*   *Schiebetüren*

Gegengewicht

Aufzug oder Lift
Ein schweres Gegengewicht am anderen Ende des Tragseils, das die Kabine trägt, gleicht das Gewicht der Kabine und eine durchschnittliche Passagierlast aus. Der Motor muß lediglich die Kabine bewegen und somit nur wenig Gewicht heben.

Hertz (Hz) gemessen; diese Einheit stellt die Anzahl der abgeschlossenen Bewegungs- oder Schwankungszyklen pro Sekunde dar. *Siehe Tonhöhe.*

Gas Einer der drei Aggregatzustände; daneben gibt es noch den flüssigen und den festen Aggregatzustand. Ein Gas fließt und füllt sein Behältnis vollkommen aus.

Gedruckte Schaltung Eine *Leiterplatte*, bei der die Leitungen zwischen den Bauelementen mit einem stromleitenden Material aufgedruckt sind.

Gegengewicht Ein Gewicht, das eine Last in einer Maschine so ausgleicht, daß der die Maschine antreibende Motor nicht das ganze Gewicht der Last heben muß.

Getriebe Eine Reihe von *Zahnrädern* in einem maschinengetriebenen Fahrzeug.

Halbleiter Ein Stoff, gewöhnlich Silizium, der für die Herstellung von elektronischen Bauelementen wie *Transistoren* und *integrierten Schaltungen* verwendet wird. Der elektrische Widerstand eines Halbleiters läßt sich durch ein Steuersignal so ändern, daß er elektrischen Strom passieren läßt oder nicht. Diese Eigenschaft macht man sich beim Erzeugen oder Verarbeiten von *elektrischen Signalen* im *Binärkode* zunutze.

Hardware In der Informatik und Nachrichtentechnik bezieht sich dieser Begriff auf die Geräte selbst oder ihre einzelnen Bestandteile (wie Festplatte). *Siehe Software.*

Hebel Eine einfache Maschine aus einem festen Stab, der an einem Drehpunkt aufliegt. Hebel werden in komplizierteren Maschinen eingesetzt, um auf Leistung, Kraft und Weg an einer Maschine einzuwirken.

Höhenruder Teil des Leitwerks eines Flugzeugs. Es bewirkt eine Bewegung um die Querachse, so daß sich das Flugzeugheck senkt oder hebt.

Informationen *Daten* in Form von Text, Zahlen, Bildern oder Tönen. Informationen können von einem Computer gespeichert und verarbeitet werden.

Integrierte Schaltung (IC für englisch *Integrated Circuit*) Eine elektronische Vorrichtung, die aus einem Halbleiter hergestellt wird und viele Elemente, die zu einem Schaltkreis zusammengeschlossen werden, enthält.

Intelligente Maschine Eine »intelligente« Maschine arbeitet mit einem hohen Maß an Regelungstechnik und kann selbsttätig komplizierte Aufgaben ausführen.

Isolierung Eine Kunststoffbeschichtung um einen Draht, der ein Abfließen des *Stroms* verhindert. Der Begriff bezieht sich auch auf ein Material, das die Wärmemenge, die an einem Gegenstand ein- oder austritt, verringert.

Kilobyte (KB) Ein Maß für die Speicherkapazität eines Computers. Ein Kilobyte entspricht 1024 Bytes. *Siehe Megabyte.*

Kinetische Energie Die Energie, die ein Gegenstand aufgrund seiner Bewegung besitzt. Je schneller sich ein Gegenstand bewegt, um so mehr kinetische Energie hat er.

Kolben Eine Scheibe oder ein kurzer, stabiler Zylinder, der sich in einer Röhre oder einem hohlen Zylinder bewegt.

Komponente In der Mechanik eine Teilkraft. Eine in eine Richtung wirkende Kraft kann sich in einzelne, kleinere Kom-

ponenten aufspalten, die dann in verschiedene Richtungen wirken.

Kompression Vorgang des Zusammendrückens. Komprimiert man Gas, verringert sich sein Volumen, während sich sein Druck erhöht. Drückt man einen festen Gegenstand zusammen, wirkt eine Kraft, die dem Gegenstand höhere Festigkeit verleihen kann. *Siehe Spannung.*

Kondensation Der Übergang vom dampfförmigen in den flüssigen Aggregatzustand bei Abkühlung, also das Gegenteil von *Verdampfung.*

Kraftstoff Eine Substanz, wie Erdöl oder Kohle, die zur Wärmeerzeugung verbrannt wird. In einem Verbrennungsmotor wird diese *Wärmeenergie* in *kinetische Energie*, also Bewegung, umgewandelt.

Kupplung Eine Vorrichtung zwischen dem Motor und dem *Getriebe* eines Kraftfahrzeugs. Im Normalzustand verbindet die Kupplung Motor und Getriebe, und die Antriebskraft wird auf die Räder übertragen.

Ladung Eine Menge an *Elektrizität*. Gegenstände, die Elektronen aufnehmen, haben eine negative Ladung; Gegenstände, die Elektronen abgeben, eine positive.

Ladungsspeicherelement Eine Anordnung von Halbleiterabschnitten, von denen jeder ein elektrisches Signal erzeugt, das zur auftreffenden Lichtmenge proportional ist.

Laser ist die Abkürzung von »light amplification by stimulated emission of radiation«; zu deutsch Lichtverstärkung durch angeregte Strahlenemission. Ein Laser ist ein Gerät, das einen äußerst leistungsstarken Lichtstrahl oder unsichtbare Infrarotstrahlen erzeugt.

Last Die Kraft, die auf einen Gegenstand ausgeübt wird, wenn dieser von einer Maschine wie einem Hebel oder einer Rolle bewegt werden soll, oder die Kraft, die ein Gegenstand auf ein Bauwerk wie eine Brücke ausübt. Der Gegenstand selbst wird ebenso als Last bezeichnet.

LCD steht für »liquid-crystal display«. *Siehe Flüssigkristall.*

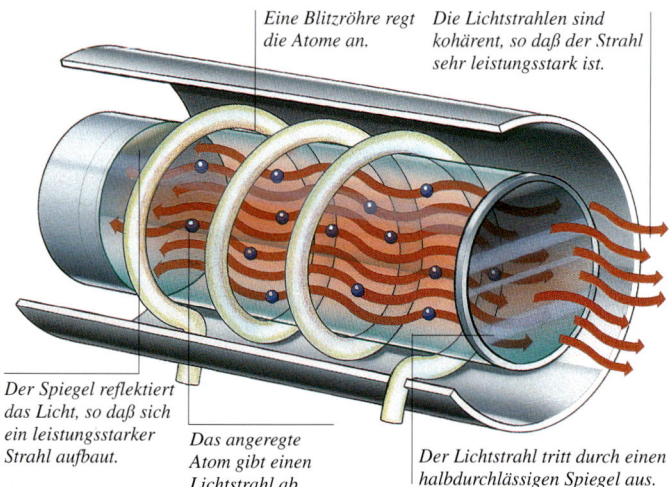

Eine Blitzröhre regt die Atome an.

Die Lichtstrahlen sind kohärent, so daß der Strahl sehr leistungsstark ist.

Der Spiegel reflektiert das Licht, so daß sich ein leistungsstarker Strahl aufbaut.

Das angeregte Atom gibt einen Lichtstrahl ab.

Der Lichtstrahl tritt durch einen halbdurchlässigen Spiegel aus.

Laser
Die Atome in einem Stab aus Lasermaterial gewinnen an Energie, zum Beispiel durch das von einer Blitzröhre erzeugte Licht. Die angeregten Atome verlieren diese Energie plötz- *lich, indem sie selbst Lichtstrahlen abgeben, die einen leistungsstarken Laserstrahl bilden. Dieser tritt an einem teildurchlässigen Spiegel aus dem Lasermaterial aus.*

LED ist die Abkürzung von »light-emitting diode«, zu deutsch Leuchtdiode. Hierbei handelt es sich um ein elektronisches Bauelement, das Licht erzeugt.

Leistung Im physikalischen Sinne ist Leistung definiert als die Zeit, in der Arbeit erledigt wird. Im allgemeinen Sinne bezieht sich der Begriff entsprechend auf die Stärke einer Maschine.

Leiterplatte Eine Platte, auf der elektrische *Bauelemente* angebracht werden und einen *Schaltkreis* bilden.

Licht Eine Energieform, die aus sichtbaren, elektromagnetischen *Wellen* besteht. Andere elektromagnetische *Wellen*, wie Funkwellen und Röntgenstrahlen, sind unsichtbar.

Linse Ein gekrümmter Gegenstand aus transparentem Glas oder Kunststoff, der die auftreffenden Lichtstrahlen beugt und bündelt.

Magnetfeld Der einen Magnet umgebende Bereich, in dem der Magnet seine Anziehungskraft auf einen magnetischen Stoff wie Eisen oder einen anderen Magnet ausübt.

Magnetpol Ein magnetischer Kernpunkt eines Magnets. Jeder Magnet hat zwei Pole, die als Nord- und Südpol bezeichnet werden und sich gegenüberliegen.

Magnetspule Eine Spule mit einem in der Mitte montierten Kern aus Eisen. Das Magnetfeld, das entsteht, wenn elektrischer Strom durch die Spule fließt, zieht den Kern in die Spule.

Mechanisch Dieser Begriff bezieht sich auf Vorrichtungen, die ausschließlich auf beweglichen Teilen wie Zahnrädern, Hebeln und Rollen aufbauen und nicht auf elektrischen

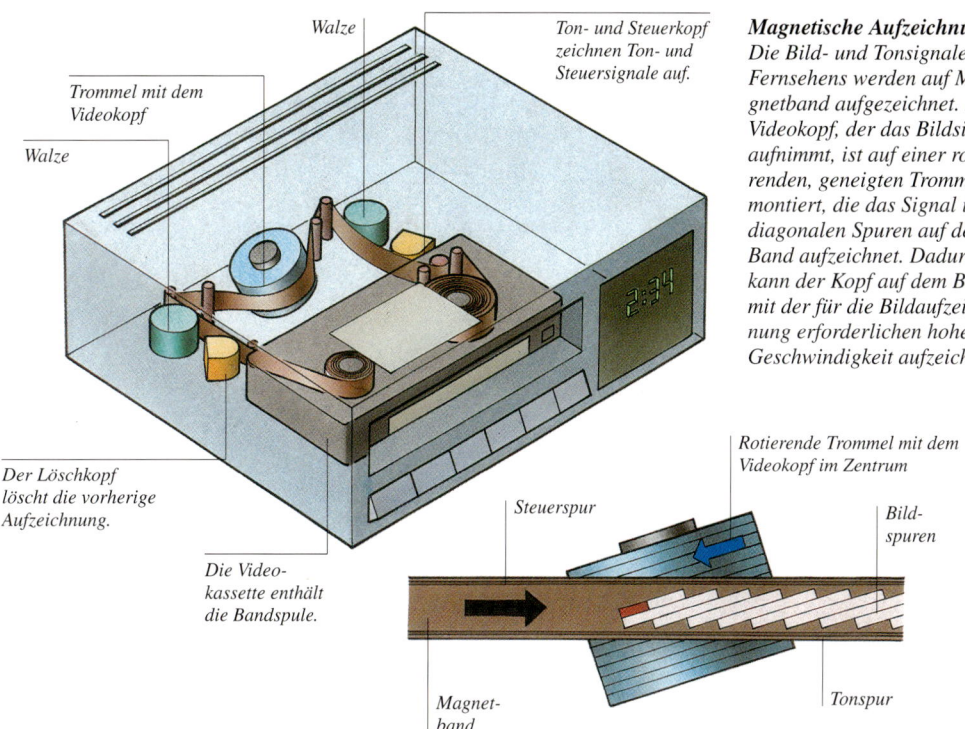

Walze

Trommel mit dem Videokopf

Walze

Ton- und Steuerkopf zeichnen Ton- und Steuersignale auf.

Der Löschkopf löscht die vorherige Aufzeichnung.

Die Videokassette enthält die Bandspule.

Rotierende Trommel mit dem Videokopf im Zentrum

Steuerspur

Bildspuren

Magnetband

Tonspur

Magnetische Aufzeichnung Die Bild- und Tonsignale des Fernsehens werden auf Magnetband aufgezeichnet. Der Videokopf, der das Bildsignal aufnimmt, ist auf einer rotierenden, geneigten Trommel montiert, die das Signal in diagonalen Spuren auf dem Band aufzeichnet. Dadurch kann der Kopf auf dem Band mit der für die Bildaufzeichnung erforderlichen hohen Geschwindigkeit aufzeichnen.

oder elektronischen *Bauelementen*.

Megabyte (MB) Ein Maß für die Speicherkapazität eines Computers. Ein Megabyte entspricht 1 048 576 Bytes. *Siehe Kilobyte.*

Membran Eine schwingende oder sich bewegende Schicht oder Abdichtung in einer Röhre oder einem Hohlraum. Eine Irisblende ist ein besonderer Membrantyp, bei dem der Umfang einer zentralen Öffnung durch Verschieben der Membranlamellen verändert werden kann.

Mikrochip Oft einfach nur als Chip bezeichnet. Ein elektronisches *Bauelement* mit einer *integrierten Schaltung.*

Mikrowellen Unsichtbare, elektromagnetische *Wellen*, die mit Funkwellen vergleichbar sind.

Nachrichtensatellit Ein Satellit zur Übertragung von Telefongesprächen und Fernsehbildern. Er empfängt Funk-

signale von den Bodenstationen auf der Erde und sendet diese zu anderen Bodenstationen oder Satellitenempfangsschüssel zurück.

Netzstrom Elektrizität in Form von *Wechselstrom*, mit dem die Kraftwerke den Verbraucher versorgen.

Nocke Ein Vorsprung an einer sich drehenden Welle, der auf ein anderes Maschinenteil wirkt und dieses auf und ab oder vorwärts und rückwärts bewegt, während sich die Welle dreht.

Oktave *Siehe Tonleiter.*

Phosphoreszenz Die Fähigkeit von Leuchtstoffen, nach der Einwirkung von elektromagnetischer Strahlung selbst Licht auszusenden.

Photowiderstand Ein elektronisches Bauelement, das auf Licht reagiert.

Polarisiertes Licht *Licht*, dessen *Wellen* alle in derselben Ebene schwingen.

Programm Eine Reihe von kodierten Anweisungen für einen Computer, eine bestimmte Aufgabe auszuführen.

Prozessor Der Bestandteil eines Computers, der Berechnungen ausführt und andere Geräte wie zum Beispiel den Bildschirm steuert.

Radar ist die Abkürzung für »radio detection and ranging«, zu deutsch Funkortung. Ein Gerät, mit dem man die Position und Geschwindigkeit von entfernten Objekten bestimmen kann. Diese Objekte reflektieren nämlich die vom Radar abgegebenen Funksignale.

Radio Ein System zur Übertragung von *Informationen* (zum Beispiel Musik oder Nachrichten) mittels Radiowellen. Hierbei handelt es sich um elektromagnetische *Wellen*, die mit Lichtstrahlen vergleichbar, jedoch unsichtbar sind. Der Begriff bezieht sich auch auf das Empfangsgerät.

RAM ist die Abkürzung von »random access memory«, zu

deutsch Arbeitsspeicher. RAM ist der Teil des *Computerspeichers*, dessen Inhalt verändert werden kann. Hier werden vorübergehend *Programme* oder *Daten* abgelegt, die der Computer zur Ausführung einer bestimmten Aufgabe benötigt. *Siehe ROM.*

Reaktion In der Physik geht ein Impuls (actio) immer mit einem Gegenimpuls (reactio) einher. Die Reaktion wirkt in der umgekehrten Richtung wie die Kraft (Aktion) und treibt den die Aktion verursachenden Gegenstand voran. Die Reaktion treibt ein Flugzeug oder ein Schiff vorwärts, während dessen Antrieb Luft oder Wasser nach hinten ausstößt. In der Chemie versteht man unter einer Reaktion einen Prozeß, bei dem zwei oder mehrere

Stoffe zusammentreffen und sich verändern.

Reibung Die Kraft, die bei Bewegung eines Gegenstands erzeugt wird und diesen abbremst und schließlich anhält. Sie wird dadurch erzeugt, daß der Gegenstand gegen andere Gegenstände reibt, oder durch den *Widerstand* der umgebenden Luft oder des Wassers.

ROM ist die Abkürzung für »read-only memory«, zu deutsch Festspeicher oder Nur-Lese-Speicher. Hierbei handelt es sich um den Teil des Computerspeichers, in dem Programme und Daten auf Dauer gespeichert sind. Im Gegensatz zum Arbeitsspeicher *(RAM)* kann der Inhalt eines Festspeichers nicht verändert werden. *Vergleiche auch CD-ROM.*

Rotor Ein sich drehendes Maschinenteil, zum Beispiel die Rotorblätter eines Hubschraubers oder die Drehspule eines Elektromotors.

Schaltkreis Eine Gruppe von miteinander verbundenen und von einer Stromquelle gespeisten, elektronischen *Bauelementen*.

Schwungrad Ein schweres Rad, das Geschwindigkeitsänderungen bei Maschinen ausgleichen und *Energie* in Form von Bewegung speichern kann.

Sensor Ein Gerät, das zum Beispiel auf *Druck*, Bewegung, *Licht*, *Wärme*, Rauch oder Magnetismus reagiert.

Signal In der Nachrichtentechnik und Informatik bezeichnet dieser Begriff eine Funk- oder Lichtwelle oder *elektrischen Strom* unterschiedlicher Stärke, die bzw. der zur Übertragung von Daten genutzt

werden kann. *Siehe elektrisches Signal.*

Software Die Anweisungen oder Programme, mittels derer ein Computer funktioniert. *Siehe Hardware.*

Sonnenenergie Elektrizität oder Wärme, die durch Umwandlung oder das Auffangen von Sonnenlicht und -strahlen erzeugt wird.

Speicher Der Teil eines Computers oder eines elektronischen Geräts, der Daten oder Computerprogramme speichert. *Siehe Diskette, RAM.*

Spule Ein mehrmals gewundener Draht. Eine Spule erzeugt ein *Magnetfeld*, sobald Strom durch sie hindurchfließt.

Statische Elektrizität Eine Form der Elektrizität, bei der die Ladung an Ort und Stelle bleibt und nicht als *elektrischer Strom* fließt. Wenn ein Nichtleiter *Elektronen* abgibt oder

---

Preßlufthammer

Ein Preßlufthammer wird durch komprimierte Luft angetrieben. Mit dem Preßlufthammer kann man Beton und Teer aufbrechen, deshalb wird er oft im Straßenbau eingesetzt. Die komprimierte Luft treibt den Meißel in einem aus vier Takten bestehenden Zyklus in die Straßendecke.

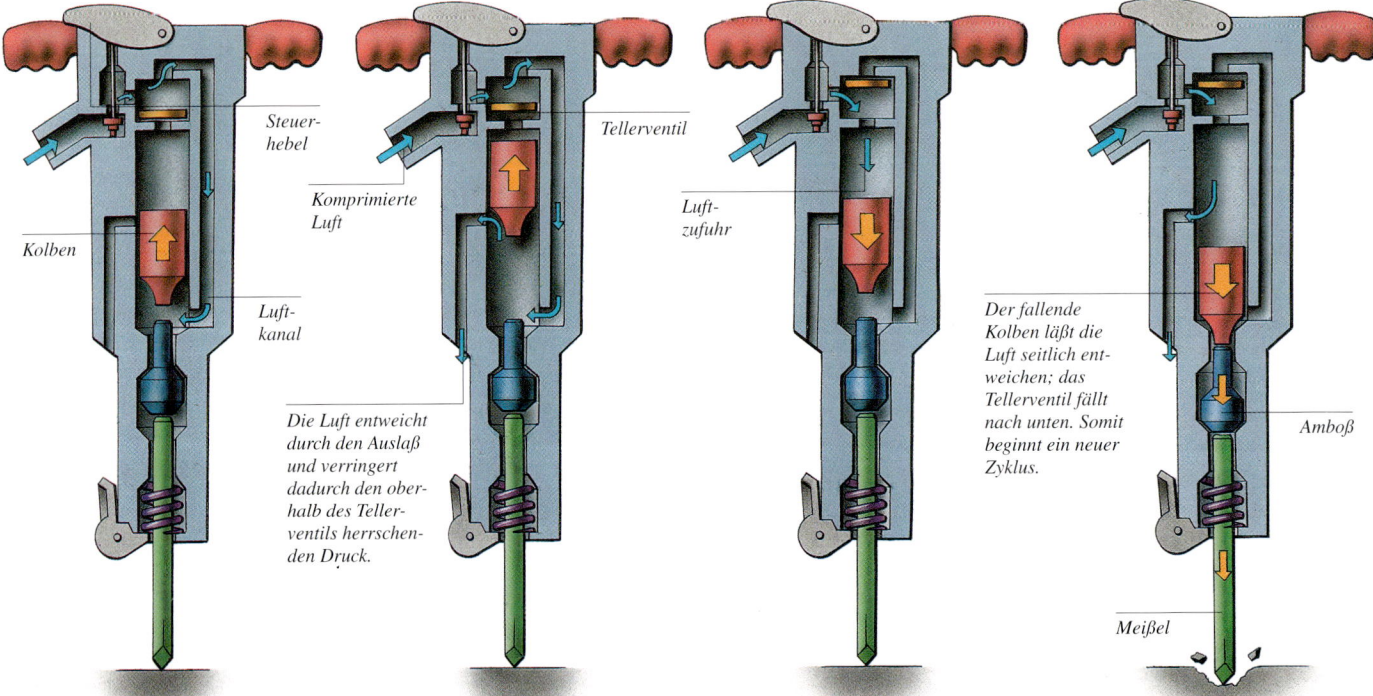

Steuerhebel

Komprimierte Luft

Kolben

Luftkanal

Die Luft entweicht durch den Auslaß und verringert dadurch den oberhalb des Tellerventils herrschenden Druck.

Tellerventil

Luftzufuhr

Der fallende Kolben läßt die Luft seitlich entweichen; das Tellerventil fällt nach unten. Somit beginnt ein neuer Zyklus.

Amboß

Meißel

1. Der Kolben steigt nach oben
Bei Druck auf den Steuerhebel strömt Luft unterhalb des Kolbens ein, der dabei nach oben steigt und die Luft komprimiert.

2. Das Ventil wird angehoben
Die komprimierte Luft in der oberhalb liegenden Kammer öffnet das Tellerventil, das die Luftzufuhr steuert.

3. Der Kolben geht nach unten
Das Tellerventil läßt oberhalb des Kolbens die komprimierte Luft einströmen, wodurch der Kolben nach unten gedrückt wird.

4. Der Meißel schlägt zu
Der Kolben geht nach unten und trifft auf den Amboß, der den Meißel in die Straßendecke treibt. Dann beginnt es von vorn.

empfängt, lädt er sich mit positiver oder negativer Ladung statisch auf.

Steckbord Eine kleine Kunststoffplatte mit einem Gitter aus Löchern, die mit Metallstreifen miteinander verbunden sind. Elektronische *Bauelemente* und Drähte werden in die Löcher gesteckt und so zu einem elektrischen *Schaltkreis* verbunden. Wird auch als Lochrasterplatte bezeichnet.

Stereo ist die Abkürzung von »stereophonisch«. Zur Stereowiedergabe von Ton sind zwei Lautsprecher erforderlich, so daß die verschiedenen Einzeltöne von unterschiedlichen Stellen zwischen den beiden Lautsprechern zu kommen scheinen.

Thermostat Ein Gerät zur automatischen Temperaturregelung.

Tonhöhe In der Musik unterscheidet man zwischen hohen und tiefen Tönen. Die Tonhöhe hängt von der *Frequenz* der jeweiligen Schallwellen ab: Bei höherer Frequenz ist der Ton höher.

Tonleiter In der Musik bezeichnet dieser Begriff eine Abfolge von Noten in auf- oder absteigender Reihenfolge ihrer *Tonhöhe*. Diese Sequenz, die gewöhnlich acht Noten umfaßt, deckt eine Oktave ab. Die C-Dur-Tonleiter umfaßt zum Beispiel auf dem Klavier die weißen Tasten zwischen einem bestimmten C und dem eine Oktave höher oder tiefer liegenden C. Das um eine Oktave höher liegende C weist eine *Frequenz* auf, die doppelt so hoch ist wie die des ersten C. Das um eine Oktave tiefer liegende C hat nur eine halb so große Frequenz wie das erste C.

Transformator Eine Vorrichtung, die die Spannung von *Wechselstrom* ändert. Ein Transformator besteht aus zwei Spulen, die um einen Eisenkern gewunden sind. Der Wechselstrom an der Eingangsspule erzeugt ein schwankendes *Magnetfeld*, was dazu führt, daß an der Ausgangsspule Wechselstrom fließt. Die Spannungsänderung zwischen der Eingangs- und der Ausgangsspule hängt von der Anzahl der Windungen jeder Spule ab.

Transistor Ein elektronisches *Bauelement* aus drei miteinander verbundenen *Halbleitersegmenten*. Ein Transistor kann ein schwaches *elektrisches Signal* verstärken oder elektrischen Strom ein- und ausschalten.

Turbine Eine Turbine besteht wesentlich aus einer Reihe von Schaufeln, die auf einer Achse montiert sind. Die Achse rotiert, sobald ein *Gas* oder eine Flüssigkeit (wie Dampf oder Wasser) auf die Schaufeln trifft.

Ultraviolettstrahlung (UV) Elektromagnetische *Wellen*, die sich physikalisch wie Lichtstrahlen verhalten und Teil der die Erde treffenden Strahlung sind, aber eine kürzere Wellenlänge als das sichtbare Licht haben und daher unsichtbar sind.

Vakuum Ein vollkommen leerer Raum ohne Luft oder einen anderen Stoff.

Ventil Ein mechanisches Ventil ist eine Vorrichtung, die den Fluß oder *Druck* eines *Gases* oder einer Flüssigkeit in einem Rohr, Behälter oder einer Maschine steuert. Auch ein Wasserhahn ist ein Ventil, das man auf- und zudrehen kann, um so die Wasserversorgung zu steuern.

Verbrennungsmotor *Siehe Kraftstoff.*

Verdampfung Der Übergang vom flüssigen Aggregatzustand, bei dem die Temperatur der Flüssigkeit unter dem Siedepunkt liegt, in den dampfförmigen Aggregatzustand, bei dem sich Moleküle von der Oberfläche der Flüssigkeit lösen.

Verstärker Ein Gerät, das die Stärke eines *elektrischen Signals* verstärkt.

Video Ein Verfahren zur Aufzeichnung von Bild und Ton auf Magnetband. *Siehe Abbildung auf Seite 185.*

Wärme Eine Energieform. Hierbei handelt es sich um die Bewegungsenergie der Teilchen (*Atome* oder Moleküle), aus denen die Materie besteht. Sobald einem Gegenstand oder einer flüssigen oder gasförmigen Substanz Wärme zugeführt wird, bewegen sich diese Teilchen schneller; bei Abkühlung werden sie wieder langsamer.

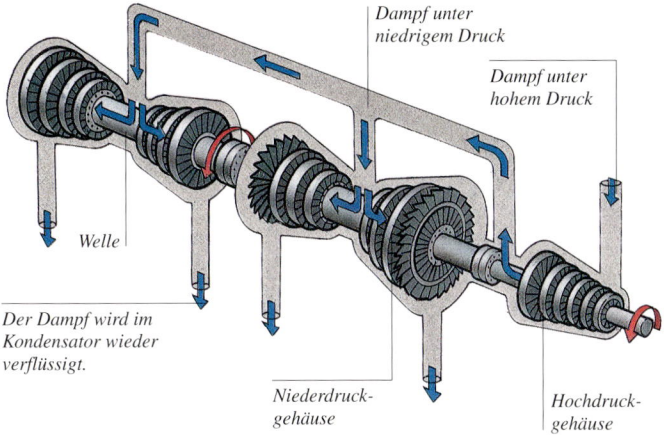

Dampf unter niedrigem Druck

Dampf unter hohem Druck

Welle

Der Dampf wird im Kondensator wieder verflüssigt.

Niederdruckgehäuse

Hochdruckgehäuse

Dampfturbine
In einem Kraftwerk treibt eine Dampfturbine einen Stromgenerator an. Die Turbinenwelle wird durch Dampf in Bewegung gesetzt, der durch die in voneinander abgetrennten Gehäusen angeordneten Schaufeln strömt. Der in einem Heizkessel erzeugte Dampf tritt unter hohem Druck in das erste Gehäuse ein und verläßt dieses mit niedrigem Druck. Danach wird er den Niederdruckgehäusen zugeleitet. Je niedriger der Dampfdruck, um so größer sind die Schaufeln, damit die Turbine dem Dampf möglichst viel Energie entziehen kann.

Wechselstrom *Elektrischer Strom*, dessen Fließrichtung sich regelmäßig in schneller Folge umkehrt.

Welle Eine Energieübertragung, die auf Schwingungen basiert. Elektromagnetische Wellen bestehen aus schwingenden elektrischen Feldern und Magnetfeldern. Solche Wellen sind Funkwellen, Mikrowellen, Infrarotstrahlen, Lichtstrahlen, ultraviolette Strahlen und Röntgenstrahlen. Schallwellen bestehen aus schwingender Luft oder anderen in Schwingung versetzten Stoffen.

Widerstand Der Grad, bis zu dem ein Gegenstand das Fließen von *elektrischem Strom* verhindert oder Wasser- und Luftströmen widersteht. Bei einem Hebel bezeichnet dieser Begriff die Kraft, die der Hebel überwinden muß. In der Elektronik steht dieser Begriff auch für ein *Bauelement* mit einem festen oder variablen elektrischen Widerstand.

Zahnrad Zwei oder mehrere Zahnräder können über eine Kette oder eine Welle miteinander verbunden werden, um so die Geschwindigkeit, Kraft oder Richtung einer Bewegung zu ändern.

Zug Eine Kraft, die an einem Gegenstand zieht. *Siehe Kompression.*

Register

Danksagung

NEIL ARDLEY dankt dem Team von Dorling Kindersley für seine Energie und seinen Enthusiasmus. Keiner ließ sich von den Anforderungen dieses Projekts abschrecken. Sein besonderer Dank gilt Paul, Bryn, Mukul und Phil für ihre tadellose, professionelle Arbeit und für die Inspirationen zu weiteren Ideen, die sie immer zur richtigen Zeit einbrachten. Seine Anerkennung gebührt insbesondere Mukul und Phil für die Umsetzung der Prototypen und Konstruktionsskizzen in die eleganten, praktischen Geräte und übersichtlichen Diagramme, die dieses Buch auszeichnen – und auch Tim Kirk für seine Unterstützung und seinen Rat bei Experimenten mit Elektronik.

DORLING KINDERSLEY dankt Will Hodgkinson, Edward Bunting und Teresa Pritlove für ihre redaktionelle Unterstützung, Claire Shedden für ihre Unterstützung in puncto Design, Peter Pocock für seine wertvollen Ratschläge und Beiträge, Joanna Thomas und Sharon Southren für ihre Bildrecherchen, Gary Ombler für seine fotografische Unterstützung, Kay Wright für den Index, dem gesamten Lehrpersonal und den Schülern der John Perryn Primary School, Acton, sowie den Schülern der Soho Parish School, Prof. Roger M. Goodall, University of Technology, Loughborough, Mark Harding und Dave Woodcock vom Science Museum für die Informationen über die Ausstellungsgegenstände des Science Museums, Eric Kingdon von Sony Consumer Products, Jonathon Nicholson vom CAA Press Office sowie dem Eisenbahn-Institut in Japan.

Bildnachweis

Abkürzungen: o = oben; m = Mitte; u = unten; r = rechts; l = links; d = darüber

Der Verlag dankt folgenden Personen für die freundliche Genehmigung zur Verwendung ihres Fotomaterials:

Arcaid/Richard Bryant: 44–45
BT Pictures/© British Telecommunications plc: 155 ol
Bewator (UK) Ltd: 88or
Central Office of Information: 21or
Mary Evans Picture Library: 106or
Goddard Collection/Clark University Archives, Worcester, Massachusetts: 22or
Robert Harding Picture Library: 17mr, 23o, 47ur, 65ul, or, mr, 105um; G&P Corrigan 65ml; Walter Rawlings 52m, Adam Woolfitt 49or
Michael Holford 74ml
Hoover European Appliance Group: 74mr
Hulton Deutsch Collection Ltd: 108mr, 147ur
The Image Bank: K. Drinkwitz 68or; Dominique Sarraute 152–153

Images Colour Library: 42ul
Institut Du Monde Arabe/Pessem: 43or
E. Andrew McKinney: 66m
Otis Lift Company plc: 46um
Panos Pictures/Bruce Paton: 46ol
Pictor International Ltd: 36ur, 66u, 120or, 125ur
Planet Earth Pictures/William M. Smithey, Jr.: 97ur
Range/Bettmann: 149o
Railway Technical Research Institute, Tokio: 105ol
Peter Sanders Photography: 52um
The Science Museum/Science & Society Picture Library: 81ol, 92or, 108o
Science Photo Library: Alex Bartel 14ul; Michael W. Davidson 168ul; Hank Morgan 162ul; John Mead 52ul; David Parker 72–73, 163or, mr; Alfred Pasieka 154mld; David Scharf 170ol; Taheshi Takahara 97or
Sensory Systems: 163om
Sharp Electronics (UK) Ltd: 162ur
Shell UK Photographic Services: 71mr
Frank Spooner Pictures/Gamma/M. Wada: 163ul
Tony Stone Images: 97ol; Glen Allison 14ol; Ken Biggs 94–95; John Callahan 63ur; Paul Chesley 123or; Lonnie Duka 154mr; John Edwards 57mr; Ambrose Greenway 41mr; Chris Kapolka 105ur; Lester Lefkowitz 54ul, 116–117; Joe Ortner 155 mr; Martin Rogers 96ml; David Xiemo Tajada 97ml
The Van Wezel Performing Arts Hall, Sarasota, Florida/Stephen C. Traves: 52m
Wisconsin University/Professor H. Guckel: 12–13
Zefa: Mehlig 66ml; Streichan 66mlu

Der Verlag hat alles versucht, um die Urheberrechtsinhaber herauszufinden. Dorling Kindersley bittet für jegliche unbeabsichtigte Auslassung um Entschuldigung und nimmt, falls ein fehlender Urheberrechtsinhaber zur Kenntnis gebracht wird, diesen gerne in zukünftige Ausgaben des Bandes auf.

ILLUSTRATIONEN

Zirrinia Austin: 36or, 115ur
Rick Blakely: 16ur, 54ol, 79ur, 183m
Mick Gillah: 20m, 21m, 23r, 54u, 55u, 58l, 65, 58u, 70u, 76, 78u, 91o, 100m, 102ur, 104ur, 126or, 128or, 144, 145, 149ur, 150ul, 166ul, 177, 183mr, 185o, 186u, 187o
Philip Ormerod: 11ml, 21u, 33m, 46m, 32mr, 33, 42m, 50ur, 61or, 74ur, 86u, 88u, 89ul, 96ul, 98mr, 99or, 101ur, 110, 113ul, 124ul, 128, 129o, 142ul, 146mr, 158u, 161or, 164ul, 167o, 173, 178u, 179ml, 182m
Bryn Walls: 26or, 27ml, 30u, 40mr, 57ur, 87o, 121u, 122u, 126o, 135or, 157ur
Alistair Wardle: 84, 96mr, 108ur

MODELLBAU

Christina Betts: 137m, 143, 159
David Donkin: 2ol, 3, 4ol, 6, 7or, m, 15, 17ur, 18, 19, 27, 30m, 31u, 33, 47o, 57,

61u, 63, 64u, 75or, 83, 92, 93, 101ul, 115or, 118ml, 119or, 123, 127, 129ur, 131ur, 133, 138o, 139, 151u, 155, 161, 165, 169, 170u, 176
Philip Ormerod: 7ur, 37, 59, 125, 164u, 171, 172

MODELLE

Fatima Anwar-Musah, Neil Ardlay, Kim Armstrong, Laura Backhouse, Julien Baffour-Awuah, Christina Betts, Wayne und Sarah Black, Benjamin Bubb, Rebecca Bunting, Thomas Bunting, Lalya Camara, Marissa Campbell, Hayley Cherry, Rob Chong, Lacean Christie, Rebecca Cleveland, Priscilla Coburn, Jessica Coleman, Sarah Cummings, Marsha Denton, Shaun Dorkin, Bora Esen, Tariq el-Fiky, Lorna Franklin, Karley Gibbons, Sophie Goody, Briony Hassett, Elizabeth Hewitt, Cosima Hornak, Alison Hunzer, Kayode Josiah, Masuma Karim, Talia Keane, Damien Macintosh, Atif Malik, Geoff Manders, Michael Mangen, Isis Matrix, James Morcos, Wayne Murphy, Saira Nazeer, Hien N'Go, Chioma Obih, Sean O'Brien, Omoye Okoh, Danny O'Sullivan, Sharon Perrie, Toby Picket, Sheldon Pommell, Alima Rahman, Fahima Rahman, Hyatollah Ramatullah, Lorianne Rhoden, Adam Sales, Louise Sales, Kirsty Sheldon, Kirandeep Siddhu, Navjeet Siddhu, Sean Slattery, James Smith, Peggy Smith, Elliot Stewart, Sanjay Subarwal, Lisa-Rose Sutton, Sara-Jane Sutton, She Peng Tham, Kay Tsang, Vesna Vladusic, Aidan Walls, Vicky Watling

SPEZIALAUFNAHMEN

Brian Dowling: 149u
Mike Dunning: 158mr
Philip Gatward: 95, 157
Gary Kevin: 90
Dave King: 117
Clive Streeter: 118mr, 153, 166
Spike Walker (Microworld Services): 177r
Bryn Walls: 151, 158u